U0793954

“十三五”国家重点出版物出版规划项目
面向可持续发展的土建类工程教育丛书
普通高等教育“十一五”国家级规划教材
21世纪高等教育建筑环境与能源应用工程系列教材

建筑设备自动化

第2版

主　编　李玉云
副主编　田国庆
参　编　李绍勇　张绍忠
主　审　张子慧　黄　翔

机械工业出版社

本书根据全国高等学校建筑环境与能源应用工程专业教学大纲的要求，以建筑环境与设备为控制目标，基于计算机网络控制技术，结合工程案例，图文并茂地阐述建筑设备自动化系统的组成、监控设备与控制原理，并引入新技术、新标准。全书结构合理，系统性强，加强了计算机网络控制技术与节能技术在本专业的应用，反映了建筑设备自动化的科技水平。各章末附有复习思考题，便于学生理解书中阐述的基本理论与方法。

本书可作为建筑环境与能源应用工程、建筑电气与智能化专业的教材，也可供从事供暖通风、空调与电气工程的技术人员与科研人员使用，还可作为智能建筑等相关专业的教材。

本书配有 PPT 电子课件、教学大纲、教案、复习题及答案、试题及答案等教学资源，免费提供给选用本书作为教材的授课教师，需要者请登录机械工业出版社教育服务网（www. cmpedu. com）注册后下载。

图书在版编目（CIP）数据

建筑设备自动化/李玉云主编 . —2 版 . —北京：机械工业出版社，2015. 10（2025. 2 重印）

普通高等教育“十一五”国家级规划教材　21 世纪高等教育建筑环境与能源应用工程系列教材

ISBN 978-7-111-51676-7

Ⅰ. ①建…　Ⅱ. ①李…　Ⅲ. ①房屋建筑设备-自动化系统-高等学校-教材　Ⅳ. ①TU855

中国版本图书馆 CIP 数据核字（2015）第 225627 号

机械工业出版社（北京市百万庄大街 22 号　邮政编码 100037）
策划编辑：刘　涛　责任编辑：刘　涛　张利萍
责任校对：刘秀芝　封面设计：马精明
责任印制：常天培
固安县铭成印刷有限公司印刷
2025 年 2 月第 2 版第 14 次印刷
184mm×260mm · 17. 75 印张 · 441 千字
标准书号：ISBN 978-7-111-51676-7
定价：46. 80 元

电话服务	网络服务
客服电话：010-88361066	机　工　官　网：www. cmpbook. com
010-88379833	机　工　官　博：weibo. com/cmp1952
010-68326294	金　　书　　网：www. golden-book. com
封底无防伪标均为盗版	机工教育服务网：www. cmpedu. com

序

建筑环境与设备工程（2012 年更名为建筑环境与能源应用工程）专业是 1998 年教育部新颁布的全国普通高等学校本科专业目录中将原“供热通风与空调工程”专业和“城市燃气供应”专业进行调整、拓宽而组建的新专业。专业的调整不是简单的名称变化，而是学科科研与技术发展，以及随着经济的发展和人民生活水平的提高，赋予了这个专业新的内涵和新的元素，创造健康、舒适、安全、方便的人居环境是 21 世纪本专业的重要任务。同时，节约能源、保护环境是这个专业及相关产业可持续发展的基本条件，因而它们和建筑环境与设备工程（建筑环境与能源应用工程）专业的学科科研与技术发展总是密切相关，不可忽视。

作为一个新专业的组建及其内涵的定位，它首先是由社会需求所决定的，也是和社会经济状况及科学技术的发展水平相关的。我国的经济持续高速发展和大规模建设需要大批高素质的本专业人才，专业的发展和重新定位必然导致培养目标的调整和整个课程体系的改革。培养“厚基础、宽口径、富有创新能力”，能符合注册公用设备工程师执业资格并能与国际接轨的多规格的专业人才以满足需要，是本专业教学改革的目的。

机械工业出版社本着为教学服务，为国家建设事业培养专业技术人才，特别是为培养工程应用型和技术管理型人才做贡献的愿望，积极探索本专业调整和过渡期的教材建设，组织有关院校具有丰富教学经验的教师编写了这套建筑环境与设备工程（建筑环境与能源应用工程）专业系列教材。

这套系列教材的编写以“概念准确、基础扎实、突出应用、淡化过程”为基本原则，突出特点是既照顾学科体系的完整，保证学生有坚实的数理科学基础，又重视工程教育，加强工程实践的训练环节，培养学生正确判断和解决工程实际问题的能力，同时注重加强学生综合能力和素质的培养，以满足 21 世纪我国建设事业对专业人才的要求。

我深信，这套系列教材的出版，将对我国建筑环境与设备工程（建筑环境与能源应用工程）专业人才的培养产生积极的作用，会为我国建设事业做出一定的贡献。

陈在康

前　言

本书根据全国高等学校建筑环境与能源应用工程专业指导委员会制定的教学大纲编写，它以建筑环境与设备为控制目标，基于计算机网络控制技术，通过工程案例，阐述建筑设备自动化系统的组成、监控设备与控制原理，并采用新标准，引入了与本专业相关的国内外先进技术成果。本书既将计算机网络控制技术与空调制冷、供暖与通风等建筑设备工艺系统有机、紧密地结合起来，又体现了建筑设备自动化课程自身的体系结构。本书以分布式控制系统为主线，对节能技术（如新风量控制、变风量控制以及分户计量等先进技术）在本专业的应用给予了特别的关注，反映了本领域当前先进的技术水平。

本书第1版自2006年出版以来，深受广大师生的欢迎和好评，在业内产生了广泛的影响，并被教育部评选为“普通高等教育‘十一五’国家级规划教材”。

为了及时反映本课程所涉及的学科发展和技术进步，满足教学需要，作者对本书第1版进行了修订。修订内容主要体现在以下几方面：

1）依据我国智能建筑标准、绿色建筑评价标准以及技术创新，增加了第11章基于物联网的建筑能源监控管理系统。

2）与时俱进，与最新的国家和行业标准、规范接轨，修改了书中涉及的相应内容。

3）增加和修改了部分章节，例如，第4章完善了变风量空调系统的一些内容等。淘汰了耗能大的旧设备控制系统。

本书结构合理，系统性强，各章末附有复习思考题，便于学生理解书中阐述的基本理论与方法，利于学生工程技术能力的培养。本书各章紧密联系，但又相对独立，便于教师在讲解中取舍和学生自学。本书可作为建筑环境与能源应用工程、建筑电气与智能化等专业的教材，又可供相关工程技术人员参考。

本次修订由李玉云教授主持完成。本书编写分工：第4章、第5章（除5.1、5.3节外）、第8章、第9章（除9.4节外）、第11章、第12章由武汉科技大学李玉云教授编写，第3章、第5章的5.1节、第9章的9.4节由浙江树人大学田国庆副教授编写，第2章、第5章的5.3节、第6章与第10章由兰州理工大学李绍勇副教授编写，第1章、第7章由河南城建学院张绍忠教授编写。全书由李玉云教授统稿。

本书由李玉云教授任主编，田国庆副教授任副主编，西安建筑科技大学张子慧教授和西安工程大学黄翔教授任主审。张子慧教授和黄翔教授为本书提出了许多宝贵意见，使本书增色不少，在此表示衷心的感谢。

本书引用了部分文献与工程案例，谨向有关文献的作者与工程案例的设计者表示衷心的感谢。

由于作者水平有限，不当之处敬请读者提出宝贵意见。

编　者

目　录

第1章 建筑设备自动化概述

随着信息技术的高速发展，电子技术、自动控制技术、计算机及网络技术和系统工程技术得到了空前的高速发展，并逐渐渗透到人类生活的各个领域，对人类的生产、学习和生活方式产生了极大的影响，给人类带来前所未有的方便和利益。与人类工作、学习和生活密不可分的主要活动场所——各类建筑也毫不例外地受到了影响和冲击，使人们对赖以生存的工作和生活的建筑环境的安全性、舒适性、便捷性等诸多方面也提出了更高要求，使得高效率、低能耗的“绿色建筑”成为可持续发展的目标。智能建筑便是在这样的背景下应运而生，悄悄地走进了人类生存的社会。

智能建筑是现代建筑技术、现代通信技术、现代计算机技术和现代控制技术等多种现代科学技术相结合的产物。现代建筑技术给智能建筑提供了一个基本的建筑物支持平台，现代通信与网络技术构成了智能建筑的“神经网络”，而由现代计算机及网络技术和现代控制技术支持的建筑设备自动化系统给传统的土木建筑在其雄伟的钢筋混凝土结构和华丽的装潢外表之上又赋予了强大的生命力和活力，使其真正具有了智能化的色彩。这种日趋完善的智能化建筑又极大地改变着人们的生产、生活环境和习惯，使人们在建筑环境的安全、舒适、便捷等方面得到了实惠。人们对智能建筑的功能不断提出更高的要求，推动着支持智能建筑的主要技术之一——建筑设备自动化技术的不断发展。

1.1 智能建筑与建筑智能化的基本概念

1.1.1 智能建筑

智能建筑（Intelligent Buildings，IB）的概念是由美国人提出来的。智能建筑一词，最早出现于1984年美国一家公司完成对美国康涅狄格州的哈特福德市的都市大厦（City Place）改建后的宣传词中。该大楼采用计算机技术对楼内的空调设备、照明设备、电梯设备、防火与防盗系统及供配电系统等实施监测、控制及自动化综合管理，并为大楼的用户提供语音、文字、数据等各类信息服务，实现了通信和办公自动化，使大楼客户在安全、舒适、方便、经济的办公环境中得以高效的工作，从此诞生了世人公认的第一座智能建筑。随后日本、德国、英国、法国等国家的智能建筑相继发展。我国智能建筑的建设起始于1990年建成的北京发展大厦，它被认为是我国智能建筑的雏形。北京发展大厦中装备了建筑设备自动化系统、通信网络系统、办公自动化系统，但3个子系统未实现系统集成，不能进行统一控制与管理。1993年建成的位于广州市的广东国际大厦除可提供舒适的办公与居住环境外，更主要的是它具有较完善的建筑智能化系统及高效的国际金融信息网络，通过卫星可直接接收美联社道琼斯公司的国际经济信息，被认为是我国首座智能化商务大厦。之后，智能建筑便如雨后春笋般在全国大城市陆续建成。

智能建筑主要用于办公建筑、商业建筑、文化建筑、媒体建筑、体育建筑、医院建筑、学校建筑、交通建筑、住宅建筑、通用工业建筑。

1.1.2 智能建筑的定义

目前，国内外对于智能建筑有着多种定义，尚无统一标准。它之所以至今在国内外尚无统一的定义，其重要原因之一是当今科学技术正处于高速发展阶段，很多新的高科技成果不断应用于智能建筑，于是智能建筑的含义便随着科学技术的进步而不断完善，其内容与形式都在不断发生着变化。

我国GB 50314—2015《智能建筑设计标准》给出的智能建筑定义是“以建筑物为平台，基于信息设施和对建筑物内外各类信息的综合应用，具有感知、推理、判断和决策的综合智慧能力及形成以人、建筑、环境互为协调的整合体，它以符合人类社会可持续发展的良好生态及节约资源行为，为人们提供高效、安全、便利及延续现代功能的环境”。这个以国家标准形式对智能建筑的定义明确了智能建筑的内容及含义，规范了智能建筑的概念，符合智能建筑本身动态发展的特性。

建筑智能化系统（Building Intelligent System）是智能建筑中应用现代通信技术、信息技术、计算机网络技术、监控技术的电子信息系统，包括楼宇自动化系统（Building Automation System，BAS）、通信自动化系统（Communication Automation System，CAS）、办公自动化系统（Office Automation System，OAS）、智能保安系统（Safety Automation System，SAS）、智能防火系统（Fire Automation System，FAS）、建筑耗能采集及能效监管等多个子系统。智能化系统是智能建筑的必要条件，但不是充分条件。智能建筑是一个综合的系统化工程，建筑、结构、给水排水、供暖与通风、电气等部分构成有机整体，犹如人的身体，只有各个器官协调作业，才能表现为健康状态。智能建筑的“智能”，也就是要建筑像人一样，能“知冷知热”，自动调节空气、水、阳光照射等，创造既节能又安全、健康、舒适的环境。

智能建筑是为适应现代社会信息化与经济国际化的需要而兴起，随着现代计算机技术、现代通信技术和现代控制技术的发展和相互渗透而发展起来，并将继续发展下去的多学科、多种高新技术巧妙集成的产物。

1.1.3 智能建筑与传统建筑

智能建筑与传统建筑最大的区别在于建筑的“智能化”，即它不仅具有传统建筑物的全部功能，最根本的是它具有一定的“智能”或称智慧。也就是说，它具有某种“拟人智能”特性及功能，主要表现在：①具有感知、处理、传递所需信号或信息的能力；②对收集的信息具有综合分析、判断和决策的能力；③具有发出指令并提供动作响应的能力。

智能建筑建立在行为科学、信息科学、环境科学、社会工程学、系统工程学、人类工程学等多种学科相互渗透的基础上，是建筑技术、计算机技术、信息技术、自动控制技术等多种技术彼此交叉、综合运用的结果。因此，智能建筑具有传统建筑无与伦比的优越性，它不仅可以提供更舒适的工作环境，而且可以节省更多的能源，更及时、更快捷地提供更多的服务，获取更大的经济效益。

1.1.4　智能建筑的功能

对于智能建筑的功能，立足点不同，其要求也不相同。一是站在建筑物内工作环境及居住人员接受服务方面考虑：为人们提供一个高效的工作环境与优越的生活环境。二是从建筑物设备方面考虑：应给建筑物配备必要的机电设备、通信设施以及采用相应的技术，使得智能建筑可以为用户提供五大方面的服务功能，即舒适性、安全性、便捷性、高效性及经济性。

（1）舒适性　智能建筑提供室内适宜的温度、湿度和新风，提供多媒体音像系统、装饰照明、公共环境背景音乐等。建筑物内装有电力设备、照明设备、暖通空调设备、电梯设备、卫生设备及监控系统，大大提高人们工作、学习和生活环境质量。

（2）安全性　智能建筑应确保人、财、物的高度安全，以及具有对灾害和突发事件的快速反应能力。建筑物内装有火灾、地震等灾害的自动检测和报警功能，以及关系到生命财产安全的防火、防灾、防盗功能和信息安全功能的装备和设施，实现以安全状态为中心的防灾自动化。

（3）便捷性　智能建筑通过建筑物内外四通八达的电话、电视、计算机局域网、因特网等现代通信手段和各种基于网络的业务办公自动化系统，为人们提供一个高效便捷的工作、学习和生活环境。

（4）高效性　智能建筑是一栋高效率的建筑物或者多栋高效率的建筑群。通过计算机网络，将智能建筑中分离的设备、子系统、功能、信息，集成为一个相互关联的统一协调的系统，实现信息、资源、任务的重组和共享。它表现为整幢建筑或者建筑群运行管理的自动化。例如，电力设备的有效性控制，空调系统的有效控制，设备状态的自动监视，电梯运行的统一管理。这些都摆脱了原来孤岛式的单项传统监控手段，使之更集中统一、更高效。

（5）经济性　建筑的运营成本比建设成本高得多。建筑智能化是绿色建筑在运营管理方面的一个技术性环节，提高建筑智能化系统的管理水平将有效地降低智能建筑的运营成本。

应该指出的是，“智能”只是一种手段，离开绿色、节能和环保的可持续发展策略，再“智能”的建筑也将无法存在。

1.2　智能建筑的组成及核心技术

1.2.1　智能建筑的核心技术

智能建筑与传统建筑不同，除了有一般的供配电、给排水、暖通空调设施外，还综合利用了现代计算机技术（Computer）、现代控制技术（Control）、现代通信技术（Communication）和现代图形显示技术（CRT），即“4C”技术，它是实现智能建筑的手段。由于现代控制技术是以计算机技术、信息传感技术和人工智能技术、现代通信技术为基础，所以“4C”技术的核心是信息技术。

（1）现代计算机技术　当代最先进的计算机技术应该首推的是并行处理、分布式计算机系统。该技术的主要特点是采用统一的分布式操作系统，把多个数据处理系统的通用部件合并为一个具有整体功能的系统，各软、硬件资源管理没有明显的主从管理关系。分布式计算机系统更强调分布式计算和并行处理，不但做到整个网络的硬件和软件资源共享，同时也要做到任务和负载共享。同时，“微内核”技术是计算机操作系统方面的研究和发展方向，它的优点是能够支持多处理机及分布式系统，能够支持多种操作系统的用户界面，结构易于根据用户的要求进行拼接，克服现有操作系统适应性、开放性差和效率不高的缺点。现代计算机技术不仅具有运算速度快和执行效率高的优势，更重要的是现代计算机技术能与其他科学技术领域的技术相结合。

（2）现代控制技术　现代控制技术是现代控制理论与计算机的最新技术的有机结合。常用的控制系统为分布式控制系统（Distributed Control System，DCS），它采用多层分级的结构形式，从下而上分为过程控制级、控制管理级、部门管理级和决策管理级。每级用一台或数台计算机，级间连接通过数据通信总线。系统具有安全可靠、通用灵活、最优控制和综合管理强等优点。目前，国际最先进的现代控制技术为开放性控制网络技术。该技术采用Web技术，可以将室内温度、相对湿度、空气洁净度、给水排水、照明等信息送往企业内部网，并能远程查询调用，完成参数设定，实现远程控制。

（3）现代通信技术　现代通信技术实质上是通信技术与计算机网络技术的结合。由于大量采用计算机技术，不仅大大加快了通信的发展速度，而且也使现代通信可以为广大用户提供种类繁多的优质服务。计算机技术和其他新技术的介入，使现代通信技术形成了许多分支，如卫星通信、光纤通信、数据通信、计算机网络通信、移动通信等。即现代通信技术的基本特征是宽带化、综合化、个人化、数字化和智能化。

（4）现代图形显示技术　现代图形显示技术主要体现在计算机的操作和信息显示的图形化，即窗口（Windows）技术与多媒体技术的完美结合。例如，通过多媒体技术与交互式电视（ITV）技术的结合，可以实现“三电合一”，完成电话、计算机、电视（三位一体）的综合功能。

1.2.2 建筑智能化系统的组成与集成

1. 建筑智能化系统的组成

依据GB 50314—2015《智能建筑设计标准》，建筑智能化系统由信息设施系统（Information Technology System Infrastructure，ITSI）、信息化应用系统（Information Technology Application System，ITAS）、建筑设备管理系统（Building Management System，BMS）、公共安全系统（Public Security System，PSS）、机房工程（Engineering of Electronic Equipment Plant，EEEP）与建筑环境（Architectural Environment，AE）等系统组成。

（1）信息设施系统（ITSI）　适应信息通信科技发展，对建筑物内各类具有接收、交换、传输、存储和显示等功能的信息系统予以整合，形成实现建筑的业务及管理等综合应用功能之统一、融合的信息设施基础条件。信息设施系统一般包括以下系统：

1）通信接入系统。利用接入网，将建筑物外部的共用通信网或专用通信网的接入系统引入建筑物内，提供电话、数据、图形图像等业务，满足建筑物内用户对各类信息通信业务的需求。

2）电话交换系统。电话通信的特点是通话双方要求实时对话，因而要在一个相对短暂的时间内在双方之间临时接通一条通路，故电话交换系统应具有传输和交换两种功能。这种系统通常由用户线路、交换中心、局间中继线和干线等组成。

3）信息网络系统。计算机网络系统，主要指局域网。

4）综合布线系统。综合布线系统是建筑物或建筑群内部之间的传输网络。它能使建筑物或建筑群内部的语音、数据通信设备、信息交换设备、建筑物物业管理及建筑物自动化管理设备等系统之间彼此相连，也能使建筑物内通信网络设备与外部的通信网络相连。它可根据需要灵活地改变建筑物内的布线结构，有很强的通用性，可将建筑物内的语音、数据、视频传输融为一体，重点是用于语音和计算机网络的通信，是智能建筑重要的基础设施之一。利用它们在各系统间建立起有机的联系，把原来相对独立的资源、功能等集合到一个相互关联、协调和统一的完整系统之中，通过建筑物内所设的综合计算机管理系统——建筑设备管理系统（BMS）对各子系统进行科学、高效的综合管理，以实现信息综合、资源共享，实现智能建筑中的系统集成，所以系统一体化集成是智能建筑的核心。

5）室内移动通信覆盖系统。室内移动通信覆盖系统是将基站的信号通过有线方式直接接入到室内的每个区域，再通过小型天线将基站信号发射出去。

6）卫星通信系统。卫星通信系统由地球同步卫星、卫星地球站组成。卫星起中继作用，在两个地球站或多个地球站之间进行通信。

7）有线电视及卫星电视接收系统。有线电视及卫星电视接收系统由卫星电视接收系统、城市有线电视光节点和有线电视分配系统组成。

8）信息导引及发布系统。为公众及来访者提供告知、信息发布和查询系统，满足人们对信息传播直观、生动、醒目的要求。

9）时钟系统。时钟系统由母钟、时间服务器、时钟网管系统、子钟等构成，为有时基要求的系统提供同步校对信号。

还有广播系统、会议系统等。

（2）信息化应用系统（ITAS） 为满足建筑物使用需要，以信息设施系统为基础，具有各类专业化业务门类和规范化运营管理模式的多种类信息设备装置及应用操作程序组合的应用系统。系统结构一般都是由数据库、服务器、工作站、网关、路由器等网络设备及软件构成的。信息化应用系统一般包括：工作业务应用系统、物业运营管理系统、公共服务管理系统、智能卡应用系统、信息网络安全管理系统。

（3）建筑设备管理系统（BMS） 为实现绿色建筑的建设目标，具有对各类建筑机电设施实施优化功效和综合管理的系统。建筑设备管理系统一般包括暖通空调制冷系统、给排水系统、供配电系统、照明控制系统和电梯系统等建筑物基本设备系统。

（4）公共安全系统（PSS） 综合运用现代科学技术，以维护公共安全，应对危害社会安全的各类事件而构建的技术防范系统或安全保障体系。公共安全系统一般包括火灾自动报警系统（Fire Automation System，FAS）、安全技术防范系统（Security Automation System，SAS）和应急联动系统（Coalition Emergency Response System，CERS）等。

（5）机房工程（EEEP） 提供各智能化系统设备装置等安装条件，并建立确保各智能化系统安全、可靠和高效地运行与维护的环境而实施的综合工程。

（6）建筑环境（AE） 建筑环境应是高效、健康的工作和生活环境；应能适应人们对建筑物功能性、安全感、舒适度、便利性的需求；应符合人们对建筑环保、节能等绿色环境的要求。

2. 建筑智能化系统的集成

智能化集成系统（Intelligented Integration System，IIS）将不同功能的建筑智能化系统，通过统一的信息平台实现集成，以形成具有信息汇集、资源共享及优化管理等综合功能的系统。

1.3 建筑管理系统

建筑管理系统包括建筑设备管理系统、公共安全系统与机房工程。如前所述，建筑设备管理系统主要对各类建筑机电设施实施优化管理，所对应的自动化系统即为建筑设备自动化系统（BAS）。公共安全系统包括安全防范系统（SAS）、火灾自动报警（FAS）与应急联动系统（CERS）（消防联动控制系统）三部分。广义的建筑设备管理系统（BMS）的结构如图1-1所示。本书主要讨论建筑设备自动化系统。

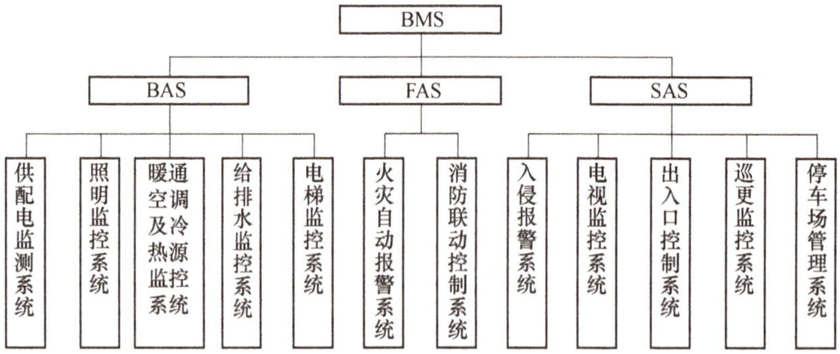

图1-1 建筑设备管理系统（BMS）结构

1.3.1 建筑设备自动化系统（BAS）的功能

（1）设备监控与管理 能够对建筑物内的各种建筑设备实现运行状态监视，起停、运行控制，并提供设备运行管理，包括维护保养及事故诊断分析，调度及费用管理等。

（2）节能控制 包括空调、供配电、照明、给排水等设备的控制。它是在保障室内建筑环境的前提下实现节能、降低运行费用的节能控制。

1.3.2 建筑设备自动化系统（BAS）的范围及内容

（1）供配电系统 安全、可靠的供配电是智能建筑正常运行的先决条件。供配电系统对电力系统除具有继电保护与备用电源自动投入等功能要求外，还必须具备对开关和变压器的状态，系统的电流、电压、有功功率与无功功率、电能等参数的自动监测，进而实现全面的能量管理。为保证供配电系统运行的安全性、可靠性，现阶段的BAS仅对系统进行监测。

（2）照明系统 对于公共建筑，照明系统的能耗仅次于供暖、通风与空调系统。照明系统的用电量大，还会导致冷气负荷的增加。因此，智能建筑的照明控制应十分重视节能。

（3）电梯系统 7层及以上住宅楼、高层建筑（10层及以上）均需配备电梯。高层建筑大多数为电梯群组。需要利用电梯附带的计算机实现群控，以达到优化传送、控制平均设备使用率和节约能源等目的。建筑设备自动化系统对电梯楼层的状况、电气参数等也需监测，并可联网实现优化管理。

（4）供暖、通风与空气调节系统 供暖、通风与空气调节系统在建筑物中的能耗大，故在保证室内环境的条件下，应尽量降低能耗。该系统是BAS的重点监控内容。

（5）给排水系统 实现智能建筑给排水设备的可靠、节能运行具有积极的意义。

建筑智能系统的监控范围及内容如图1-2所示。

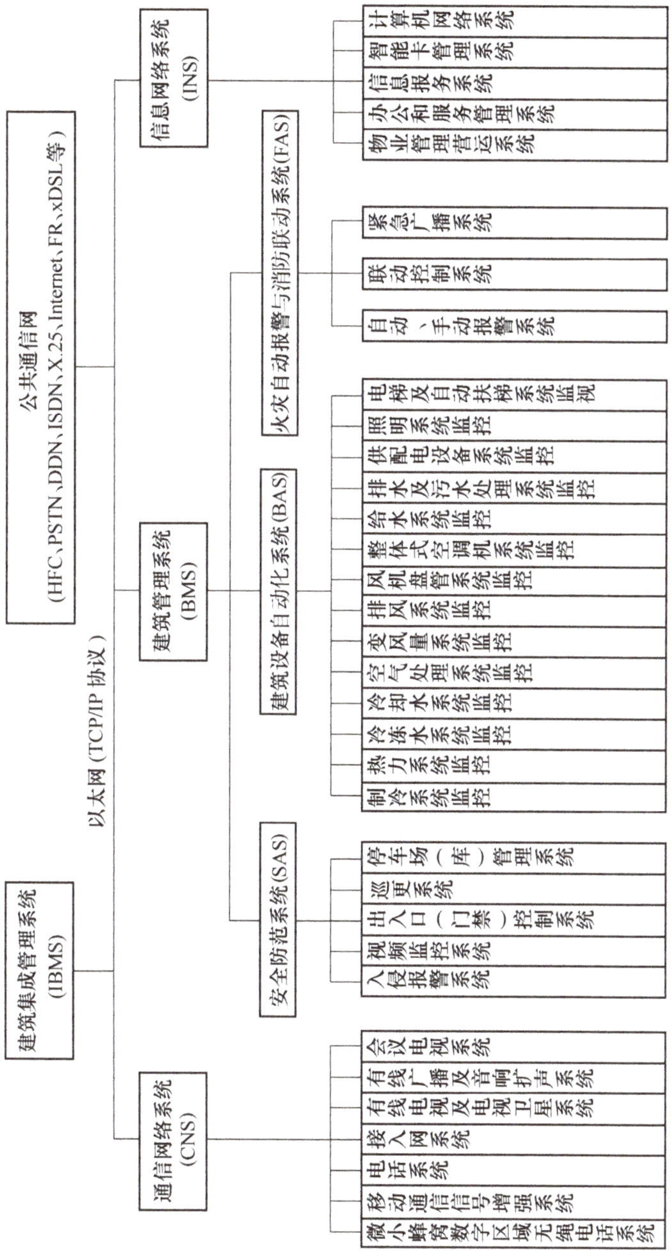

图 1-2　IBMS 监控范围及内容

1.3.3 建筑管理系统（BMS）的自动测量、监测与控制

1. BMS的自动测量

BMS的自动测量根据被测量的性质或测量仪器的不同，可以分成以下几种：

（1）选择测量 选择测量指在某一时刻，值班人员需要了解某一点参数值，可选择某点进行参数测量，并在荧光屏上用数字表示出来，或用打印机打印出来。如果测得的数值与给定值之间有偏差，就将其偏差送到中央监控装置。

（2）扫描测量 扫描测量是指以选定的速度连续逐点测量，对测量点所取得的资料都规定上限值和下限值，每隔一定时间扫描一次，如果超出规定值，由蜂鸣器报警，并在显示器上显示出来，遇到未运转的设备就跳位，自动把它除外，继续进行扫描。

（3）连续测量 连续测量是指采用常规仪表进行在线不间断的测量和指示。

2. BMS的自动监视

BMS的自动监视指对建筑物中的配电设备、空调、卫生、动力设备，火灾及安全防范设备，照明设备，应急广播设备，电梯设备等进行监视、测量、记录等。

（1）状态监视 状态监视和故障监视两种装置并用的情况较多，其目的是监视设备的起停、开关状态及切换状态。

起停状态——空调、卫生设备的风机、泵及冷冻机、锅炉的起动、停止状态。

开关状态——配电、控制设备的开关状态。

切换状态——空调、卫生设备的各种阀的开关切换状态。

（2）故障、异常监视 机电设备发生异常故障时，应分别采取必要的紧急措施及紧急报警。通常，重大故障紧急报警一旦出现，必须紧急停止和切断电源，轻故障时一旦发出报警，应马上紧急停止设备运行，而不切断电源。

（3）火灾监视 在建筑物中，应设有火灾自动报警系统，该系统由火灾探测器、火灾报警装置和消防联动装置等组成。当火灾发生时，探测器能把火灾信号转换成电信号，传送给报警控制器，报警控制器通过警报装置发出声、光报警信号，并通过消防联动控制设备发出一系列的减灾、灭火控制信号。

（4）暖通空调系统的监视 暖通空调系统的监视包括：风机、阀门、水泵、冷热源设备的运行状态监视，测量点的监视，保护装置的监视，温度、压力、流量的监视等。

3. BMS的自动控制

BMS的自动控制包括建筑设备的起停控制、设定值控制、设备（或系统）的节能控制和消防系统控制等。BMS的自动控制方式按控制系统的结构分类，主要分为开环控制、闭环控制和复合控制。例如，设备的起停控制属于开环控制，室内温、湿度的控制既可采用闭环控制又可采用复合控制。

1.4 建筑设备自动化的发展

1.4.1 历史与现状

建筑设备自动化系统的发展历史可追溯至19世纪末。当时，为了对供暖、通风、电力

等设备进行控制，西欧和美国的一些公司生产了机械控制器和电气控制器，之后随着科学技术的进步及其在工业过程控制中应用的相互促进，控制器不断更新换代，到20世纪50年代，出现了气动仪表控制系统；60年代发展为电动单元组合仪表；70年代出现电子仪表和采用小型电子计算机的集中式控制系统；80年代出现采用微型计算机的分布式控制系统（DCS）。几十年前兴起的高层建筑，其内部安装的设备和系统越来越多，越来越复杂，如变配电系统、供暖通风空调系统、给排水系统、消防系统、保安系统及停车管理系统。采用气动、电动或电子仪表对各个设备进行控制并监视它们的工作状态已经不能满足建筑设备工艺的发展。后来，为了进行集中控制，将这些设备的状态信息和控制信号全部引入中央监控室，但由于需要大量导线和安装麻烦等问题，一般只将一些重要设备在中央控制室内操作和监控，大部分设备仍在现场操作，这就形成了集中监控系统的雏形。

20世纪70年代以后，人们开始应用计算机实现集中控制。最初，为了达到集中监控的目的只是在中央控制室设置一台计算机，以其为核心，辅以必要的外围设备，组成计算机集中控制与监视系统。与常规仪表控制系统相比，这种计算机集中控制系统具有许多优点，如功能齐全、可用于复杂过程控制；高度集中，便于信息的分析与综合，易于实现最优控制；可用软件组态，控制灵活；用CRT代替仪表盘，有利于操作人员监视和操作。在这个阶段，先后引进了直接数字控制系统（Direct Digital Control System，DDCS），计算机、模拟仪表混合控制系统，计算机监督控制系统（SCC）。但是，这种计算机集中控制系统有着与生俱来的缺点。这些缺点是：

1）集中式的计算机控制降低了系统的可靠性，风险高度集中，虽然可采用双重计算机等冗余技术，但成本提高。

2）模拟信号数字化的工作在计算机端，使得太多太长的现场连线通过各类干扰环境到达现场，使系统抗干扰的设计和实现都十分困难。

3）系统的规模受到较大的限制。

为了提高控制系统的可靠性，克服计算机集中控制危险集中的致命弱点，提出了一种新的控制思想，即把危险分散、管理集中，形成了新型的控制系统——分布式控制系统（Distributed Control System，DCS），DCS是一种管理控制的模式，其实质是集中管理、分散控制。所谓分散控制，就是在众多设备的附近（现场），设置带有微处理器芯片的控制器，然后再把这许多称为“分站（Substation）”或“分散控制单元（DCU）”或“直接数字控制器（DDC）”的现场控制器以一定的网络结构形式连接起来，形成控制网络。由于多台微型计算机分散在现场进行控制，避免了集中式控制系统风险高度集中的缺点。另外，由于数字控制器可以靠近现场，使现场连线大大缩短，便于实现大范围的系统控制。数据通信、CRT显示、监控计算机及其他外设的加入使得系统成为一个整体，可实现集中操作、管理、显示及报警，克服了常规仪表控制盘面过于分散、人机交互困难的问题。值得注意的是，分布式控制系统在现场控制器这一级仍然是一个集中式结构。现场控制器一般都是多控制回路结构，这就使得危险还是有些集中，分散只是相对而言。

随着网络技术的发展，智能传感器、智能执行器和具有互操作性的开放式现场总线技术的出现，分布式控制系统（DCS）向现场总线控制系统（Filed Control System，FCS）的结构模式过渡，从而使系统有更大的灵活性、更低的成本和更广阔的市场，必将打破原有“控制器”概念，带来计算机控制系统体系结构上的变化，使之进一步分散化。完全分散化的效果是十分明显的。微处理器直接嵌入现场设备内部，控制范围缩小到某一监测点或某一回路，一个智能单元出现故障如同过去一只变送器出现故障一样，加之取代传统仪表的智能单元随时处于自诊断状态下，能够及时发现故障并报警，在事态扩大之前就能得到及时处理，可以把事故消灭在萌芽阶段。另外，即使上位机出现了故障，由于智能单元本身具有独立的控制功能和通信功能，不依赖于上位机，仍可照常执行预定功能，并通过现场总线传送信息，完成必要的协调功能。因此，不是像分布式控制系统只能依靠双机热备份的冗余措施来提高可靠性，而是通过控制功能的极度分散，最大限度地消除故障根源。可见，控制功能的进一步分散化，不仅带来了更低的成本，更大的灵活性，更好的实用性，而且具有更高的可靠性。这种完全分散的，真正开放的控制系统必将取代分布式控制系统，成为新一代的控制体系结构——现场总线控制系统（FCS）。目前的现状是，很多厂家在自己的分布式控制系统中大量使用了现场总线技术，比如在管理总线和控制总线下设一现场总线，挂在现场总线上的现场控制器称为二级控制器。二级控制器通过现场总线进行通信，独立完成对供暖通风与空调（HVAC）、灯光、保安、门禁等设备的智能控制。

1.4.2 建筑设备自动化技术的发展趋势

根据计算机、信息和通信技术的发展，21 世纪的 BAS 应主要具备以下技术：

（1）网络技术　基于 Web 的 Intranet 网络技术成为建筑物或企业内部的信息主干网络的主流信息。建筑物自动化系统不仅可以监控建筑物内的温度、湿度、空气洁净度、给排水、电力、照明等，并能将这些信息送往企业内部网。所有的这些信息可以远程查询和调用，完成参数设定，实现远程操作。

（2）控制网络技术　在计算机网络技术的推动下，控制系统要向体系结构的开放性网络互联方向发展，即开放性控制网络具有标准化、可移植性、可扩展性和可操作性。

对于用户来说，他们心目中的开放性就是从不同供应商任意选择具有最佳性价比的最优秀的各种产品、系统和服务，把它们紧密地组合成为适用于该用户的一个建筑设备自动化系统的可能性。例如，系统中大量使用的现场设备种类繁多，有传感器、驱动器、I/O 部件、变送器、变换器、阀门等。如果各厂商遵循公认的标准，保证产品满足标准化，来自不同厂家的设备在功能上可以用相同功能的同类设备互换，实现可互换性；不同厂家的设备采用相同的通信协议，它们之间可以相互通信，可以在多个厂家设备共同组成系统的环境中正常工作，实现可互操作性。通信协议是计算机之间通信和传输文件的一组标准。没有这些协议，计算机之间就好像在说不同的语言。开放性系统中使用的通信协议，是指公认的通信协议，它服务于开放性系统。如 BACnet 通信协议是在信息管理域方面为实现不同的系统互联而制定的标准。BACnet 有比 LonWorks 更为强大的大数据量通信和运行高级复杂算法的能力，有更强大的过程处理、组织处理的能力，适用于大型智能建筑。LonWorks 通信协议是在实时控制域方面为建筑物自控系统中传感器与执行器之间的网络化，并在它们之间实现互操作而制定的标准。因此，适合在智能型大楼中供暖通风空调系统、电力系统、照明系统、消防系统、保安系统之间进行通信和互操作。这种情况下 LonWorks 标准可以提供一种较为经济的方法，因为该协议对这种类型系统的运用效果最佳。在一幢智能建筑中，可以仅用一个协议，如 BACnet，也可以采用协议组合方案。例如，图 1-3 所示是一些重要的系统厂商提出的 LonWorks 和 BACnet 的组合方案。在实时控制域方面，在设备级采用 LonWorks 标准，而在信息管理域方面，在上层网之间互联采用 BACnet 标准。

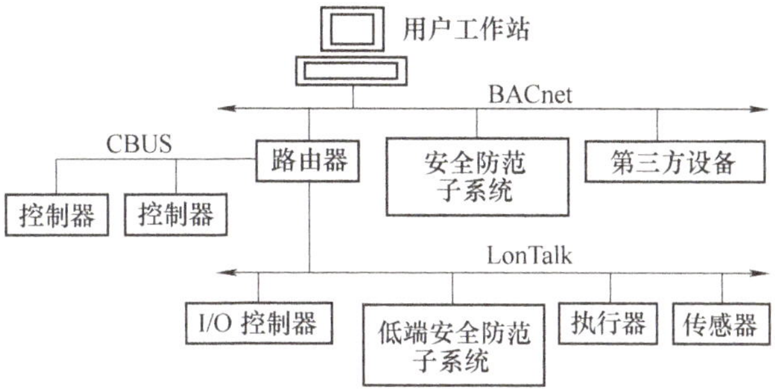

图 1-3 LonWorks 和 BACnet 的组合方案

（3）智能卡技术 随着半导体芯片技术的不断发展，智能卡体积小、存储容量大、携带与使用方便、安全性与可靠性好、可脱机运行、一卡多用的优越性能越来越突出。

（4）可视化技术 此技术是指基于网络化的视像传输、交互和提供多媒体视像服务技术。

（5）家庭智能化技术 通过家庭智能化技术，实现家庭中各种与信息相关的通信设备、家用电器和家庭保安装置集中的或异地的监视和控制，以及进行家庭事务性管理。

（6）无线电局域网技术 该项技术利用微波、激光、红外线作为传输媒介，摆脱了线缆的束缚。

（7）数据卫星通信技术 该技术又称为小型数据通信站（VSAT），是将通信卫星技术引向多功能、智能化、设备小型化，同时综合应用多波束覆盖、星载处理技术、地面蜂窝移动通信和计算机软件技术等。

复习思考题

1-1 什么是智能建筑？智能建筑的功能是什么？

1-2 简述智能建筑的组成及其核心技术。

1-3 简述建筑智能化的组成及结构。

1-4 什么是建筑设备自动化系统？其功能有哪些？

1-5 什么是建筑管理系统？它包括哪些内容？有何特点？

1-6 建筑设备自动化的发展趋势是什么？

第 2 章 计算机控制系统与通信网络结构

2

智能建筑是现代通信技术（Communication）、现代计算机技术（Computer）和现代控制技术（Control）与现代建筑技术（Architecture）的结晶。它使得传统建筑跃变为能够提供安全、高效、舒适和便捷的建筑环境，将工作、生活在其中的人们带入了信息时代，提高了人们的工作效率和生活质量，实现了信息、资源、任务的共享和重组。

2.1 建筑设备自动化系统的技术基础

建筑设备自动化系统（BAS）是采用现代4C技术对建筑物内的建筑设备（如暖通空调设备、给水排水设备、照明设备和电梯设备等）进行自动化监控和管理的中央监控系统，它是智能建筑不可缺少的基本系统。

2.1.1 计算机控制技术

计算机控制技术是计算机技术和自动控制技术相结合的产物，是实现BAS的核心技术之一。计算机以其强大的运算、逻辑判断、信息存储等功能，能够完成基于模型的控制算法，实现最优控制，保证建筑设备运行处于最佳工况，使性能指标参数满足工艺要求，性能价格比高。因此，建筑设备只有采用计算机控制技术，才能实现安全、高效、舒适和便捷的建筑环境。

1. 计算机控制系统的基本原理

计算机控制系统一般由计算机、D－A转换器、执行器、被控对象、测量变送器和A－D转换器组成，是闭环负反馈系统，如图2-1所示。

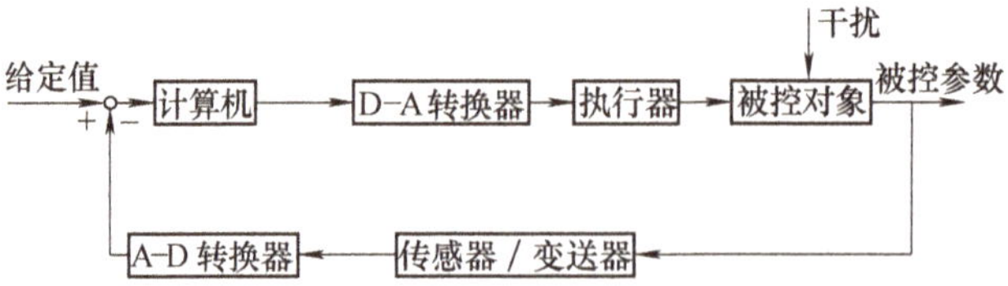

图 2-1 计算机控制系统的基本框图

自动控制的任务是控制某些参数按照指定的规律变化，满足设计要求。计算机控制系统的控制过程为：

（1）数据采集　对被控参数实时检测并转化成标准信号输入到计算机。

（2）控制　计算机对采集的数据信息进行分析、求偏差并按照已确定的控制算法进行运算，发出相应的控制指令，产生调节作用施加于被控对象。

上述过程循环往复，使得被控参数按照指定的规律变化，满足要求。同时对被控参数的变化范围和设备的运行状态实时监督，一旦发生越限或异常情况，进行声光报警，并迅速采取应急措施做出回应，防止事故的发生或扩大。

2. 计算机控制系统的组成

为了完成上述的实时监控任务，计算机控制系统包括硬件和软件两部分，其组成框图如图2-2所示。

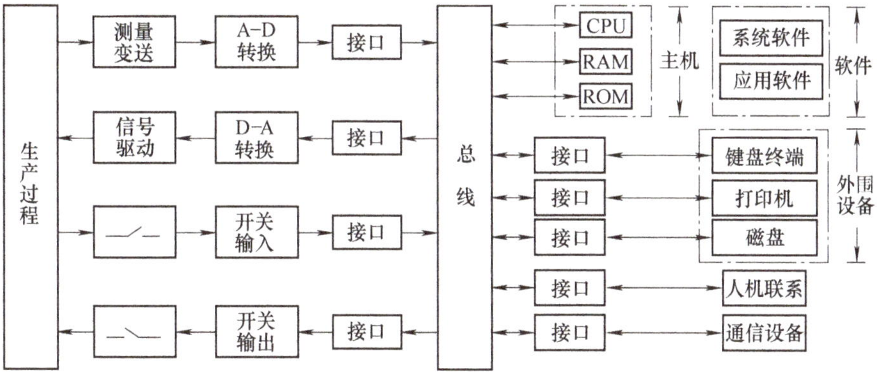

图2-2 计算机控制系统的组成框图

（1）硬件部分 硬件主要包括主机、外围设备、过程输入输出通道、人机联系设备等。

1）主机。它是计算机控制系统的核心，对反映生产过程的被控参数进行巡回检测、控制运算、数据处理和报警处理等，并向现场设备发送控制命令。

2）外围设备。常用的外围设备有输入设备、输出设备和外存储器。输入设备，用来输入程序、数据或操作指令。输出设备，如显示器、打印机、绘图仪等，以字符、曲线、表格、画面等形式反映测控信息和设备运行工况。外存储器，如磁盘驱动器、光盘驱动器等，兼备输入和输出功能，用来存放程序、数据信息等，作为内存的备用存储设备。

3）过程输入输出通道。包括模拟量输入通道、数字量输入通道、模拟量输出通道、数字量输出通道。

① 模拟量输入通道（AI）。它将测量变送器输出的、反映生产过程的被控参数（如温度、压力、流量、物位、湿度等）的标准电流信号DC 0～10mA或DC 4～20mA转变为二进制数字信号，经接口送与计算机。模拟量输入通道的组成如图2-3所示。I/V（电流/电压）变换器是将测量变送器输出的DC 0～10mA或DC 4～20mA变换为DC 0～5V、DC 0～10V或DC 1～5V，满足A－D转换器的输入量程信号需要。多路（Multiplex）开关将各个输入信号依次地连接到公用放大器或A－D转换器上，它是用于切换模拟电压信号的重要元件。要求其理想的开路（或导通）电阻为无穷大（或零），而且切换速度快、噪声低、寿命长和工作可靠，以提高测量精度。采样保持器按照一定的时间间隔T（采样时间）把时间和幅值均连续的模拟电压信号$y(t)$，转变为在离散时刻0、T、$2T$、…、kT的离散电压信号$y^*(t)$，$y^*(t)$在时间上是离散的，但在幅值上仍是连续的。采样宽度τ表示采样开关的闭合时

间。模拟信号的采样过程如图2-4所示。由信号的采样过程可知，$\overset{*}{y}(t)$仅取在离散时刻0、T、$2T$、…、kT的信号值而非全部时间上的信号值。为了保证采样后的信号值不失真，采样频率$\overset{*}{f}$需满足香农采样定理的要求，即$\overset{*}{f} \geqslant 2f_{max}$（被采样信号频谱的最高频率）。这样$\overset{*}{y}(t)$就能唯一地复现$y(t)$。实际应用中，常取$\overset{*}{f} \geqslant (5 \sim 10) f_{max}$。A－D转换器基于双斜积分式或逐次比较式的转换方式将$\overset{*}{y}(t)$量化成二进制数字信号。主要技术指标有：

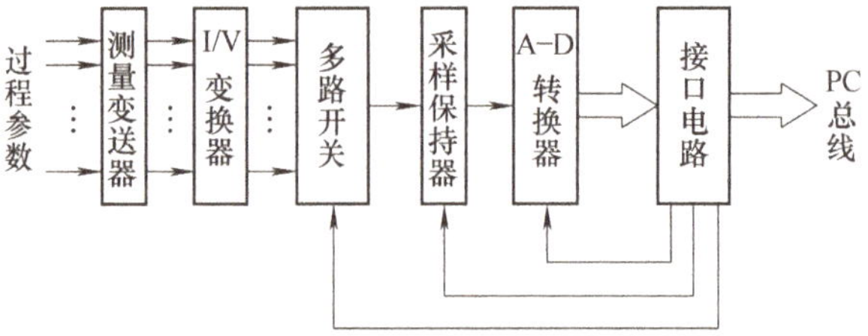

图2-3 模拟量输入通道的组成

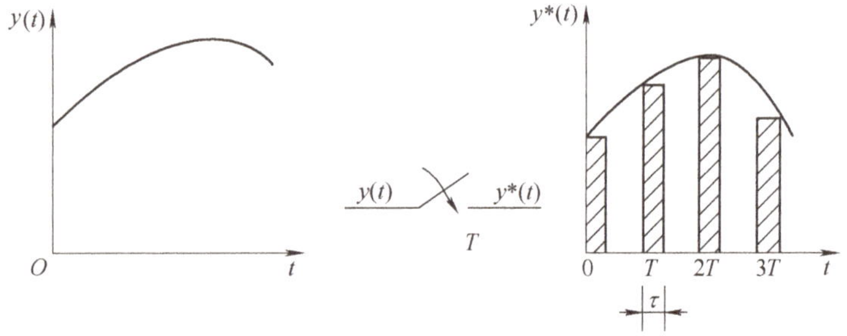

图2-4 模拟信号的采样过程

- 转换时间：完成一次模拟量到数字量转换所需要的时间，单位为ms或μs。
- 分辨率：A－D转换器对输入量微小变化的敏感程度，通常用数字输出最低位（LSB）所对应的模拟输入的电平值表示。
- 线性误差：理想的量化特性应是线性的。但实际的量化特性是非线性的。偏离理想量化特性的最大误差定义为线性误差，用$1/2^n$LSB或±1LSB表示。
- 输入量程：所能转换的输入电压的范围，如DC0～5V、DC0～10V或DC1～5V等。

② 数字量输入通道（DI）。它将反映生产过程或设备的、具有二进制逻辑“1”和“0”特征的状态参数信号（如电气开关的闭合/断开、指示灯的亮/灭、继电器或接触器的吸合/释放、电动机的起动/停止等）采集并输送给计算机。其对应的二进制逻辑“1”和“0”数字信号均代表生产过程或设备的一个状态，这些状态作为控制的依据。它主要由输入调理电路、输入缓冲器和输入地址译码器等组成，如图2-5所示。输入调理电路接受反映生产过程或设备的、具有二进制逻辑“1”和“0”特征的状态参数信号。由于采集状态参数信号时，可能存在的瞬间高压、过电流、接触抖动等现

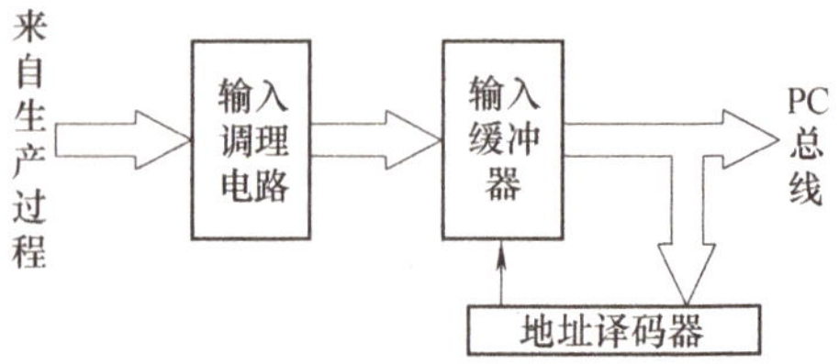

图2-5 数字量输入通道的组成结构

象，必须把采集到的状态参数信号经过保护、滤波、隔离和转换等技术措施处理后，使其成为计算机能够接受的逻辑信号。

输入调理电路的结构形式如图 2-6 所示。输入缓冲器（数字量输入接口）如三态门 74LS244，如图 2-7 所示。获得状态信息后，经过端口地址译码，得到片选信号$\overline{CS}$，当执行 IN 指令周期时，产生$\overline{IOR}$信号，则获取的状态信息可通过三态门送到 PC 的数据总线，然后装入 AL 寄存器。

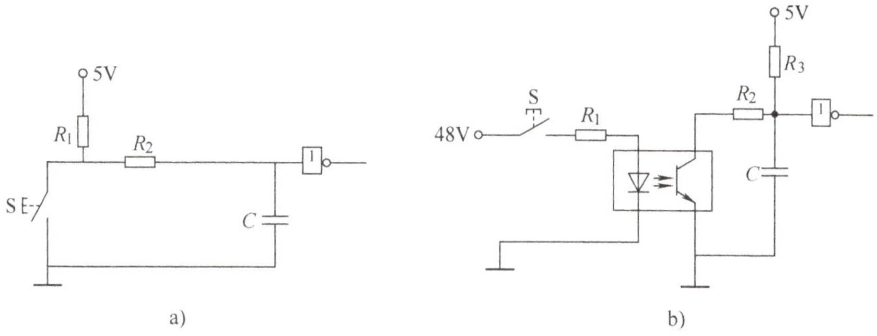

图 2-6 输入调理电路的结构形式

a）小功率输入调理电路 b）大功率输入调理电路

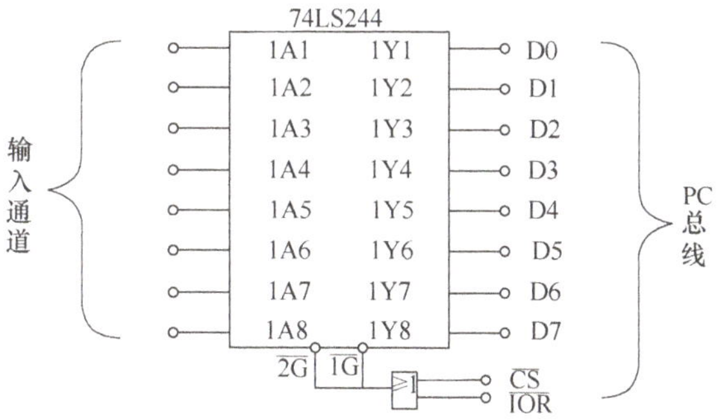

图 2-7 数字量输入接口

设片选端口地址为 port，则可用如下指令来完成读数：

MOV DX，port

IN AL，DX

模拟量输入通道（AI）和数字量输入通道（DI）也可称作计算机控制系统的前向通道。

③ 模拟量输出通道（AO）。它是计算机控制系统实现连续控制的关键部分。其主要作用是计算机输出的控制指令（数字量形式）转换成模拟电流信号，以便驱动相应的执行器；同时产生调节作用克服各种干扰对被控参数的影响，保证被控参数按照指定的规律变化，满足设计要求。它主要由接口电路、D－A 转换器、输出保持器和 V/I 转换器等组成，如图2-8所示。D－A 转换器的输出电压或电流信号与二进制数和参考

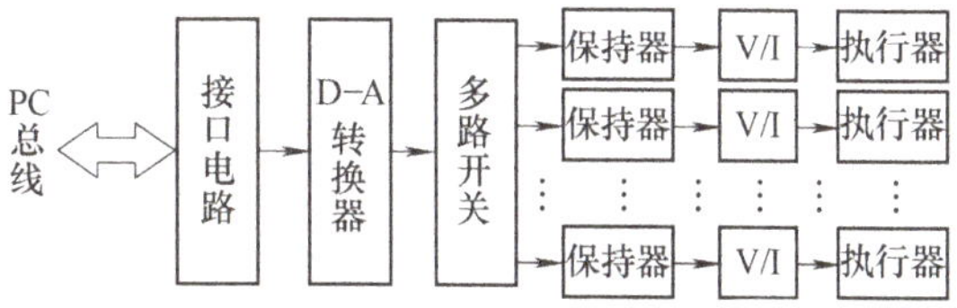

图 2-8 模拟量输出通道的组成结构

电压成比例，电阻解码网络是D-A转换器的核心，有R-2R型和权电阻型解码网络。D-A转换器的主要技术指标有：

- 分辨率：当输入数字发生单位数码变化时（即LSB位产生一次变化时），所对应输出的模拟量（电流或电压）的变化量，即用满量程输出值的$1/2^n$来表示。显然数字量的位数n越多，分辨率越高。
- 建立时间：当输入数字信号的变化是满量程时，输出的模拟量信号达到稳定值的$\pm 1/2^n$LSB范围所需要的时间，单位为$n\mu s$。
- 线性误差：与A-D转换器的线性误差定义相似。
- 输出量程：电压型一般为DC 5~10V，还有DC 24~30 V；电流型一般为DC 0~10mA或DC 4~20mA。

输出保持器的主要作用是将D-A转换器输出的离散模拟量信号变成连续模拟量信号，在新的控制信号到来之前，维持本次控制信号不变。

V/I转换器即电压/电流转换器。对于电压型D-A转换器而言，将其电压输出信号转换为DC 0~10mA或DC 4~20mA，去控制电动角行程（DKJ）或电动直行程（DKZ）执行器，产生连续调节作用或通过变频器控制电动机的转速。

④ 数字量输出通道（DO）。它是计算机控制系统实现断续控制的关键部分，主要由输出寄存器、地址译码器和输出驱动器等组成，如图2-9所示。输出寄存器（数字量输出接口）如74LS273，对kT时刻的计算机输出状态控制信号进行锁存，直至$(k+1)T$时刻输出新的状态控制信号进行刷新并保持，如图2-10所示。经过端口地址译码，得到片选信号$\overline{CS}$，当执行OUT指令周期时，产生$\overline{IOW}$信号，设片选端口地址为port，则可用如下指令来完成控制数据的输出：

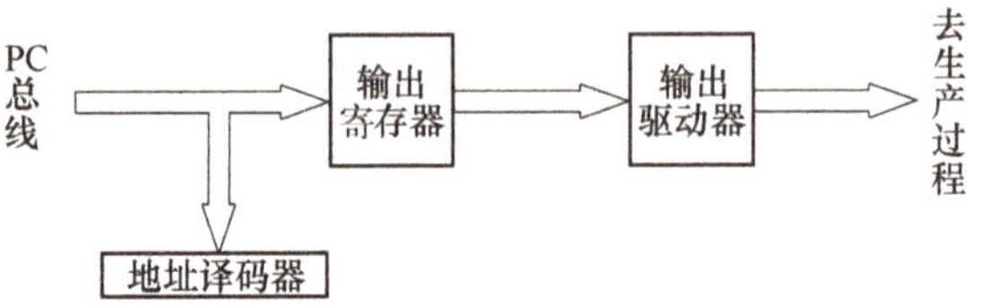

图2-9 数字量输出通道的组成结构

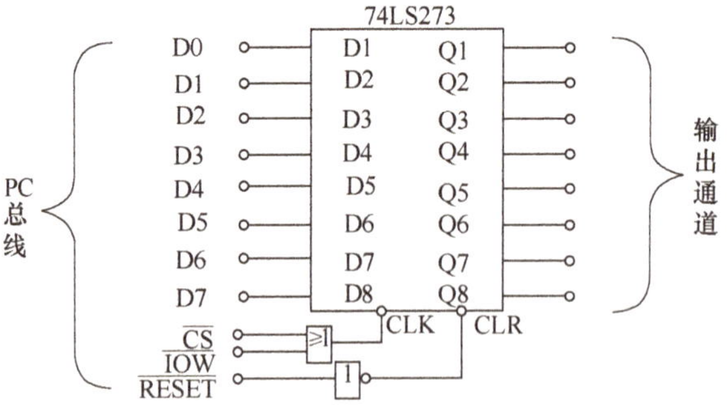

图2-10 数字量输出接口

```
MOV AL, DATA
MOV DX, port
OUT DX, AL
```

输出驱动器将计算机输出的表征“1”和“0”的 TTL 电平控制信号进行功率放大，满足伺服驱动的要求（如控制电动机的起停），如图 2-11 所示。

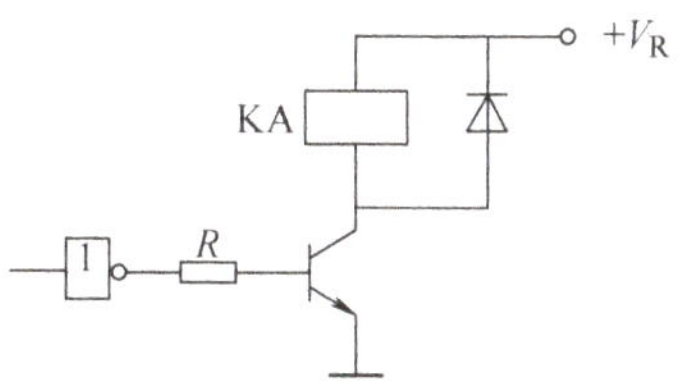

图 2-11　输出驱动器的结构形式

模拟量输出通道（AO）和数字量输出通道（DO）也可称作计算机控制系统的后向通道。

4）人机联系设备。操作员与计算机之间的信息交流是通过人机联系设备（如键盘、显示器、操作面板或操作台等）进行的。具有显示设备的状态、显示操作结果和供操作人员操作的功能，是人与计算机联系的界面。

（2）软件部分　对于计算机控制系统而言，除了硬件组成部分以外，软件同样必不可少。软件是指能够完成各项功能的计算机程序的总和。它分为系统软件和应用软件两大部分。按照使用的语言划分，软件可分为机器语言、汇编语言和高级语言；按其功能划分，可分为系统软件、应用软件和数据库等。系统软件通常由计算机厂家提供，专门用于使用和管理计算机的程序。对于用户而言，它们仅作为开发应用软件的工具，而且不需要用户自己设计，如 Windows、Linux 等。应用软件是面向生产过程或其他活动、满足一定功能要求的程序，如数据采样程序、数字滤波程序、A－D 和 D－A 转换程序、PID 控制算法程序、键盘处理程序和显示/记录程序等。应用软件大多由用户自己根据实际需要，进行研发和使用。

3. 计算机控制系统的分类

计算机控制系统的类型与其所控制的生产对象和工艺要求密切相关，被控对象和工艺性能指标不同，相应的计算机控制系统也不同。以下根据计算机系统的特点分别加以介绍。

（1）操作指导控制系统　操作指导控制系统是指计算机的输出只是对系统的过程参数进行采集、处理，然后输出反映生产过程的数据信息，并不直接用来控制生产对象。操作人员根据这些数据进行必要的操作，其原理图如图 2-12 所示。

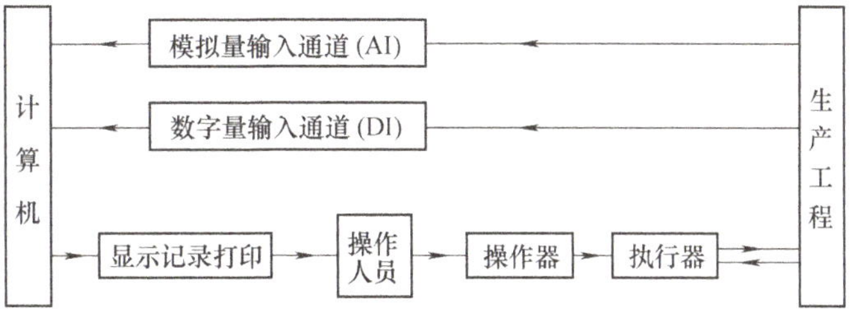

图 2-12　操作指导控制系统原理图

该系统属于开环控制结构，即自动检测＋人工调节。其特点是结构简单，控制灵活、安全，尤其适用于被控对象的数学模型不明确或试验新的控制系统。但仍需要人工参与操作，效率不高，不能同时控制多个对象。

（2）直接数字控制系统　直接数字控制（Direct Digital Control，DDC）系统是用一台计算机对多个参数进行实时数据采集，按照一定的控制算法进行运算，然后输出调节指令到执行机构，直接对生产过程施加连续调节作用，使被控参数按照工艺要求的规律变化，其原理图如图 2-13 所示。

（3）计算机监控系统　计算机监控（Supervisory Computer Control，SCC）系统采用两级

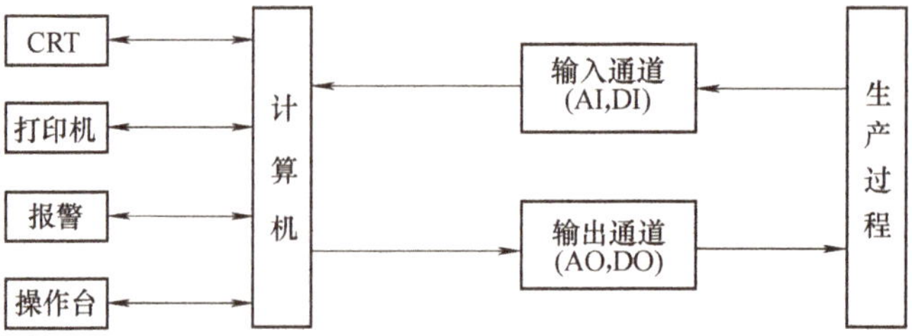

图 2-13 DDC 控制系统原理图

计算机模式。SCC 用计算机按照描述生产过程的数学模型和反映生产过程的参数信息，实时计算出最佳设定值送与 DDC 计算机或模拟控制器，由 DDC 计算机或模拟控制器根据实时采集的数据信息，按照一定的控制算法进行运算，然后输出调节指令到执行机构，执行机构对生产过程施加连续调节作用，使被控参数按照工艺要求的规律变化，确保生产工况处于最优状态（如高效率、低能耗、低成本等）。SCC 系统较 DDC 系统更接近生产实际的变化情况，它是操作指导系统和 DDC 系统的综合与发展，它不但能进行定值调节，而且也能进行顺序控制、最优控制和自适应控制等。

SCC 系统的结构形式有两种：一种是SCC + DDC 控制系统；另一种是 SCC + 模拟调节器控制系统。SCC + DDC 控制系统原理图如图2-14 所示。

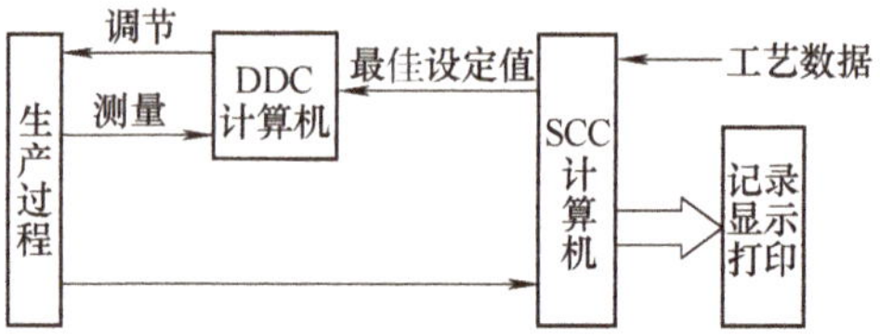

图 2-14 SCC + DDC 控制系统原理图

（4）分布式控制系统 分布式控制系统（Distributed Control System，DCS）又称集散控制系统。它采用分散控制、集中操作、分级管理、综合协调的设计原则，从下到上将系统分为现场控制层、监控层、管理层。DCS 系统实际上是一种分级递阶结构，如图 2-15 所示。具有高级管理、控制、协调的功能。在同一层次中，各计算机的功能和地位是相同的，分别承担整个控制系统的相应任务，而它们之间

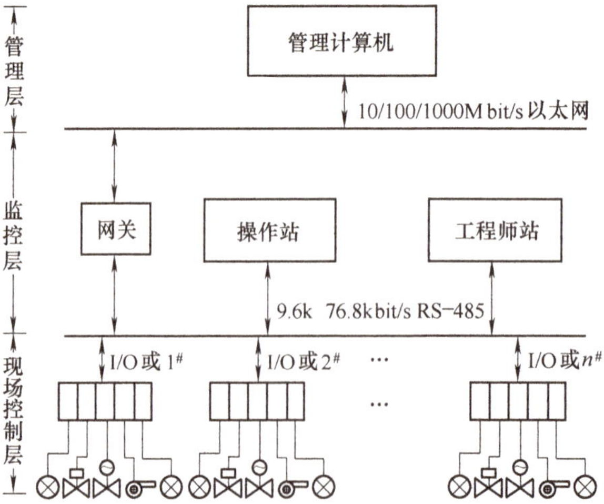

图 2-15 DCS 控制系统原理图

的协调主要依赖上一层计算机的管理，部分依靠与同层次中的其他计算机数据通信来实现。由于实现了分散控制，系统的处理能力提高很多，而危险性大大分散，较好地满足了计算机控制系统的实用性、可靠性和整体协调性等要求。根据被控对象的特性和生产工艺的要求，集散控制系统可采用顺序控制、定值控制等控制策略和相应的控制算法。

集散控制系统的基本组成由面向被控对象的现场 I/O 控制分站、面向操作人员的操作站（中央站）、面向监控管理人员的工程师站、管理计算机和满足系统通信的计算机网络等几个组成部分。

1）现场 I/O 控制站。基于“分解原理”，将复杂的被控对象分解为 n 个简单子对象分别实施相应的控制。只要 n 个子对象的控制指标满足要求，则整个复杂被控对象的控制指标也就满足工艺的要求。因此，控制系统的复杂程度得以降低；控制方案的确定、控制算法的选择等的实现更加简便；同时，系统的危险性愈发分散，可靠性得到提高。现场 I/O 控制站的数目 n 根据被控对象的复杂度而定，复杂度越高，n 越大。它由微处理器、存储器、I/O 模块、内部总线和通信接口等组成，是承担现场分散控制任务的网络节点。现场 I/O 控制站又称分站，它的主要功能有三项：

① 实时采集表征生产过程的各种参数（如温度、压力、流量、物位、湿度、电流、电压、功率等）和状态信号（如设备的起/停、电气开关的闭/开、触点的吸合/释放、灯的亮/灭等），经数字化处理后，送入存储器储存，从而形成一个反映生产现场实际工况，而且对所采集到的数据信息进行实时更新的实时映象（动态数据库）。

② 将其采集到的实时数据信息通过通信网络上送至操作员站、工程师站及其他现场 I/O 控制站，以便实现全系统范围内的控制、监督和管理；同时，现场 I/O 控制站还可以接受来自操作员站、工程师站的下传指令，实现对现场 I/O 控制站工艺参数设定值的变更，以及现场工况的人工调控。

③ 担任现场的闭环负反馈控制、顺序控制等任务。

2）操作员站。操作员站由工业微机、键盘、鼠标器或轨迹球、CRT 和操作控制台组成，是实现人 - 机界面功能的网络节点，起着汇总报表及图形显示的作用。它使操作人员及时了解现场工况、各种运行参数的当前值、是否有异常情况发生及其声光报警、联锁保护动作等。也可以通过输入设备（如键盘、鼠标器）对生产过程进行调控，确保安全生产、优质高产、节能降耗。

除了实现人 - 机界面功能外，操作员站还具有历史趋势曲线和运行报表的生成功能。运行报表可分为时报、班报、日报、周报、月报和年报等，并可按用户的需求打印输出。历史趋势曲线主要是了解过去某个时间范围内，某些运行参数的变化情况，或根据需要与当前数据的变化情况相对照，以便得到一些概念性的结论，使得操作人员“有的放矢”地进行调控。中央站停止工作不影响分站功能和设备运转，但会中断局部网络通信控制。

3）工程师站。工程师站主要对 DCS 进行离线的配置、组态、在线的系统监控和维护网络节点的工作。系统工程师通过它可以及时调整系统的配置、参数设定，从而使 DCS 处于最佳的工作状态之下。此外，工程师站对各个现场 I/O 控制站、各个操作员站的运行状态和网络的通信情况等进行实时监控。一旦发现异常，报知系统工程师及时采取相应的措施，进行调整或维修，保证 DCS 能够连续、正常运行，不会因此对生产过程造成损失。

4）DCS 的通信网络。DCS 的基本结构是计算机网络，面向被控对象的现场 I/O 控制站、面向操作人员的操作站、面向监控管理人员的工程师站都是连接在这个网络上的三类节点，均包括 CPU 和网络接口等，也都具有自己特定的网络地址（节点号），可以通过网络发送和接受数据信息。网络中的各节点地位平等、资源共享且相互独立，形成信息集中、控制和危险分散、可靠性提高的功能结构。此外，DCS 的网络结构还具有极强的扩充性，能够方便、灵活地满足 DCS 的升级和扩充要求。DCS 的通信网络是一个控制网络，不同于普通的计算机网络，应具有良好的实时性，较高的安全性、可靠性和较强的环境适应性等特殊要求。

计算机网络常用的拓扑结构有星形（Star）、总线型（Bus）、环形（Ring）三种。从信息传送的实时性方面来说，星形（Star）网是最好的，但各个节点之间的通信必须经过中央节点进行，存在“瓶颈”问题，使得危险性增大，不符合 DCS 较高的安全性和可靠性的要求。因此，目前应用最广的网络结构是总线型（Bus）网和环形（Ring）网。在这两种网络结构中，各个节点地位平等，它们之间的通信均可通过网络直接进行。

为了实现网络节点之间的通信，涉及介质访问控制问题。当前使用最广的技术是载波侦听多路访问/冲突检测（CSMA/CD）方式和令牌（Token）控制方式。CSMA/CD 方式是一种争用方式，网络中的哪个节点争用到传输介质，哪个节点有权进行通信，有一定的随机性，不能满足 DCS 良好的实时性的要求，因此，DCS 中极少采用 CSMA/CD 方式。令牌（Token）是一组特定的二进制码，它作为有权占有传输介质的标志。令牌在网络节点之间按次序轮流传递，形成循环。某个节点在接到令牌的某时段内有权占有传输介质，进行通信，时段结束转交下一个节点，循环往复，各个节点均可定时占有传输介质，发送信息。令牌（Token）控制方式不但可以对各个节点占用传输介质的时段加以确定，而且对各个节点占用传输介质的顺序也可进行设定和调整，因此信息传送的实时性好。所以，目前 DCS 几乎都采用令牌（Token）控制方式，有令牌总线方式（Token－bus）、令牌环形方式（Token－ring）两大类，均满足实时性、分散性的要求。

DCS 虽然称为分布式控制系统，但其现场测控层并未彻底实现分布。现场 I/O 控制站的控制器与现场自动化仪表（如传感器、执行器）的测控信号联系仍然为 DC 4～20mA 的模拟信号。因此，DCS 是半数字化系统。

（5）现场总线控制系统　现场总线控制系统（Field－bus Control System，FCS）是一种全数字、半双工、串行双向通信系统。用于连接现场智能仪表，全部采用数字信号传输。因此 FCS 是全数字化系统。根据国际电工委员会 IEC 的标准和现场总线基金会 FF 的定义，现场总线（Field－bus）是连接现场智能仪表和自动控制系统的数字式、双向传输、多分支结构的通信网络，即现场总线是控制系统中最底层的通信网络，它以串行通信方式取代传统的 DC 4～20mA 模拟信号，能为众多现场智能仪表实现多点连接。它支持处于底层的现场智能仪表，利用公共传输介质与上层系统互相交流信息，具备双向数字通信功能。现场总线技术自 20 世纪 80 年代诞生至今，不但满足了工业控制系统向分散化、网络化、智能化发展的要求，而且简化了系统的安装、维护和管理，减少了系统的投资、运行成本和线缆数量，增强了系统的性能。因此，现场总线成为全球工业自动化技术的热点所在，是近年来迅猛发展的一种工业数据总线。

1）现场总线控制系统的基本组成。FCS 由现场智能节点（能够完成数据信息的采集、运算，执行控制指令和通信等功能的智能仪表）、管理计算机和满足系统通信的计算机网络等组成，如图 2-16 所示。

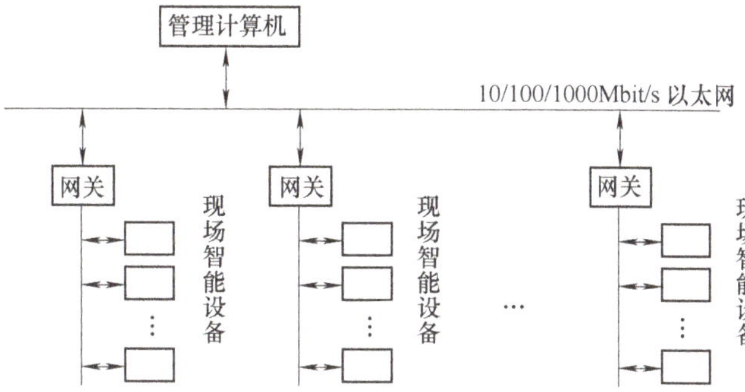

图 2-16　FCS 原理图

由于 FCS 中的现场智能节点共享总线，相比传统控制方式中，现场测量变送器、执行器与控制器之间的点对点连接，不仅减少了线缆数量，而且实现了双向数字通信。FCS 采用总线（Bus）拓扑结构，站点分为主站（上位机、编程器）和从站（测量变送器、执行器）。主站采用 Token - bus 的介质访问控制方式，令牌按逻辑环传递，从站不占有令牌。整体上为主从/令牌（Master Slave/Token Passing，MS/TP）的介质访问控制方式。

2）现场总线控制系统的特点。FCS 与 DCS 相比，其优势表现在以下六个方面：

① 现场通信网络。现场总线将通信线一直延伸到生产现场的生产设备，构成现场智能仪表互连的通信网络，信号传输全数字化，抗干扰能力强，精度高。避免了传统的 DC 4 ~ 20mA 模拟信号在传输过程中的信号衰减、精度下降、噪声干扰的引入等问题。

② 现场设备互连。由于现场智能节点之间通过一对信号传输线互连，一对信号传输线使得 N 个现场智能节点能够双向传输信号。这种一对 N 的形式使得系统的接线简单，投资/安装费用下降，维护简便，增加或减少现场智能节点容易实现，只需将其挂接到信号传输线上或从信号传输线上直接拆除。

③ 互操作性。由于现场总线设备实现了功能模块及其参数的标准化，因此设备间有很好的互操作性。来自不同制造厂家的现场设备可以异构，组成统一的系统。用户可以自由地选择性能价格比最优的、不同品牌的现场设备，将它们集成在一起，实现“即插即用”，克服 DSC 产品互不兼容，方便了用户。

④ 分散的系统结构。FCS 废弃了 DCS 的 I/O 控制站，将其 I/O 单元和控制功能块分散给现场仪表，用户通过选用现场仪表，并对其统一组态，就可以控制回路，从而构成虚拟控制站。每个现场仪表作为一个智能节点，能够完成数据信息的采集、运算，执行控制指令和通信等功能，任何一个节点发生故障仅影响局部而不会危及全局，从而实现了彻底的分散，提高了系统的可靠性、灵活性和自治性。

⑤ 开放式互联网络。现场总线为开放式互联网络，所有的技术和标准均是公开的，面向所有的用户和制造商。因此，用户根据需求可以自由地集成不同制造商的通信网联，既可以与同类网络互联，也可以与不同网络互联，极大地方便用户共享网络数据库的信息资源。

⑥ 通信线供电。该方式允许现场智能节点直接从通信线（现场总线常用的信号传输线为双绞线）上摄取能量，节省电源、低功耗、本质安全。

（6）建筑物自动化系统的现场总线 随着现场总线技术在工业自动化领域的广泛应用，一些现场总线技术凭借其优势，逐渐在一些应用领域形成较大的影响。目前较为流行的现场总线主要有以下5种：

1）基金会现场总线（Foundation Field－bus，FF）。FF以ISO/OSI开放系统互联参考模型为基础，取其物理层、数据链路层、应用层作为FF通信模型的相应层次，并在应用层上增加了用户层。用户层主要针对自动化领域的测控需要，定义了信息存取的统一规则，采用了设备描述语言规定了通用的功能块集。

FF分低速H1和高速H2两种通信速率。低速的传输速率为31.25kbit/s，通信距离为200～1900m（取决于物理传输介质），每段节点数最多32个。高速的传输速率为1.0Mbit/s和2.5Mbit/s，通信距离分别为750m和500m，每段节点数最多124个，低速和高速通过网桥（Bridge）互连。支持总线供电，物理传输介质为双绞线、同轴电缆、光纤和无线发射。

2）局部操作网络（Local Operating Network，LonWorks）。LonWorks是由美国Echelon公司在1991年推出的实时测控网络，并与Motorola和东芝公司共同倡导的现场总线技术。它采用了OSI参考模型全部的七层协议结构。LonWorks技术的核心是具备通信和控制功能的Neuron芯片。Neuron芯片实现完整的LonWorks的LonTalk通信协议。其上集成有三个8位CPU：一个CPU完成OSI模型第一和第二层的功能，称为介质访问处理器；一个CPU是应用处理器，运行操作系统与用户代码；还有一个CPU为网络处理器，作为前两者的中介，它进行网络变量寻址、更新、路径选择、网络通信管理等。由神经芯片构成的节点之间可以进行对等通信。LonWorks支持多种物理介质并支持多种拓扑结构，组网方式灵活。其最大优点是完全的开放性、高可靠性和低成本，适合现场DDC的互操作。LonWorks应用范围主要包括楼宇自动化、工业控制等，在组建分布式监控网络方面有较优越的性能。

3）过程现场总线（Process Field Bus，PROFIBUS）。PROFIBUS是符合德国国家标准DIN19245和欧洲标准EN50179的现场总线，包括PROFIBUS－DP、PROFIBUS－FMS、PROFIBUS－PA三部分。它也只采用了OSI模型的物理层、数据链路层、应用层。PROFIBUS支持主从方式、纯主方式、多主多从通信方式。主站对总线具有控制权，主站间通过传递令牌来传递对总线的控制权。取得控制权的主站，可向从站发送、获取信息。PROFIBUS－DP用于分散外设间的高速数据传输，适合于加工自动化领域。FMS型适用于纺织、楼宇自动化、可编程控制器、低压开关等。而PA型则是用于过程自动化的总线类型，其通信速率为9.6kbit/s～12Mbit/s，通信距离为100～1200m。PROFIBUS支持双绞线、光纤以及总线供电，最多可以挂接127个站点（主站＋从站）。

4）控制局域网络（Control Area Network，CAN）。CAN是由德国Bosch公司推出的，用于汽车内部的测控网络，其总线规范已成为ISO11898标准。CAN是一种对等式（Peer to Peer）的现场总线，采用了ISO/OSI开放系统互连参考模型的物理层、数据链路层和应用层，其通信速率为5kbit/s～1Mbit/s，通信距离为40m～10km。CAN支持双绞线、光纤，最多可挂接110个节点。CAN节点具有自动关闭功能，当节点出错严重时，则自动切断与总线的联系，从而不影响总线的正常工作。CAN使用总线优先级仲裁技术，按节点类型不同划分不同的优先级，使得优先级高的节点不受影响地发送信息，满足不同的实时要求。

5）可寻址远程传感器高速通道（Highway Addressable Remote Transducer，HART）。是由美国Rosement公司研制的模拟信号/数字信号混用的过渡性产品，它在DC 4～20mA的模拟信号上叠加 Bell202 标准的双频信号（1200 Hz 和 2200Hz）实现了数字信号通信。可寻址远程传感器高速通道采用 ISO/OSI 开放系统互连参考模型的物理层、数据链路层和应用层，支持总线供电，本质安全。HART 使用双绞线，传输距离一般可达 1500m。

（7）计算机集成制造系统（Computer Integration Manufacture System，CIMS）　计算机集成制造系统不但承担着面向过程控制和优化的任务，而且基于获得的生产过程信息，完成整个生产过程的综合管理、指挥调度和经营管理，如图 2-17 所示。

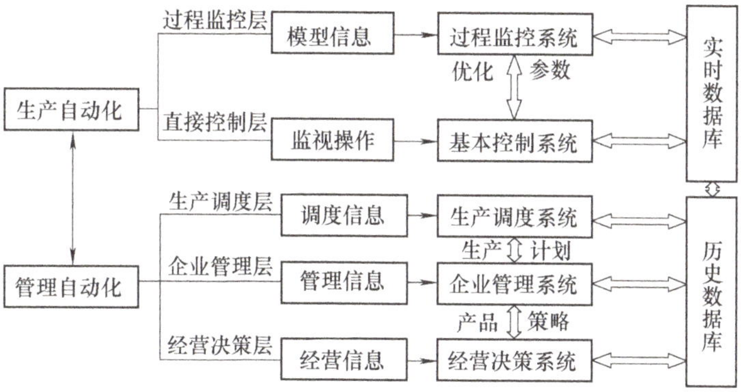

图 2-17　CIMS 控制系统原理图

2.1.2　计算机通信网络技术

计算机网络技术应用是实现智能建筑系统集成的关键技术之一，所谓计算机网络是指计算机设备的互联集合体。它使用通信线路和相关设备将功能不同的、相互独立的多个计算机或计算机系统互联起来，基于功能完善的网络软件实现网络资源的共享和信息的传递。

计算机网络由负责信息处理的资源子网和承担信息传递的通信子网组成。其中资源子网向网络提供可以使用的资源（如计算机、工作站、主机、工控机等）；通信子网则利用通信媒质（如电缆、光纤、微波、红外线等）传递信息。

1. 计算机通信技术

在通信技术中，所谓消息是关于数据、文字、图像和语音等总的称谓。信息是包含在消息中的新内容。信号是指信息的载体与表现形式（如电、光、声音等），是随时间变化的物理量。根据不同的角度，分为连续时间和离散时间信号、模拟信号和数字信号、周期信号和非周期信号。

通信的目的是传递信息。产生和发送信息的设备称为信源，接收信息的设备称为信宿。它们之间的通信线路称作信道。信号在传递过程中可能受到的各种干扰叫噪声。通信系统模型如图 2-18 所示。

图 2-18　通信系统模型

根据数据信息在信道上的传输方向和时间的关系，数据通信（串行传输）可分为：

（1）单工（Sinplex）　数据信息在信道上只能在一个方向上传送，信源只能发送，信宿只能接收，如无线电广播和电视广播。

(2) 半双工 (Half Duplex) 数据信息在信道上能在两个方向上传送，信源和信宿可交替发送和接收数据信息，但不能同时发送和接收，如航空、航海无线通信和对讲机通信。

(3) 全双工 (Full Duplex) 信源和信宿可同时在信道上双向发送和接收数据信息，但要求信道具备满足双向通信的双倍带宽，如电话通信。

由数学可知，任何周期函数 $g(t)=g(t+nT)$，$n=0, 1, 2, \cdots$ (周期为 T) 只要满足狄里希利条件，都可以展开成傅里叶级数，即

$$g(t) = a_0 + \sum_{n=1}^{\infty} a_n \sin(n\omega_0 t) + \sum_{n=1}^{\infty} b_n \cos(nw_0 t) = a_0 + \sum_{n=1}^{\infty} A_n \cos(n\omega_0 t - \theta_n) \quad (2\text{-}1)$$

式中 ω_0——基本角频率，$\omega_0=2\pi f_0=\dfrac{2\pi}{T}$，基本频率 $f_0=\dfrac{1}{T}$；

a_0、a_n、b_n——傅里叶系数，均是与时间无关的常数；$a_0=\dfrac{1}{T}\int_0^T g(t)\mathrm{d}t$，$a_n=\dfrac{2}{T}\int_0^T g(t)\sin(n\omega_0 t)\mathrm{d}t$，$b_n=\dfrac{2}{T}\int_0^T g(t)\cos(n\omega_0 t)\mathrm{d}t$；

A_n——n 次谐波分量的幅值，当 $n=1$，A_1 为一次谐波分量，$n=2$，A_2 为二次谐波分量，…；$A_n=\sqrt{a_n^2+b_n^2}$；

θ_n——n 次谐波分量的辐角，$\theta_n=\arctan\dfrac{b_n}{a_n}$。

以 $n\omega_0$ 为横坐标，A_n 为纵坐标组成的分布图称作幅值频谱图；以 $n\omega_0$ 为横坐标，θ_n 为纵坐标组成的分布图称作相位频谱图。一般在频谱分析中，所指的频谱图是 $A_n-n\omega_0$ 的幅值频谱图。

例如，周期方波 $g(t)=\begin{cases} A & 0<t<\dfrac{T}{2} \\ -A & \dfrac{T}{2}<t<T \end{cases}$，在其信号的傅里叶分析式中，$a_0=0$，$b_n=0$，$a_n=\dfrac{2}{T}\int_0^T g(t)\sin(n\omega_0 t)\mathrm{d}t=\dfrac{2A}{n\pi}[1-\cos(n\pi)]=\begin{cases} \dfrac{4A}{n\pi} & n=1,3,5,\cdots \\ 0 & n=0, 2, 4, \cdots \end{cases}$，则 $g(t)=\dfrac{4A}{\pi}[\sin(\omega_0 t)+\dfrac{1}{3}\sin(3\omega_0 t)+\dfrac{1}{5}\sin(5\omega_0 t)+\cdots]$，周期方波频谱如图 2-19 所示。分析 $A_n-n\omega_0$ 的幅值频谱图可知，随着 $n\omega_0$ 的增大，$|A_n|$ 逐步减小。当 $n\omega_0\to\infty$，$|A_n|$ 趋于 0。其能量

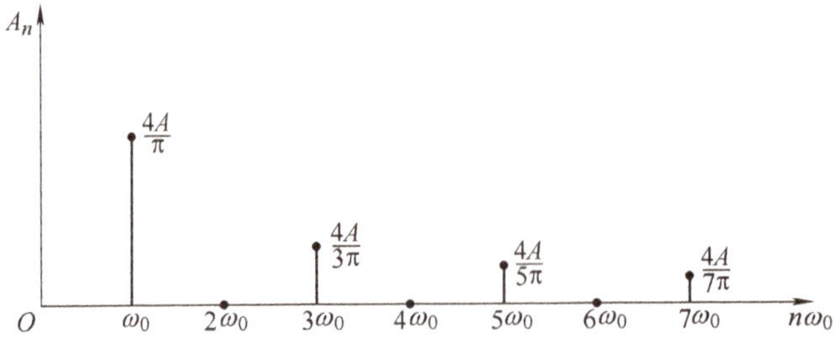

图 2-19 周期方波频谱

（90%以上）主要集中在 $0\sim\omega_0$ 区间，所以将此区间称为周期方波信号的有效频带宽度 ω_B 或 f_B，即周期信号的带宽。周期方波的带宽为 $f_B=\frac{1}{T}$，可知周期信号的带宽与信号作用的持续时间成反比。

由于信号是通过信道传输的，信号的带宽 f_B 越大，其要求信道的带宽 f'_B 越大。信号进行传输时，信号的带宽 f_B 与信道的带宽 f'_B 必须匹配，否则会导致信号传输的失真或信道带宽资源的浪费。在通信技术中，将信道每秒所能传输信息量的最大值称作信道容量或最大信息传输速率 C_b。信道容量的计算式有两种情况。

1）无噪声条件下，奈奎斯特公式

$$C_b=2B\log_2 L \tag{2-2}$$

式中　C_b——信道的信息传输速率（bit/s）；

B——信道的带宽（Bandwidth）（Hz）；

L——某个时刻数字信号可取的离散值的个数。

2）有噪声干扰作用下，香农计算公式

$$C_b=B\log_2(1+S/N) \tag{2-3}$$

式中　S/N——信噪比（Signal Noise Ratio），一般用 $10\lg\frac{S}{N}$ 来表示（dB）；

S——传输信号的功率（W）；

N——噪声功率（W）。

在数字信号传输系统中，有一个与信息传输速率 C_b 密切相关的术语，码元传输速率 C_B，其单位为波特（Baud）。它们的关系如下

$$C_b=C_B\log_2 L \tag{2-4}$$

例如，$B=600\text{Baud}$，$L=4$，则 $C_b=1200\text{bit/s}$。一般情况下，所传输的数字信号为二进制信号（即 $L=2$），则 C_b 与 C_B 的数值相等，故 bit/s 和 Baud 可以混用。

2. 计算机网络拓扑结构

计算机网络拓扑结构是指网络中各站点（或节点）和链路相互连接的方法和形式。常用的网络拓扑形式有星形、总线型、环形、树形和星环形等。

1）星形拓扑。如图 2-20 所示，它由中央节点和通过点对点链接到中央节点的各个站点组成，中央节点与各个站点之间存在主从关系，采用集中式控制策略。

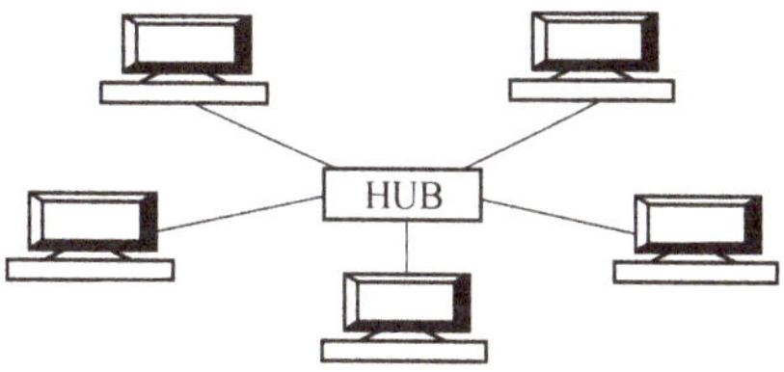

图 2-20　星形拓扑结构

网络中任何一个站点向另一个站点发送数据信息，必须先向中央节点发出申请，由中央节点在两站点之间建立通路，方可进行通信，即先将数据信息发送到中央节点，再由中央节点转发至相应的站点。星形拓扑的优点是网络配置灵活方便，增加、移动或删除站点仅影响星形拓扑中央节点和该站点的链接；单个节点发生故障不会影响全网；网络故障的检测和隔离也容易，只要中央节点工作正常，即可通过它监督链路的工作状态。但是该拓扑形式对中央节点的依赖极大，对其可靠性和冗余度要求高。否则若中央节点发生故障，则造成全网的瘫痪。在网络节点数量相同的情况下，由于网络中的各站

点都需要链接到中央节点上，所以使用线缆数量大。

2）总线型拓扑。总线型拓扑结构如图2-21所示。总线型拓扑采用单根传输媒体作为主干（称为总线），所有的站点均通过相应的输入/输出接口直接链接在总线上，属于多点连接方式。网络中所有的站点平等地共享总线（即对等式），任何站点均可以通过总线发送信息，而且能够被其他所有站点接受；但是，一次仅能够由一个站点发送信息，需要一种传输媒体访问控制策略，以便决定下次由哪一个站点发送信息，一般采用分布式控制策略。总线型拓扑的优点是布线简便，所用的线缆长度短，成本低，可靠性高（无中央节点），增加、移动或删除站点方便；其缺点是故障诊断困难，因为发生网络故障时，需要对总线上所有的站点进行检测。若主干线缆发生故障，则阻断所有信息的传输，并会导致信号反射，产生噪声。为了进一步提高总线型拓扑的可靠性，可采取增加冗余信道（副干线缆）方式。

3）环形拓扑。环形拓扑如图2-22所示。环形拓扑中的站点之间采用点对点的链接，信号在环中由一个站点单向地传输到另一个站点，直到到达目标站点为止。它采用分布式控制策略，每个站点平等地共享环路（对等式），其任务就是接受/转发信息。环形拓扑的信息流具有环形特征。

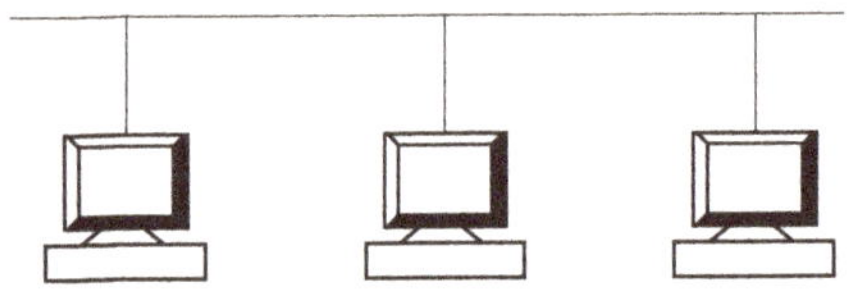

图2-21　总线型拓扑结构

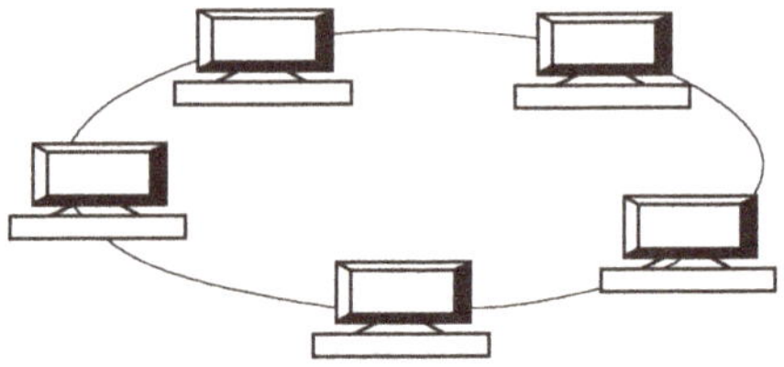

图2-22　环形拓扑结构

环形拓扑的优点所用的线缆长度短，成本低（与总线形拓扑相似），因为其信号单向传输，所以适合用光纤作为传输媒体，信号传输速度快，能实时性传输；其缺点是对各站点的可靠性要求高，若任何一个站点发生故障，则导致全网瘫痪；增加、移动或删除站点需要关闭全网方能进行，重新配置网络；由于任何一个站点的故障都可导致全网的瘫痪，需要对所有的站点进行检测，故障诊断困难。

4）树形拓扑。树形拓扑如图2-23所示。树形拓扑是星形拓扑的演变体，其形状酷似一棵倒置的树，顶端有一个根节点，根节点产生若干分支路与其他站点相链接，其他站点又延伸出许多子分支路与其他子站点相链接，逐级分支、延伸。根节点（中央节点）与各个站点（子节点）之间存在主从关系，采用集中式控制策略。

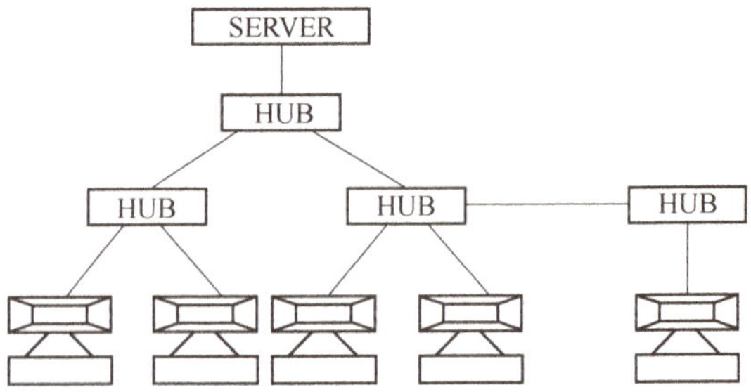

图2-23　树形拓扑结构

网络中任何一个站点向另一个站点发送信息时，首先由根节点接受该信息，然后经其广播发送到全网的各个站点。树形拓扑结构的优缺点与星形拓扑的优缺点基本相同，如增加、移动或删除站点方便，易于扩展网；网络故障的诊断和隔离容易；对根节点的依赖性大，对其可靠性要求高，如果根节点发生故障，则会引起全网瘫痪。

5）星环形拓扑。如图 2-24 所示，它是将星形拓扑和环形拓扑混合起来的一种拓扑结构。其拓扑配置是由一些连接在环形上的集线器再连接星形结构接到每个用户站，兼备星形和环形拓扑的优点。但它需要智能型集线器，以实现网络故障的自诊断和故障节点的隔离。

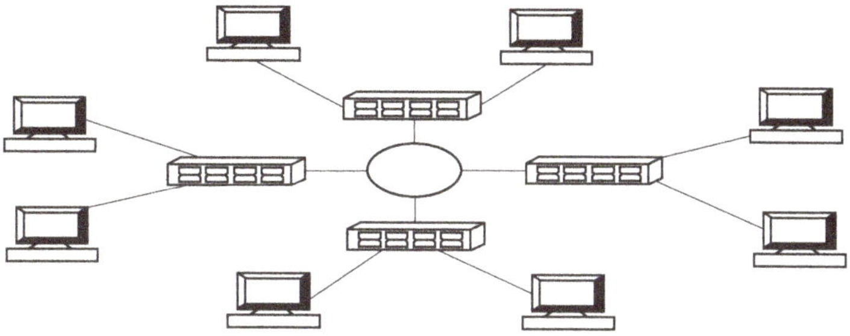

图 2-24　星环形拓扑结构

3. 计算机网络分类

（1）互联网

1）按照距离分类

① 局域网（Local Area Network，LAN）：即在一个适中的地理范围内，通过物理信道，以适中的数据传输速率，使彼此相互独立的数字通信设备实现互联并进行通信的一种数据通信系统。LAN 的覆盖范围一般在几米至几千米。常见的形式有以太网（Ethernet）、令牌环（Token－Ring）、令牌总线（Token－Bus）等。

② 广域网（Wide Area Network，WAN）：它是利用公共远程通信设施，实现用户之间的快速信息交换或者为用户提供远程信息资源的服务。WAN 的覆盖范围通常为几十到几千千米，可跨越城市、跨越地区、跨越国界甚至跨越几个洲，如国际互联网（Internet）。

③ 城域网（Metropolitan Area Network，MAN）：城域网的覆盖范围在局域网和广域网之间，一般为 5～50km。

2）按照传输媒体分类

① 有线网：它使用导向型传输媒体来发送信息。

② 无线网：它使用非导向型传输媒体来进行通信。

3）按数据交换方式分类

① 共享型网络：即网络上的计算机必须争得传输媒体的使用权后方能传输信息。当两个用户相互传送数据时，其他用户就不能传送数据，网络运行效能不高。

② 交换型网络：它的每个工作站都独立地占有一定带宽，采用分组交换的数据传输方式，网络运行效能高。

（2）物联网　物联网（Internet of Things）指的是将各种信息传感设备，如射频识别（RFID）装置、红外感应器、全球定位系统、激光扫描器等装置与互联网结合起来而形成的一个巨大网络。其目的是让所有的物品都与网络连接在一起，方便识别和管理。物联网是利用无所不在的网络技术建立起来的，其中非常重要的技术是 RFID 电子标签技术。物联网是以简单 RFID 系统为基础，结合已有的网络技术、数据库技术、中间件技术等，构筑一个由大量联网的阅读器和无数移动的标签组成的，比 Internet 更为庞大的物联网成为 RFID 技术发展的趋势。在这个网络中，系统可以自动地、实时地对物体进行识别、定位、追踪、监控并触发相应事件。

4. 开放系统互联参考模型

基于解决不同网络设备厂家生产的封闭式网络设备难以实现互联；如何确保网络中传输的信息能够被接收方正确地接收；如何使网络设备能够判断何时该发送信息（或不该发送信息）和保持适当的数据信息传输速度；传输媒体如何正确地布置与链接；二进制在传输媒体中如何表示等问题，国际标准化组织（International Organization for Standardization，ISO）制定了开放系统互联参考模型（Open System Interconnection Reference Model，OSIRM）。它提供了一种功能分层框架，共包括七层，如图2-25所示。

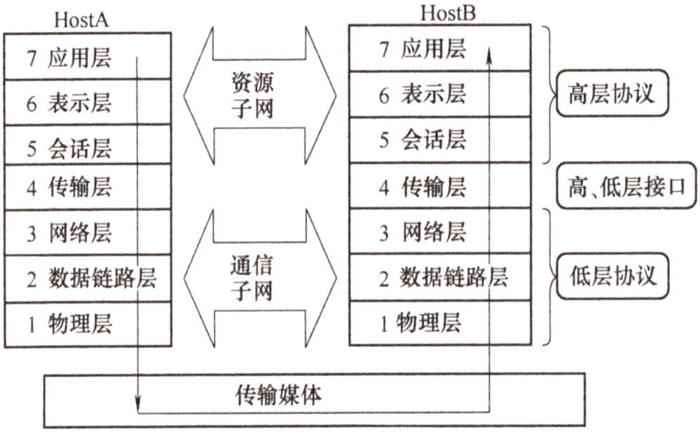

图2-25 OSI参考模型

在OSI参考模型中，OSI的第N层使用第$N-1$层提供的服务（层间会话的规则及通信功能）和本层（第N层）的协议来实现本层（第N层）的功能，并向第$N+1$层（上一层）提供服务，各层的内部工作与相邻层无关。

协议（Protocol）是关于信息交换的术语。通信协议是通信双方（信源和信宿）必须共同遵守规则的集合，它由语法、语义和定时三部分组成。其中，语法确定协议元素的格式（即规定通信双方彼此“如何讲”）；语义确定协议元素的类型（即规定通信双方彼此“讲什么”）；定时则规定了信息交换的次序。

在OSI参考模型中，各层的数据传输单位分别是比特或位（物理层）、帧（数据链路层）、分组（网络层）、数据报（传输层）、数据包（会话层）、数据包（表示层）和报文（应用层）。

OSI参考模型是一个理念框架，利用它可以较好地理解不同网络设备之间所发生的复杂的信息交互过程，它实际上并不能完成任何工作。实际任务由相应的软、硬件来执行和完成。

OSI参考模型各层的功能简介如下：

（1）物理层（Physical Layer） 物理层是OSI参考模型的第1层，向下是物理设备的接口，直接与传输媒体相链接，使比特流通过该接口从信源传递到信宿；向上为数据链路层提供服务（以建立物理链接和数据传输等方式提供服务）。它规定了网络通信设备的机械特性、电气特性和功能特性。机械特性主要指硬件连接的接口，如大小、形状等；电气特性主要指信号的码型、电压电平和电压的变化规则和信号同步等；功能特性包括数据类型、控制方式、目的要求等。它只关注网络的物理连接和信号的准确发送和接收。

（2）数据链路层（Data Link Layer）　数据链路层是 OSI 参考模型的第 2 层，其主要任务是提供一种可靠的、通过传输媒体传输数据的方法。相邻节点之间的数据交换是通过分帧进行的，各帧在发送端按顺序传送，然后通过接收端的校验和应答来保证可靠的数据传输。它具有帧同步、寻址、流量控制和差错控制等功能。

（3）网络层（Network Layer）　OSI 参考模型的第 3 层是网络层，它主要承担把信息从一个网络节点传送到另一个网络节点。若两个网络节点分别处在不同的网络，网络层将决定数据信息通过哪个途径到达目标节点（即路由的选择）。网络层从信源接收报文，将其转化成数据包，负责确定它通过网络的最佳途径，并确保数据包直接发送到信宿。当传送的数据报跨越不同的网络边界时，网络层对通信协议进行转换，使得异构网络能够互联。它具有路由选择、流量控制、定址及寻址等功能。

（4）传输层（Transport Layer）　传输层是 OSI 参考模型的第 4 层，是高层和低层之间进行衔接的接口层，也是通信子网和资源子网的界面。它利用下面 3 层提供的服务向高层提供端到端的可靠传输服务。传输层从会话层取得数据，对其进行必要的分割，再将处理好的数据传输到网络层，而且进行校验以确保所传输的数据能够准确到达目标设备。它具备建立传输连接、数据块排序、差错控制等功能。

OSI 参考模型的前四层提供了良好的数据通路和可靠的数据交换手段。

（5）会话层（Session Layer）　OSI 参考模型的第 5 层是会话层。所谓网络设备之间的会话就是基于传输连接基础和通信协议，通过建立会话连接服务来进行的网络设备会话层之间的通信。如同两人之间的对话，应考虑对话的方式、对话的协调、对话同步等问题。它具有会话的建立、使用和释放，数据交换、会话同步等功能。

（6）表示层（Presentation Layer）　表示层是 OSI 参考模型的第 6 层，它负责处理传输数据的格式、语法、语义的问题，由于信源和信宿双方的数据表示不尽相同，所以需要建立数据交换的格式和约定来确保信源和信宿双方能够相互认识。此外，表示层还负责所传送数据的压缩/解压缩、加密/解密等问题。

（7）应用层（Application Layer）　OSI 参考模型的最高层是应用层，它是用户的应用程序和网络的接口。它为用户直接提供各种网络应用服务，如文件传输、电子邮件、远程登录等。应用层负责将一些应用程序经常使用的该层服务、功能以及相关的协议进行标准化，如 HTTP、FTP、SMTP（E－mail）等。

5. TCP/IP

TCP/IP（传输控制协议/网际互联协议）是一系列协议集合的总称，TCP/IP 主要用于 Internet（因特网）的数据交换。而智能建筑中 IBMS、BMS 的局域网发展方向是 Intranet（内联网），同样采用了 TCP/IP。由于 TCP/IP 的可靠性和有效性，它已经成为目前广泛应用的网间互联标准。

（1）TCP（Transmission Control Protocol）　它是一种面向连接的协议，能够在各种物理网络上提供可靠的、端到端的数据信息传输，并且可以检测到在传输过程中数据包出现的各种问题，针对出现的问题，及时地提供重传、排序和延迟处理等措施，使得数据传输的可靠性极强。所以，许多流行的应用程序（如 FTP、SMTP 等）均使用 TCP。TCP 有报文分段、数据传输的可靠控制、重传和流量控制等功能。

（2）IP（Internet Protocol） IP以数据报的形式传输数据。它将数据分为许多的数据报，每个数据报均独立地进行传输，因此导致每个数据报传输的途径不尽相同，可能出现数据报到达目标的时序混乱或重复传送的问题；而且IP对数据报的传输途径不跟踪、对数据报不进行排序，所以IP是一种不可靠的、无连接的分组数据报协议。它将所有的网络视为同等，负责将数据从信源发送到信宿。

（3）TCP/IP TCP/IP的体系结构分为四层：物理层/数据链路层（或称网络接口层）、网络层、传输层和应用层。其中，TCP和UDP（User Diagram Protocol）定义在传输层；物理层/数据链路层的协议由底层网络定义；IP主要在网络层使用。

1）物理层/数据链路层。它负责通过物理网络（指点对点的链接线路、局域网、城域网、广域网）传送IP数据报，或将接收到的帧转化成IP数据报并交给网络层。

2）网络层。它定义了IP数据报的格式，使得IP数据报经由任何网络，独立地传向目标。同时，该层还要处理路由选择、流量控制等问题。

3）运输层。它提供可靠的、端到端的数据传输服务，确保信源传送的数据报能够准确地到达信宿。其中TCP是一个面向连接的、可靠的传输协议；UDP（用户数据报协议）则是一个不可靠的、无连接的协议，主要用于要求传输速率比准确性更高的报文。

4）应用层。它的作用相当于OSI参考模型的会话层、表示层和应用层的综合，向用户提供一系列的流行应用程序，如电子邮件、文件传输、远程登录等。它包含了TCP/IP中所有的高层协议，如HTTP、FTP、SMTP（E-mail）、DNS服务等。

建筑设备自动化系统（BAS）自20世纪70年代诞生至今，得到了广泛应用和迅猛发展。由于楼宇自控设备种类、数量众多，不同的BAS设备制造商提供具有不同特点的技术产品。为了获得独家控制BAS产品售后市场的丰厚利润，BAS设备制造商通过独立研发，各自将自己的产品做成封闭式系统，导致用户在BAS设备的选型范围、互换性和灵活组态等方面受到极大的限制，最终造成BAS的性能和投资收益的损失。

为了实现不同的BAS设备之间的互操作及其系统的互联，达到信息互通、资源共享的目的，需要一种能够被大家广泛接受、共同遵守的工作语言——数据通信协议标准来完成上述内容，它是BAS设备具备互操作性和形成开放式系统的必要条件。目前BAS广泛应用的通信协议标准有BACnet和LonTalk。

6. 通信协议

（1）BACnet（Building Automation and Control network）通信协议 1995年用于建筑设备自动化控制网络的BACnet通信协议由美国供暖、制冷与空调工程师协会（ASHRAE）公布，同年通过ANSI的认证，成为美国国家标准，也得到了世界范围内（如欧洲楼宇自控领域）的承认。BACnet数据通信协议由一系列与软/硬件相关的通信协议组成，主要包括建筑设备自动控制功能及其数据信息的表示方式、5种LAN通信协议及它们之间的通信协议等。BACnet标准最大的优点是可以与LonWorks等网络进行无缝集成。不过BACnet主要为解决不同厂家的楼宇自控系统相互间的通信问题设计，并不太适用于智能传感器、执行器等末端设备。

1）BACnet数据通信协议的体系结构。BACnet是一种开放性的计算机网络，就必须参考OSIRM。但BACnet没有从网络的最底层重新定义自己的层次，而是选用已成熟的局域网技术，简化OSIRM，形成包容许多局域网的简单而实用的四级体系结构，即BACnet数据通信协议基于 ISORM，选用成熟应用的 LAN 技术和简化 OSIRM 的层次结构，形成包容许多 LAN 的简单、实用的四层体系结构：物理层、数据链路层、网络层和应用层，如表 2-1 所示，达到减少报文长度和通信处理，降低 BA 产品的成本，提高系统性能的目的。其中物理层和数据链路层提供了选项的范围，允许根据需要进行选择；由于 BACnet 网络拓扑的特点，各个 BA 设备之间只需要一条逻辑通路，便不需要最优路由的算法。另外 BACnet 网络由中继器或网桥互联起来，具备单一的局部地址，所以其网络层的功能相对 OSIRM 的网络层而言是简化的（即仅定义一个包含必要寻址和控制信息的网络层头部）；应用层为应用程序提供完成各自功能所需的通信服务，在此基础上，应用程序可以监控 HVAC&R 和其他楼宇自控系统。

表 2-1　BACnet 数据通信协议的体系结构与 OSIRM 比较

BACnet 数据通信协议的体系结构					OSIRM
BACnet 应用层					应用层（7）
BACnet 网络层					网络层（3）
SSO8802－2（IEEE802.2）		MS/TP	PTP	LonTalk 链路层	数据链路层（2）
ISO8802－2（IEEE802.3）	ARCnet	EIA－485	EIA－232	LonTalk 物理层	物理层（1）

2）BACnet 数据通信协议的对象。为了实现不同厂家 BA 设备之间的相互通信，BACnet 采用“对象”（Object，即具备某种特定功能的数据结构或数据元素的集合）的概念，将不同厂家 BA 设备的功能抽象为网络间可识别的“目标”，使用“对象标识符”对 BA 设备进行描述，提供操作数据信息的方法，形成通信软件，而且并不影响各个 BA 设备厂家的产品内部设计及其组态。BACnet 定义了 18 种标准对象类型，如表 2-2 所示。

表 2-2　BACnet 数据通信协议的对象及其应用实例

对象名称	应用实例
模拟输入（Analog Input）	传感器输入
模拟输出（Analog Output）	控制输出
模拟值（Analog Value）	模拟控制系统参数
数字输入（Binary Input）	开关输入
数字输出（Binary Output）	继电器输出
数字值（Binary Value）	数字控制系统参数
时序表（Calendar）	按照时间执行程序定义的日期列表
命令（Command）	完成特定操作（如日期设定等）需向多设备的多对象写多值
设备（Device）	其属性表示设备支持的对象和服务
事件登记（Event Enrollment）	描述可能处于错误状态的事件或其他设备需要的报警
文件（File）	允许读/写访问设备支持的数据文件
组（Group）	提供在一个读操作下访问多对象的多属性
环（Loop）	提供标准化地访问一个“控制环”
多态输入（Multi－state Input）	表述一个多状态处理程序的状态

（续）

对象名称	应用实例
多态输出（Multi - state Output）	表述一个多状态处理程序的期望状态
通知类（Notification Class）	包含一个设备列表
程序（Program）	允许设备中的一个程序开始、停止、装载、卸载以及报告程序的当前状态
时间表（Schedule）	定义一个按周期的操作时间表

对象通过其属性（Properties，即数据结构中信息）向网络中其他的BA设备描述对象本身及其当前状态。BACnet确定了所有对象可能具有的123种属性，通过这些属性，某个对象才能被其他BACnet设备操控和互通信，通过不同对象的组合，实现DDC的不同控制功能。

3）BACnet数据通信协议的服务。对象描述了BA设备的抽象通信特征，属性是关于对象的进一步阐述和表征。所谓“服务”（Services）就是一个BACnet设备可以向其他BACnet设备进行申请、获取信息，命令其他BACnet设备执行某种操作或通知事件发生的方法。BACnet定义了35种服务功能，将其划分为6个类别：报警与事件服务（Alarm and Event Services）、文件访问服务（Files Access Services）、对象访问服务（Object Access Services）、远程设备管理服务（Remote Device Management Services）、虚拟终端服务（Virtual Terminal Services）和网络安全性服务（Network Security Services），实现对18种标准对象的访问和管理这些对象发送的信息。

4）BACnet的拓扑结构。BACnet网络是一种局域网（LAN），BACnet设备通过LAN传送符合BACnet标准的二进制码信息。尽管Ethernet（10~100 Mbit/s）、ARCnet（0.15~10 Mbit/s）、MS/TP（9.6~78.4 kbit/s）、LonTalk（4.8~1250 kbit/s）和PTP的拓扑结构、价格性能不同，但它们均可通过路由器构成BACnet“互联网”。基于工程实用的灵活性，BACnet数据通信协议没有严格规定LAN互联的拓扑结构。

5）BACnet与企业内部互联网Internet的互联。BACnet设备间的通信采用的是BACnet数据通信协议，Internet采用的是IP。BACnet设备要利用Internet进行通信，必须采用IP的方式进行。这就需要附加传输层协议。由于BACnet数据通信协议已提供了包的可靠传输、包重组和流量控制等功能，所以采用Internet的基本传输协议——“用户数据包协议”（UDP）。基于此目的，需要在BACnet中引入分组装拆器（Packet Assembler Dissembler，PAD）或服务进行BACnet/IP通信。

BACnet连接到Internet后，可以在随时随地通过一个简单的浏览器，方便地进行存取、监控等任务。此外，BACnet与Internet/Intranet实现互联，还可以构造基于Web的楼宇住户呼叫中心。在权限许可的条件下，住户可直接操纵或检查暖通空调、电气照明、安全防范、消防减灾等系统的设备，而不必通过物业管理中心。通过统一的浏览器，递交故障报告、服务请求等表格到物业管理中心。

总之，BACnet数据通信协议不但为HVAC&R设备之间建立了统一的数据通信标准，使得遵守该标准的HVAC&R设备能够进行通信，实现互操作。而且也为其他楼宇设备（如给排水、照明、供配电、消防、安防等）及其系统集成提供了基本原则。BACnet将分散的、具有控制功能的“岛”互联形成一个整体，实现了现存系统的移植，创建了一个开放式的环境，同时也是进行现有技术升级换代的桥梁。

（2）LonTalk 协议　美国 Echelon 公司 1991 年推出了 LON（Local Operating Networks）技术，又称 LonWorks 技术。它得到了众多计算机厂家、系统集成商、仪器仪表及软件公司的大力支持，已经在楼宇自动化、工业自动化、电力系统供配电、消防监控、停车场管理等领域获得广泛应用。

1）LonWorks 组成。

① LonWorks 节点和路由器。LonWorks 节点主要包括 CPU、I/O 处理单元、通信处理器、收发器和电源。

② LonTalk。

③ LonWorks 收发器。

④ LonWorks 网络和节点开发工具。

2）LonWorks 技术的优点。

① 网络结构灵活、组网方便。它支持多种网络拓扑形式，包括总线型、星形、树形、自由拓扑型等，这样可适应复杂的现场环境，方便现场布线。

② 支持多种传输介质，包括双绞线、同轴电缆、电力线、光纤、无线射频等；两种传输速率：78bit/s 和 1.25Mbit/s，最大传输距离由网络拓扑形式和传输介质决定，一般可从 500～2700m；可接入的节点最多为 32385 个。

③ 完善的开发工具。提供完善的系统开发环境，采用开放的 NEURONC 语言，它是 ANSIC 语言的扩展。

④ 无主的网络系统。LonWorks 网络中各节点的地位相同，网络管理可设在任一节点处，并可安装多个网络管理器。

⑤ 开发 LonWorks 网络节点的时间较短，也易于维护。LonWorks 采用的 LonTalk 协议固化在 Echelon 公司的 Neuron 芯片中，这样可以节省开发 LonWorks 网络节点的时间，也方便维护。

同其他现场总线一样，LonWorks 也有自身的缺点。首先，LonWorks 的实时性、处理大量数据的能力有些欠缺；其次，由于 LonWorks 依赖于 Echelon 公司的 Neuron 芯片，所以它的完全开放性也受到一些质疑。尽管 LonWorks 存在一些不足，但是 LonWorks 的 FCS 还在楼宇自动化领域获得了广泛的应用。世界上有 2 万多家 OEM 厂商生产 LonWorks 相关产品，其中种类已达 3500 多种。目前世界上已安装有 500 多万个 LonWorks 节点，LonTalk 协议也被接纳为欧洲 CENTC247、CEN TC205 的一部分。自 1996 年以来，LonWorks 也开始在国内获得大量的应用。

3）LonTalk。LonWorks 技术所使用的通信协议称为 LonTalk。LonTalk 遵循由国际标准化组织（ISO）定义的开放系统互连（OSI）模型。以 ISO 的术语来说，LonTalk 提供了 OSI 参考模型所定义的全部 7 层服务，两者的比较见表 2-3。LonTalk 支持以不同通信媒体分段的网络。LonTalk 支持的媒体包括双绞线、电力线、无线、红外线、同轴电缆、光纤，甚至是自己定义的通信媒体。

LonWorks 的网络拓扑结构有三种：主从结构、总线和自由拓扑。

（3）物联网通信协议　现阶段物联网通信协议比较混乱，目前有 ZigBEE（无线网络协议）、MAC、PIOTP、RS485/422、Lonworks 等协议。

表 2-3 LonTalk 与 OSI 的 7 层协议比较

	OSIC 层次		标准服务	LON 提供的服务	处理器
7	应用层		网络应用	标准网络变量类型	应用处理器
6	表示层		数据表示	网络变量、外部帧传送	处理器
5	会话层		远程遥控动作	请求/响应，认证，网络管理	处理器
4	传送层		端对端的可靠传输	应答，非应答，点对点广播，认证等	处理器
3	网络层		传输分组	地址，路由	处理器
2	链路层	链路层	帧结构	帧结构，数据解码，CRC 错误检查	MAC 处理器
		MAC 子层	媒体访问	P－预测 CSMA，碰撞规避，优先级，碰撞检测	
1	物理层		电路连接	介质，电气接口	MAC 处理器 XCVA

7. 计算机网络的传输媒体

传输媒体就是将发送端（信源）和接收端（信宿）的计算机或其他数字化设备链接起来，实现通信的物理通路。其大致可分为导向型媒体（该种媒体引导信号的传播方向，如双绞线、同轴电缆、光纤等）和非导向型媒体（该种媒体一般通过空气传播信号，不为信号引导传播的方向，如地面微波通信、卫星通信等）。

（1）双绞线　双绞线（Twisted Pair）是一种广泛使用而且价廉的传输媒体。它由两根相互绝缘的、有规则的导线（铜线或镀铜的钢线）按照螺旋状绞合在一起，该种结构能一定程度地减少线对之间的电磁干扰和外部噪声干扰，其中一对线对起到一条通信链路的作用。在实际应用中，通常将许多对双绞线捆扎在一起，封装在能起保护作用的坚韧护套内，构成双绞线电缆。双绞线电缆又分为屏蔽型（STP）和非屏蔽型（UTP）。屏蔽型双绞线电缆采用金属网或金属包皮包裹双绞线，抗干扰能力强，数据传输速率高，但价格较贵且需要配置相应的连接器；非屏蔽型双绞线电缆相对直径小，使用方便灵活且价廉，但易受干扰，安全性差。非屏蔽型双绞线电缆的结构如图 2-26 所示。

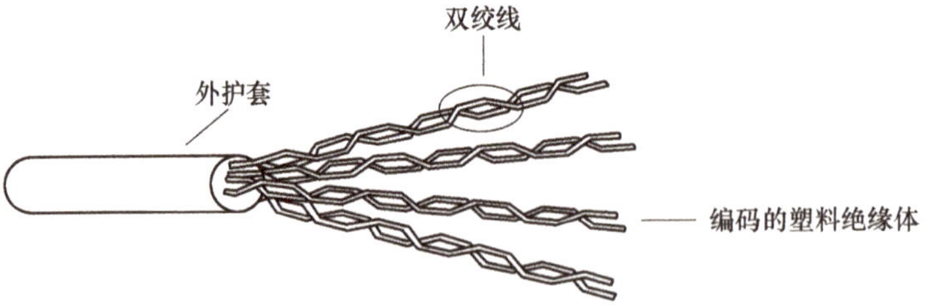

图 2-26 非屏蔽型双绞线电缆的结构

双绞线可以用来传输模拟信号和数字信号。对于传输模拟信号，大约每 5～6km 就需要使用放大器；对于传输数字信号，大约每 2～3km 就需要使用转发器。使用调制解调器（Modem）可实现在模拟信道上传输数字信号。

双绞线经常用于建筑物内的局域网中，实现计算机之间的通信，数据传输速率可达到 1000Mbit/s，适于点对点和广播式网络，比同轴电缆、光纤便宜。

（2）同轴电缆　同轴电缆（Coaxial Cable）是局域网过去广泛使用的传输媒体，现在应用较少。它由内、外两个导体组成：内层导体（单股实芯线或绞合线，材质一般为铜）位于外层导体的中轴上，被一层绝缘体包裹着；外层导体是金属网或金属包皮，同样被另一层绝缘体包裹着。同轴电缆的最外层是能够起保护作用的塑料外皮，如图 2-27 所示。

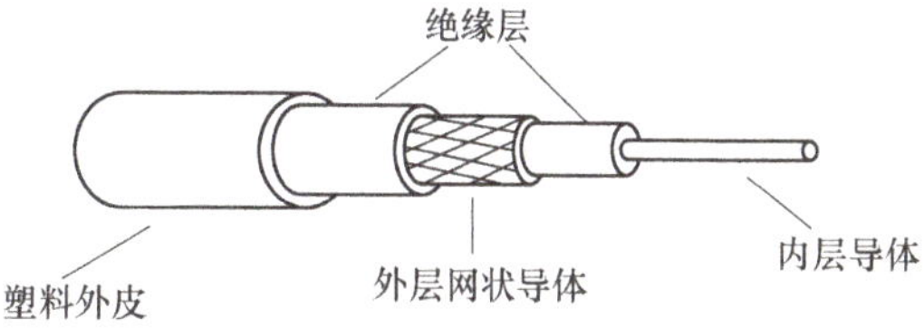

图 2-27　同轴电缆的结构

同轴电缆同样既可传输模拟信号又可传输数字信号。它分为 50Ω 电缆和 75Ω 两类。50Ω 电缆又称基带同轴电缆或细缆（$\phi=5\text{mm}$），专用于数字信号的传送，数据传输速率可达 10 Mbit/s，主要用于以太网，能够支持网段 185m。75Ω 电缆又称宽带同轴电缆或粗缆（$\phi=10\text{mm}$），可以传送模拟信号和数字信号，能够支持网段 500m。同轴电缆可用于点对点或多点配置，抗干扰性能优于双绞线（对于较高频率而言），成本介于双绞线和光纤之间。

（3）光纤　光纤（Fiber）是一种能够传输光信号的纤细柔软媒体，其最内层的纤芯是一种截面积很小、质地脆、易断裂的光导纤维，直径 $\phi=2\sim125\mu\text{m}$，材质为玻璃或塑料。纤芯的外层裹有一个包层，它由折射率比纤芯小的材料制成。正是由于纤芯与包层之间存在折射率的差异，光信号才得以通过全反射在纤芯中不断地向前传播。在光纤的最外层则是起保护作用的护套，它使得纤芯和包层免受温湿度的变化、弯曲、擦伤等带来的危害。光纤的结构如图 2-28 所示。一般情况下，多根光纤被扎成束并裹以保护层，制成多芯光缆。

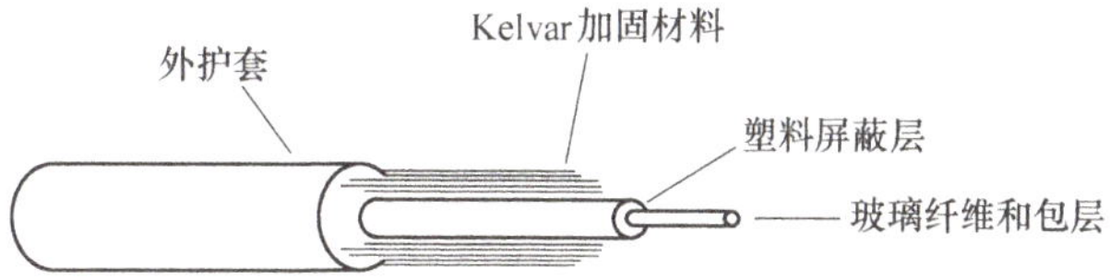

图 2-28　光纤的结构

根据传输模式不同，光纤分为多模（Multimode）光纤和单模（Single mode）光纤。在多模光纤中，存在多条光的传播路径，每条传播路径长度不同，导致同时发送的光线穿越光纤到达终点的时间不一样，一定程度地限制了数据传输速率，造成了还原信号的扭曲。在单模光纤中，由于纤芯半径降低到光的波长数量级，仅存在单条光的传播路径，即一条轴向光线才能通过的传播路径。使得同时发送的光线几乎同时到达终点，传输延时可被忽略，还原后的信号不易出现扭曲。因此，相对多模方式而言，单模方式有较优越的性能，但成本较高。

在光纤传输系统中，还应设置与光纤配套的光源发生器件和信号检测器件。目前最常见的光源发生器件是发光二极管（LED）和注入式激光二极管（ILD）。其中发光二极管是一种施加电流后能发光的固态元件；而注入式激光二极管是一种能通过被激发的量子电子效应，产生窄带超发光束的固态元件。LED 造价低、工作温度范围较宽、使用寿命长、传输距离短和数据传输速率低。而 ILD 则恰恰相反。

安装在接收端的信号检测器件是一种能将光信号转换成电信号的器件，光电二极管（PIN）是当前使用的光检测器件，一般用光的有、无表示“1”“0”逻辑信号。

光纤与一般的导向型传输媒体相比，具有很多优点：

1）具有很大的带宽，很高的数据传输速率。

2）光纤信号衰减小，传输距离可达1000km以上，中继器的间隔较大。

3）光纤耐辐射，外界的电磁干扰对其无影响，而光束本身又不向外辐射信号，安全性好，适于长距离的信号传输。

此外，尚有地面微波通信、卫星微波通信、红外线传输等。

8. 计算机网络的互联设备

网络进行互联时，一般都要通过一个中间设备（即网络互联设备），而不能简单地直接用电缆进行连接。按照网络互联设备是对OSI参考模型的哪一层进行协议和功能的转换，可将其分为转发器、网桥、路由器和网关等。

（1）转发器 转发器（Repeater，包括中继器、集线器）是一种底层设备，作用在物理层。它将网段上的衰减信号进行放大、整形成为标准信号，然后将其转发到其他网段上。转发器形式简单，安装方便，价格低廉。它起到延长电缆的长度，扩展网段距离的作用。通过转发器连接的网络在物理上是同一个网络。但它在网段之间无隔离功能，规模有限（因为它对信号的传输有延迟作用，如以太网中最多连接4个转发器）。

（2）网桥 网桥（Bridge）作用在数据链路层。它在相同或不同的局域网之间存储、过滤和转发帧，提供数据链路层上的协议转换。网桥接受一个帧，检查其源地址和目标地址，若它们不在同一个网络段，网桥就将帧转发到另一个网络段。网桥具有互连方便、隔离流量、提高网络的可靠性及性能等功能。但存在不能决定最佳路径、不能完全隔离不必要的流量和错误信息的处理功能不强等缺点。

（3）路由器 路由器（Router）作用在网络层。提供网络层上的协议转换，在不同的网络之间存储、转发分组，用于连接多个逻辑上分开的网络（即单独的网络或一个子网）。它有适用于规模大的复杂网络、路由选择、安全性高、充分隔离不必要的流量和网络能力管理强等优点；但价格高，安装复杂。

（4）网关 网关（Gateway）又称作网间连接器、协议转换器，是针对高层协议（运输层以上）进行协议转换的网络之间的连接器，其通常表现形式为安装在路由器内部的软件。它分为：运输层网关和应用层网关。运输层网关在运输层连接两个网络；应用层网关在应用层连接两个网络相应的应用程序。网关可以连接不同协议的网络，既可实现LAN互联，又可用于WAN互联。

2.2 建筑设备自动化控制系统的集成技术

所谓系统是由相互作用、相互联系的若干要素所组成的具有特定功能的统一整体。系统集成是指从一定的应用需求出发，将彼此之间存在相互作用的各个子系统，借助相应的技术进行有机的结合，使之成为一个统一、高效、实用、可靠的整体。它是一种理念、方法或技术手段。

智能建筑的系统集成可简单地描述为：把智能建筑内分离的、不同功能的智能化子系统通过计算机网络，实现物理上、逻辑上、功能上的连接，成为一个统一协调的系统，满足信息综合、资源共享、任务重组等要求。智能建筑是信息时代的产物，实现它的核心技术是系统集成。

2.2.1　智能建筑系统集成的内容

智能建筑系统集成的内容主要包括：功能集成、网络集成、界面集成等。

1. 功能集成

它将原来分离的各智能化子系统功能进行集成，从而形成原来各个子系统所没有的、新的全局性监控功能。它包括两部分的内容：

1）IBMS 管理层的功能集成，它包括集中监控和管理功能、信息综合管理功能、全局事件管理功能、公共通信网络管理功能等的集成。

2）各个智能化子系统的功能集成，即 INS、CNS、BMS 的功能集成。

2. 网络集成

网络集成是指通信设备及通信线路与网络设备及网络线路的有机结合，其侧重点在网络协议和网络互联设备上。

3. 界面集成

界面集成就是在统一的界面上，实现整个系统的运行和管理。例如，建筑集成管理系统（IBMS）把 BMS、INS、CNS 集成在一个计算机平台上，在统一的界面环境下运行，实现优化控制和管理，创造节能、高效、舒适、安全的环境。实现界面集成的关键在于解决不同网络通信协议之间的转换，满足各个子系统之间的数据信息交换。

2.2.2　智能建筑系统集成的模式

1. 智能建筑综合管理的一体化集成模式

它将 BMS、INS、CNS 等从各个分离的设备功能和信息等集成到一个相互关联的、统一协调的系统中，易于对各种信息进行综合管理。它使得整个智能建筑采用统一的计算机操作平台、统一的界面环境进行操作，实现集中的监控和管理功能。建筑集成管理系统（IBMS）是系统集成的最高目标，其构成方式如图 2-29 所示。

2. 以 BMS、INS 为主，面向物业管理的集成模式

它把 BMS、INS 和智能一卡通系统等进行集成，完成 BMS、INS 的紧密集成。

它在商业大厦的物业管理中占有极其重要的地位，如 INS 中的租赁管理、来客访问及电子公告牌、多媒体信息查询等功能；BMS 中的 HVAC 设备监控、照明设备监控、火灾报警等功能。

3. BMS 集成模式

基于狭义 BAS 的平台，BMS 实现狭义 BAS 与 FAS、SAS 之间的集成。各个子系统均以 BAS 为核心，运行在 BAS 的中央监控机上，实现相应的功能。BMS 有三种集成方式。

1）各子系统之间的网络协议（通信协议）一致。

2）以 BAS 为主，其他系统存在不同的通信协议（即存在第三方系统），如图 2-30 所示。

3）采用 OPC 互联软件技术。

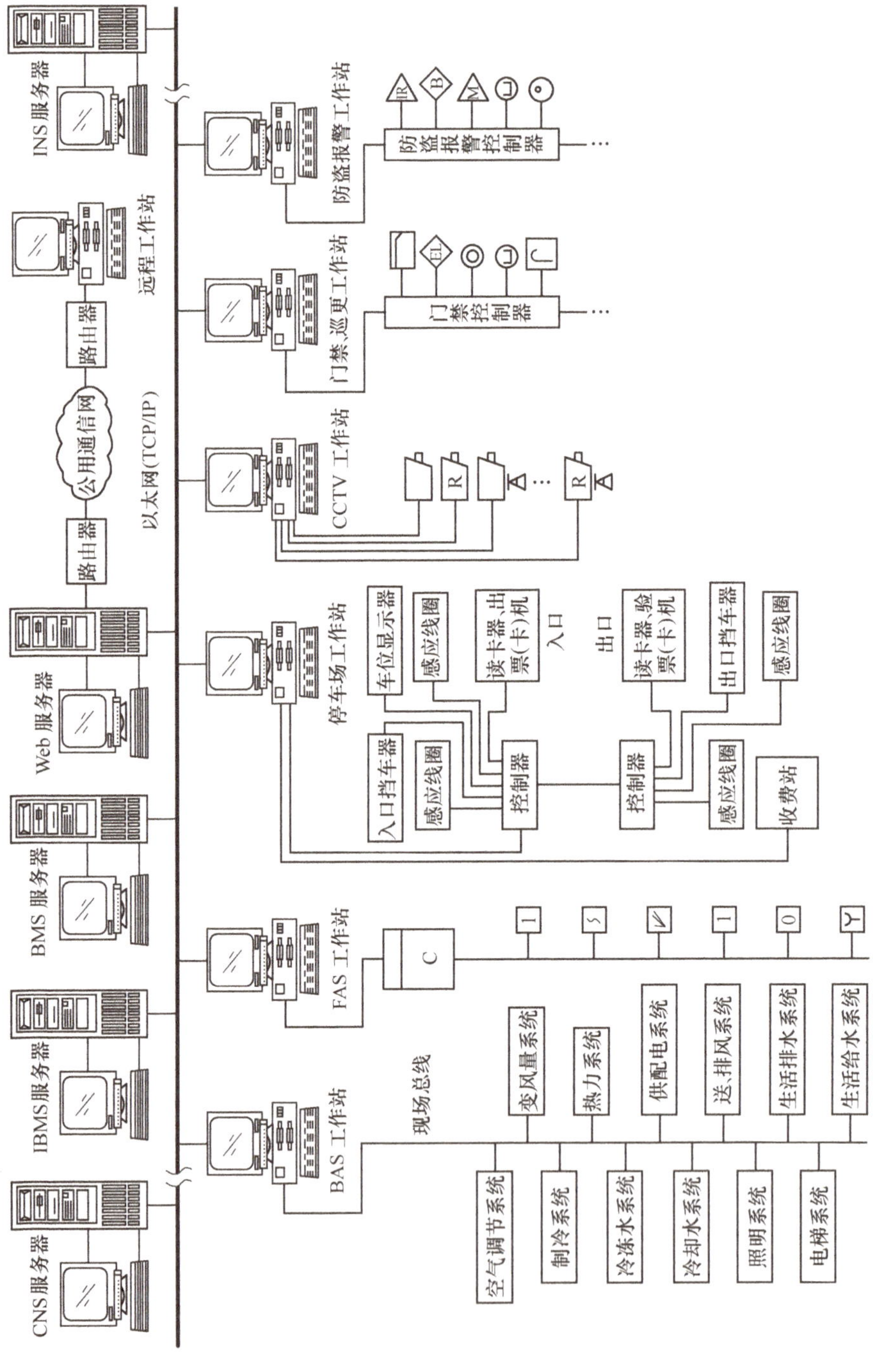

图 2-29 建筑集成管理系统（IBMS）构成方式

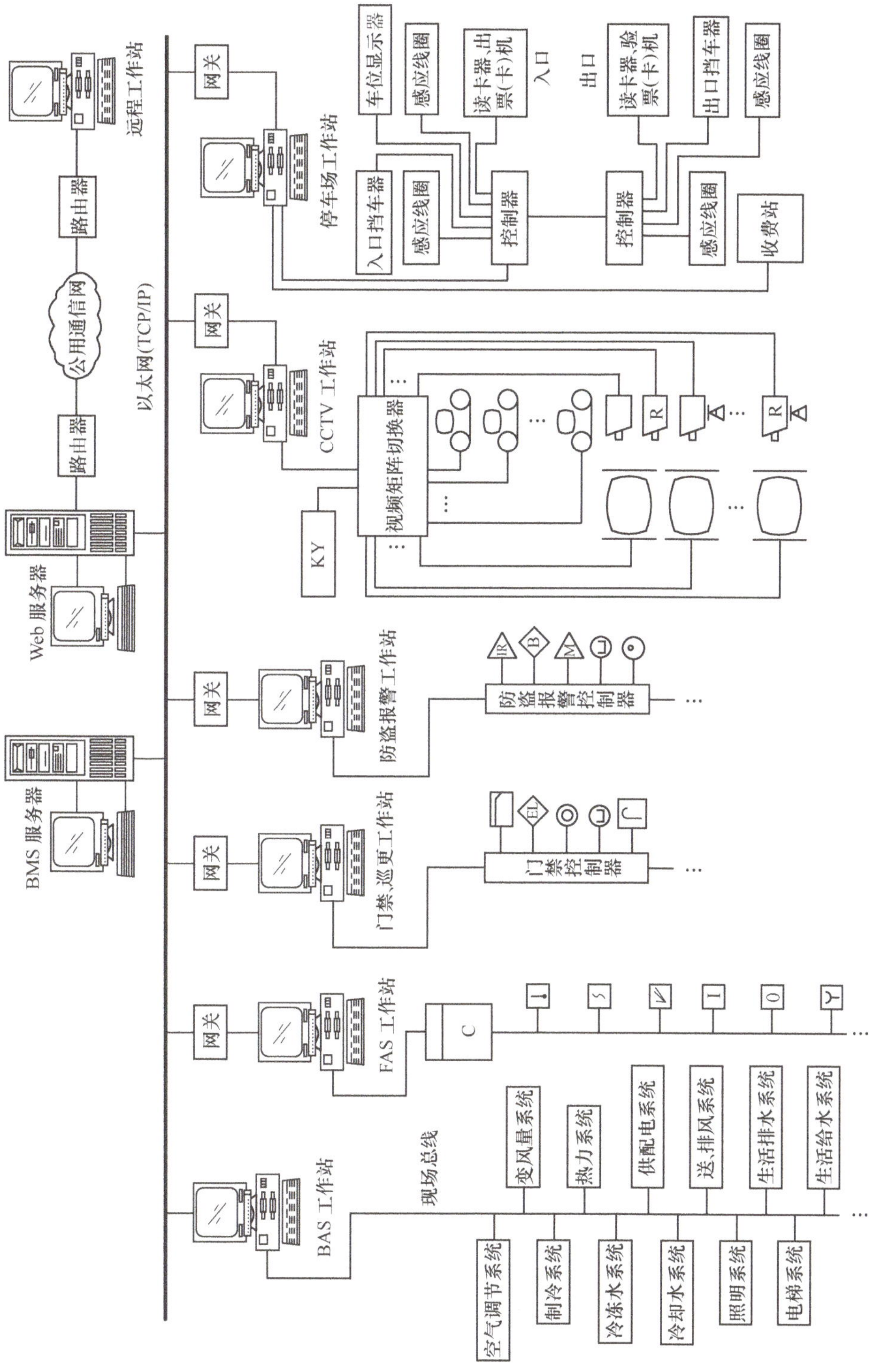

图 2-30　建筑设备管理系统（BMS）构成方式

4. 子系统集成

它是指对 INS、CNS 及 BAS 三个子系统设备的各自集成，是最基本的集成，也是实现高层次集成的基础。它包括 INS、CNS、BAS 的集成。

2.2.3 智能建筑的综合布线技术

信息技术是应用信息科学的原理和方法，研究信息的产生、获取、传输、存储、处理、显示及应用的工程技术。综合布线技术则是信息技术中关于信息传输的一种特殊技术，即将建筑物内所有电信、图文、数据、多媒体设备等的布线综合在一套标准的布线系统上，实现多种信息系统的兼容、共用、互操作的功能。

1. 综合布线及其特点

综合布线（Generic Cabling）是由线缆（如铜缆、光纤等）和相应的连接件（如连接模块、插头、插座、适配器、配线架等）组成的信息传输通道。它不仅使得建筑物内的电信、图文、数据、多媒体设备、交换设备等彼此相连，而且能够使上述设备与外部通信网络相连，实现多种信号在一套标准的布线系统中传输。综合布线的优点有：

（1）兼容性 兼容性是指它是一个完全独立的，与应用系统相对无关，可适用于多种应用系统的良好性能。由于综合布线将不同的信号综合在一套标准的布线中，该布线比传统的布线大为简化，可以节省成本，方便设计、施工、维护等方面的工作。用户在使用时，只需将某个终端设备（如电话、计算机等）插入相应的信息插座并做相应的接线操作，该终端设备即被接入相应的系统中。

（2）开放性 综合布线采用开放式体系结构，符合多种国际流行标准。因此，它对所有著名厂商的产品都是开放的；对所有的通信协议都是支持的。

（3）灵活性 综合布线采用模块化设计，使用标准的线缆和相关连接件，因此，所有的通道均是通用的。系统中相关设备的增加或减少，不需改变布线；只需增减相应设备和在配线架上进行必要的跳线操作即可。另外，它组网方式灵活多样，如支持以太网工作站和令牌网工作站并存工作，方便用户组织信息流。

（4）可靠性 综合布线采用通过 ISO 认证的高品质线缆、相关连接件和组合压接方式构建高标准信息传输通道。每条信道都按照技术规范施工，采用专用仪器测试、验收，确保其性能指标。应用系统全部采用点对点的链接，任何一条链路发生故障均不影响其他链路的运行，为故障的检修和正常的运行维护提供了便捷。

（5）先进性 随着信息时代的到来，各种信息都在一套标准的布线中传输，并且对信道的传输带宽、传输速率要求很高，只有采用综合布线方能满足这些需要。目前，综合布线采用光纤与双绞线电缆混合的布线方式，每条链路按 8 芯对绞电缆配置，最大传输速率可达 1000Mbit/s。

（6）经济性 与传统的布线方式相比较，综合布线具有良好的初期投资特性，性能价格比很高；此外，它还具有一定的技术储备，满足今后若干年内的发展需求（即在不追加新的投资的情况下，依然保持建筑物的先进性）。

（7）系统性 在建筑物群之间或建筑物内的各个区域都设有相应的连接端口，形成互联系统很方便，无需另外布线。

2. 综合布线系统的构成和应用范围

综合布线系统如图 2-31 和图 2-32 所示。系统由建筑群主干布线子系统、建筑物主干布线子系统、水平布线子系统和工作区布线子系统 4 个子系统组成。

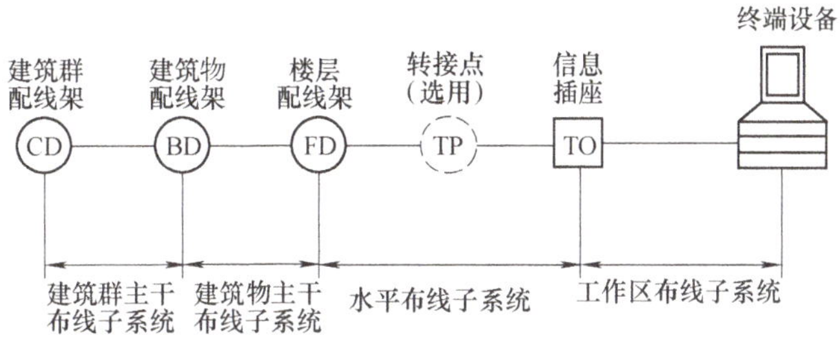

图 2-31　综合布线系统图

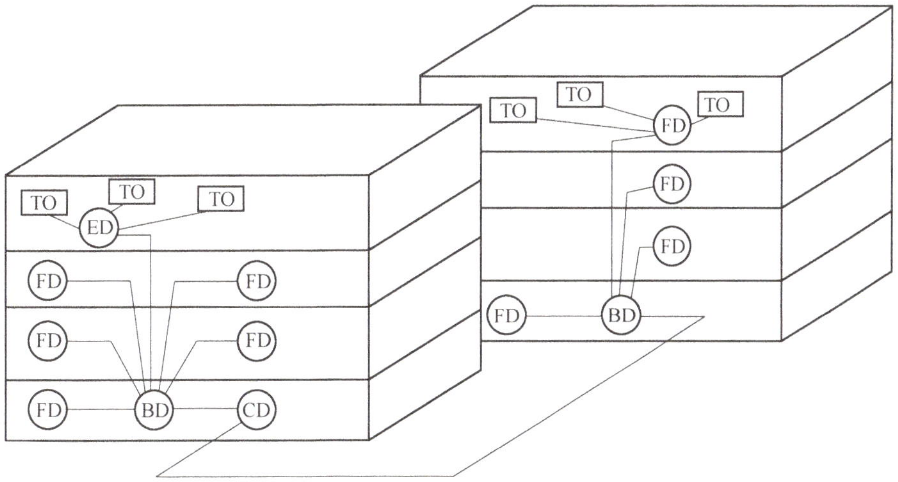

图 2-32　建筑群与建筑综合布线系统结构图

（1）建筑群主干布线子系统（建筑群子系统）　它由连接各建筑物之间的综合布线线缆、建筑明配线设备（Campus Distributor，CD）和跳线（Jumper）等组成。采用光纤作为传输媒体，宜采用电缆沟或地下管道进行敷设。

（2）建筑物主干布线子系统（干线子系统）　干线子系统由建筑物配线设备（Building Distributor，BD）、跳线以及设备间到各个楼层交接间的干线线缆组成。传输媒体一般为光纤或双绞线线缆，宜采用 GCS 的专用通道敷设或与弱电竖井合用。

（3）水平布线子系统　它由工作区的信息插座（Information Outlet，TO）　到楼层配线设备（Floor Distributor，FD）的配线线缆、楼层配线设备和跳线等组成。传输媒体多采用 4 对双绞线缆，线缆长度不应超过 90m。当带宽需求较高时，可使用“光纤到桌面（FTTD）”的方式。

（4）工作区布线子系统　它由信息插座延伸到终端设备的连接线缆和适配器（或插头）组成。工作区是放置终端设备的地方，属于非永久性的，随应用种类而改变。

综合布线系统应用范围包括两类：一类为单栋建筑物内，如建筑大厦；另一类为若干建筑物组成的建筑群小区，如住宅小区、校园区等。综合布线一般适用于建筑物跨度不超过3000m，办公面积不超过100万m^2的场所。GCS支持BAS、OAS、CNS对于多种信息的传输需求，传输速率范围为数十kbit/s～1000Mbit/s。

下面简单列举一个校园网综合布线系统的设计方案。该校园网是一个LAN，主要包括网络管理中心、实验大楼、图书馆大楼、教学楼、办公楼、教工宿舍和学生宿舍等。各个楼宇基于网络综合布线建设楼宇内局域网，要求整个网络具有先进性和可扩展性，以利于将来各楼宇局域网的扩容和与计算中心互联成整体校园网。

（1）设计范围、目标和布线要求　学校的网络管理中心位于实验大楼5层，目前有实验大楼、图书馆大楼、教学楼、办公楼、教工宿舍和学生宿舍等需要与网管中心连接成校园网，并且各个楼宇基于网络综合布线建设楼宇内局域网。该校园网的GCS设计将基于实现下列目标：

1）GCS采用国际标准建议的星形拓扑结构，遵守ISO/CEI11801标准，满足目前和将来的信息传输需要。

2）GCS的信息出口采用国际标准的RJ45插座，传输速率考虑100Mbit/s发展的需求。

3）GCS满足开放式原则，符合综合业务数据网（ISDN）的要求。

该校园网的计算机主机房位于实验大楼5层，通过主干光纤（多模光纤）分别连接校园内5幢建筑物，在各个建筑物内部采用5类4对UTP电缆（线径为0.5mm、传输速率为100Mbit/s的实芯铜导线）。GCS结构示意图如图2-33所示。

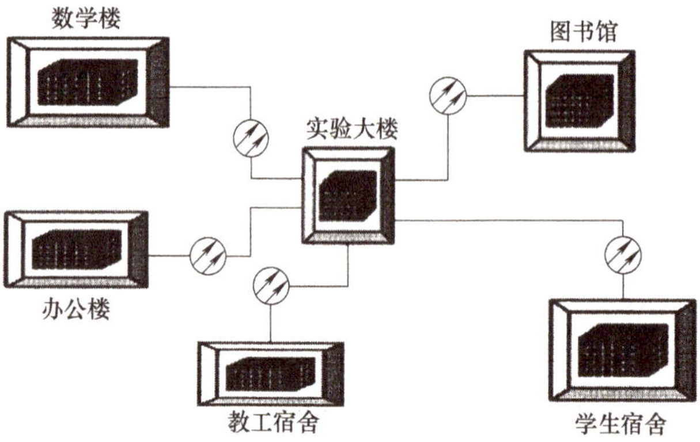

图2-33　某校园网GCS结构示意图

（2）布线系统设计　布线系统设计主要包括：

1）工作区布线子系统设计。校园网内各大楼工作区信息接点选择RJ45接口的单孔形式，各楼宇信息接点数统计：实验大楼，20点/层，5层，共计100点；教学楼，15点/层，6层，共计90点；图书馆，4层，1、2、3层为20点/层，4层为10点/层，共计70点；办公大楼，10点/层，4层，共计40点；教工宿舍和学生宿舍分别为120点和520点。

2）水平布线子系统设计。传输媒体全部采用5类4对UTP电缆，参阅各个楼宇的各楼层平面图，敷设线缆长度不应超过90m。连接线路如图2-34所示。

3）建筑物主干布线子系统（干线子系统）设计。建筑物内配线设备（BD）有两种类型，分别连接光纤和铜缆。其中教学楼、图书馆、办公大楼、教工宿舍及学生宿舍配备的光

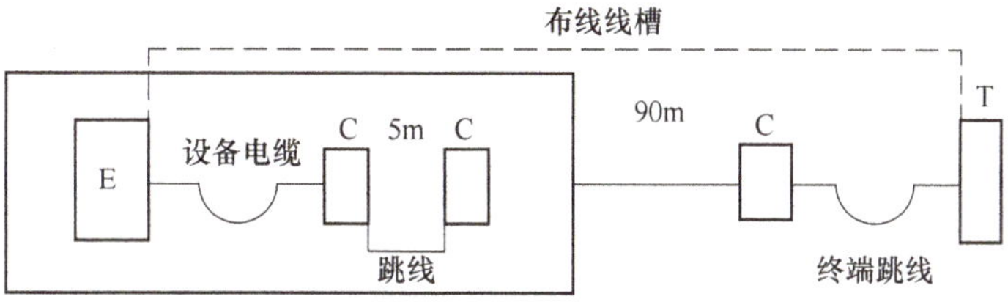

图 2-34　水平布线子系统连接线路
E—设备　C—连接点　T—终端设备

纤配线架各 1 个，铜缆配线架分别为 6 个、3 个、2 个、5 个及 8 个。设备间应保持通风良好，室内无尘土，配置有关消防设施，符合相关消防规范。

4）建筑群主干布线子系统（建筑群子系统）。楼宇间的连接使用多模光纤，参阅校园平面图计算出光纤实际敷设距离，宜采用电缆沟或地下管道进行敷设，或采取部分利用原有管线，其余重新铺设地下管道相结合的方式进行。

复习思考题

2-1　简述图 2-1 所示自动控制系统的工作原理。

2-2　简述计算机控制系统的组成环节及其相应的作用，并画出其组成框图。计算机控制系统是如何分类的？

2-3　用图表示 DCS 和 FCS 的组成环节，系统结构有何区别。

2-4　简述计算机网络的拓扑结构形式和相应特点。

2-5　开放系统互联参考模型的作用是什么？它由哪几层组成？比特、帧、分组、数据报和报文分别是哪些层的数据传输单位？

2-6　简述 TCP/IP 的体系结构和作用。

2-7　简述 BACnet 数据通信协议的作用和体系结构。BACnet 与 Internet 实现互联时，应采用何种协议方式？

2-8　简述 LonTalk 数据通信协议的作用和体系结构。LonTalk 与 BACnet 的互补优势是什么？

2-9　常用的网络传输媒体和互联设备各有哪些？网桥和路由器的作用分别是什么？

2-10　简述智能建筑系统集成的目的、内容和集成模式。

2-11　实现智能建筑的核心技术是什么？

2-12　何谓综合布线？综合布线的特点是什么？

3

第3章 建筑设备自动化中的监控设备

控制设备是构成自控系统现场硬件不可缺少的设备，无论是在模拟控制系统和计算机控制系统中，它们都是重要的组成部分。监控设备主要有传感器、变送器、控制器及执行器等。

3.1 传感器

在建筑设备自动化系统中，为了对各种变量进行检测或控制，首先要把这些变量转变成容易比较且便于传送的信息，这就要用到传感器。

测量传感器（Measuring Transducer）是提供与输入量有确定关系的输出量的器件。变送器是从传感器发展而来的，凡是能将传感器输出的信号转换为标准信号的器件就称为变送器。标准信号是物理量的形式和数值范围都符合国际标准的信号。例如直流电流4～20mA、直流电压0～5V、空气压力20～100kPa都是当前通用的标准信号。

供暖通风空调（HVAC）系统中的传感器可分为以下几种类型：温度、湿度、压力、流速、舒适和室内空气质量。

3.1.1 传感器的常规技术指标

按照特性、实用性和经济性划分，传感器的指标一般分为两大类。

1. 性能指标

1）量程（Span）：标称范围两极限之差的模。

2）重复性（Repeatability）：在相同测量条件下，对同一被测量进行连续多次测量所得结果之间的一致性。

3）准确度等级（Accuracy Class）：符合一定的计量要求，使误差保持在规定极限以内的测量仪器的等级、级别。准确度等级通常按约定注以数字或符号，并称为等级指标。

4）灵敏度（Sensitivity）：测量仪器响应的变化除以对应的激励变化。

5）漂移（Drift）：测量仪器计量特性的慢变化。

6）响应时间（Response Time）：激励受到规定突变的瞬间，与响应达到并保持其最终稳定值在规定极限内的瞬间，这两者之间的时间间隔即是响应时间。

7）响应特性（Response Characteristic）：在确定条件下，激励与对应响应之间的关系，如热电阻的电阻值与温度的函数关系。

2. 实用与经济指标

1）造价：造价应该包括电源、转换器、信号调节器及连接电缆。通常情况下，在整个造价中，安装传感器的造价要占据很重要的一部分。

2）维护：任何专门的维护和重新标定都要求涉及额外的人力和费用。

3）兼容性：与其他元件和标准具有可操作性和可互换性。

4）环境：可经受苛刻或危险环境的能力。

5）干扰：对环境造成干扰（如电磁波或准稳定电磁场）的敏感度。

3.1.2 HVAC 传感器要点简述

1. 温度传感器

温度是空调环境中重要的控制参数，因为它与人体的舒适程度具有密切关系。通常采用的三类温度传感器是热电偶、热电阻及热敏电阻。

（1）热电偶　热电偶是利用由两种不同金属组成的电路，并对电路中流动的电流进行测量，这两片不同的金属分别连接在参考温度和被测温度。热电偶测温很耐用，但灵敏度低，在使用中需进行参考端温度补偿，因此通常被用于高温测量，如用于燃烧的温度测量。

（2）热电阻　利用金属电阻值对应于温度变化而发生改变的原理。在热电阻中铂是最常用的金属。由于铂的温度阻值系数在整个量程范围内近似线性，所以它可提供一个从氢的三态点（-259℃）到锑的熔点（630℃）的很宽的测量范围。它的主要缺点是造价较高。

（3）热敏电阻　热敏电阻利用了半导体的温度电阻值关系曲线，其工作原理与热电阻相类似，半导体呈现一个负的电阻温度系数。热敏电阻通常采用的金属氧化物有镍、锰、铜及铁的氧化物。这些金属氧化物与热电阻相比具有很高的灵敏度，热敏电阻也相对便宜，由于这些优点，热敏电阻被广泛用于空调系统的闭环控制系统中。

2. 压力传感器

精确的压力传感器被安装在送风系统以监视内部压力。一般有5种类型的压力传感器应用在工业中，即电容式压力传感器、电感式压力传感器、压电式压力传感器、电势压力传感器及应变仪压力传感器。HVAC 通常采用前两类压力传感器，而后三类传感器用于其他应用系统。因此，重点讨论前两类压力传感器。

（1）电容式压力传感器　一个金属膜片作为电容器的一个极板，与膜片并列的另一侧安装另一个极板，如图3-1所示。电容式压力传感器作为一个振荡器中的阻容（*RC*）或感容（*LC*）网络的组成部分，也作为一个 AC（交流）桥路中的电抗元件，这些元件体积小、具有高频响应，能在高温下工作并允许静态和动态测量。在典型情况下，其测量范围为69Pa~68900kPa。这些产品通常用于测量通风过滤器或变风量（VAV）系统送风机的控制。

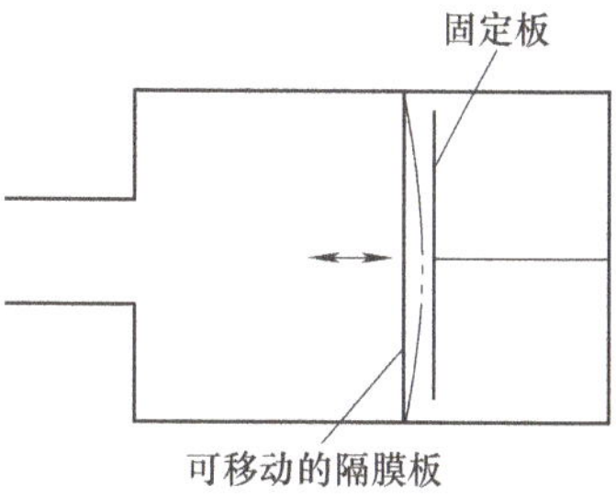

图3-1　电容式压力传感器

（2）电感式压力传感器　电感式压力传感器是通过移动一个机械部件而改变电感量来感受压力。该机械结构是基于铁磁心与电感线圈的相对运动。具有两个线圈的传感器是比较理想的，因为两个线圈可以消除通常由于单个线圈传感器产生的温度敏感性问题。电感式压力传感器大约0.08㎜的移动就可产生10mV的输出电压。因此，对于静态和动态测量，这种类型的传感器能产生一个很高的输出、分辨能力强以及具有较高的信噪比。它们通常被应用在压力相对较低的通风系统。

3. 流速与流量传感器

在HVAC控制中，气体流速和水流速的测量是非常重要的，因为它的精度直接影响控制作用的性能。常用的流速传感器一般有皮托管、孔板、文丘里流量计、热线式风速计、涡轮流量计、旋涡流量计、电磁流量计及超声波流量计。但每一种都有专门的实用场合。

（1）皮托管 皮托管基本上是用在管道通风系统，而且是基于两端开口的管，一根管是迎着空气流安装，另一根管与气流垂直安装。基于伯努利方程在两根管之间所测到的压力差即可表示气流的速度。

（2）热线式风速计 热线式风速计基本上用于通风气流的测量，该仪表灵敏度较高，适宜检测很低速的流量，这使得它适用于空气流动的测量和导风管内流量的测量。热线式风速计可用于大量程的流量测量，即可从很低（如0.03m/s）到超声速，并且可以测量不稳定的流量。对于送风管内流量测量，其耐用性不如皮托管测量。

（3）孔板 孔板是基于管线或通风管两端的压力差进行检测的，也就是流体通过一个节流孔而产生节流作用，从而达到测量压力差的目的。孔板结构简单，但易被流体磨损，特别是一些污浊并带有微粒的流体，在过去孔板曾经被广泛用于管道流体的测量。通常在HVAC改造项目中，仍采用已安装在现场的大部分孔板，其原因是孔板结构简单。

（4）文丘里流量计 除了在管线或通风导管中部逐渐缩小形成一个狭窄小孔（而不是突变的小孔），并且，在下游的小孔又逐渐地扩大这点之外，文丘里流量计与孔板具有相似的工作原理。但在收缩中的压力损失几乎全部可恢复。它的一个显著的特点是文丘里流量计不易被磨损。但是，这种流量计体积较大，价格也较贵。

（5）涡轮流量计 涡轮流量计主要用于管道中的液体流量测量，但它易受磨损和卡塞，特别不适用于污浊的流体的测量。

（6）旋涡流量计 旋涡流量计适用于液体测量并具有很高的精度，其工作原理是基于由旋涡而产生压力波动的频率，旋涡是由于流体冲击垂直挡体而产生的，其频率是与流体的流速成比例关系。但是仪表价格比较昂贵。

（7）电磁流量计 使用一个缠绕管线或输入一个交变电流，穿过流体建立一个电磁场。如果流体是导电的，那么电磁场就以与流速成比例的速率被切割。电磁流量计适用于水流量或泥浆流量的测量，不能用来测量气体流量。

（8）超声波流量计 超声波流量测量的原理是基于多普勒效应，通过流体微粒中反射声波频率的变化来测量流量。

4. 湿度传感器

湿度传感器一般分为4种类型，即机械湿度计（例如毛发）、干湿球湿度计、电子湿度传感器和露点传感器。由于机械湿度计具有严重的非线性，并存在漂移现象，而最近研制的电子传感器易受气流的污染，这是湿度测量长期以来没有解决的问题。尽管如此，一些电子传感器在精度、长期稳定性以及抗污染等方面一直在不断地改进。

（1）机械湿度计 这种湿度计是通过湿气的吸收和解吸改变原材料的体积来测量湿度，这是一种最早的湿度测量方法。该湿度计存在较严重的非线性特性并易于漂移。目前，这种材料已被电子器件所取代。

（2）干湿球湿度计 把蒸馏过的湿芯线缠绕在一个普通的温度传感器上，可引起该温度传感器温度（湿球温度）降低，其干、湿球温度差与相对湿度有一定的关系。这种测量方法稳定并可达到一定的精度。其测量的难点在于通过湿球温度的气流速度必须足够高，该湿度计不适用于 HVAC 控制。

（3）电容式湿度变送器 电容式湿度变送器将空气相对湿度变换为 DC 0～10V 标准信号，这一输出信号与空气相对湿度呈线性关系，传送距离远，性能稳定，几乎不需要维护。目前，它被认为是一种较好的湿度变送器，被广泛应用。

5. 舒适传感器

舒适不是一个直接的可测量参数，基于 Fanger 方程，考虑到 6 个参数，即居住人员的变化率、居住人员的衣服保温、干球温度、湿气含量、风速及平均辐射温度，这 6 个参数的集合用来估计一个“预测均权”（PMV）。这个 PMV 被认为能够作为绝大多数人舒适感觉的模型。PMV 的负值表示凉的感觉，而其正值表示暖的感觉。PMV 准则已经被作为一种国际标准，即 ISO7730。由 Yamatake - Honeywell 研制的舒适传感器，适用于 HVAC 控制，该舒适传感器的测量原理对 PMV 方程做了简化，称之为新 PMV 方程。该传感器检测空气温度、平均辐射温度及空气流速，并转换为电信号。在 BAS 中，为达到实时控制的目的，可以估算出一个房间的舒适度以代表全体居住者所能接受的舒适度。

6. 室内空气质量传感器

由于室内空气质量优劣易引起建筑综合征，在 20 世纪 80 年代建立了一些 IAQ 目标并研究出解决存在问题的合理利用能源的技术。室内空气质量传感器由一个镀有薄层的半导体管、一对电极及在半导体管内的微型加热元件组成。在保持温度不变的情况下，半导体吸收居住人员身上散发出的气体，导致电子的释放，由此改变两个电极之间的电阻而产生一个信号。人体中散发的全部气体混合物与二氧化碳含量成比例关系。这种仪表很灵敏并且响应快，这使得它适用于舒适通风中的 IAQ 应用和空调中的应用。

7. 室内占用传感器

节能是可持续发展的需要。因此有必要测量房间的人员密度，以确保根据室内人员的要求起动相应的电气设备（如照明灯和空调）。室内占用传感器有两个主要任务：当室内被占用时，保持照明灯和空调接通；相反地，当室内没有被占用时，断开照明灯和空调。市场上有两种室内占用传感器，即超声波（US）运动传感器和红外（IR）运动传感器。它们各有其特点。

（1）超声波运动传感器 这种传感器利用多普勒效应，用连续高频（超声）声波充满整个房间。根据多普勒效应，在传感器的检测范围内的任何运动都会引起原来发射频率的漂移。那么，通过与发射波频率的比较即可辨识出回波频率中的任何变化。对于小运动的高灵敏度是这种传感器的主要特点。典型的应用包括办公室、休息室和小型会议室，但这些都是工作人员有一段静坐的持续时间。对于空调的起动、人员以及无生命物体的移动容易出现检测错误。

（2）红外运动传感器 通过感受运动红外热源，如人员、叉式升降机或其他的散热物体，该传感器能对室内的照明或空调执行相应的开关作用。红外运动探测对空调或风机的起动不会产生错误动作，即它是一种较可靠的运动传感器。然而，在远距离的情况下，它的灵敏度相对较低。这种传感器的典型应用包括工作场所、仓库、储藏室、室内汽车库及装有悬挂固定物（如吊扇）的房间。把 IR 与 US 两种传感技术结合起来使用可以互补。使用 IR 传感（误差小但灵敏度低）和 US 传感（灵敏度高）可提供良好的检测性能。

（3）基于红外的人员计数器 利用多普勒效应感受反射光，即可计算通过该区域的人员数目。对电梯控制或 HVAC 控制等，若想知道进入室内人员的数目，采用这种传感器是很有效的。

8. 火灾探测传感器

（1）烟雾传感器 烟雾是一幢建筑内最重要的危险标志之一。火焰的发展可分为 4 个阶段，即起始阶段、冒烟阶段、火焰（燃烧）阶段及发热阶段。在火情爆发产生火焰之前，烟雾是首先的可见迹象。在火焰发展的每一个阶段，要求有一种专门的传感器。在严重的火灾爆发期间，一台敏感的烟雾传感器能拯救一幢建筑免遭彻底损坏。基于智能烟雾传感器获取的信息，一台良好的烟雾采样系统能够挽救（处境危险）人员的性命。在现代建筑物中通常使用的有两种烟雾传感器，即电离式烟雾传感器和光电式烟雾传感器。这两种传感器能够探测火焰发展过程中的两个不同阶段。

1）电离式烟雾传感器。这种传感器对开始快速燃烧的火焰有响应。燃烧的火焰会极快地吞没可燃物品，迅速蔓延，并产生很少烟雾的巨大热量。电离式烟雾传感器最适用于检测包括有高可燃性材料的房间，这些可燃性材料包括食物油（如黄油）、可燃性液体、报纸、油漆及清洁溶液。在这种传感器内部，有一个存放参照气体的干净容器室和另一个可从室内引入现场气体的容器室。采用一片（块）放射性材料对这个容器发射放射线。如果存放现场气体容器的放射线衰减量没有超标，那么辨识结果为不存在烟雾。

2）光电式烟雾传感器。光电式烟雾传感器对开始慢速发烟的火焰有响应。发烟的火焰产生大量浓密的、少热量的黑烟，并且在爆发出火焰之前可能发烟要持续数小时。光电式烟雾传感器最适用于起居室、卧室和厨房。因为这些房间内通常包含（配置）有许多家具，如沙发、椅子、褥垫、写字台上的物品等，这些物品燃烧缓慢，并同时产生比火焰更多的烟雾。与电离式烟雾报警相比，光电式烟雾传感器在厨房区域内也很少出现错误报警。如果在空气中存在烟雾微粒，烟雾是由无数微粒组成的，当烟雾送入检测窗口时，由于散射和吸收影响红外光通量，接收部分感应出强弱信号并以此进行驱动，发出声光形式的报警。这种传感器正是基于这种原理的火灾探测装置。

（2）感温式探测器 它是一种能在引燃阶段后期检测到环境温度上升到某一预定值的“早中期发现”的探测器。按其工作原理不同分为定温式、差温式和差定温式三种类型。定温式以响应某一环境温度达到某一预定值的场合，差温式以检测温升为目的，而差定温式则兼顾温度和温升两种功能。

（3）感光式探测器 它利用检测火焰的红外光或紫外光进行火灾探测，属于“中期发现”探测器，分红外火焰探测器和紫外火焰探测器，工程上常用作感烟探测器或感温探测器的补充。

（4）复合式探测器 这是近年来新出现的一种探测器，主要为解决在某些环境中单一参数检测不甚可靠的问题，主要有感烟感温式探测器、感光感温式和感烟感光式几种类型。

（5）可燃气体探测器 它主要是对环境气体中的可燃性气体浓度进行检测，经对比测定而发出火灾预警信号。它不仅可以及早预报火灾的发生，同时还可以对煤气、天然气的泄漏及其气体中毒事件进行预报。依其探测元件不同，分为气敏型、热催化型及电化学型等几种。

应说明，在火灾报警器范畴内，常将传感器称为探测器（或测头）。现代火灾探测器已发展成带内置CPU的智能探测器，在感烟、感温或两复合式探测器均内置CPU成为智能探测器，根据自建的火灾判据模型，采用模糊逻辑和神经网络技术算法的软件自主决策，分辨真假火情，保证了极低的分辨率，且功耗低。

3.2　控制器

控制器是建筑环境与设备自动控制中确保热工参数达到要求的检测和控制器件。根据工程需要，一般可使用模拟控制器或软件控制器对过程进行控制。

3.2.1　自动控制仪表的分类

自动控制仪表可以从不同的角度分类，下面仅从使用能源种类和结构形式来分类。

1. 按使用能源分类

（1）电动仪表　电动仪表是以电作为能源及传送信号的仪表，传送距离远，便于与计算机配合，在生产自动化中被广泛应用。电动仪表又分为电气（又称电动机械）式和电子式两大类。前者不使用电子元器件，依靠传感器从被测介质中取得能量，从而推动电触点或电位器动作。它的结构简单、价格便宜。后一种采用电子元器件组成，由于采用放大器等电子器件，不但可提高测量精度，还可以利用反馈电路，对输入信号进行各种控制规律的运算，从而实现多种控制规律，提高控制品质。随着计算机技术的发展，一些计算机型自控仪表应运而生，它可以很好地和计算机网络结合进行高精度、智能化控制，从而进一步提高控制系统的控制品质。

（2）液动仪表　液动仪表的能源是水或油。液动仪表具有推力大、动作平稳、作用可靠等特点，但附加设备多，目前已不常使用。

（3）自力式自动控制仪表　这种仪表不需要附加能源，只是传感器从被控介质中取得能量，就足以推动执行器动作。常见的有浮力调节阀等。它们将传感器、控制器及执行器等组合在一起。其结构简单，不产生火花，使用安全、维修方便，适用于控制精度要求不高的场合。

2. 按结构形式分类

（1）基地式仪表　这种仪表以指示、记录仪表为主体，附加调节装置而组成，即把变送、控制、显示等部分装在一个壳内形成整体。利用一台仪表就能完成一个简单控制系统的测量、记录及控制等全部功能。

（2）单元式组合仪表　这种仪表根据自动检测与控制的要求，将整套仪表划分为能独立实现一定功能的若干单元，单元之间用统一的标准信号联系。由这若干单元经过不同的组合，就可构成多种多样、复杂程度不一的自动检测与控制系统。

（3）组装电子式调节仪表　这种仪表是在单元组合仪表的基础上发展起来的成套仪表装置，它的基本组件是具有不同功能的功能模件。所谓功能模件是指各种典型线路构成的标准电路板，每种电路板具有一种或数种功能，并有同一规格尺寸、输入输出端子、电源和信号制。这种仪表又称功能模件式仪表或称插入式仪表。

3. 按输入参数分类

（1）单参数式控制器　单参数式控制器只需通过传感器（或变送器）给控制器输入一个信号。

（2）多参数式控制器 多参数式控制器则需要通过多个传感器（或变送器）给控制器输入多个信号，例如，补偿式控制器、串级控制器等。

4. 按安装形式分类

（1）现场仪表 现场仪表指安装在生产现场的仪表。

（2）盘装仪表 盘装仪表是嵌入在仪表盘面上的，一般具有指示、记录、操作、报警功能的仪表。

（3）架装仪表 架装仪表是安装在盘后框架上的，一般具有信号隔离、转换、计算等功能的仪表。

还可以按是否引入微处理机（器）分为智能仪表、非智能仪表。按照控制器输出信号的形式分为断续式与连续式。按仪表信号的形式分为模拟仪表与数字仪表。

3.2.2 模拟控制器

模拟控制器有电动和气动之分，电动模拟控制器使用电作为能源，分为电气式和电子式两大类，前者不使用电子元器件，仅利用传感器从被控介质中取得能量，然后推动微动开关之类的电触点动作来控制执行器；后者是利用电子元器件，按模拟电子技术构成的控制器，故而得名。

模拟控制器在建筑环境和设备自动控制系统中，可用于控制温度、湿度和压力压差等参数，使得建筑环境和设备自动控制系统运行过程中，各项参数能够控制在一定的正常范围，保证系统良好运行。

1. 自力式温度控制器

在建筑环境与设备自动控制中，自力式温度控制器常用于供暖系统散热器上，它集传感器、控制器与调节阀为一体进行控制，也称恒温控制阀。它安装在每台散热器的进水管上，可以进行室温设定控制，图3-2所示为其结构图。传感器2为一弹性元件体，其内充有少量液体。当室温上升时，部分液体蒸发变成蒸气，它产生向下的形变力，通过传动机构，克服弹簧3的反力使阀芯向下运动，关小阀门，减少流入散热器的水量。当室温降低时，其作用相反，部分蒸气凝结为液体，传感器向下的压力降低，弹簧反力使阀芯向上运动，使阀门开大，增加流经散热器的水量，恢复室温。如此，当室内因某种原因（如阳光照射、室内热源——炊事、照明、电器及居民等散热）而使室温升高时，恒温阀及时减少流经散热器的水量，不仅增加室内舒适感，又可节能。

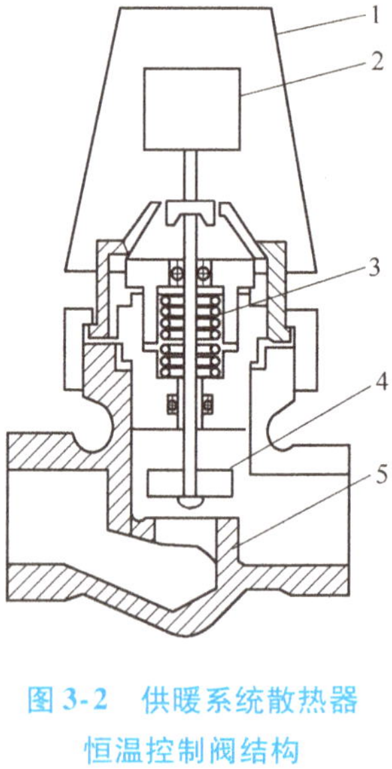

图3-2 供暖系统散热器恒温控制阀结构

1—调节旋钮（给定值） 2—传感器 3—反力弹簧 4—阀芯 5—阀座

调节旋钮1旋动时，通过机械装置改变反力弹簧3的预紧力，进而改变调节器的温度给定值，给定值在调节器外壳上有指示。

恒温阀按其工作原理属自力式比例控制器，即根据室温与给定值之差，比例地、平衡地打开或关闭阀门。使阀门从全开到全关位置时，室温变化范围称为恒温阀比例范围。通常比例范围为0.5～2.0℃。

实际工程使用表明，如果供暖系统安装了散热器恒温阀，则可节能 20% ~30% 。

2. 电气式模拟控制器

（1）电气式温度控制器　图 3-3 所示为压力感温式温度控制器结构，它主要由波纹管、感温毛细管、杠杆、调节螺钉以及与旋钮相连的凸轮等组成。在感温包内和波纹管内均充有感温介质（如氟利昂），将感温包放在空调器的回风口。当室内温度变化时，感温包内感温介质的压力也随之变化，通过连接的毛细管使波纹管内压力也发生变化，其力作用于调节弹簧上，使温控器控制的电磁开关接通或断开，而弹簧的弹力是由控制板上的旋钮控制的。这种控制器可以用于房间温度的控制，当室内温度升高时，感温包内的感温介质发生膨胀，波纹管伸长，通过机械杆传动机构将开关触点接通，压缩机起动运转而制冷。当室温下降至调定温度时，感温介质收缩，波纹管收缩并与弹簧一起动作，将开关置于断开位置，使电源切断，空调器停机。

（2）电气式压力控制器　如图 3-4 所示，波纹管 5 承受被控介质的压力，其上产生的力作用在杠杆 4 的右端，杠杆左端承受给定弹簧 1 的反力。当被控压力低于给定压力时，杠杆 4 绕支点 6 顺时针偏转，使微动开关 3 中的常开触点闭合；当被控压力大于给定压力时，杠杆 4 绕支点逆时针偏转，微动开关 3 中的常开触点断开。制冷压缩机高、低压压力保护使用这种结构形式的压力控制器。

图 3-5 所示是风机盘管温控器，其传感器是由弹性材料制成的感温膜盒，其内充有气、液混合物质。它置于被测介质中感受温度变化，并从介质中取得能量，使膜盒内物质压力发生变化，膜盒产生形变。当温度上升时，膜盒产生的形变力克服微动开关的反力，可使微动开关接点动作。风机盘管温控器的控制规律为双位控制，通过“给定刻度盘”调整膜盒的预紧力来调整给定温度值。

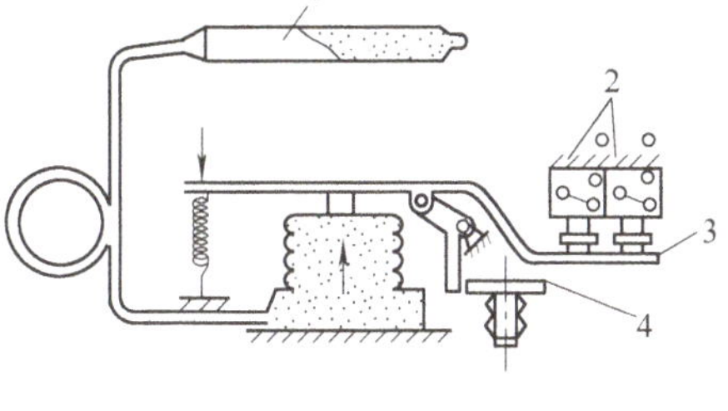

图 3-3　压力感温式温度控制器结构
1—感温包　2—微动开关　3—杠杆　4—偏心轮

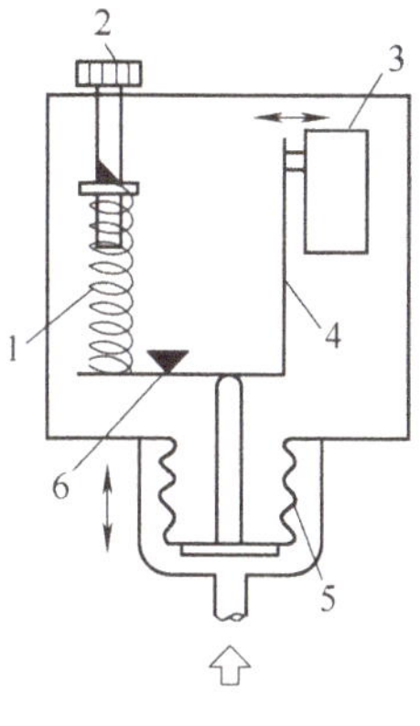

图 3-4　波纹管式压力控制器
1—给定弹簧　2—给定旋钮　3—微动开关
4—杠杆　5—波纹管　6—支点

3. 电子式模拟控制器

电子式模拟控制器是由电子元器件、电子放大器等组成的。电子式模拟控制器不但测量精度高，还因采用了电子反馈放大器，可以对输入信号进行多种运算，因而可实现多种调节规律，提高控制系统的控制品质。

电子式模拟控制器按接入的输入参数的数量可分单参数式、多参数式。单参数式控制器只需通过传感器（或变送器）给控制器输入一个信号；多参数式控制器则需要通过多个传感器（或变送器）给控制器输入多个信号，如补偿式控制器、串级控制器等。按照控制器输出信号的形式可分为断续式和连续式两类。

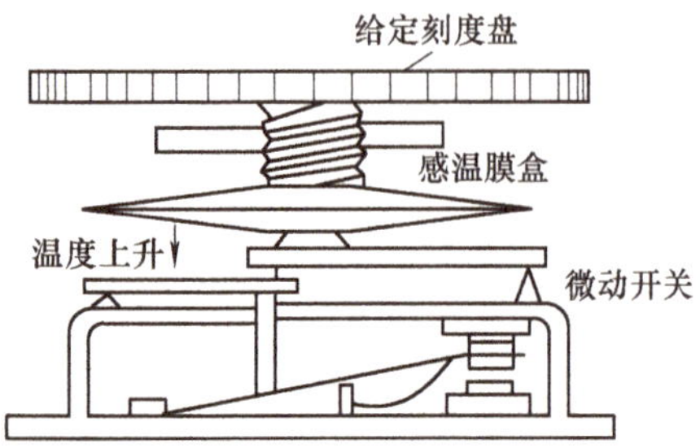

图 3-5 风机盘管温控器

（1）断续输出的电子式模拟控制器 断续输出的电子式模拟控制器有两位式、三位式、三位比例积分式。

1）两位式电子模拟控制器。两位式电子模拟控制器一般由测量电路、给定电路、电子放大电路和开关电路等部分组成。两位式电子模拟控制器原理框图如图 3-6 所示。控制器特性图如图 3-7 所示。热工参数通过传感器转换成电量后与仪表给定值在测量、给定电路中进行比较、测差，其偏差经直流电压放大器放大后，推动开关电路（功率级开关放大电路）控制灵敏继电器 1K，1K 呈继电器特性，如图 3-7b 所示，实现对执行器的两位控制。当 $e(I)\geqslant\varepsilon$ 时，控制器输出 $P=1$；$e(I)\leqslant-\varepsilon$，$P=0$；$2\varepsilon$ 为两位式控制器的呆滞区（在呆滞区内虽然传感器信号变化，但控制器不动作），即 $-\varepsilon<e(I)<\varepsilon$ 时，P 值不变。

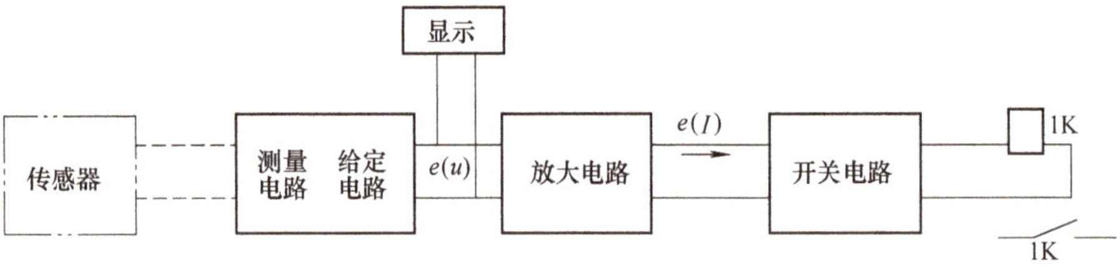

图 3-6 两位式电子模拟控制器原理框图

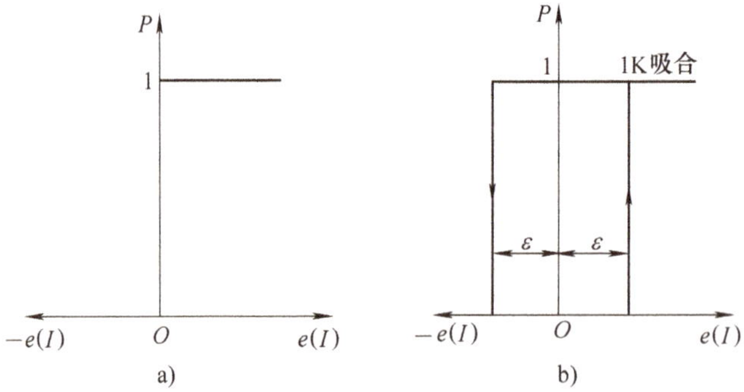

图 3-7 两位式电子模拟控制器特性图
a）理想特性 b）实际特性

2）三位式电子模拟控制器。三位式电子模拟控制器也是由测量电路、给定电路、电子放大电路和开关电路等部分组成，如图 3-8 所示。三位式电子模拟控制器的输出有三种状态（1，0，-1），如图 3-9 所示，即 1K 继电器工作，2K 继电器不工作；1K、2K 继电器都不工作；1K 继电器不工作、2K 继电器工作。每组继电器都有 2ε 范围宽的呆滞区，$2\varepsilon_0$ 范围为三位控制器的不灵敏区或中间区。

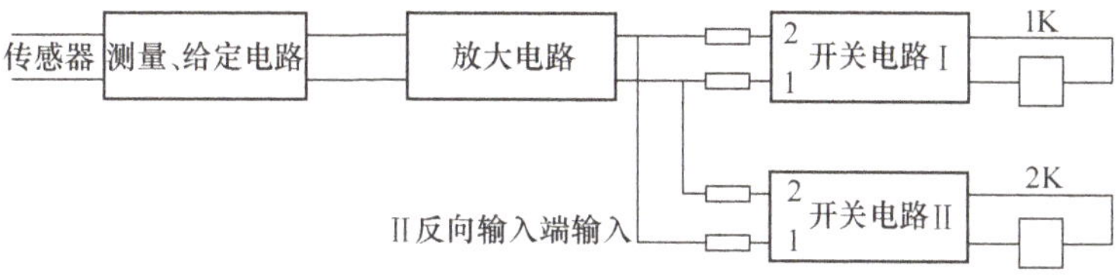

图3-8　三位式电子模拟控制器原理框图

三位式PI控制器是在三位式电子回路加比例积分（PI）反馈环节——PI网络，使断续输出具有PI规律（结构见图3-10右半部分）。

3）位式输出的补偿式控制器。一般使用的断续输出的三位PI补偿控制器，其夏、冬两种工况的补偿情况是不一样的。在夏季工况，室温给定值能自动地随着室外温度的上升按一定比例关系而上升。这样，既可以节省能量，又可以消除由于室内外温差大所产生的冷热冲击，从而提高舒适感。在冬季工况，当室外温度较低时，为了补偿建筑物冷辐射对人体的影响，室温给定值将自动随着室外温度的降低而适当提高。由于这种控制器的给定值能随室外温度而改变，故称为室外温度补偿式控制器。位式输出的补偿式控制器原理如图3-10所示。它主要由变送单元、补偿单元、PI运算单元、输出单元和给定单元五部分组成，属三位PI控制器。室外温度传感器$R_{\theta 2}$经输入电桥将电阻信号变为电压信号，再经放大器变换为标准电压信号DC 0～10V。此信号除参加补偿运算外，既可供显示、记录仪使用，也可供其他需要室外温度信号的仪表使用。补偿单元接受室外温度变送器2的DC 0～10V信号与补偿起始点给定信号的差值信号，改变补偿单元放大器的放大倍数，以获得所希望的补偿度。

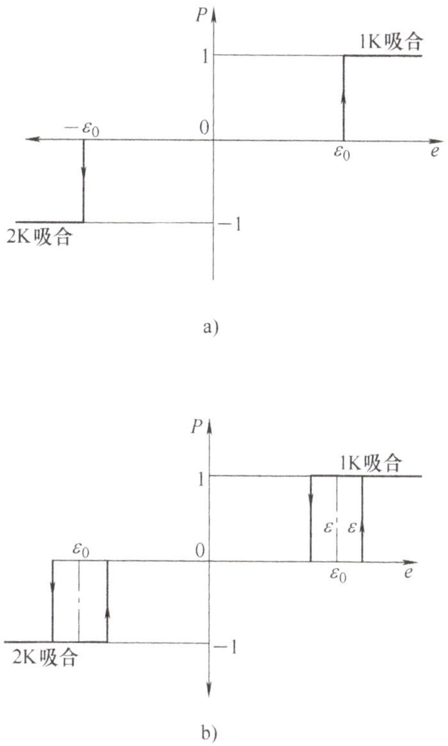

图3-9　三位式电子模拟控制器特性图
a）理想特性　b）实际特性

冬、夏补偿特性如图3-11所示。由图可见，在夏季，当室外温度θ_2高于夏季补偿起点θ_{2A}（20～25℃可调）时，室温给定值θ_1将随室外温度θ_2的上升而增高，直到补偿极限θ_{1max}，即

$$\theta_1=\theta_{1G}+K_s\Delta\theta_2 \tag{3-1}$$

式中　θ_{1G}——室温初始给定值（基准值）（℃）；

K_s——夏季补偿度，$K_s=\dfrac{\Delta\theta_1}{\Delta\theta_2}$（%）；

$\Delta\theta_1$——室温变化值（℃），$\Delta\theta_1=\theta_1-\theta_{1G}$；

$\Delta\theta_2$——室外温度变化值（℃），$\Delta\theta_2=\theta_2-\theta_{2A}$。

在冬季，当室外温度低于冬季补偿起点 θ_{2C} 时，其补偿作用和夏季相反，室温给定值将随室外温度的降低而增高，即

$$\theta_1=\theta_{1G}-K_w\Delta\theta_2 \tag{3-2}$$

式中 $\Delta\theta_2$——室外温度变化值（℃），$\Delta\theta_2=\theta_2-\theta_{2C}$；

K_w——冬季补偿度。

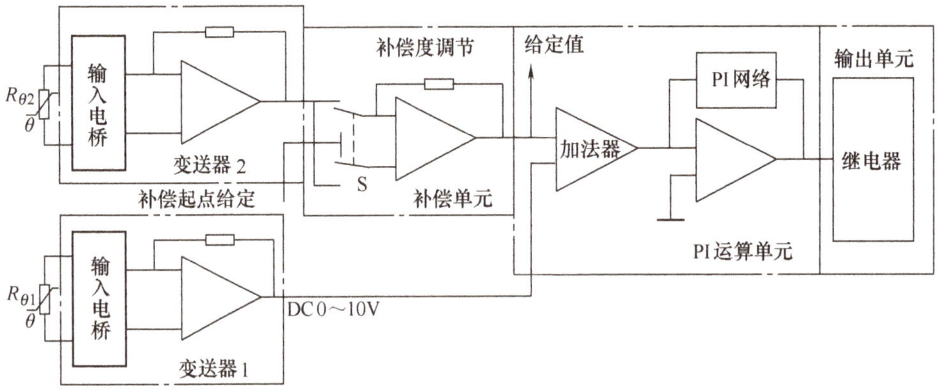

图 3-10 位式输出的补偿式控制器原理

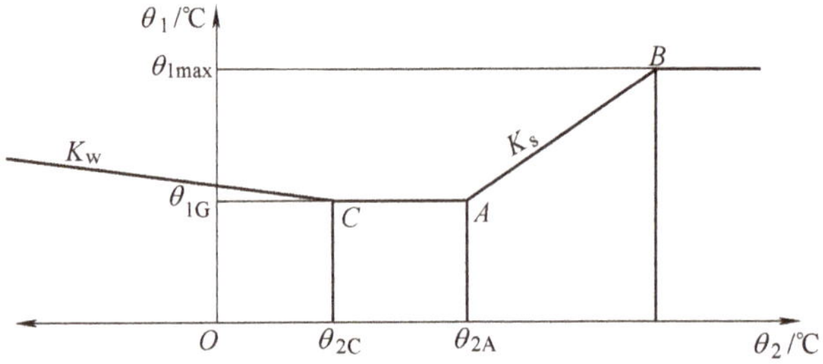

图 3-11 室外温度补偿特性

在过渡季节，即当室外温度在 $\theta_{2C}\sim\theta_{2A}$ 之间时，补偿单元输出为零，室温给定值保持不变。

冬夏季的补偿度在控制器上可调，冬夏补偿的切换由补偿单元的输入特性转换开关 S 来完成。主控信号 $R_{\theta1}$ 经变送单元转换为 DC 0～10V 信号，进入 PI 运算单元加法器的一端；给定信号与补偿信号叠加后进入加法器的另一端。加法器的输出为控制器的输入的偏差信号，此信号经 PI 运算单元运算后，再经功率放大器放大，最后驱动继电器（两组继电器）。继电器的吸合、释放时间与偏差值的大小及 PI 参数有关。

（2）连续输出的电子式控制器 连续输出的电子式控制器有比例 P、比例积分 PI、比例积分微分 PID 等控制规律，输出信号为 DC 0～10mA、DC 4～20mA、DC 0～10V 等。

1）连续输出的电子式控制器的组成。连续式电子控制器一般由测量变送电路、放大电路、PID 反馈电路等部分组成，其框图如图 3-12 所示。测量变送电路将传感器来的热工参

数转变为电量，与给定值进行比较发出偏差信号，偏差信号加在 PID 运算放大器的输入端，PID 运算放大器实现 PID 控制规律的运算。

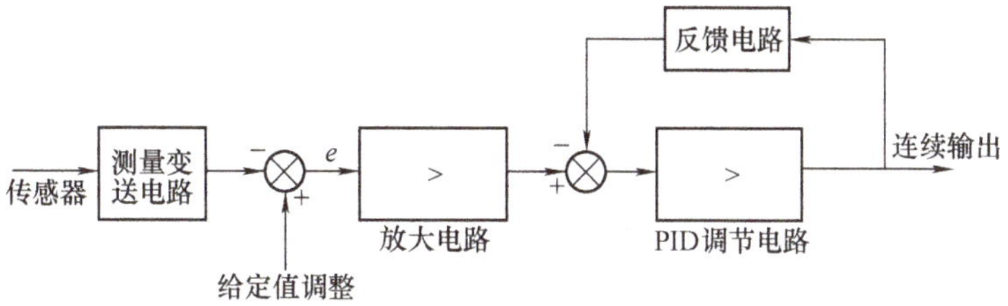

图 3-12　连续式电子控制器组成框图

2）连续输出的补偿式控制器。连续输出的补偿式控制器的结构与图 3-10 所示位式输出的补偿式控制器相似，但其区别在于输出是连续信号。

3）连续输出的串级控制器。连续输出的串级控制器如图 3-13 所示。它由主变送器、主控制器、副变送器、副控制器、信号选择与输出电路组成。主控制器的输出，作为副控制器的给定值信号，而副控制器的输出则控制执行器。作为空调专用仪表，有的控制器尚有高低值限值和最小信号选择功能。其中主控制器为比例控制规律，其 DC 0 ~ 10V 输出进入高、低值限值电路，与给定的低限值比较决定送风温度的最小值；与高限值比较限制送风温度的最高值。高低值限值电路的输出作为副控制器的给定信号，副控制器是比例积分控制规律。副控制器的输出送至最小信号选择电路，当在最小信号选择电路输入端有信号输入时，本控制器的输出为副控制器的输出与最小信号输入的信号两者中最小值。当最小信号选择电路输入端无信号时，本控制器的输出即为副控制器的输出。

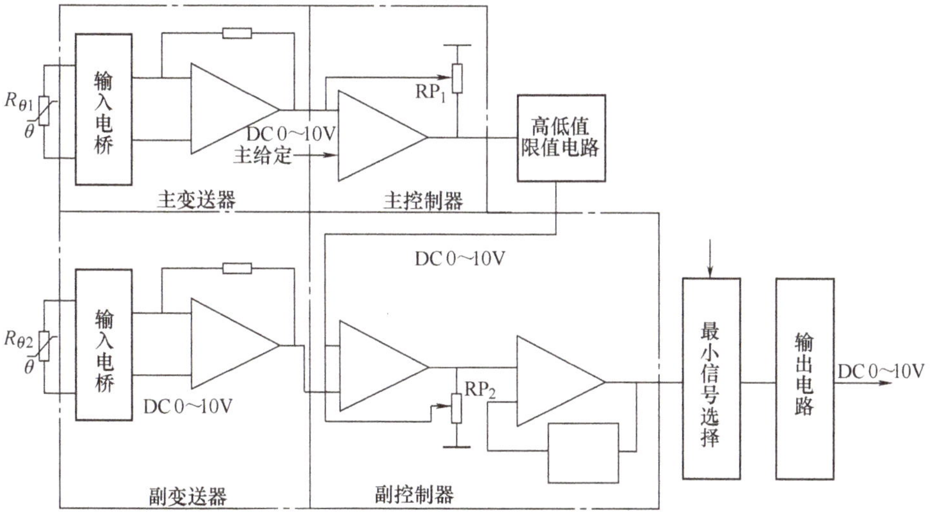

图 3-13　连续式串级控制器

4）焓值控制器。焓值控制器是空调节能专用仪表，是多参数输入仪表。图 3-14 所示为焓值控制器原理示意图，从图中看出，它有 4 个输入信号：室内温度与湿度、室外温度与湿度。利用温度、湿度计算出焓值，进行室内外焓值的比较，进行比例运算后与选择信号进行比较，然后输出 DC 0~10V 焓比较信号。

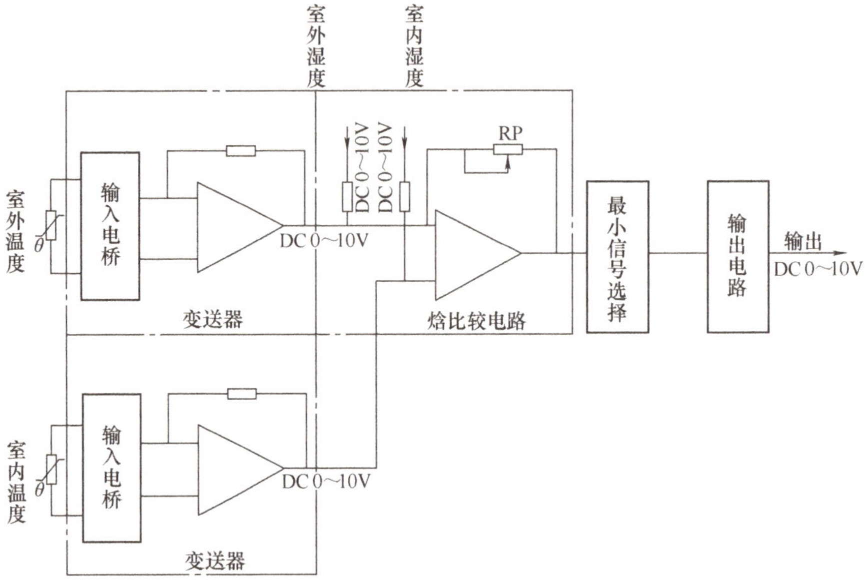

图 3-14 焓值控制器原理示意图

3.2.3 软件控制器

由于数字技术的发展以及对数据显示和数据管理的需要，在仪表内已加入了由单片机构成的智能化单元，控制器在程序操作下工作，故这种仪表称为软件控制器。软件控制器不仅能完成控制功能，还能在仪表盘上进行数字显示，通过标准接口、网络连接器与中央站计算机通信，实现系统集中监控，从而更好地满足楼宇智能控制的要求。

1. 直接数字控制器（DDC）

DDC 系统是用一台计算机取代模拟控制器，对生产过程中多种被控参数进行巡回检测，并按预先选用的控制规律（PID、前馈等），通过输出通道，直接作用在执行器上，以实现对生产过程的闭环控制。它作为一个独立的数字控制器，安装在被控生产过程设备的附近，能够完成对不同规模的生产过程的现场控制。

直接数字控制器是一种多回路的数字控制器，它以计算机微处理器为核心，加上过程输入、输出通道组成。

直接数字控制器通过多路采样器按顺序对多路被控参数进行采样，然后经过模－数(A－D)转换后输入计算机微处理器，计算机按预先选用的控制算法，分别对每一路检测参数进行比较、分析和计算，最后将处理结果经过数－模（D－A）转换器等输出按顺序送到相应被控执行器，实现对各种生产过程的被控参数自动控制，使之处于给定值附近波动。

1）DDC 系统具有如下的特点：①计算机运算速度快，能分时处理多个生产过程（被控参数），代替几十台模拟控制器，实现多个单回路的 PID 控制。②计算机运算能力强，可以实现各种比较复杂的控制规律，如串级、前馈、选择性、解耦控制及大滞后补偿控制等。

2）DDC 系统由被控对象（生产过程）、检测变送器、执行器和工业计算机组成，图

3-15所示是 DDC 系统的组成框图。

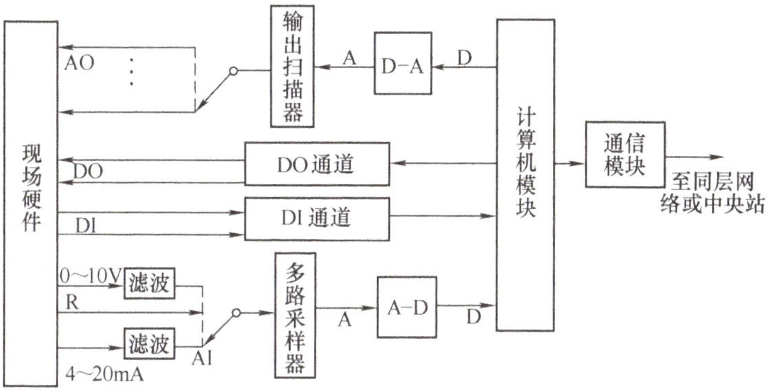

图 3-15　DDC 系统组成框图

其控制过程为：

① 输入通道 A－D：把传感器或变送器送来的反映被控参数的模拟量（电阻、电流、电压信号），转换为数字信号送往计算机。为了避免现场输入线路电磁干扰和变送器交流噪声，用滤波网络对各输入信号分别滤波（见 DDC 控制器框图）。

② 采样器：在时序控制器作用下，以一定的速度按顺序把输入信号送入放大器，然后选择送到 A－D 转换器，变成数字信号送入计算机。

③输出通道 D－A：把经过计算机计算输出的数字信号转换成能控制执行器动作的模拟信号 AO 或数字信号 DO。

④ 显示报警：直接数字控制器系统很容易实现的一个重要功能，它能对生产过程的工况进行监控，以供操作人员监视。

2. 计算机控制系统的基本控制算法

（1）PID 控制算法　按照偏差信号的比例 P（Proportional）、积分 I（Integral）和微分 D（Derivative）进行控制的 PID 算法，以其形式简单、参数易于整定、便于操作而成为目前控制工程领域应用最为广泛、经验丰富、技术成熟的基本控制算法。特别是在工业过程控制中，由于控制对象的精确数学模型难以建立，系统的参数经常发生变化，运用控制理论分析综合要耗费很大代价，却不能得到预期的效果，所以人们往往采用 PID 调节器，根据经验进行在线整定，以便得到满意的控制效果。随着计算机特别是微机技术的发展，PID 控制算法已能用微机简单实现。由于软件系统的灵活性，PID 算法可以得到修正而更加完善。

在模拟控制系统中，PID 控制算法的表达式为

$$u(t) = K_{\mathrm{p}}\left[e(t) + \frac{1}{T_{\mathrm{I}}}\int_0^t e(t)\,\mathrm{d}t + T_{\mathrm{D}}\frac{\mathrm{d}e(t)}{\mathrm{d}t}\right] \tag{3-3}$$

式中　$u(t)$——控制器的输出信号；

$e(t)$——控制器的输入偏差信号，$e(t)=r(t)-z(t)$；

K_{p}——控制器的比例增益；

T_{I}——控制器的积分时间常数；

T_{D}——控制器的微分时间常数；

$r(t)$、$z(t)$——控制器的给定值、测量值。

比例作用实际上是一种线性放大（或缩小）作用。偏差一旦产生，控制器随即产生控制作用，以减小偏差，但不能完全消除稳态误差。比例作用的强弱取决于 K_p，但 K_p 过大，会引起系统的不稳定。积分环节主要用于消除静差，只要系统存在误差，积分控制作用就不断地积累，从而实现无差控制。积分作用的强弱取决于 T_I，T_I 越大，积分作用越弱，反之则越强。微分作用反映系统偏差信号的变化率，具有预见性，能预测误差的变化趋势，在偏差还没有形成之前，已被微分调节作用消除。适当增大微分作用可加快系统的响应，减小超调量和调节时间。微分作用的强弱由 T_D 决定，T_D 越大，微分作用越强，反之则越弱。模拟 PID 控制系统原理图如图 3-16 所示。

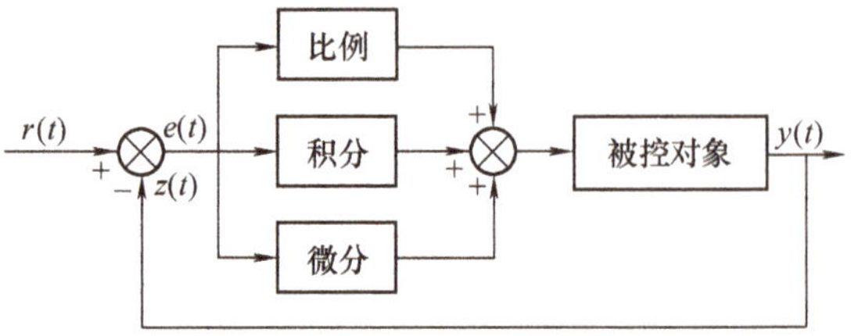

图 3-16 模拟 PID 控制系统原理图

由于计算机是采样控制，它只能根据采样时刻点 kT 的偏差值来计算控制量。因此，在计算机控制系统中，必须对式（3-3）进行离散化处理。现以采样时刻点 kT（$k=0$，1，2，…，n）代替连续时间 t，以和式代替积分，以增量代替微分则可做如下近似变换

$$\begin{cases} t = kT, k = 0,1,2,\cdots,n \\ \int_0^t e(t)\mathrm{d}t \approx \sum_{k=0}^{n} e(kT) = T\sum_{k=0}^{n} e(k) \\ \frac{\mathrm{d}e(t)}{\mathrm{d}t} \approx \frac{e(kT) - e[(k-1)T]}{\Delta t} = \frac{e(k) - e(k-1)}{T} \end{cases} \tag{3-4}$$

将式（3-4）代入式（3-3），则可得离散的 PID 表达式为

$$u(k) = K_p\left[e(k) + \frac{T}{T_I}\sum_{k=0}^{n} e(k) + T_D\frac{e(k) - e(k-1)}{T}\right] \tag{3-5}$$

式中 T——采样周期，必须使 T 足够小，满足香农采样定理的要求，方能保证系统有一定的精度；

k——采样序号，$k=0,1,\cdots,n$；

$e(k)$——第 k 次采样时刻输入的偏差值，$e(k)=r(k)-y(k)$；

$e(k-1)$——第（$k-1$）次采样时刻输入的偏差值，$e(k-1)=r(k)-y(k-1)$；

$u(k)$——第 k 次采样时刻的计算机输出值。

因为式（3-5）的输出值 $u(k)$ 与调节阀的开度位置一一对应，所以将该式通常称为位置型 PID 控制算式。位置型 PID 控制系统原理图如图 3-17 所示。

位置型 PID 控制算法在计算 $u(k)$ 时，不但需要 $e(k)$ 和 $e(k-1)$，而且还需对历次的 e

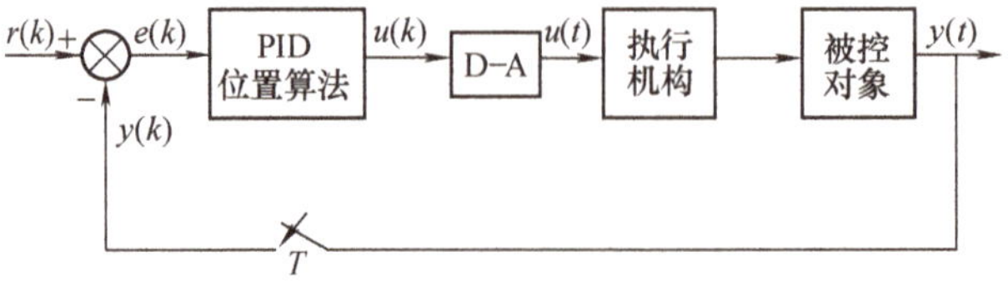

图 3-17 位置型 PID 控制系统原理图

(k)进行累加。这样，计算机工作量大，并且为保存$e(k)$需要占用许多的内存单元；同时，计算机输出的$u(k)$对应的是执行器的实际位置，若计算机突发故障，导致$u(k)$的大幅度变化，会相应地引起执行器位置的大幅度变化，易造成严重的生产事故，这种情况是生产工艺不允许的。因此，产生了增量型 PID 控制算法$\Delta u(k)$。

基于递推原理，由式（3-5）可得

$$u(k) = K_p\left[e(k-1) + \frac{T}{T_I}\sum_{k=0}^{n} e(k) + T_D\frac{e(k-1)-e(k-2)}{T}\right] \tag{3-6}$$

用式（3-5）减去式（3-6），可得

$$\begin{aligned}\Delta u(k) &= K_p[e(k)-e(k-1)] + K_I e(k) + K_D[e(k)-2e(k-1)+e(k-2)] \\ &= Ae(k) + Be(k-1) + Ce(k-2)\end{aligned} \tag{3-7}$$

式中　K_I——积分系数，$K_I = K_pT/T_I$；

K_D——微分系数，$K_D = K_pT_D/T$；

$A = K_p + K_I + K_D$，$B = -(K_p + 2K_D)$，$C = K_D$。

式（3-7）称为增量型 PID 控制算式，增量型 PID 控制系统原理图如图 3-18 所示。

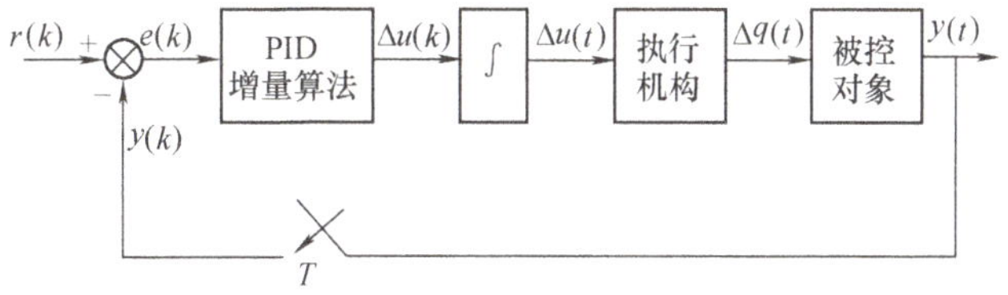

图 3-18　增量型 PID 控制系统原理图

就整个系统而言，位置型与增量型 PID 控制算法并无本质区别。在控制系统中，若执行机构需要的是控制量的全量输出，则控制量$u(k)$对应阀门的开度表征了阀位的大小，此时需采用位置型 PID 控制算法；若执行机构需要的是控制量的增量输出，则$\Delta u(k)$对应阀门开度的增加或减少表征了阀位大小的变化，此时应采用增量型 PID 控制算法。

在位置型控制算法中，由于全量输出，所以每次输出均与原来位置量有关。为此，不仅需要对$e(k)$进行累加，而且微机的任何故障都会引起$u(k)$大幅度变化，对生产不利。

增量型 PID 控制算法与位置型 PID 控制算法相比，具有以下优点：

1）增量型 PID 控制算法的输出$\Delta u(k)$仅取决于最近 3 次的$e(k)$、$e(k-1)$和$e(k-2)$的采样值，计算较为简便，所需的内存容量不大。

2）由于微机输出增量，所以误动作影响较小，必要时可用逻辑判断的方法去掉。

3）在手动/自动无扰动切换中，增量型 PID 控制算法要优于位置型 PID 控制算法。增量型 PID 控制算法的输出$\Delta u(k)$对应阀位大小的变化量，而与阀门原来的位置无关，易于实现手动/自动的无扰动切换。而在位置型 PID 控制算法中，要做到手动/自动的无扰动切换，必须预先使得计算机的输出值$\Delta u(k)$等于$u(k-1)$，再进行手动/自动的切换才是无扰动的，这给程序的设计和实际应用带来困难。

4）不产生积分失控，所以能容易获得较好的调节效果，一旦计算机发生故障，则停止输出$\Delta u(k)$，阀位大小保持发生故障前的状态，对生产过程无影响。

但是，增量型 PID 控制算法也有缺点：如积分截断效应大，有静态误差等。图 3-19 给出了增量型 PID 控制算法的程序流程图。

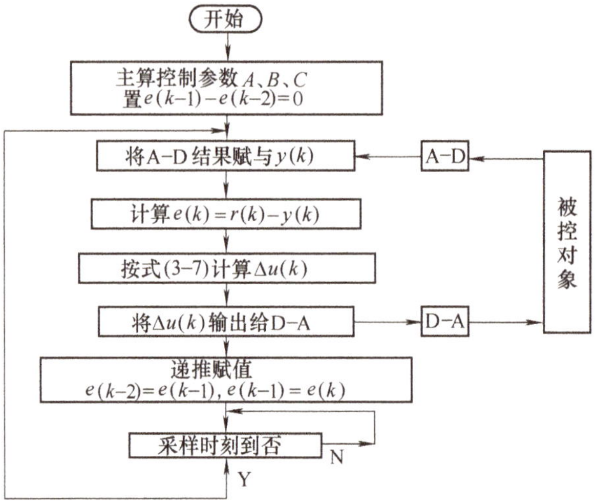

图 3-19 增量型 PID 控制算法的程序流程图

（2）改进型 PID 控制算法 在计算机控制系统中，如果单纯用数字 PID 调节器去模仿模拟调节器，不会获得更好的效果。因此，必须发挥计算机运算速度快、逻辑判断功能强、编程灵活等优势，诸如一些在模拟 PID 控制器中无法解决的问题，借助计算机使用数字 PID 控制算法，就可得到解决。在此对 PID 控制算法的改进做简单介绍。

1）积分项的改进有如下方法：

① 分离的 PID 控制算法。在 PID 控制中，积分的作用是为了消除残差，提高控制性能指标。但在过程的启动、结束或大幅度增减设定值时，此时系统有较大的偏差，会造成 PID 运算的积分积累，使得系统输出的控制量超过执行机构产生最大动作所对应的极限控制量，最终导致系统较大的超调、长时间波动，甚至引起系统的振荡。

因此，采用积分分离的措施。当偏差较大时，取消积分作用；当偏差较小时，才将积分作用投入。

② 变速积分的 PID 控制算法。一般的 PID 控制中，积分系数 K_I 是常数，所以，在整个控制过程中，积分增量保持不变。而系统对积分项的要求则是，偏差大时，积分作用减弱；偏差小时，积分作用增强。否则，会因为积分系数 K_I 的数值取大了，导致系统产生超调，甚至积分饱和；反之，积分系数 K_I 的数值取小了，会造成系统消除残差过程的延长。

变速积分的 PID 能较好地解决此问题，它的基本思想是设法改变积分项的累加速度（即积分系数 K_I 的大小），使其与偏差的大小对应。偏差越大，积分越慢；反之，偏差越小，积分越快。

2）微分项的改进方法如下：

① 微分先行的 PID 控制算法。为了避免给定值的改变给系统带来的影响（如超调量过大、系统振荡等），可采用微分先行的 PID 控制技术。它只对被控变量 $y(t)$ 进行微分，而不对偏差微分，即对给定值无微分作用，消除了给定值频繁升降给系统造成的冲击。

② 不完全微分 PID 控制算法。普通的 PID 控制算式，对具有高频扰动的生产过程，微分作用响应过于灵敏，容易引起控制过程振荡，降低调节品质。尤其是计算机对每个控制回

路输出时间是短暂的，而驱动执行器动作又需要一定时间，如果输出较大，在短暂时间内执行器达不到应有的相应开度，会使输出失真。为了克服这一缺点，同时又要微分作用有效，可以在 PID 控制输出串入一阶惯性环节，这就组成了不完全微分 PID 调节器。

PID 算法是 DDC 系统的基本算法，除上述介绍的这些算法外，还有一些改进型 PID 控制算法，如抗积分饱和 PID、带死区 PID 等。PID 算法对于实现智能建筑暖通空调系统这类固有的非线性、时变性系统的有效控制，具有积极的意义。

3. 可编程序控制器（PLC）

可编程序控制器（Programmable Logic Controller，PLC）是一种数字运算的电子操作系统，专门用于工业环境的控制。它采用可编程序的存储器，用来在其内部存储执行逻辑运算、顺序控制、定时、计数和算数运算等操作指令，并通过数字式和模拟式的输入、输出信号，控制各种生产过程。

在建筑环境与设备系统的运行控制中，PLC 能做到安全可靠，且能提高控制精度，同时又简化了工人的劳动、减少了工作量，还可以做到最大限度地节约能耗。如溴化锂冷水机组、螺杆式压缩机组等大多采用 PLC 控制。事实上，PLC 也是一种计算机控制系统，并具有更强的与工业控制元件相连接的接口，具有更直接适应于控制要求的编程语言。所以 PLC 与计算机控制系统的组成相似，也具有中央处理器、存储器、输入输出接口、电源等，其基本组成如图 3-20 所示。

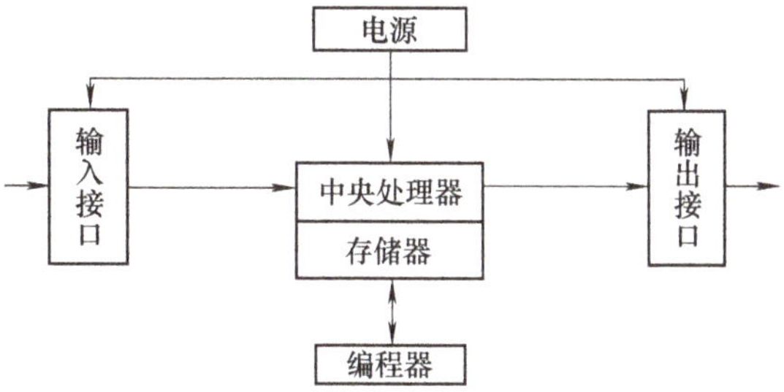

图 3-20 PLC 的基本组成

由 PLC 与触摸控制屏组成的诸如制冷空调机组的控制系统，能够做到一键开机、一键关机。能够实现机组的能量调节、轻故障自动处理与重故障报警、开停机程序控制等功能。与常规的控制系统相比，可以实现包括自适应控制、模糊控制在内的更复杂的调节控制规律、改善调节品质、提高机组运行的经济性。

4. 现场控制单元的软件结构

现场单元的软件多数采用模块化结构设计，并且一般不用操作系统（很少用磁盘操作系统）。软件一般分为执行代码部分和数据部分。执行代码部分固化在 EPROM 中，数据部分保留在 RAM 中，系统复位或开机时，数据初始值从网络上装入。

现场控制单元的执行代码包含周期执行部分和随机执行部分。周期执行部分完成数据采集与转换、越限检查、控制运算、网络数据通信及系统状态检测等的处理。周期执行部分一般由时钟定时激活。系统故障信号处理（如电源掉电等）、事件顺序信号处理、实时网络数据的收发等用硬件中断激活，可得到随机处理。

典型的现场控制单元的软件执行过程如图 3-21 所示。现场控制单元的软件一般都采用通用形式，即可适用于不同的被控对象，代码部分与对象无关，不同的应用对象只影响存在 RAM 中的数据。控制回路的执行代码也与具体的控制对象无关，执行过程只取决于存在 RAM 中的回路信息。RAM 中的数据在系统运行过程中不断地刷新，其内容反映了现场控制单元所控制的对象的运行状况。执行模块之间的关系，也称为现场控制单元软件结构如图

3-22 所示。实时数据库是整个现场控制单元软件系统的中心环节，数据是共享的。各通道采集来的数据，以及网络上传给现场控制单元的数据均存在实时数据库中，中间结果也存在实时数据库中。

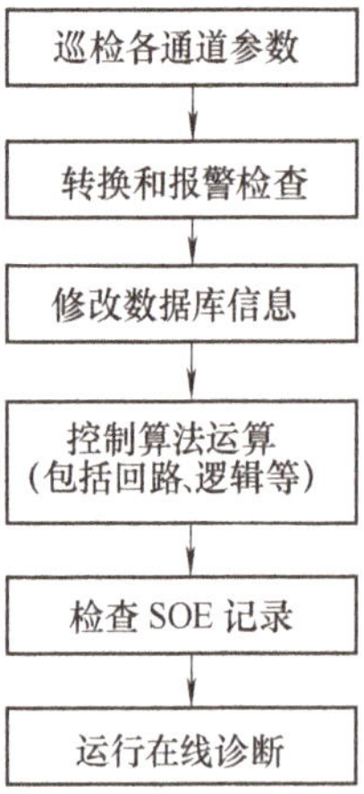

图 3-21 现场控制单元软件执行过程

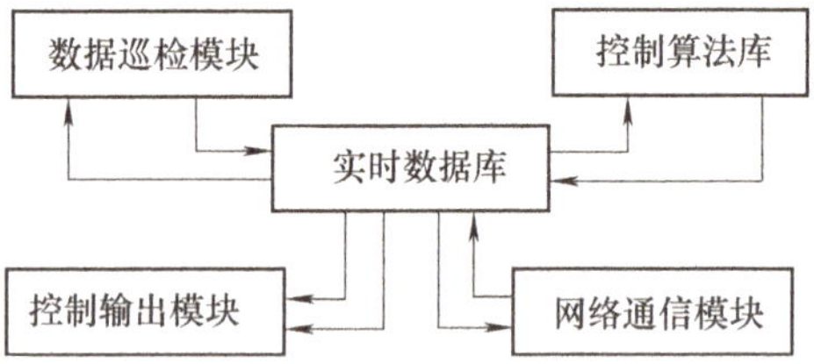

图 3-22 现场控制单元软件结构

3.3 执行器

执行器（包括执行机构和调节机构）是控制系统的执行部件，控制系统的末端控制单元，它的输出影响被调参数。控制器的输出信号作为执行器的输入信号，执行器的输出与输入的关系是该执行器的特性，正确选取执行器的特性有利于改善自动控制的调节精度。执行器主要有膨胀阀、电磁阀、水量调节阀、风量调节阀、防火阀、排烟阀等。下面分别介绍几种常用的执行器。

3.3.1 膨胀阀

在制冷系统中，膨胀阀主要起着膨胀节流的作用，它将液体制冷剂从冷凝压力减小到蒸发压力，并根据需要调节进入蒸发器的制冷剂流量。制冷系统的节流膨胀机构主要有热力膨胀阀、热电膨胀阀、电子膨胀阀和毛细管等。其中，毛细管在节流过程中有不可调性，故在大型制冷系统中不再采用毛细管，而采用膨胀阀来控制。常用的有热力膨胀阀和电子膨胀阀两种。

1. 热力膨胀阀

热力膨胀阀以蒸发器出口的过热度为信号，根据信号偏差来自动调节制冷系统的制冷剂流量，因此，它是以传感器、控制器和执行器三位组合成一体的自力式自动控制器。热力膨胀阀有内平衡和外平衡两种形式。内平衡式热力膨胀阀膜片下面的制冷剂压力是从阀体内部通道传递来的膨胀阀孔的出口压力；而外平衡式热力膨胀阀膜片下面的制冷剂平衡压力是通过外接管，从蒸发器出口处引来的压力。由于两者的平衡压力不同，它们的使用场合也有区别。内平衡式热力膨胀阀工作原理如图 3-23 所示，压力 p 是感温包感受到的蒸发器出口温度相对应的饱和压力，它作用在波纹膜片上，使波纹膜片产生一个向下的推力，而在波纹膜片下面受到蒸发压力 p_0 和调节弹簧力 W 的作用。当空调区域温度处在某一工况下，膨胀阀处于某一开度时，p、p_0 和 W 处于平衡状态，即 $p = p_0 + W$。如果空调区域温度升高，蒸发器出口处过热度增大，则感应温度上升，相应的感应压力 p 也增大，这时 $p > p_0 + W$，波纹膜片向下移动，推动传动杆使膨胀阀的阀孔开度增大，制冷剂流量增加，制冷量随之增大，蒸发器出口过热度相应地降下来。相反，如果蒸发器出口处过热度降低，则感应温度下降，相应地感应压力 p 也减小，这时，$p < p_0 + W$，波纹膜片上移，传动杆也上移，膨胀阀的阀孔开度减小，制冷剂流量减小，使制冷量也减小，蒸发器出口过热度相应地升高。膨胀阀进行上述自动调节，适应了外界热负荷的变化，满足了室内所要求的温度。图 3-24 所示为内平衡式热力膨胀阀的结构。膨胀阀安装在蒸发器的进口管子上，它的感温包安装在蒸发器的出口管上，感温包通过毛细管与膨胀阀顶盖相连接，以传递蒸发器出口过热温度信号。有的在进口处还设有过滤网。

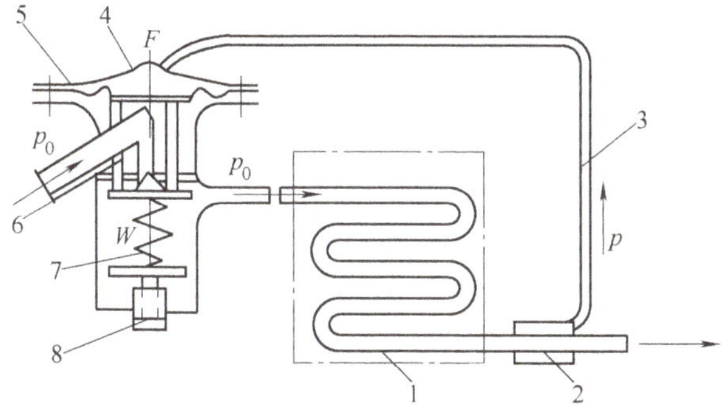

图 3-23 内平衡式热力膨胀阀工作原理

1—蒸发器 2—感温包 3—毛细管 4—膨胀阀
5—波纹膜片 6—推杆 7—调节弹簧 8—调节螺钉

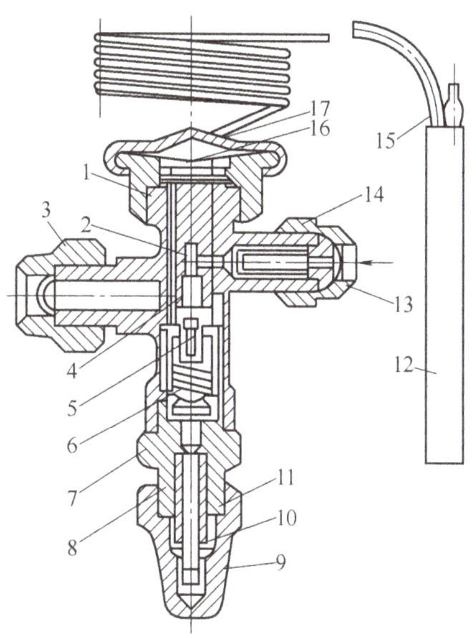

图 3-24 内平衡式热力膨胀阀的结构

1—阀体 2—传动杆 3、14—螺母 4—阀座
5—阀针 6—调节弹簧 7—调节杆座 8—填料
9—帽盖 10—调节杆 11—填料压盖
12—感温包 13—过滤网 15—毛细管
16—感应薄膜 17—气箱盖

热力膨胀阀的容量应与制冷系统相匹配，图 3-25 所示为热力膨胀阀和制冷系统制冷量特性曲线。制冷系统的制冷量曲线与膨胀阀的制冷量曲线交点，就是运行时的制冷量。从图 3-24中看出，膨胀阀在一定的开启度下，它的制冷量 Q_0 随着蒸发温度 θ_0 的下降而增加，而制冷系统的制冷量随蒸发温度的下降而减少，两者要相互匹配，其制冷量就应相等，所以应对某一制冷系统所使用的热力膨胀阀进行选配。

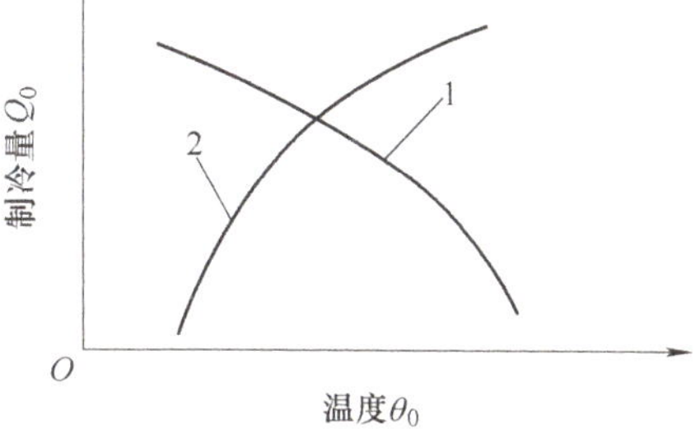

图 3-25 热力膨胀阀和制冷系统能量特性曲线

1—热力膨胀阀能量曲线 2—制冷系统能量曲线

2. 电子膨胀阀

热力膨胀阀用于蒸发器供液控制时存在很多问题，如控制质量不高，调节系统无法实施计算机控制，只能实施静态匹配；工作温度范围窄，感温包迟延大，在低温调节场合，振荡问题比较突出。因此自20世纪70年代开始，出现电子膨胀阀，至90年代末，已逐步走向成熟。目前国内外流行的电子膨胀阀形式较多，按驱动形式不同，有热动式、电动式和电磁式，早期尚有双金属片驱动，近年逐渐被替代。

电子膨胀阀是以微型计算机实现制冷系统制冷剂变流量控制，使制冷系统处于最佳运行状态而开发的新型制冷系统控制器件。微型计算机根据采集的温度信号进行比例和积分运算，控制信号控制施加于膨胀阀上的电流或电压，以控制阀的开度，直接改变蒸发器中制冷剂的流量，从而改变其状态。压缩机的转数与膨胀阀的开度相适应，使压缩机输送量与通过阀的供液量相适应，而使蒸发器能力得以最大限度发挥，实现高效制冷系统的最佳控制，使过去难以实施的制冷系统有可能得以实现。因而，在变频空调、模糊控制空调和多路系统空调等系统中，电子膨胀阀作为不同工况控制系统制冷剂流量的控制器件，均得到日益广泛的应用。

图3-26所示是一种电动式电子膨胀阀，它采用电动直接驱动轴，以改变阀的开度，其组成如图3-26所示。该阀接受由微型计算机传来的运转信号进行动作，根据运转信号，驱动转子回转，以螺旋将其回转运动转换为轴的直线运动，以轴端头针阀调整节流孔的开度。

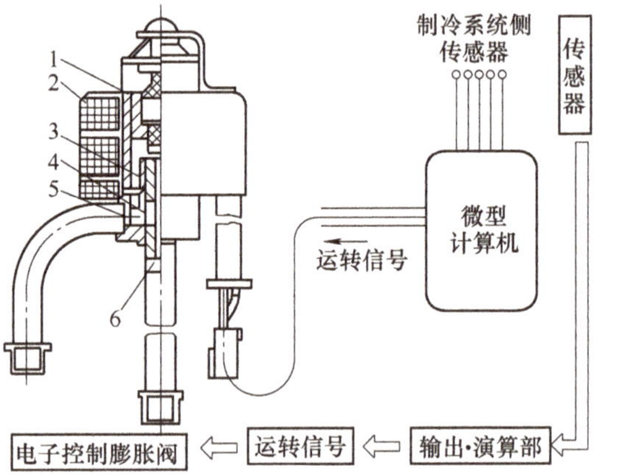

图3-26 电动式电子膨胀阀的组成

1—电动机转子 2—电动机定子 3—螺旋 4—轴 5—针阀 6—节流孔

3.3.2 电磁阀

电磁阀是用来实现对管道内流体的截止控制的，它是受电气控制的截止阀，通常用作两位控制器的执行器，或者作为安全保护元件。它具有两位特性，即打开或关闭阀门。

电磁阀有常开型与常闭型。常开型指电磁阀线圈通电时，阀门关闭；线圈断电，阀门打开。常闭型指电磁阀线圈通电时，阀门打开；线圈断电，阀门关闭。如果按结构来分，有直接作用型（也称直动式）和间接作用型（也称导压式）。下面分别介绍其结构、使用和安装。

直动式电磁阀通电后靠电磁力将阀打开，阀前后液体压差Δp越大、阀的口径越大，阀打开所需的电磁力越大，电磁线圈的尺寸也越大，所以，直动式电磁阀通径一般在13mm以下。

直动式电磁阀如图3-27所示。当电磁线圈1通电时，就会产生电磁吸力，吸引柱塞式阀芯（即活动铁心）2上移，打开阀芯，使液体通过。当线圈断电时，柱塞式阀芯在自重和弹簧3作用下，关闭阀门。

导压式电磁阀由导阀和主阀组成，它的特点是通过导阀的导压作用，使主阀发生开闭动作，结构如图 3-28 所示。当线圈 1 通电时吸引柱塞式阀芯 2 上升，导向阀被打开。由于导阀孔的面积设计得比平衡孔 9 的面积大，主阀室 5 中压力下降，但主阀 6 下端压力仍与进口侧压力相等，主阀 6 在压差作用下向上移动，主阀 6 开启。当断电时，柱塞式阀芯与导向阀在自重作用下下降，关闭主阀室，进口侧介质从平衡孔 9 进入，主阀内压力上升至约等于进口侧压力时，阀门呈关闭状态。

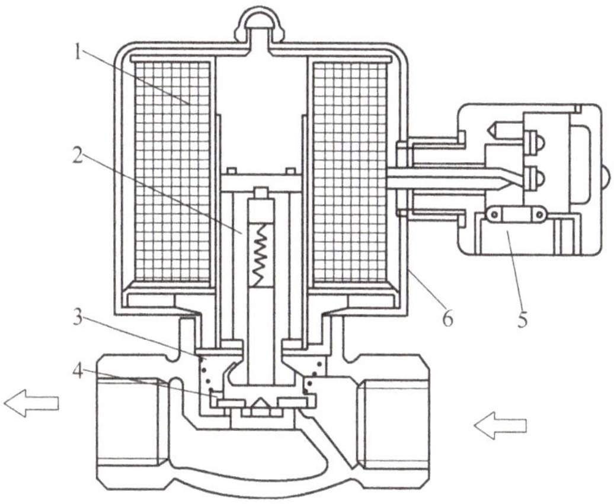

图 3-27　直动式电磁阀

1—线圈　2—柱塞式阀芯　3—弹簧

4—圆盘　5—接线盒　6—外壳

弹簧负荷的电磁阀可以在竖直管或其他管道位置上安装，重力负荷的电磁阀必须在水平管垂直安装。电磁阀必须按规定的电压使用。

另外，还有一种三通电磁阀，可用于活塞式压缩机气缸卸载能量调节的油路系统，其结构如图 3-29 所示。图中 a 接口接来自液压泵的高油压；b 接口接能量调节液压缸的油管；c 接口接曲轴回油管。断电时，铁心与滑阀落下，则 a 与 b 接通，液压泵的高压油送往能量调节液压缸，使相应的气缸加载。电磁线圈通电时，铁心与滑阀被吸起，接口 b 与 c 相通，气缸中的液压油回流至曲轴箱。

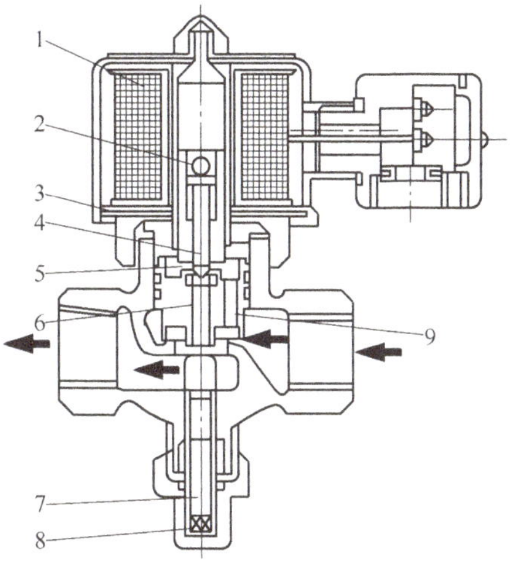

图 3-28　导压式电磁阀

1—线圈　2—柱塞式阀芯　3—罩子

4—导阀　5—主阀室　6—主阀

7—手动开闭棒　8—盖　9—平衡孔

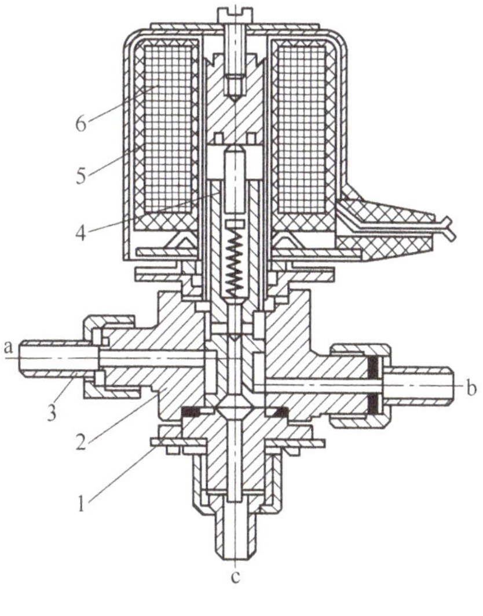

图 3-29　油用三通电磁阀

1—连接片　2—阀体　3—接管　4—铁心

5—罩壳　6—电磁线圈

电磁阀选型时，应仔细阅读样本所提供的技术资料。它们包括：适用介质的种类、阀的工作温度范围、工作压力、最大开阀压力差、最小开阀压力差、电磁线圈的电源电压及允许波动值、线圈消耗功率及阀的容量特性表。根据以上资料选择满足要求的阀型和阀尺寸。使用安装时，电磁头轴线应处于垂直方向，必须按阀体上所标示的流动方向连接进出口管。因为一般电磁阀流向不可逆。如流向接反，则流体压力差会将阀顶开。除非样本上注明是可逆电磁阀。

3.3.3 电动调节阀

电动调节阀接受电动、电子式调节器或 DDC 控制器输出的调节信号，切断或调节输送管道内流动介质的流量，以达到自动调节被控参数的目的。电动调节阀（含二通、三通）在空调自控中使用比较普遍，它的基本结构一般由电动执行机构和调节机构两大部分组成，可以集成为一体，也可以分装成电动执行机构（简称执行器）或调节机构（简称调节阀）。图 3-30 所示为电动调节阀结构图。

1. 电动执行机构

电动执行机构的种类很多，一般可分为直行程、角行程和多转式三种。这三种电动执行器都是由电动机带动减速装置，在控制信号的作用下产生直线运动或旋转运动。

图 3-30 电动调节阀结构图
1—执行机构 2—调节机构

电动执行机构一般可接收来自控制器的两种信号：一是模拟信号 AO，如 DC 2～10V、DC 4～20mA 或 DC 0～10V 等不同信号；另一种是断续的开关信号，即两个 DO 信号，如两个继电器的两个常开触点，控制器属断续 PI 控制规律，一个 DO 按 PI 规律开大阀门，另一个 DO 按 PI 规律关小阀门，当无 DO 信号时，阀门停在原位置。有的执行机构带有阀位信号，可通过通信集中显示。还应说明，在 BAS 中应用的电动执行机构，大多采用两相交流电容式异步电动机，供电电压为 AC 24V。

各类执行机构尽管在结构上不完全相同，但基本结构都包括放大器、可逆电机、减速装置、推力机构、机械限位组件、弹性联轴器、位置反馈等部件。

2. 调节阀

电动调节阀因结构、安装方式及阀芯形式不同，可分为多种类型。以阀芯形式分类，有平板形、柱塞形、窗口形和套筒形等。不同的阀芯结构，其调节阀的流量特性也各不一样。

在空调的自动控制系统中，调节介质为热水、冷水和蒸汽，因使用情况单一，常被采用的调节阀有直通双座阀、直通单座阀和三通调节阀。直通双座阀如图 3-31 所示。流体从左侧进入，通过上下阀座再汇合在一起由右侧流出。由于阀体内有两个阀芯和两个阀座，所以叫做直通双座阀。

对于双座阀，流体作用在上、下阀芯的推力，其方向相反而大小接近相等，所以阀芯所受的不平衡力很小，因而允许使用在阀前、后压差较大的场合。双座阀的流通能力比同口径的单座阀大。由于受加工精度的限制，双座的上、下两个阀芯不易保证同时关闭，所以关闭时的泄漏量较大，尤其用在高温或低温场合，因阀芯和阀座两种材料的热膨胀系数不同，更易引起较严重的泄漏。

双座阀有正装和反装两种：当阀芯向下移动时，阀芯与阀座间流通面积减少者称为正装；反之，称为反装。对于双座阀只要把图 3-31 中的阀芯倒过来装，就可以方便地将正装改为反装。

直通单座阀如图3-32所示，阀体内只有一个阀芯和一个阀座。单座阀的特点是单阀芯结构，容易达到密封，泄漏量小；流体对阀芯推力是单向作用，不平衡力大，所以单座阀仅适用阀前后低压差的场合。

三通调节阀有三个出入口与管道相连，有合流阀和分流阀两种形式。图3-33所示为三通调节阀阀体与阀芯的结构示意图。图3-33a所示为合流阀，两种流体A和B流入混合为A+B流体流出，当阀门关小一个入口的同时，就开大另一个入口。图3-33b所示为分流阀，它有一个入口，两个出口，即流体由一路进来然后分为两路流出。

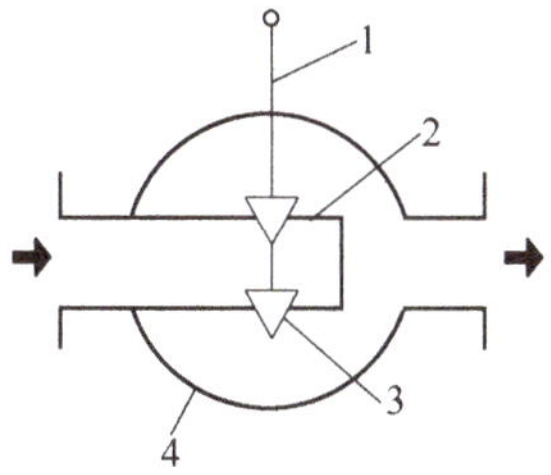

图3-31　直通双座阀（正装式）

1—阀杆　2—阀座　3—阀芯　4—阀体

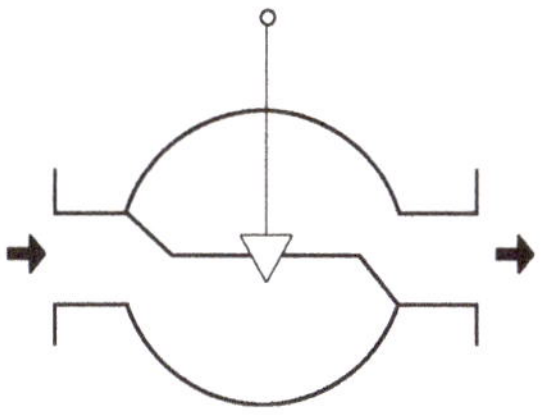

图3-32　直通单座阀

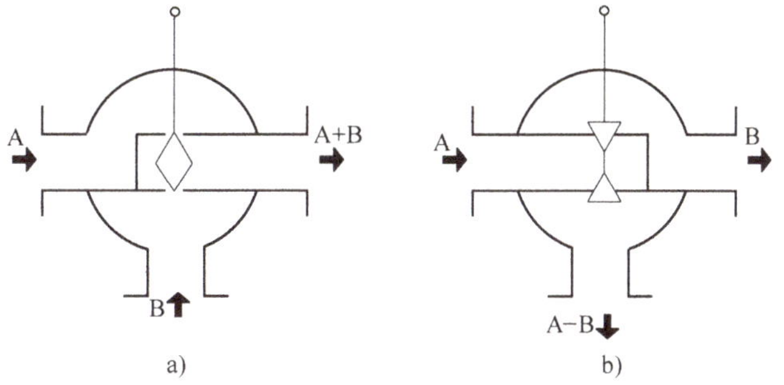

图3-33　三通阀

a）合流阀　b）分流阀

电动调节阀是建筑环境与设备自动控制系统中应用最多的一种执行器，它与电磁阀之间的最大差别在于电动调节阀可以进行连续调节，执行器的位移与输入信号呈线性关系，这也是它的主要优点。但是，为了使电动调节阀的运动能够准确地跟踪控制器的输出变化，在执行器内部需要有一个伺服系统，伺服系统实际上也是一个反馈控制系统，使调节阀的输出与输入信号呈线性关系。

3.3.4　电动调节风阀

电动调节风阀是空调系统中必不可少的设备，可以手动操作，也可实行自动调节。自动控制时，风阀则成了调节系统的重要环节。风阀也是由电动机执行机构和风阀组成的。风阀有多叶型和单叶型。单叶型的风阀结构示意图如图3-34所示。单叶风阀结构简单，密封性能好。多叶风阀又分为平行叶片式和对开叶片式及菱形式等，如图3-35所示。平行叶片式和对开叶片式风阀是通过叶片转角大小来调节风量的。菱形风阀通过改变菱形叶片的张角来调节风量。这两种风阀广泛用于变风量末端装置。

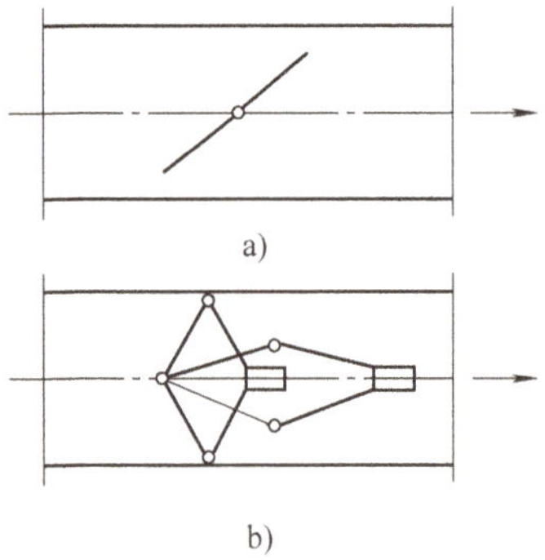

图 3-34 单叶型风阀结构示意图
a）蝶式风阀 b）菱形风阀

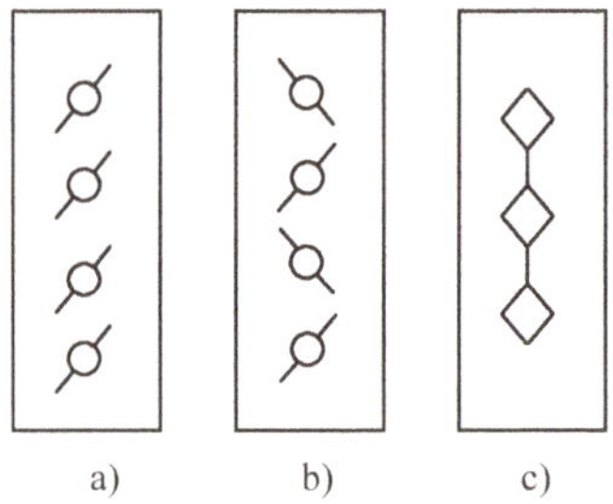

图 3-35 多叶型风阀结构示意图
a）平行叶片风阀 b）对开叶片风阀 c）菱形风阀

3.3.5 阀门定位器

这里仅介绍电动阀门定位器。电动阀门定位器接受控制器传输过来的 DC 0～10V 连续控制信号，对以 AC 24V 供电的执行机构的位置进行控制，使阀门位置与控制信号呈线性关系，从而起到控制阀门定位的作用。电动阀门定位器装在执行器壳内，电动阀门定位器可以在控制器输出的 0～100% 范围内，任意选择执行器的起始点；在控制器输出的 20%～100% 范围内，任意选择全行程的间隔。电动阀门定位器具有正、反作用的给定，当阀门开度随输入电压增加而加大时称为正作用，反之则称为反作用。因此，电动阀门定位器与连续输出的控制器配套可实现分程控制。

电动阀门定位器的工作原理示意图如图 3-36 所示，它由前置放大器（Ⅰ和Ⅱ）、触发器、双向晶闸管电路和位置发送器等部分组成。图中 R_1 是起始点调整电位器，R_2 是全行程间隔调整电位器，R_3 是阀门位置反馈电位器。

为了使阀门位置与输入信号一一对应，在放大器Ⅱ输入端引入阀位负反馈信号，DC 0～10V 是由位置发送器送过来的信号，在阀门转动的同时，通过减速器带动反馈电位器 R_3，转换为 DC 0～10V。依靠反馈信号，准确地转换阀门的行程。图中二极管 VD 的主要作用是保证在输入信号小于起始点给定值时，放大器Ⅰ的正向输出不能通过，保证下级电路不动作。

正、反作用开关置于“反”作用时，DC 10V 与前级的输出同时加到放大器Ⅱ的正向输入端，从而保证输入为 10V 时，阀开度为零，输入为 0 时，阀开度为 100%，且输入与阀开度呈线性关系。

3.3.6 变频器及晶闸管调功器

1. 变频器

制冷空调中采用变频技术，一是用于压缩机的能量调节，二是用于水泵、风机的变频调速。在水泵、风机中采用变频调速技术，可以大大提高电动机的效率，节约能耗。

根据交流异步电动机的工作原理可知，p 对磁极的异步电动机在三相交流电的一个周期内旋转 $1/p$ 转时，其旋转磁场转速的同步速度 n 与极对数 p、电流频率 f 的关系可表示为

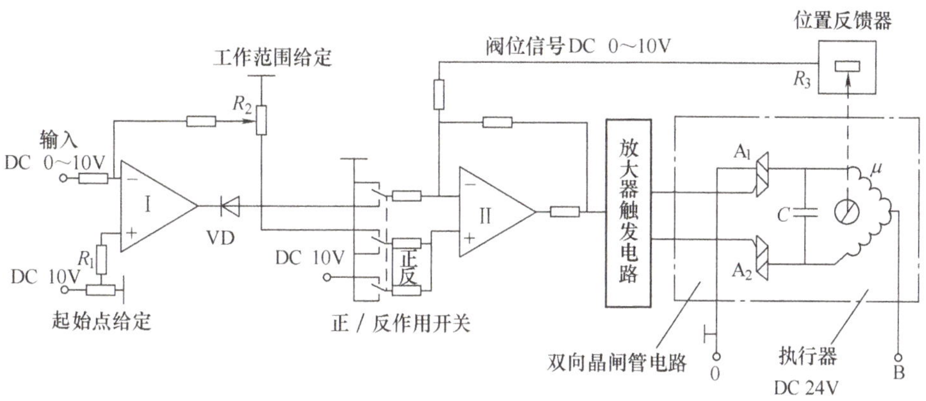

图 3-36　电动阀门定位器的工作原理示意图

$$n = 60f/p \tag{3-8}$$

由于异步电动机要产生转矩，同步速度 n 与转子速度 n'不相等，速度差（$n - n'$）与同步速度 n 的比值称为转差率，用 s 表示，即

$$s = \frac{n - n'}{n} \tag{3-9}$$

所以转子速度 n'可表示为

$$n' = 60f/p(1 - s) \tag{3-10}$$

由式（3-10）可知，改变电动机的供电频率 f 就可以改变电动机的转子转速 n'，可以采用逆变器来改变电动机的供电频率。

变频调速是利用电动机的同步转速随频率变化的特性，通过改变电动机的供电频率进行调速的方法，其调速方法大致可分为间接变换方式和直接变换方式两类。

一般变频器结构由主电路、控制电路和保护电路组成，如图 3-37 所示。其中主电路是变频器的核心部分，由变流器、滤波器和逆变器组成。

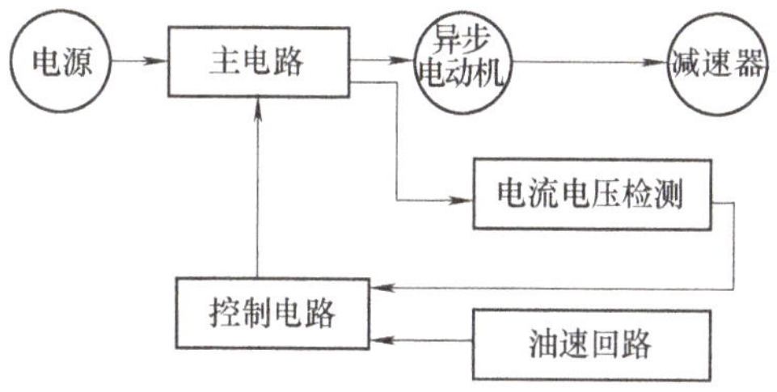

图 3-37　变频器控制电路框图

变频器控制电路的功能是有效完成电动机的调速任务，它由以下部分组成：运算单元、驱动单元、保护单元、电压和电流检测单元和速度检测单元。由图 3-37 可以得出，控制电路的作用是向变频器主电路提供和发出控制指令信号，使其按设定值进行调频、调压，向电动机供电。

按输变电压的不同，变频器有两类：一类是中高压变频器，它是高压电源直接输入变频器，从变频器输出的变频高压电源直接输入高压电动机，称为“高 - 高”变频调速；另一类是低压变频器，它是在低压变频器输入侧接入降压变压器，将 3 ~ 10kV 的高压降至 380V 给变频器供电，再将变频器输出的低压变频电接至升压变压器，将电压升高至电动机所需要的电压，称为“高 - 低 - 高”变频调速。对于水泵、风机类，常采用“高 - 低 - 高”变频调速方式。

为了更有效、更安全和节能效果更好，常常在变频器的选择过程中，要选用必要的配套设备。不同性质的机械拖动，变频器需要配置不同的配套设备。对于水泵、风机常常选用软起动器和变压器等配套设备。对于功率较大（如22kW）的水泵风机，采用软起动器，可替代传统的减压起动方式进行起动。

2. 晶闸管调功器

在采用电加热的空调温度自动调节系统中，晶闸管交流开关目前应用较为广泛，这种开关具有无触点、动作迅速、寿命长和几乎不用维护等优点。

采用晶闸管交流开关的交流调功器其基本工作原理是在晶闸管交流开关电路中采用由晶闸管组成的“零电压开关”，使开关电路在电压为零的瞬间闭合，利用晶闸管的掣住特性，不管负载功率因数的大小，只能在电流接近于零时才关断，这样的电磁干扰将是最小的。在调节电压或功率时，利用晶闸管的开关特性，在设定的周期范围内，根据调节信号的大小，改变电路接通数个周波后再断开数个周波，即改变晶闸管在设定周期内导通与断开的时间比，从而达到调节负载两端交流平均电压（亦即负载功率）的目的。调功器的输出波形有连续输出和间隔输出两种形式，连续输出波形如图3-38所示。

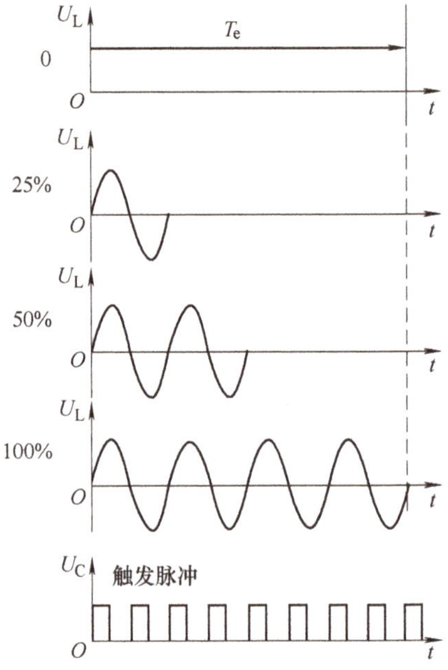

图3-38 调功器过零触发的连续输出电压波形示意图

3.4 调节阀的选择与计算

3.4.1 调节阀的流量特性

建筑环境与设备自动控制系统使用调节阀，常用作空调系统的调节机构。设计时对调节阀特性及口径的选择正确与否直接影响系统的稳定性和调节质量。

调节阀有直通和三通之分，其流量特性也不一样，直通调节阀流量特性分析如下：

调节阀的流量特性是指介质流过调节阀的相对流量与调节阀的相对开度之间的关系，即

$$\frac{q}{q_{max}}=f\left(\frac{l}{l_{max}}\right) \tag{3-11}$$

式中 q/q_{max}——相对流量，即调节阀在某一开度的流量与最大流量之比；

l/l_{max}——相对开度，即调节阀某一开度的行程与全开时行程之比。

一般说来，改变调节阀的阀芯与阀座之间的节流面积，便可控制流量。但实际上由于各种因素的影响，在节流面积变化的同时，还会引起阀前、后压差的变化，从而使流量也发生变化。为了便于分析，先假定阀前后压差固定，然后再引申到实际情况。因此，流量特性有理想流量特性和工作流量特性之分。

1. 理想流量特性

调节阀在前后压差固定情况下的流量特性为理想流量特性。

阀门的理想流量特性由阀芯的形状所决定，阀芯形状有柱塞阀和开口形阀两类，如图3-39所示。典型的理想流量特性有直线流量特性、等百分比（或称对数）流量特性、抛物线特性和快开特性，如图3-40所示。

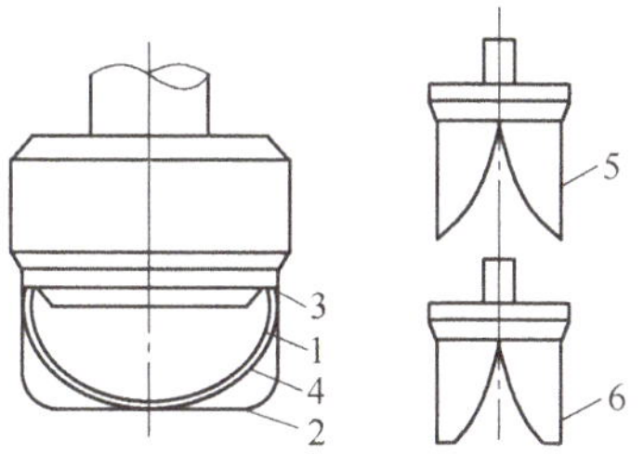

图3-39　阀芯形状

1—直线特性阀芯（柱塞）　2—等百分比特性阀芯（柱塞）

3—快开特性阀芯（柱塞）　4—抛物线特性阀芯（柱塞）

5—等百分比特性阀芯（开口形）　6—直线特性阀芯（开口形）

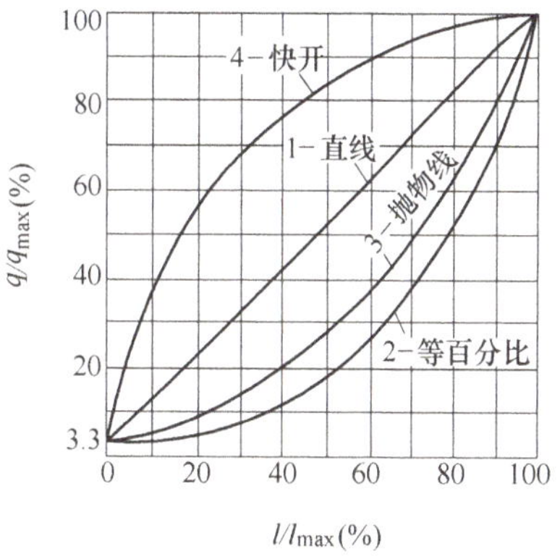

图3-40　直通调节阀理想流量特性

（1）直线流量特性　直线流量特性是指调节阀的相对流量与相对开度成直线关系，即单位行程变化所引起的流量变化是常数。用数学式表示为

$$\frac{d\left(\frac{q}{q_{max}}\right)}{d\left(\frac{l}{l_{max}}\right)}=K \tag{3-12}$$

式中　K——常数，即调节阀的放大系数。

将式（3-23）积分可得

$$\frac{q}{q_{max}}=K\frac{l}{l_{max}}+C \tag{3-13}$$

式中　C——积分常数。

把边界条件 $l=0$ 时，$q=q_{min}$；$l=l_{max}$时，$q=q_{max}$，代入式（3-13）得

$$C=\frac{q_{min}}{q_{max}}=\frac{1}{R},\ K=1-C=1-\frac{1}{R} \tag{3-14}$$

式中　R——调节阀所能控制的最大流量 q_{max} 与最小流量 q_{min} 的比值，称为调节阀的可调比或可调范围。

值得指出的是，q_{min} 并不等于调节阀全关时的泄漏量，一般它是 q_{max} 的 2%～4%，而阀泄漏量仅为最大流量的 0.1%～0.01%。直通单座、直通双座调节阀的理想可调比 R 为 30。

将式（3-14））代入式（3-13）可得

$$\frac{q}{q_{max}}=\frac{1}{R}\left[1+(R-1)\frac{l}{l_{max}}\right] \tag{3-15}$$

此式表明 q/q_{max} 与 l/l_{max} 之间呈直线关系，如图3-40中所示曲线1。

由图3-40曲线1可以看出直线流量特性调节阀的单位行程变化所引起的相对流量变化

是相等的，直线流量特性调节阀在行程变化相同的条件下所引起的相对流量变化也相同，但相对流量变化的相对值不同，即流量小时，相对流量变化的相对值大，而流量大时，相对流量变化的相对值小。也就是说，阀在小开度时控制作用太强，不易控制，易使系统产生振荡；而在大开度时，控制作用太弱，不够灵敏，控制难以及时。

（2）等百分比（对数）流量特性 等百分比流量特性指单位相对行程变化所引起的相对流量变化与此点的相对流量成正比关系，即调节阀的放大系数随相对流量的增加而增大。用数学式表示为

$$\frac{d(q/q_{max})}{d(l/l_{max})}=K(q/q_{max}) \tag{3-16}$$

当 $K=1$ 时，$d(q/q_{max})/d(l/l_{max})$ 变化的百分数与 q/q_{max} 即该点相对流量变化百分数相等，故称为等百分比流量特性。

将式（3-16）积分得

$$\ln\frac{q}{q_{max}}=K\frac{l}{l_{max}}+C$$

将前述边界条件代入，可得

$$C=\ln\frac{q_{min}}{q_{max}}=\ln\frac{1}{R}=-\ln R,\ K=\ln R$$

经整理得

$$\frac{q}{q_{max}}=R^{\left(\frac{l}{l_{max}}-1\right)} \tag{3-17}$$

相对开度与相对流量成对数关系，故又称为对数流量特性，如图3-40曲线2所示。等百分比流量特性的调节阀在行程小时，流量变化小；在行程大时，流量变化大。行程变化相同所引起的相对流量变化率总是相等，因此，对数特性又称为等百分比特性。另外，此种阀的放大系数是随行程的增大而递增，即在开度小时，相对流量变化小，工作缓和平稳，易于控制；而开度大时，相对流量变化大，工作灵敏度高，这样有利于控制系统的工作稳定。

（3）抛物线流量特性 抛物线流量特性的调节阀的相对流量与相对开度的二次方成比例关系，即

$$\frac{d(q/q_{max})}{d(l/l_{max})}=C(q/q_{max})^{1/2} \tag{3-18}$$

对式（3-18）积分代入边界条件后得

$$\frac{q}{q_{max}}=\frac{1}{R}\left[1+(\sqrt{R}-1)\frac{l}{l_{max}}\right]^2 \tag{3-19}$$

在直角坐标上，抛物线流量特性是一条抛物线，它介于直线及百分比曲线之间，如图3-40曲线3所示。

（4）快开流量特性 调节阀在开度较小时就有较大流量，随开度的增大，流量很快就达到最大，故称为快开特性，如图3-40曲线4所示。快开特性的阀芯形式是平板的，适用于迅速启闭的切断阀或双位控制系统。

三通调节阀的理想流量特性如图3-41所示。直线特性的三通调节阀在任何开度时，流过两阀芯流量之和不变，即总流量不变。等百分比特性的三通调节阀总流量是变化的，在50%开度处总流量最小。抛物线特性介于两者之间。

2. 工作流量特性

工作流量特性也称实际流量特性。在实际使用时，调节阀安装在具有阻力的管道系统上，调节阀前后的压差值不能保持恒定，因此虽然在同一相对开度下，通过调节阀的流量将与理想特性时所对应的流量不同。所谓调节阀的工作流量特性是指调节阀在前后压差随负荷变化的工作条件下，它的相对流量与相对开度之间的关系。

空调系统一般采用串联管道。串联管道时调节阀的特性为工作流量特性。直通调节阀与管道和设备串联，串联管道可调比特性如图3-42所示。

调节阀安装在串联管道系统中（见图3-42a），串联管道系统的阻力与通过管道的介质流量成平方关系。当系统总压差为一定时，调节阀一旦动作，随着流量的增大，串联设备和管道的阻力也增大，这就使调节阀上压差减小（见图3-42b），结果引起流量特性的改变，理想流量特性就变为工作流量特性。

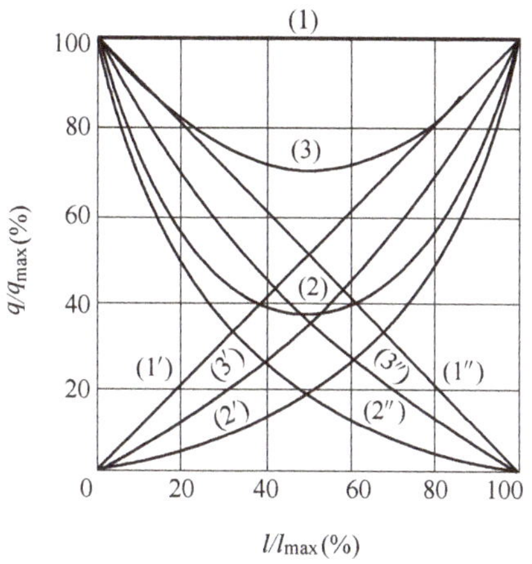

图3-41　三通调节阀的理想流量特性

1—直线流量特性　2—等百分比流量特性

3—抛物线流量特性

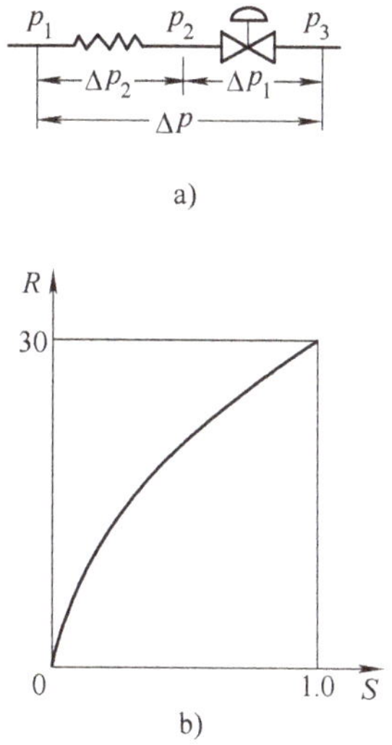

图3-42　串联管道可调比特性

a）管道串联　b）压降特性

S—阀门能力　R—调节阀的实际可调比

假设在无其他串联设备阻力的条件下，阀全开时的流量为 q_{max}，在有串联设备阻力的条件下，阀全开的流量为 q_{100}，两者关系可表示为

$$q_{100}=q_{max}\sqrt{S} \tag{3-20}$$

式中 S 为阀全开时，阀上的压差与系统总压差之比值，称 S 为阀门能力，即

$$S=\frac{p_2-p_3}{p_1-p_3}=\frac{\Delta p_1}{\Delta p} \tag{3-21}$$

式中　Δp_1——调节阀全开时阀上的压力降；

Δp——包括调节阀在内的全部管路系统总的压力降。

显然，随着串联阻力的增大，S 值减小，则 q_{100} 会减小，这时阀的实际流量特性偏离理想流量特性也就越严重。以 q_{100} 作参比值，不同 S 值下的工作流量特性如图3-43所示。

由图3-43可以看出，当 $S=1$ 时，理想流量特性与工作流量特性一致；随着 S 的值降低，q_{100} 逐渐减小，所以实际可调比 R（$R=q_{max}/q_{min}$）是调节阀特性阀趋于快开特性，而等

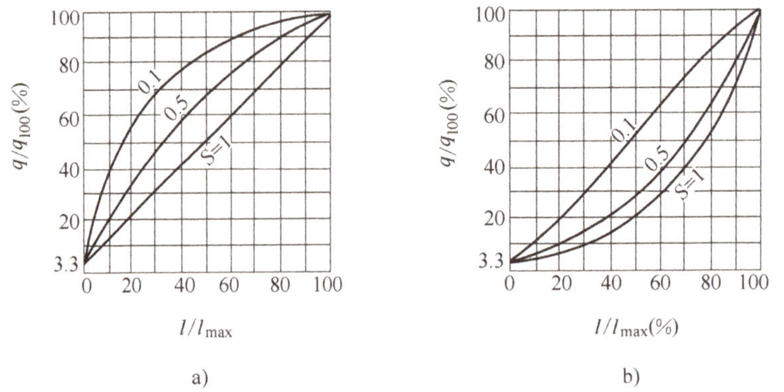

图 3-43 串联管道时直通调节阀工作流量特性（以 q_{100} 为参比值）

a）直线流量特性 b）等百分比流量特性

百分比特性阀趋于直线特性阀，这就使得调节阀在小开度时控制不稳定，大开度时控制迟缓，会严重影响控制系统的调节质量。因此，在实际使用时，对 S 值要加以限制，一般希望不低于 0.3 ~0.5。

3.4.2 调节阀的流通能力

调节阀流通能力是衡量阀门流量控制能力的另一个重要的物理量，其定义为阀两端压差为 10^5Pa、流体密度为 $\rho=1\text{g/cm}^3$ 时，调节阀全开时的流量（m^3/h），即

$$C=\frac{316W}{\sqrt{\frac{\Delta p}{\rho}}} \tag{3-22}$$

式中 W——流体流量（m^3/h）；

Δp——阀两端压差（Pa）；

ρ——流体密度（g/cm^3）。

从其定义式可知，式（3-22）适用于空调系统中的冷、热水的控制（水的密度可视为 1g/cm^3）。

对于蒸汽阀，目前有多种计算方法，由于蒸汽密度在阀的前后是不一样的，因此不能直接用式（3-22）进行计算而必须考虑密度的变化。根据实际工程情况，一般认为采用阀后密度法较为可行。

当 $p_2>0.5p_1$ 时

$$C=\frac{10m}{\sqrt{\rho_2(p_1-p_2)}} \tag{3-23}$$

当 $p_2<0.5p_1$ 时

$$C=\frac{10m}{\sqrt{\rho_{2KP}(p_1-p_1/2)}}=\frac{14.14m}{\sqrt{\rho_{2KP}p_1}} \tag{3-24}$$

式中 m——阀门的蒸汽流量（kg/h）；

p_1、p_2——阀门进出口绝对压力（Pa）；

ρ_2——在 p_2 压力及 t_1 温度（p_1 压力下的饱和蒸汽温度）时的蒸汽密度（kg/m^3）；

ρ_{2KP}——超临界流动状态（$p_1 < 0.5p_2$）时，阀出口截面上的蒸汽（kg/m^3），通常可取 $\frac{p_1}{2}$ 压力及 t_1 温度时的蒸汽密度。

3.4.3　调节阀的选择

1. 流量特性选择

前面提到，调节阀的特性有等百分比特性、直线特性、抛物线特性、快开特性。对于直通调节阀可用等百分比特性阀代替抛物线特性阀，而快开特性阀只应用于双位控制和程序控制中。因此，在选择阀门特性时，更多的是指如何选择等百分比特性阀和直线特性阀。

流量特性的选择方法一般有数学计算分析法和经验法，在实际工程中，因前者既复杂费时，甚至无法进行，所以工程上基本采用经验法。应从以下几个方面来考虑。

对于空调自动控制系统，如室温自动调节系统，它由恒温室、检测变送元件、调节器、执行机构——调节阀、加热器（或冷却器）等环节组成。为了使系统保持良好的调节品质，希望开环总放大系数与各环节放大系数之积保持为常数。一般情况下，除加热（冷却）器的放大系数的变化，还应使调节阀的放大系数做相应的变化，就能使系统的总放大系数不变，如图3-44所示。

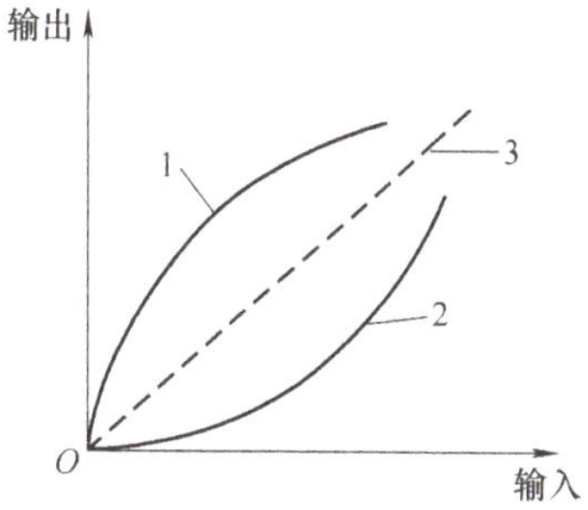

图3-44　改变阀的放大系数使系统总的放大系数不变
1—对象　2—调节阀　3—合成

当加热器的放大系数随负荷增加而变小时，如图3-44中曲线1所示的热水加热器特性，则应选择类似曲线2等百分比流量特性的调节阀。若加热器特性是直线特性，应选择抛物线流量特性的调节阀，因为该阀的实际工作流量特性接近直线特性。

1）根据管道系统压降变化情况来选择，见表3-1。

表3-1　根据管道系统压降选择调节阀特性

配管状态	$S=1\sim0.6$		$S=0.6\sim0.3$		$S<0.3$
实际工作流量特性	直线	等百分比	直线	等百分比	调节不适宜
所选流量特性	直线	等百分比	等百分比	等百分比	

2）根据负荷变化情况来选择。当系统负荷变化幅度较大时，选择等百分比特性的调节阀；当所选调节阀经常工作在小开度时，也宜选等百分比特性的调节阀，便于微调，不易引起振荡。当系统很稳定，而阀位移动范围较小，阀的特性对系统影响很小时，可选直线特性或等百分比特性的调节阀。例如，安装于空调供、回水总管之间的调节阀，在变水量系统中，通过控制旁通阀水量不仅使制冷机的蒸发器中水流量恒定，而且使供、回水压差稳定，减少了压力波动带给用户侧的二次调节，保证空调水系统中的末端工作稳定。由于此阀的工作环境等于（或接近）理想工作状态（阀两端压差基本恒定不变），因此，压差旁通阀的流量特性应选择线性特性。

2. 调节阀结构形式的选择

调节阀的结构形式有直通单座阀、直通双座阀、角形阀和蝶阀等基本形式，各有其特点，在选用时要考虑被测介质的工艺条件、流体特性及生产流程。直通单座阀和双座阀应用广泛。当阀前后压差较小，要求泄漏量也较小时，应选直通单座阀，例如，末端装置所用的调节阀。当阀前后压差较大，并允许有较大泄漏量时，应选直通双座阀。例如，在冷源水系统中，送、回水总管间的压差控制旁通阀多采用此种阀。在比值控制或旁路控制时，应选三通调节阀；当介质为高压时，应选高压调节阀。双座阀所受到的力比单座阀小，所以其允许压差大，在冷源水系统中，送、回水总管间的压差控制旁通阀多采用此种阀。

3. 调节阀开闭形式的选择

电动调节阀有电开与电关两种形式。电开式的调节阀是在有信号时，阀打开；而电关式的调节阀是在有信号时，阀关闭。调节阀开闭形式的选择主要从生产安全角度考虑。一般在能源中断时，应使调节阀切断进入被控制设备的原料或热能，停止向设备外输出流体。调节阀的开、关形式是由执行机构的正、反作用和阀芯的正、反安装所决定的，可组合成4种方式。

4. 阀门工作范围的选择

（1）介质种类　在建筑环境与设备工程中，调节阀通常用于水和蒸气，这些介质本身对阀件无特殊的要求，因而一般通用材料制作的阀件都是可用的。对于其他流体，则要认真考虑阀件材料，如杂质较多的液体，应采用耐磨材料；腐蚀性流体，应采用耐腐蚀材料等。

（2）工作压力和温度　工作压力和温度也和阀的材质有关，使用时实际工作压力和温度应不超过厂家生产样本中额定的工作压力和温度值。

对于蒸气阀，则应注意的一点是：因为阀的工作压力和工作温度与某种蒸气的饱和压力和饱和温度不一定是对应的，因此应在温度与压力的适用范围中取较小者来作为其应用的限制条件。例如，假定一个阀列出的工作压力为1.6MPa，工作温度为180℃。1.6MPa的饱和蒸气温度为204℃，因此，当此阀用于蒸气管道系统时，它只适用于饱和温度180℃（相当于蒸气饱和压力约为1.0MPa）的蒸气系统之中而不能用于1.6MPa的蒸气系统之中。

5. 调节阀口径的计算

合理选择调节阀的口径，对自动调节系统来讲是一个很重要的问题。如果过多地考虑流量裕度，选阀口径偏大，不但经济上造成浪费，更不利的是阀门经常工作在小开度，可调范围显著减小，使调节阀性能变坏，甚至引起振动和噪声，严重影响了系统的稳定性以及阀门使用寿命。

调节阀的口径是根据工艺要求的流通能力来确定的，先计算出 C 值后，查调节阀的产品规格说明书，确定调节阀的公称直径（口径）、阀芯直径。调节阀流通能力与其尺寸的关系见表3-2。

表3-2　调节阀流通能力与其尺寸的关系

公称直径 D_g/mm		3/4						20			
阀门直径 d_g/mm		2	4	5	6	7	8	10	12	15	20
流通能力 $C/(m^3/h)$	单座阀	0.08	0.12	0.20	0.32	0.50	0.80	1.2	2.0	3.2	5.0
	双座阀										
公称直径 D_g/mm		25	32	40	50	65	80	100	125	150	200
阀门直径 d_g/mm		25	32	40	50	65	80	100	125	150	200

（续）

流通能力 $C/(m^3/h)$	单座阀	8	12	20	32	56	80	120	200	280	450
	双座阀	10	16	25	40	63	100	160	250	400	630
公称直径 D_g/mm		250	300								
阀门直径 d_g/mm		250	303								
流通能力 $C/(m^3/h)$	单座阀										
	双座阀	1000	1600								

【例】 流过某一油管的最大体积流量为 $40m^3/h$，流体密度为 $0.5g/cm^3$，阀前后压差 $\Delta p=0.2MPa$，试选择调节阀的尺寸。

【解】 根据式（3-22）可得调节阀的流通能力 C 为

$$C=\frac{316W}{\sqrt{\frac{p_1-p_2}{\rho}}}=\frac{316\times40}{\sqrt{\frac{0.2\times10^6}{0.5}}}m^3/h=20m^3/h$$

从表3-2可查得，$C=20m^3/h$，$d_g=40mm$，$D_g=40mm$。若对泄漏量有严格要求，可选直通单座阀；若对泄漏量无要求，可选直通双座阀，此时 $C=25m^3/h$，留有一定的余地。

3.4.4 调节风阀的选择

1. 风阀的流量特性

（1）固有特性 风阀的固有特性为在等压降和无外部阻力部件（过滤器、盘管等）条件下，风阀叶片开度和通过风阀风量之间的关系。多叶对开阀型风阀的特性类似等百分比流量特性，多叶平行型风阀的特性近似直线流量特性。两者之间在风量上有很大的差别。

（2）风阀的工作特性 风阀的工作特性又称为安装特性，其与调节水阀一样，与串接元件有关，串接元件（如风管、风口）的阻力使风阀压降随着风阀叶片开度变化而改变，因而风阀的工作特性与基于恒定的风阀压降的阀的固有特性是不同的。风阀的工作特性与其阀权（又称为特性比）有关，如图3-45所示。风阀的阀权为风阀全开时的阻力与系统阻力之比，系统阻力不含风阀阻力，例如新风阀，系统阻力指从新风进风口至混风箱这段的阻力，包括进风口、连接件、风管等部分的阻力。串接元件阻力改变了风阀的风量特性，串接元件阻力越大，特性变化越大。在实际工程中，人们比较重视空调机组中表冷器（盘管）的调节水阀的选型，而对风系统中的调节风阀却往往忽视其重要性，较少考虑风阀的选型及如何保证其工作特性满足风量控制的要求，这将会影响空调系统运行的合理与节能。

在工程应用时，要根据使用条件选择合适的风阀。当多个风阀配合工作时，希望总风量不变（或变化不大），采用线性工作特性风阀。例如，新、回风阀门。从图3-45中可看出，对开调节阀在 $S=0.03\sim0.05$ 时，接近线性；平行叶片阀在 $S=0.08\sim0.20$ 时，才接近线性。因此，在管道阻力较大时，应选用对开阀。

2. 风阀的性能

（1）漏风量 调节风阀的漏风量是指风阀在承受静压的条件下，风阀全关状态的泄漏量。风阀的漏风量与风阀的结构及静压有关。漏风量随着叶片数量增加和叶片长度的增加而

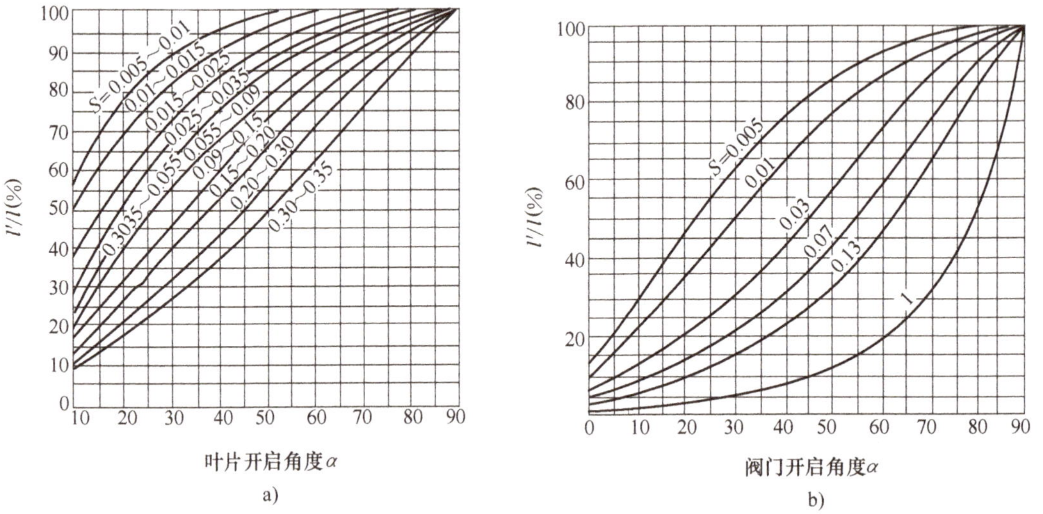

图 3-45 多叶调节风阀流量特性

a）平行多叶阀特性 b）对开多叶阀特性

明显地增大，其中叶片数量比叶片长度影响更大。静压大则漏风量大。风阀的漏风量可以根据所选用风阀的宽度、高度及风阀关闭后承受的静压，在生产厂家提供的风阀性能曲线上查出。对开阀比平行阀的漏风量小。因此，从减少漏风量来看，应选用对开阀。

（2）额定温度　调节风阀的最大运行温度是指风阀能完成正常功能的最高环境温度。最高温度影响到轴承和密封材料的耐温性。目前国内调节风阀的耐温等级有 -40 ~ 95℃ 和 -55 ~ 205℃ 两种。

（3）额定压力　调节风阀的额定压力是指在叶片关闭时，作用在风阀前后的最大允许静压差。系统运行时，风阀关闭状态下前后的最大静压差应不大于其额定值。最大允许静压差与风阀的宽度成反比。过高的压差会引起叶片弯曲而产生过大的漏风量，同时还会在风阀上产生一个过高的运行力矩，严重时会损坏风阀。最大允许静压差可从生产厂家样本上的性能曲线图中，根据所选用的风阀尺寸查出。

（4）额定风速　调节风阀的额定风速是指风阀处于全开状态时，气流进入风阀时的最大速度，也称为最大流入速度。额定风速与风阀叶片及连杆的刚性、轴承及风阀整体机械设计有关。风阀总体性能提高，其最大风速也增大。额定风速可从生产厂家样本上的性能曲线图中根据所选用风阀的尺寸查出。

（5）力矩要求　风阀正常开关运行的力矩需求直接影响到执行器的选择。最小力矩要考虑两个条件：一个是关闭力矩，其要使风阀叶片完全关闭，以达到尽可能小的漏风量；另一个条件是动态力矩，其要克服高速气流在风阀叶片上的作用力，最大动态力矩出现在中部附近叶片旋转到三分之二角度的位置。风阀所需力矩与风阀机械设计、传动机构、风阀面积大小有关，它涉及电动风阀执行器的选择。

3. 风阀执行器

电动风阀执行器，又称为直联式电动风阀执行器，是一种专门用于风阀驱动的电动执行机构。按控制方式，风阀电动执行器分为开关式与连续调节式两种，其旋转角度为 90°或

95°，电源为 AC 220V、AC 24V 及 DC 24V，控制信号为 DC 2～10V。

复习思考题

3-1　温度测量仪表的种类有哪些？各使用在什么场合？

3-2　简述湿度测量的特点。

3-3　HVAC 通常采用哪类压力传感器？

3-4　超声波流量计的测量原理是什么？

3-5　何为新风补偿调节？在空调系统中是如何应用的？

3-6　PLC 是什么含义？它有什么特点？

3-7　弹簧负荷的电磁阀与重力负荷的电磁阀的安装位置有何区别？

3-8　简述电动调节阀的作用与基本结构。

3-9　调节风阀可分为几类？选择风阀时应考虑哪些因素？

3-10　电动阀门定位器有何作用？

3-11　变频器的基本原理是什么？它是如何在水泵和风机中应用的？

3-12　调节阀的理想流量特性有哪几种？各有何特点？

3-13　S 对调节阀的特性有什么影响？S 值一般控制在什么范围？

3-14　应怎样选择调节阀？

3-15　某流体的最大流量为 $80m^3/h$，该流体密度为 $1g/cm^3$，阀前后差压为 0.1MPa，试确定调节阀的流通能力。

第 4 章

4

空调系统的控制

空调系统中的各个设备容量根据空调房间内可能出现的最大热、湿负荷来选择。但在空调的实际运行中，由于房间受到内部和外部各种条件的干扰而使室内热湿负荷不断地发生变化，因此自动控制系统就要能指挥控制系统的有关执行机构改变其相对位置，从而使实际输出量发生改变，以适应空调负荷的变化，满足生产和生活对空气参数（温度、湿度、压力及洁净度等）的要求。

4.1 概述

4.1.1 集中空调系统的特点

设计人员要使所设计的自动控制系统能够控制空调系统的实际输出量，适应空调系统负荷的变化，就必须了解空调系统的有关特性。空调系统中的控制对象多属热工对象，从控制角度分析，具有以下特点。

1. 多干扰性

在空调系统的全年运行中，室外、室内空气参数的变化都将对运行中的空调系统形成干扰，因此，空调系统具有多干扰性。

（1）热干扰　热干扰的来源主要由以下几部分组成：

1）室外干扰。通过窗户进入的太阳辐射热是时间的函数，将会受到天气阴、晴变化的影响；室外空气温度通过围护结构对室温产生影响；通过门、窗、建筑缝隙侵入的室外空气（新风）对室温的影响；为了换气（或保持室内一定正压）所采用的新风，其新风焓值对室内焓值的影响。

2）室内干扰。由于室内人员的变动，照明、机电设备的开停所产生的余热变化，也直接影响室温。

3）能源及冷、热源的干扰。电加热器（空气加热器）电源电压的波动、热水加热器热水压力与温度的波动、蒸汽压力的波动等，都将影响室温。

（2）湿干扰　湿干扰的来源主要由以下几部分组成：

1）露点恒湿空调系统在运行过程中，可能会由于进入空气冷却器内的冷水温度变化、压力变化或者两者同时变化，制冷剂直接膨胀式空气冷却器内蒸发压力的变化，喷水室的喷水温度与压力的波动，一次混合后空气温度的变化等因素而使空调系统的机器露点温度发生变化，从而干扰了系统的机器露点，也就影响到空调房间内所要求的空气湿度参数。

2）室内散湿量的波动及新风含湿量的变化等都将影响室内湿度的变化。

如此之多的干扰，造成空调负荷在较大范围内的变化，而它们进入系统的位置、形式、幅值大小和频率波动程度等，均随着建筑的构造（建筑热工性能）、用途的不同而异，更与空调技术本身有关。在设计空调系统时应考虑到尽量减少干扰或采取抗干扰措施。因此，可以说空调工程是建筑热工、空调技术和自动控制技术的综合工程技术。

2. 温、湿度相关性

描述空气状态的两个主要参数：温度和湿度，并不是完全独立的两个变量。当相对湿度发生变化时，要引起加湿（或减湿）动作，其结果将引起室温波动；而当室温变化时，使室内空气中水蒸气的饱和压力变化，在绝对含湿量不变的情况下，就直接改变了相对湿度（温度增高，相对湿度减少；温度降低，相对湿度增加）。显然，在温、湿度都有要求的空调系统中，组成自动控制系统时应充分注意这一特性。

3. 多工况

空调技术中对空气的处理过程具有很强的季节性。一年中，至少要分为冬季、过渡季和夏季。因此，在室内外条件发生显著变化时，要适时地改变运行方式，即进行运行工况的转换。

4.1.2　集中空调自动控制系统的特点

1. 多工况相互转换方式的控制

在工况转换方面有利用自动控制系统的自动转换方式，也有根据室内外的条件及运行状态进行人工手动转换的方式。由于多工况运行及相互转换方式的调节，使全年运行的空调系统空气处理更合理、更方便，可充分发挥空气处理设备的能力，同时又能节约一定的能量。

2. 整体的控制性

空调自动控制系统一般是以空调房间内的温度和相对湿度为控制中心，通过工况的转换与空气的处理过程，使每个环节紧密联系在一起的整体控制系统。空调系统中空气处理设备及冷热源等设备的起动、停止都要根据系统的工作程序，按照有关的操作规程进行。处理过程中的各个参数的调节及联锁控制都不是孤立进行的，而是与室内的温度、相对湿度密切相关的。空调系统在运行过程中，任一环节出现问题，都将直接影响空调房间内的温度、相对湿度的调节效果，甚至使系统无法工作而停运。因此，空调自动控制系统是一个整体不可分的控制系统。

3. 跨行业、跨系统集成

随着信息化的发展与要求，集中空调自动控制系统的集成功能越来越重要，开放性与标准化是衡量和判断一个集中空调自动控制系统先进性的重要标准，表现在：

1）集中空调自动控制系统与消防系统的集成。

2）集中空调自动控制系统与安保系统的集成。

3）集中空调自动控制系统与门禁系统的集成。

4）集中空调自动控制系统跨行业的集成。

4. 随着集中空调系统的发展需求而发展

进入20世纪80年代，集中空调系统因社会需要得以蓬勃发展，因而保障其实现手段之一的集中空调自动控制系统也得到了蓬勃发展，表现在：

1）窗际热环境的控制策略。例如，遮阳控制技术。

2）信息化的新风控制策略，如根据人数和人员密度分布的新风控制。例如，CO_2 控制系统。

3）超距离系统监控，如利用手机界面的自动控制等。

5. 计算机技术、通信技术及自动控制系统技术的发展

随着计算机技术、通信技术及自动控制系统技术的飞速发展，必将带动与促进空调自动控制系统的发展，表现在：

1）现场总线技术的发展。

2）智能型传感器与执行器的发展。

3）无线技术的发展。

4）物联网、互联网的发展。

5）随着自动控制技术与通信技术的日益融合而发展。

4.1.3 集中空调自动控制系统

1. 集中空调自动控制系统的设计

（1）集中空调自动控制系统的设计原则　①根据空调系统的用途来设计相应的空调自动控制系统。例如，舒适性空调以人体的舒适性为首要原则，应能使空调系统符合各种场所的设计标准，如温度、相对湿度和新风量。②在满足设计标准的前提下，尽可能地节省能源。③保证设备运行及人员安全。④设备可靠性高、维修方便。⑤节省人力。

（2）集中空调设计方法与流程　集中空调系统设计方法及流程如图4-1所示。从流程图可看出，要完成BA系统设计，必须掌握自动控制技术、网络技术，熟悉空调技术，了解相关专业知识。

2. 集中空调自动控制系统的基本内容

集中空调自动控制系统的主要任务是对以空调区域为主要调节对象的空调系统的温度、湿度及其他有关参数进行自动检测、自动调节及有关信号的报警、联锁保护控制，以保证空调系统始终在最佳工况点运行，满足工艺条件所要求的环境条件。因此，空调自动控制系统的基本内容应包括以下几方面：

1）空调机组起停控制及运行状态显示，过载报警监测，送、回风温度监测，室内外温、湿度监测，过滤器状态显示及报警，风机故障报警，冷（热）水流量调节，加湿器控制，风门调节，风机、风阀、调节阀联锁控制，室内 CO_2 浓度或空气品质监测，（寒冷地区）防冻控制，送回风机组与消防系统联动控制。

2）变风量（VAV）系统的总风量调节；送风压力监测；风机变频控制；最小风量控制；最小新风量控制；加热控制；变风量末端自带控制器时应与建筑设备监控系统联网，以确保控制效果。

3）送排风系统的风机起停控制和运行状态显示，风机故障报警，风机与消防系统联动控制。

4）风机盘管机组的室内温度测量与控制，冷（热）水阀开关控制，风机起停及调速控制。

3. 集中空调自动控制系统的分类

空调自动控制系统的分类方法很多，如果按给定值分类，可以分为恒值控制系统、随动

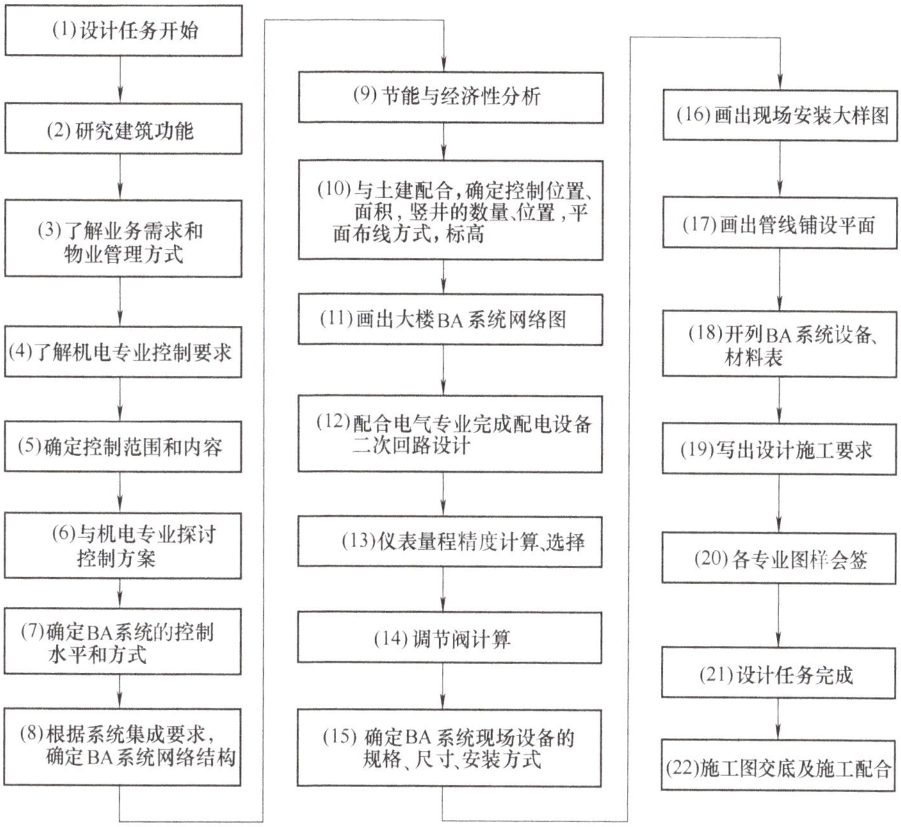

图 4-1　集中空调系统设计方法及流程

控制系统和程序控制系统。按系统的回路分类，可以分为单回路控制系统和多回路控制系统。按系统的结构分类，可以分为开环系统和闭环系统。按节能效果分类，可以分为变设定值控制、新风补偿控制、设备台数控制及焓值控制等。按所使用的控制器分类，一般可以分为以下两种：

1）模拟仪表自动控制系统。模拟控制仪表一般适用于小规模空调系统。

2）直接数字控制系统。它利用直接数字控制器、现场硬件（传感器、执行器）及其相应软件，可以完成多台机组的自动控制。它适用于供暖、制冷、空调工程中各类热交换站、冷冻站、新风机组、空调机组等常用设备的现场多参数、多回路的控制。它有完善的控制软件，既可以独立工作，也可以接受中央站的监督控制，成为集散控制系统中的分站或分布式现场控制站。

4. 集散型能量管理系统

计算机技术的发展为集中空调系统的能源管理奠定了基础。集散型能量管理系统的能量管理和控制程序可以在现场控制器内执行，即可以独立于中央站而运行，在中央站停止运行时，也不受影响。另外，这些程序可以通过同层总线，从其他控制器读取共享的输入，并用来控制本控制器的输出。现场控制器支持下列能量管理程序：

1）直接数字控制（DDC）。执行现场要求的操作顺序，用比例（P）、比例积分（PI）或比例积分微分（PID）算法控制 HVAC 系统，自动调节加热、冷却、加湿、去湿、空调系统风量等，以满足空调品质的要求。

2）功率需求控制。在需求功率峰值到来之前，通过关闭事先选择好的设备，来减少高峰功率负荷。

3）设备间歇运行。通过空调动力设备的间歇运行，来减少设备运行时间，从而减少能耗。

4）焓差控制。按新、回风焓值比较，充分、合理地利用新风能量和回收回风能量，控制新风量，决定新风阀门的开度，同时相应控制回风阀门和排风阀门的开度。

5）设定值的再设定控制。根据新风温度，重新设定给定值，使之既减少室内外温差，又节约能量消耗（夏季工况），达到既舒适又节能的目标。

6）夜晚循环。在下班时间，降低空气品质，把温度维持在允许的范围内，降低能量消耗。

7）夜风净化。在夏季的夜晚，让室外的冷空气在建筑物内流通，使室内清新凉爽。

8）最佳起动。在人员进入前，为使空间温度达到适宜值而稍微提前起动 HVAC 系统，以保证开始使用时房间温度恰好达到要求，减少不必要的能量消耗。

9）最佳停机。在人员离开之前的最佳时刻关机，既能使空间维持舒适的水平，又能尽快地关闭设备，以节约能量。

10）零能量区间。把室外温度分成加热区、零能量区和冷却区。零能量区定义了一个温度区间，在这个区间内不消耗加热或冷却能量，同样可以达到舒适温度范围。

11）特别时间计划。为特殊日期，如假日，提供日期和时间安排计划。

12）运行时间监视。监视并累计设备运行时间（开或关的时间），并发出预先设定的、设备使用水平的信息。

13）时间、事件程序。发出命令或根据起动、停机计划，点报警或点状态变化，触发标准的或定制的 DDC 程序。

上述控制功能，一般对于某一工程来说，并不包括全部，要视实际工程要求及投资强度等因素来选定。

4.2 新风机组监控系统

新风机组属于直流式空调机组，其功能是在室外抽取新鲜的空气经过除尘、除湿（或加湿）、降温（或升温）等处理后通过风机送到室内，在进入室内空间时替换室内原有的空气。

新风机组分为三类，一类是半集中式空调系统中用来集中处理新风的空气处理装置。新风在机组内进行过滤及热湿处理，然后利用风机通过管道送往各个房间。新风机组由新风阀、过滤器、空气冷却器/空气加热器、送风机等组成，有的新风机组还设有加湿装置。第二类是温湿度独立控制系统。溶液式热泵新风机组主要是提供新风，承担空调湿负荷，机组由全热回收单元、除湿（加湿）单元及再生单元组成。第三类是辐射冷暖与除湿新风相结合的温湿度独立控制系统，其中，独立新风系统承担全部的潜热负荷，在这类系统中，新风机组的控制方式有两种：一种是采用定露点、变风量对室内空气湿度进行控制，并保证不结露；另一种方法是变露点、变风量对室内空气湿度进行控制。即在室内温度相同的条件下，空气相对湿度下降，露点温度也随之下降，辐射制冷供水温度自控系统通过调节除湿新风机组的冷冻水阀门开度和变频风机的转速来调节室内的相对湿度。

新风机组监控系统按新风量是否变化分类，有定新风量系统与变新风量系统。

按被控参数分类，新风机组的控制方法主要有送风温度控制、送风相对湿度控制、防冻控制、二氧化碳浓度控制、露点控制及焓值控制等。如果新风机组要考虑承担室内负荷（直流式机组），则还要控制室内温度（或室内相对湿度）。新风机组控制系统一般采用 PI 控制器。

4.2.1　送风温度控制

送风温度控制是指被控量为新风出口温度。送风温度控制适用于该新风机组是以满足室内卫生要求而不是负担室内负荷来使用的情况。因此，在整个控制时间内，被处理的新风出口温度以保持恒定值为原则。由于冬、夏季对室内要求不同，因此冬、夏季新风出口风温应有不同的要求。也就是说，新风机组为送风温度控制时，全年有两个操作量——冬季操作量和夏季操作量，因此必须考虑控制器冬、夏季工况的转换问题。

送风温度控制时，通常是夏季控制空气冷却器水量，冬季控制空气加热器水量或蒸汽加热器的蒸汽流量。为了管理方便，温度传感器一般设于该机组所在机房内的送风管上，控制器一般设于机组所在的机房内。图 4-2 所示是带有加湿设备的新风机组模拟仪表控制系统原理示意图。温度控制系统由控制设备与新风系统组成，包括温度传感器 TE、温度控制器 TC、空气冷却器/空气加热器、空气冷却器/空气加热器的执行器 TV101、新风阀门 TV102 组成。湿度控制系统由控制设备与新风系统组成，包括湿度传感器 HE、湿度控制器 HC、加湿器电动调节阀 HV101、加湿器等组成。温度传感器 TE 将送风温度信号送至控制器 TC－1，与设定值比较，根据比较结果按已定的控制规律输出相应的电压信号，通过转换开关 TS－1 按冬/夏季工况控制电动调节阀门 TV101 的动作，改变冷、热水量，维持送风温度恒定。夏季工况，通过控制冷水温度，同时降温除湿。在冬季工况，湿度传感器 HE 通过湿度控制器 HC－1 控制加湿阀 HV101，改变蒸汽量来维持送风湿度恒定。送风温度控制系统与送风湿度控制系统一般采用单回路控制系统，控制器一般采用 PI 控制器。压差开关 PdS 测量过滤网两侧的压差，通过压差超限报警器 PdA 发出声、光报警信号，通知管理人员更换过滤器或进行清洗。新风阀门通过电动风阀执行机构 TV102 与风机联锁，当风机起动后，阀门自动打开；当风机停止运转时，阀门自动关闭。TS 为防冻开关，当冬季加热器后风温等于、低于某一设定值时，TS 的常闭触点断开，使风机停转，新风阀门自动关闭，防止空气冷却器冻裂。当防冻开关恢复正常时，应重新起动风机，打开新风阀，恢复机组工作。

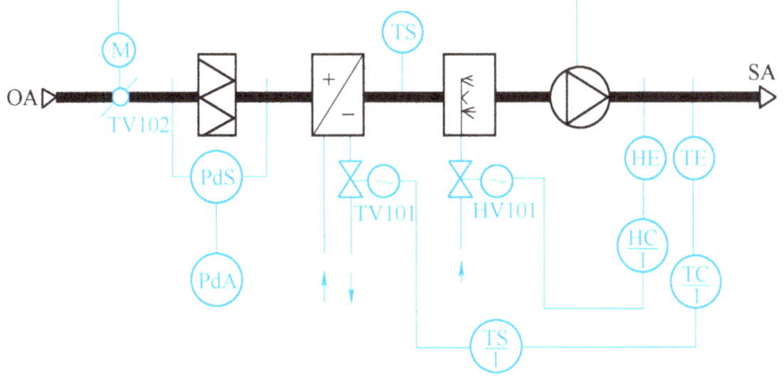

图 4-2　新风机组模拟仪表自动控制系统原理

图4-3所示是新风机组DDC系统流程图。新风机组DDC系统可以实现如下监测与控制功能。

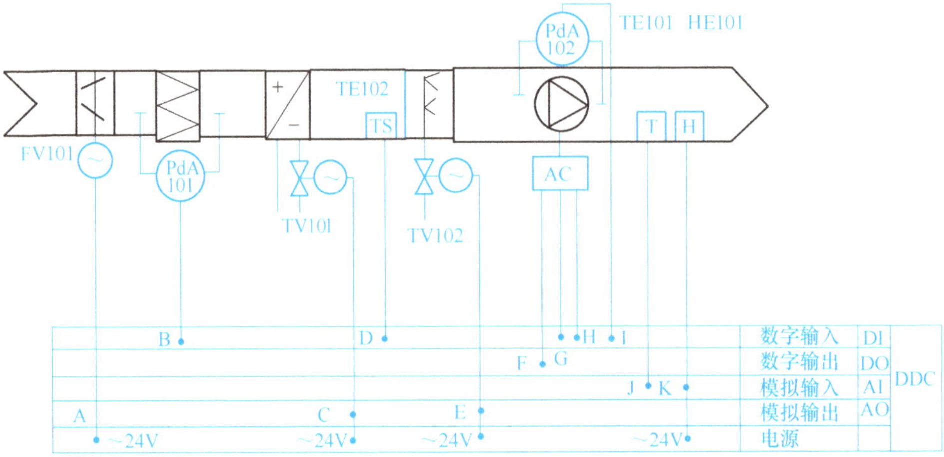

图4-3 新风机组DDC系统流程图

（1）监测功能

1）风机的状态显示、故障报警。送风机的工作状态是采用压差开关PdA监测的，风机起动，风道内产生风压，送风机的送风管压差增大，压差开关闭合，表示风机运行，空调机组开始执行顺序起动程序；当其两侧压差低于其设定值时，故障报警并停机。风机停转后压差开关断开，显示风机停止。风机事故报警（过载信号）采用过热继电器常开触点作为DI信号，接到DDC系统。

2）测量风机出口空气温湿度参数，以了解机组是否将新风处理到要求的状态。选用热电阻或输出信号为DC 4～20mA和DC 0～10V的温、湿度变送器，接在DDC的AI通道上；或者将数字温、湿度传感器接至DI输入通道上。为准确地了解新风机组工作状况，温、湿度传感器的测量范围和精度要与二次仪表匹配，并高于工艺要求的测量和控制精度。舒适性空调系统的温度传感器的测温精度应小于±0.5℃，湿度传感器测量相对湿度精度应小于±0.5%。

3）测量新风过滤器两侧压差，以了解过滤器是否需要更换。用压差开关即可监视新风过滤器两侧压差。当过滤器阻力增大时，压差开关吸合，从而产生“通”的开关信号，通过DI输入通道接入DDC系统。压差开关吸合时所对应的压差可以根据过滤器阻力的情况预先设定。这种压差开关的成本远低于可以直接测出压差的压差传感器，并且比压差传感器更可靠耐用。因此，在这种情况下，一般不选择昂贵的可连续输出的压差传感器。

4）检查新风阀状况，以确定其是否打开。

（2）控制功能

1）根据要求起/停风机。

2）自动控制空气－水换热器水侧调节阀，以使风机出口空气温度达到设定值。控制原理同模拟控制仪表系统，所不同的是DDC取代了模拟控制器。水阀应在控制器输出AO信号控制下，连续调节电动调节阀，以控制风温；也可以采用三位PI控制器的两个DO输出通道控制，一路控制电动执行器正转，开大阀门，另一路使执行器反转，关小阀门。为了解准确的阀位位置，还通过一路 AI 输入通道测量阀门的阀位反馈信号。用 DDC 系统控制电动阀门时，对阀位有一定的控制精度要求，有的调节阀定位精度为 2.5%，有的为 1%。

3）自动控制蒸汽加湿器调节阀，使冬季风机出口空气相对湿度达到设定值。

4）利用 AO 信号控制新风电动风阀，也可以用 DO 信号控制新风电动风阀。

（3）联锁及保护功能

1）在冬季，当某种原因造成热水温度降低或热水停止供应时，为了防止机组内温度过低，冻裂空气 - 水换热器，应由防冻开关 TS 发出信号通过 DDC 系统自动停止风机，同时关闭新风阀门。打开热水阀，当热水恢复供应时，应能重新起动风机，打开新风阀，恢复机组的正常工作。

2）风机停机，风阀、电动调节阀同时关闭；风机起动，电动风阀、电动调节阀同时打开。

DDC 系统控制器通过其内备的通信模块，可使 DDC 系统进入同层网络，与其他 DDC 系统控制器进行通信，共享数据信息；也可以进入分布式系统，构成分站，完成分站监控任务，同时与中央站通信。因此，DDC 系统还具有以下集中管理功能。

（4）集中管理功能

1）显示新风机组起/停状况，送风温、湿度，风阀、水阀状态。

2）通过中央控制管理机起/停新风机组，修改送风参数的设定值。

3）当过滤器两侧的压差过大、冬季热水中断、风机电动机过载或其他原因停机时，还可以通过中央控制管理机管理报警。

4）自动/远动控制。风机的起/停及各个阀门的调节均可由现场控制机与中央控制管理机操作，也可以无线控制。

4.2.2　室内温度控制

对于一些直流式系统，新风不仅要使环境满足卫生标准，而且还要承担全部室内负荷。由于室内负荷是变化的，这时采用控制送风温度的方式必然不能满足室内要求（有可能过热或过冷）。因此必须对空调区域的温度进行控制。由此可知，这类系统必须把温度传感器设于被控房间的典型区域内。由于直流式系统通常设有排风系统，温度传感器设于排风管道且考虑设定值的修正也是一种可行的办法。

4.2.3　送风温度与室内温度的联合控制

除直流式系统外，新风机组通常是与风机盘管一起使用的。在一些工程中，由于考虑种种原因（风机盘管的除湿能力限制等），新风机组在设计时承担了部分室内负荷，这种做法对于所设计的状态，新风机组按送风温度控制是不存在问题的。但当室外气候变化而使得室内达到热平衡时（过渡季的某些时间），如果继续控制送风温度，必然造成房间过冷（供冷水工况时），或过热（供热水工况时），这时应采用室内温度控制。因此，在这种情况下，从全年运行而言，应采用送风温度与室内温度的联合控制方式。

4.2.4 CO_2 浓度控制

通常新风机组的最大风量是按满足卫生要求而设计的（考虑承担室内负荷的直流式系统除外），这时房间人数按满员考虑。在实际使用过程中，房间人数并非总是满员的，当人员数量不多时，可以减少新风量，以节省能源。这种方法特别适合于某些采用新风机组加风机盘管系统的办公建筑物中间歇使用的小型会议室及人员密度比较大的场所等。为了保证基本的室内空气品质，通常采用测量室内 CO_2 浓度的方法来衡量，如图 4-4 所示。各房间均设 CO_2 浓度控制器，控制其新风支管上的电动风阀的开度；同时，为了防止系统内静压过高，在总送风管上设置静压控制器控制风机转速。因此，这样做不但新风冷负荷减少，而且风机能耗也将下降。但该系统存在的问题是二氧化碳不能作为衡量室内空气质量好坏的唯一指标，因为影响人的舒适及健康的气体污染物还包括人、建筑物、家具、装饰材料散发的种类复杂的有机污染物。

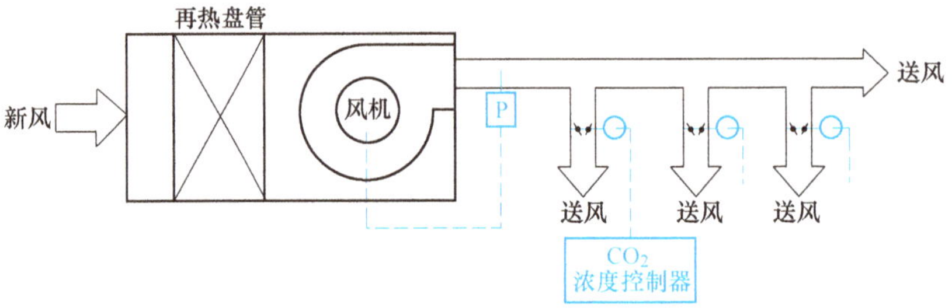

图 4-4　CO_2 浓度控制器控制新风量

4.3 风机盘管

风机盘管（FCU）为半集中式空调系统中的末端设备，由空气的加热/冷却盘管和风机组成。其控制通常包括风机转速控制和室内温度控制两部分，即可以通过控制盘管水量、气流旁通、风机转速或三者的结合来控制室内温度，如图 4-5 所示。风机盘管属于单回路模拟仪表控制系统，多采用电气式温度控制器（见第 3 章 3.2.2）。其传感器与控制器组装成一个整体，可应用在客房、写字楼、公寓等场合。风机盘管控制系统一般不进入集散控制系统。但有通信功能的产品，可与集散控制系统的中央站通信。

4.3.1 风机转速控制

目前几乎所有风机盘管风机所配的电动机均采用中间抽头，通过接线，可实现对其风机的高、中、低三速运转的控制。通常，三速控制是由使用者通过手动三速开关（如图 4-5 中的 S_4）来选择的，因此也称为手动三速控制。

4.3.2 室温控制

图 4-5a 所示是两管制风机盘管控制系统，S_1 是总开关，S_2 为温度开关，S_3 为冬/夏季转换开关，置于左边为“冬”季，右边为“夏”季。图中位置为冬季工况，室内温度低于

设定值时的状态，温控开关 S_2 打在左侧，使电动调节阀V通电，打开阀门。图4-5b所示是四管制风机盘管控制系统，图中位置为夏季工况。冬/夏季转换的措施有手动和自动两种方式，应根据系统形式及使用要求来决定。四管制风机盘管控制系统一般应采用手动转换方式。两管制风机盘管控制系统有以下三种常见做法：

（1）温控器手动转换　在各个温控器上设置冬/夏季手动转换开关，使得夏季时供冷运行，冬季时供热运行。

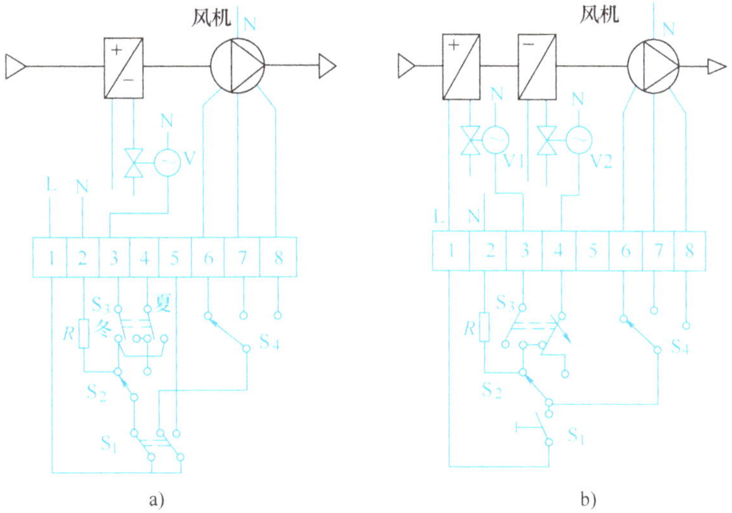

图4-5　风机盘管控制系统图
a）两管制　b）四管制

（2）统一区域手动转换　对于同一朝向或相同使用功能的风机盘管，如果管理水平较高，也可以把转换开关统一设置，集中进行冬/夏季工况的转换，这样各温控器上可取消供人工操作使用的转换开关。这种方式对于某些建筑物（如酒店等）的管理是有一定意义的，也可以避免前一种转换方式在使用中出现的人为错误选择而导致问题或争议（比如在一些酒店客房中曾经出现这样的问题：温控器转换开关上不是注明“冬”、“夏”字样，而是注明“冷”、“热”字样，结果有不懂专业的客人在夏季感到房间过冷时，不是调温控器设定值，而是把开关拨向“热”端，结果导致室内更冷而引起投诉）。但是，这种方式要求所有统一转换的风机盘管必须是同一电源，这需要与电气工种密切配合。

（3）自动转换　如果使用要求较高，而又无法做到统一转换，则可在温控器上设置自动冬、夏季转换开关。这种做法的首要问题是判别水系统当前工况，当水系统供冷水时，应转到夏季工况；当水系统供热水时，应转到冬季工况。一个较为可行的方法是，在每个风机盘管供水管上设置一个位式温度开关，其动作温度：供冷水时为12℃或根据具体情况设置，供热水时为30～40℃（根据热水温度情况设置），这样就可实现上述自动转换的要求。

风机盘管温度控制，除了采用位式控制，有时也采用P或PI控制。前者特点是设备简单、投资少，控制方便可靠，缺点是控制精度不高；后者控制精度较高，但它要求电动水阀也应采用调节式的而不是位式，因此投资相对较大。从目前的实际工程及产品来看，在小口径调节阀（*DN*15、*DN*20）中，其阀芯运动行程都只有10mm左右，因此，阀门的可调比较小，使实际调节性能与位式阀相比，优势并不特别突出。从另一方面来看，由于风机盘管是针对局部区域而设的，房间通常负荷较稳定，波动不大，且民用建筑物对精度的要求不是很高，因此一般的位式控制对于满足1～1.5℃的要求是可以做到的，所以大多数工程都可采用位式控制方式。只有极少数要求较高的区域，或者风机盘管型号较大时，才考虑采用P或PI控制。无论是何种控制方式，温控器都应设于室内有代表性的区域或位置，不应靠近热源、灯光及远离人员活动的地点。三速开关应设于方便人操作的地点。在酒店建筑物中，为了进一步节省能源，通常还设有节能钥匙系统，这时风机盘管的控制应与节能钥匙系统协调考虑。

4.4 空调机组自动控制系统

空调机组按新风量的多少来分，可以分为直流式系统——空调器处理的空气为全新风（4.2节已经讨论），闭式系统——空调系统处理的空气全部再循环，混合式系统——空调器处理的空气由回风和新风混合而成，它兼有直流式和闭式的优点，应用比较普遍，如宾馆、剧场等场所的空调系统。混合式空调机组按送风量是否变化，又分为定风量与变风量空调机组。下面主要讨论混合式空调机组。

4.4.1 定风量空调自动控制系统

定风量空调自动控制系统的特点是送风量不变，通过改变送风温、湿度来满足室内负荷变化。例如，向室内送冷（或热）风。送入室内的冷量（或热量）Q（kW）为

$$Q = q_V c\rho(t_n - t_s) \tag{4-1}$$

式中 c——空气的比热容[kJ/(kg·K)]；

ρ——空气密度（kg/m^3）；

q_V——送风量（m^3/s）；

t_n——室内温度（℃）；

t_s——送风温度（℃）。

从式（4-1）可以看出，通过改变送风温度或者送风量，可以改变送入室内的冷量（或热量）。当送风量一定时，改变送风温度来改变送入室内的冷量（或热量）的空调自动控制系统称为定风量空调自动控制系统。

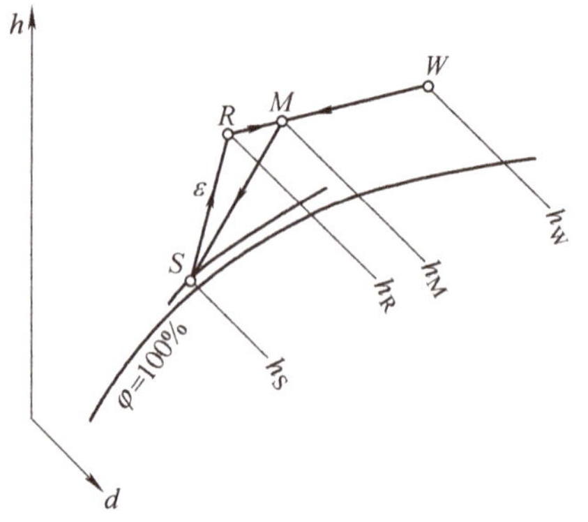

图4-6 露点送风夏季工况（在 $h-d$ 图上的表示）

1. 变露点自动控制系统

全空气空调系统为了节能，通常使用回风，即利用一部分回风与新风混合后，经空气处理机组对混合空气进行热、湿处理，然后送入房间，与房间进行热、湿交换，达到室内要求的空气参数。对夏季工况，舒适性空调一般采用露点送风，露点送风夏季工况在 $h-d$ 图上的表示如图4-6所示。变露点空调机组自动控制系统原理图如图4-7所示。该变露点自动控制系统由温度与湿度两个单回路控制系统组成。温

度控制系统由温度传感器 TE、温度控制器$\frac{\text{TC}}{01}$、空气冷却器/空气加热器、执行器 V1（带阀门定位器）及空调风系统组成。湿度控制系统由湿度传感器 HE、湿度控制器$\frac{\text{HC}}{01}$、加湿器、执行器 V2 以及房间对象组成。需要说明以下几点：

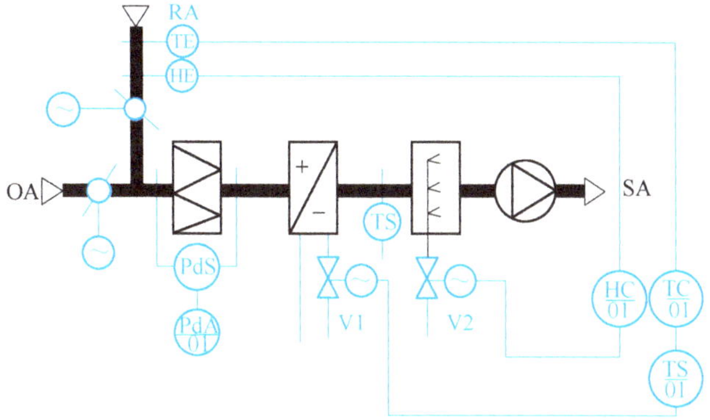

图 4-7 变露点空调机组模拟仪表控制原理图

1）为了测量房间温、湿度，可以在房间代表点设置温、湿度传感器，也可以在回风管道内设置温、湿度传感器，用以测量房间内的平均温、湿度。

2）由于室内的热、湿负荷并不是恒定值，露点值随室内余热余湿的变化而变化，故该系统称为变露点温度控制系统。

图 4-8 所示为两管制定风量空调系统 DDC 监控图。DDC 系统外部线路表见表 4-1。图中的外部线路数量是针对一台设备或者一个信号而言的，例如，电动调节阀 H 有四根线，即两根控制线、两根电源线。系统监测与控制的内容如下：

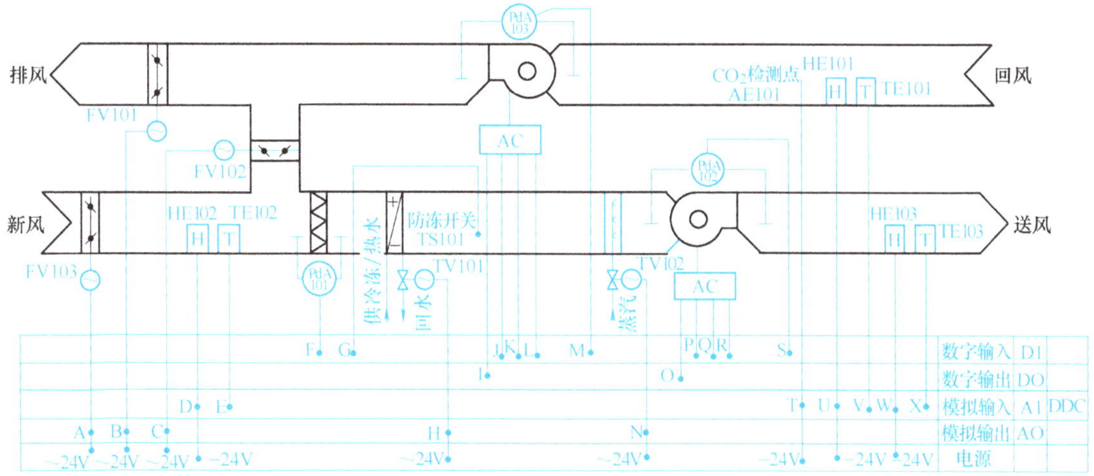

图 4-8 定风量空调系统的 DDC 监控图

（1）检测内容

1）空调机新风温、湿度。

2）空调机回风温、湿度。分别在 DDC 系统和中央站上显示。

3）送风机出口温、湿度。分别在 DDC 系统和中央站上显示，当超温、超湿时报警。

表4-1 DDC 系统外部线路表

代号	用途	数量	代号	用途	数量/台
A、B、C	电动调节阀	4	J、P	工作状态	2
D、U、W	新风、回风、送风湿度	4	K、Q	故障状态信号	2
E、V、X	新风、回风、送风温度	2	L、R	手/自动转换信号	2
F	过滤器堵塞信号	2	M、S	风机压差检测信号	2
G	防冻开关信号	2	N	电动蒸汽阀	4
H	电动调节阀	4	T	CO_2 浓度	4
I、O	风机起停控制信号	2			

4）过滤器压差超限报警。采用压差开关测量过滤器两端压差，当压差超限时，压差开关闭合报警，提醒维护人员清洗过滤器。

5）防冻保护控制。采用防冻开关监测表冷器后（按送风方向）风温，当温度低于5℃时报警，提醒维护人员（或联锁）采取防冻措施。如果风道内安装了风速开关，还可以根据它来预防冻裂危险。当风机电动机由于某种故障停止，而风机起动的反馈信号仍指示风机开通时，或风速开关指示风速度过低，也应关闭新风阀，防止外界冷空气进入。

6）送风机、回风机状态显示、故障报警。送风机的工作状态是采用压差开关监测的，风机起动，风道内产生风压，送风机的送、回风管压差增大，压差开关闭合，空调机组开始执行顺序起动程序。此外，还有手/自动和风机电动机故障显示。

7）回水电动调节阀、蒸汽加湿阀开度显示。

（2）自动控制内容　定风量系统的自动控制内容主要有空调回风温度自动控制，空调回风湿度自动控制及新风阀、回风阀和排风阀的比例控制。

1）空调回风温度自动控制系统。回风温度自动控制系统的任务是控制室内温度满足设计工况。它把测量的回风温度送入DDC系统控制器与给定值比较，根据温度偏差，由DDC系统按PID规律调节空气冷却器/空气加热器的回水调节阀开度，以达到控制冷水（或热水）水量，使房间温度保持在一定值（夏天一般低于28℃，冬季则一般高于16℃）。为了节能和舒适，把温度传感器测量的新风温度作为前馈信号加入回风温度自动控制系统，组成新风补偿自动控制系统。新风补偿自动控制系统的特点是室温（或供暖热水供水温度）给定值随室外温度有规则地变化，它既能改善房间舒适状况，又能节约能源。新风补偿特性实例如图4-9所示。当室外温度为10℃以下时，室内温度设定值随室外温度降低适当提高，以补偿建筑物（如窗、墙）冷辐射对人体的影响；在夏季工况，室内温度能自动地随着室外温度上升而按一定的比例上升，以消除由于室内外温差大所产生的冷热冲击，既节约了能量，又提高了人的舒适感。当室外温度为10～20℃时，控制器设定值浮动，系统既不加热也不冷却，室温

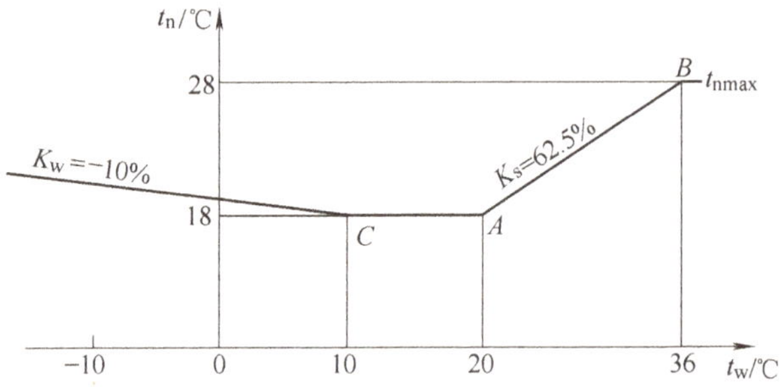

图4-9　新风补偿特性实例

K_w—冬季补偿比　K_S—夏季补偿比

处于浮动状态。因此，具有新风补偿的空调回风温度自动控制系统是一个随动控制系统。

值得注意的是，室内温度的传感器应优先设置在典型房间内。若控制室内温度的传感器设于机房的回风道上，由于热交换效应，回风温度高于（或低于）室内温度，因此在这种情况下，通常应对所控制的温度设定值进行一定的修正。对于从吊顶上部回风的气流组织方式，如果夏季工况的室温设定值为 24℃，则控制的回风温度可根据房间内热源情况及房间高度等因素而设定在 24.5～25℃。

2）回风湿度自动控制系统。回风湿度自动控制与温度自动控制相同，湿度传感器应优先考虑设于典型房间区域或回风管道上。由于房间的湿容量比较大，因此，无论采用何种加湿媒介（蒸汽或水）及何种控制方式（比例式或双位式），湿度传感器的测量值都是相对比较稳定的。因此，不必像新风空调机组那样过多地考虑自动控制元件的设置位置。

3）新风电动阀、回风电动阀及排风电动阀的比例控制。把回风温、湿度传感器和新风温、湿度传感器信号输入 DDC 系统控制器，进行回风及新风焓值计算，按新风和回风的焓值比例控制回风阀的开度。由于新风量占送风量的 30% 左右，排风量应等于新风量，故排风阀的开度也就是新风阀的开度。

由于建筑物计算机自动控制系统对空调机组进行最优化控制，使各空调机的回水阀始终保持在最佳开度，恰到好处地满足了冷负荷的需求，其结果反映到冷冻站供水干管上，真实地反映了冷负荷需求，进而控制冷水机组和水泵起动台数，节省了能源。有关冷热源设备的控制见第 5 章。

（3）联锁控制 联锁控制内容如下：

1）空调机组起动顺序控制。送风机起动→新风阀开启→回风机起动→排风阀开启→回水调节阀开启→加湿阀开启。

2）空调机组停机顺序控制。送风机停机→关加湿阀→关回水阀→停回风机→新风阀、排风阀全关→回风阀全开。

3）火灾停机。火灾时，由建筑物自动控制系统发出停机指令，统一停机。

2. 定露点自动控制系统

（1）空气处理过程及控制点的选择　定露点自动控制系统由一个集中式空气处理系统给两个空气区（a 区和 b 区）送风，而且 a 区和 b 区室内热负荷差别较大，需增设再热盘管（或电加热器）加热，分别调节 a、b 两区的温度。由于散湿量比较小或两区散湿量差别不大，可用同一机器露点温度来控制室内相对湿度。此系统属于定露点控制系统，可应用在余热变化而余湿基本不变的场合。

空气处理过程如图 4-10 所示。在冬季为绝热加湿过程，而在夏季为冷却去湿的多变过程。为了画图方便，将夏季和冬季要求的室内状态点分开表示，即夏季要求恒定 1 点（t_1，ϕ_1），而冬季要求恒定 1′点（t_1'，ϕ_1'），4 点为夏季要求的机器露点（t_4，ϕ_4），4′点为冬季要求的机器露点（t_4'，ϕ_4'）。以夏季为例，当恒定了 4 点，即恒定了送风含湿量，由于 4 点含湿量小于室外空气含湿量，故可达到降湿的目的，但不能直接降低相对湿度，因此必须在淋水室后设二次加热器，并根据热湿比线加热到相应的送风温度，以保证室内要求的相对湿度。当 1 点的温度和 4 点状态都恒定时，即达到恒温恒湿的要求。由于 4 点状态的空气已接近饱和状态，所以只需要控制 4 点温度，该点空气状态就确定了。从 4 点至 5 点的加热量在夏季当有三次加热器（一般采用电加热器，设在每个房间的进风口处）时，一般就不用二次加热器加热。二、三次加热器是在冬季用来将4′点状态的空气加热到5′点用的。

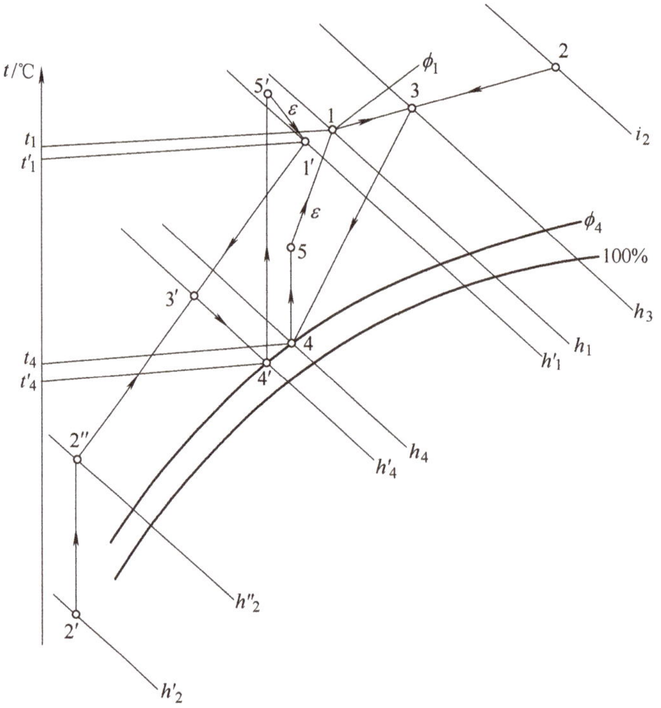

图4-10 空气处理过程

冬季

1′—室内空气状态

2′—室外空气状态

2″—一次加热后状态

3′—混合点

4′—露点

5′—送风状态

夏季

1—室内空气状态

2—室外空气状态

3—混合点

4—露点

5—送风状态

（2）控制原理图 由上述空气处理过程的分析可知，控制系统中有四个控制点，分设在四个地方：室内温度控制点两个（分别设在a区和b区），送风温度控制点（设在二次加热器SR2后面的总风管内）和“露点”温度控制点（设在淋水室出风口挡水板后面）。上述系统中共分四个单回路控制系统：a区室温控制系统、b区室温控制系统、送风温度控制系统及露点温度控制系统。这种系统多应用在工艺空调上。图4-11所示为定露点模拟仪表控制系统原理图。

1）露点温度控制系统。该系统由温度传感器TE101、控制器TC－1，电动双通阀TV101、加热器SR1、电动三通阀TV102和淋水室等组成。夏季，露点温度传感器TE101的信号送至控制器，控制器根据偏差信号按已定的控制规律（一般是PI）控制电动三通阀TV102动作，改变冷水与循环水的混合比（即改变供水温度）来自动控制“露点”温度。冬季则是通过电动双通阀TV101控制一次加热器的热水流量（流量调节），使经过一次混合后的空气加热到h_4'线上，再经淋水室绝热加湿，维持“露点”温度恒定。由于“露点”的相对湿度已接近95%，所以只要“露点”温度恒定，“露点”空气状态点4也就恒定了。为

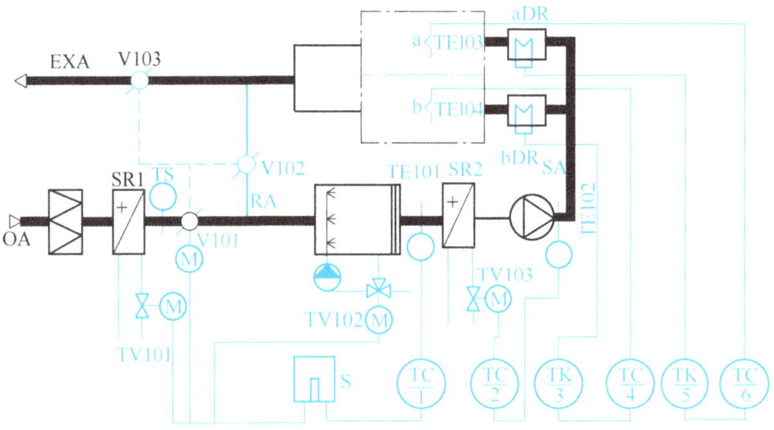

图 4-11　定露点自动模拟仪表控制系统原理图

了避免一次加热器 SR1 加热的同时向淋水室供送冷水，在电气线路上应保证电动三通阀 TV102 和电动双通阀 TV101 之间互相联锁，即仅当淋水室全部喷淋循环水（冬季工况）时，才使用一次加执器 SR1。反之，则仅当一次加热器的电动双通阀处于全关闭时才向淋水室供应冷水。万能转换开关 S 用于各种工况的转换，在有些自动控制系统中，季节工况的转换也可以由自动转换装置来完成。

2）送风温度控制系统。送风温度控制系统由温度传感器 TE102、控制器 TC－2、电动双通阀 TV103、加热器 SR2 及送风管道组成。控制器一般采用 PI 控制规律，主要是对二次加热器 SR2 的控制。

3）室温控制系统。室温的 a 区控制系统由 a 区传感器 TE103、控制器 TC－6、电压调整器 TK－5（通过改变施加在电加热器上的电压来改变电加热量）、电加热器 aDR 及 a 区对象组成。控制器采用 PID 控制规律。b 区控制系统则由其相对应的控制设备及 b 区对象组成。实际使用时，冬天为了减少精加热的耗电，送风温度可以适当提高。夏季，有些工厂没有蒸汽供应，则用电加热器 aDR 来代替二次加热。因此在设计加热器容量时，应根据具体情况进行分析，考虑到使用时的灵活性。

3. 根据焓值控制新风量

新风负荷一般占空调负荷的 30%～50%，充分、合理地回收回风能量和利用新风是有效的节能方法。焓值控制系统就是根据新风、回风焓值的比较来控制新风量与回风量，达到节能的目的。新风负荷 Q_w 可以由下式计算：

$$Q_w=(h_w-h_r)q_V=\Delta h q_V \tag{4-2}$$

式中　h_w——新风焓值（kJ/kg）；

q_V——新风量（kg/h）；

h_r——回风焓值（kJ/kg）。

图 4-12 所示为利用焓差控制新风量的示意图，对新风利用可分为五区：

A 区：制冷工况，并且 $\Delta h>0$（新风焓 > 回风焓），故应采取最小新风量，减少制冷机负荷。在此工况下，应根据室内空气 CO_2 浓度控制最低新风量或给定最小新风量，以保证卫生条件的要求。

B 区：制冷工况，并且 $\Delta h<0$，显然应采取最大新风量，充分利用自然冷源，以减轻制冷机负荷。

B 区与 *C* 区的交界线：在此线上新风带入的冷量恰与室内负荷相等，制冷机负荷为零，停止运行。

C 区：制冷工况，因室外新风焓进一步降低，此时可利用一部分回风与新风相混合，即可达到要求的送风状态。此时可不起动制冷机，完全依靠自然冷源来维持制冷工况。图中min*OA* 线是利用最小新风量与回风混合可达到要求的送风温度。

D 区：min*OA* 线以下，由于受最小新风量限制，空调系统进入采暖工况。该区使用最小新风量，从而减少热源负荷。

E 区：供暖工况，而且是新风焓比室内空气焓值高的工况。当然，这种情况出现的概率少。如遇此情况，应尽量采用新风。

图4-13所示为焓值自动控制原理图。因空气焓值是空气干球温度和相对湿度的函数，故焓值控制器TC-3的输入信号有新、回风的干球温度和相对湿度信号，即回风温度传感器TE102与湿度变送器HE102，新风温度传感器TE101与湿度变送器HE101，均接在TC-3输入端上，TC-3根据新、回风温、湿度计算焓值，并比较新、回风焓值，输出0~10V（PI）信号控制执行机构，再通过机械联动装置使新、回、排风门按比例开启。图4-14所示为焓控制器输出与阀位的关系。图4-15所示为焓值自动控制系统框图。应说明以下几点：

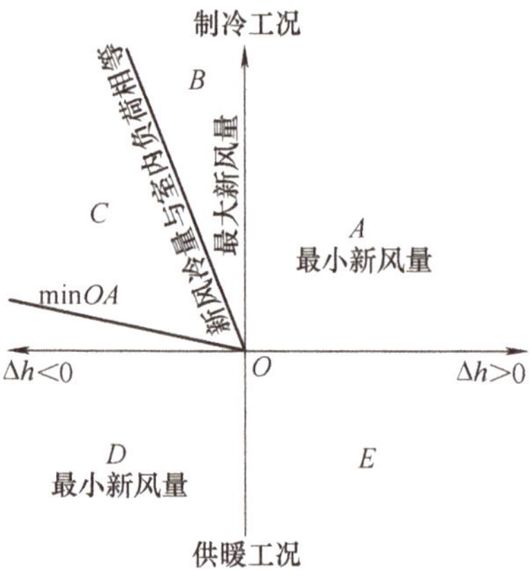

图4-12 利用焓差控制新风量

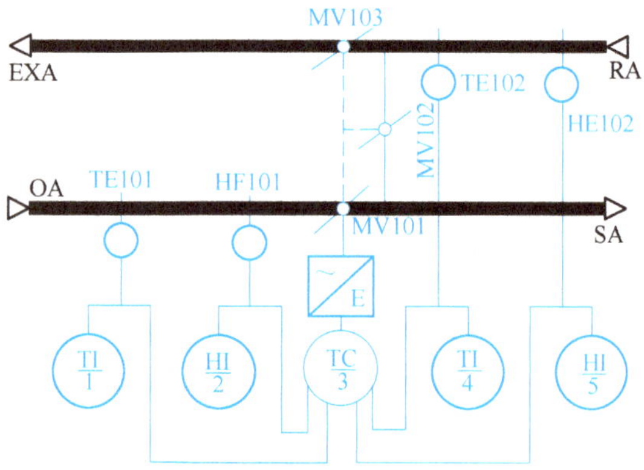

图4-13 焓值自动控制原理图

1）焓值控制器实质上是焓比较器。

2）焓值控制器与阀门定位器配合，用一个控制器控制三个风门，实现分程控制。

3）温、湿度传感器可以直接采用焓值传感器。

4）如果处于 *B* 区，$\Delta h<0$，新风阀处于最大开度，室温仍高于给定值，系统处于失调状态。为此应设置室内温度控制系统，控制冷盘管的冷水阀门开度，随着冷负荷的减少，冷水阀门逐渐关小，当冷水阀门全关时，进入 *C* 区工况，按比例调节新、回风比例，以维持室内温度。

5）热水阀与冷水阀开度由室内温度控制器控制。

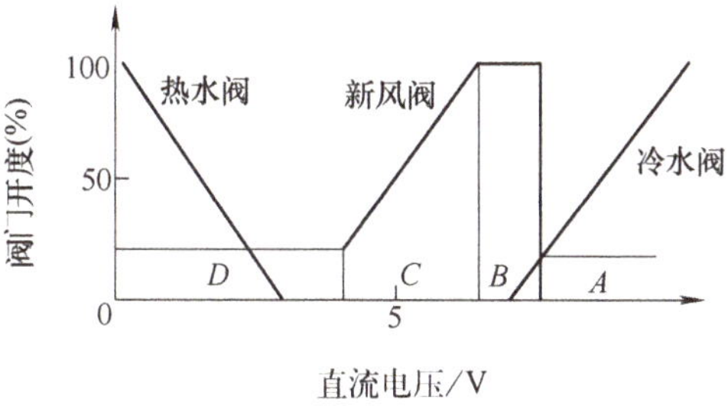

图 4-14　焓控制器输出与阀位的关系

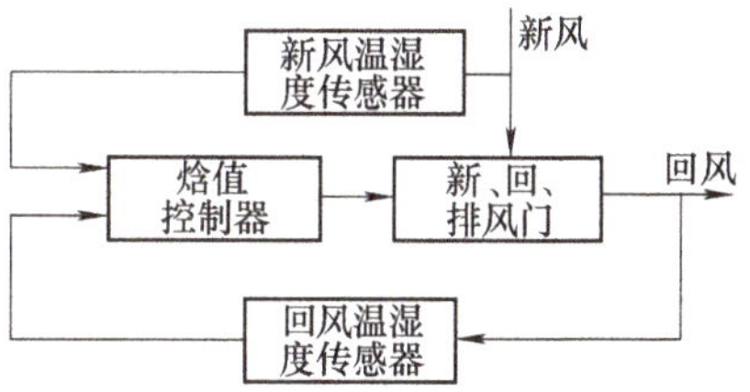

图 4-15　焓值自动控制系统框图

4.4.2　变风量空调自动控制系统

变风量空调系统是一种通过自动改变送入空调区域的送风量，来调节室内温、湿度的全空气空调系统。变风量空调自动控制系统由空气处理系统、自动控制设备及 DDC 控制器组成。空气处理系统包括空气处理机、风管系统（新风/排风/送风/回风管道）、变风量末端设备（变风量空调箱）。自控设备包括各种传感器、执行器，变风量控制器、房间温控器等。变风量（VAV）空调自动控制系统是一种节能型全空气系统，节电率可以达到 50%。图 4-16 所示为一单风道变风量空调自动控制系统示意图。图 4-17 所示为典型的变风量控制系统示意图。

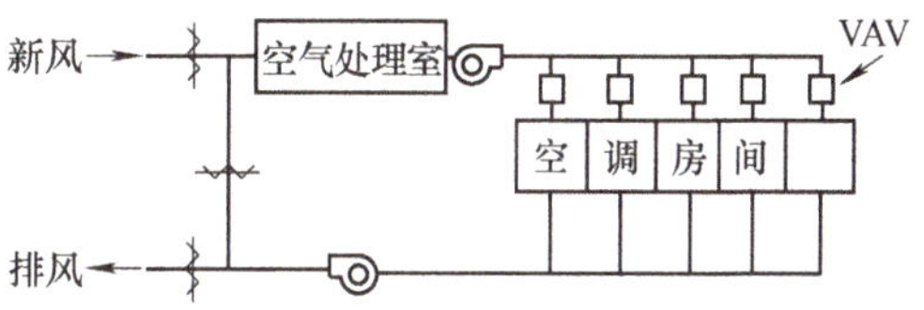

图 4-16　单风道变风量空调自动控制系统示意图

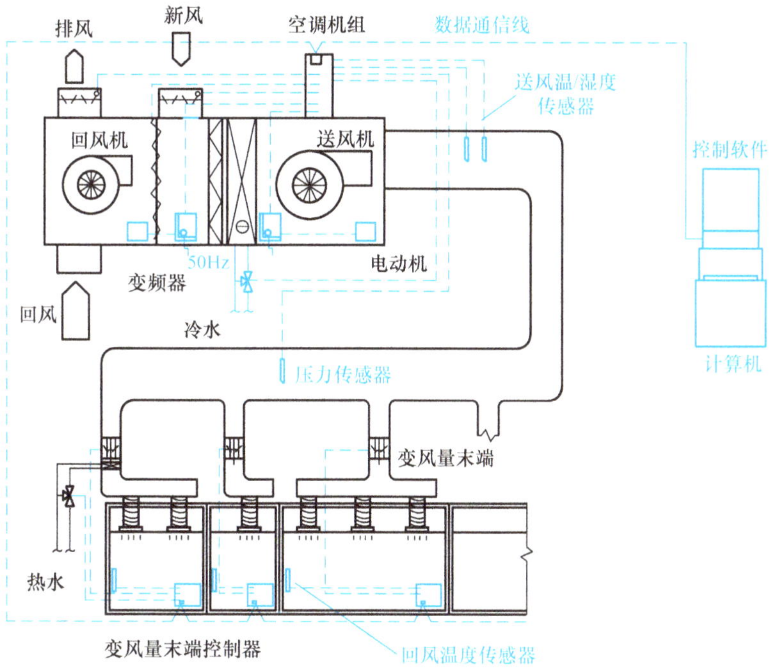

图 4-17　典型的变风量控制系统示意图

变风量末端的控制方式有模糊控制、DDC等。近年来，DDC系统通过精确的数字控制技术使得末端设备具有较好的节能性。

1. 变风量末端装置控制功能

变风量末端装置包括空调箱与控制设备，主要有以下控制功能：

1）测量控制区域温度，通过末端温度控制器设定末端送风量值。

2）测量送风量，通过末端风量控制器控制末端送风阀门开度。

3）控制加热装置的调节阀或控制电加热器的加热量。

4）控制末端风机起停（并联型末端）。

5）再设空调机组送风参数（送风温度、送风量或者送风静压值）。

6）上传数据到中央控制管理计算机系统或从中央控制管理计算机系统下载控制设定参数。

2. 变风量末端装置分类

在国外，变风量末端装置已经发展了20多年，拥有不同的类型和规格。变风量末端装置（VAV Terminal Unit）又常被称作VAV Box，根据不同的因素考虑，有不同的分类方法。

1）变风量空调系统按送风温度分类，可以分为：

① 常温送风变风量空调系统（送风温度11～16℃，通常为13℃）。

② 低温送风变风量空调系统（送风温度4～11℃）。又分为超低温送风（送风温度4～5℃）；中低温送风（送风温度6～8℃）；高低温送风（送风温度9～11℃）。

③ 高温送风变风量空调系统（送风温度16～19℃）。

变风量空调系统按变风量末端形式分类，分为：单风道型变风量系统、风机动力型变风量系统（串联式、并联式）、使用精美变风量风口的变风量系统、诱导型变风量系统、地板送风变风量系统以及不同形式变风量末端混合使用的变风量系统等。

2）变风量空调系统按变风量末端控制形式分类，分为：压力无关型（Pressure Independent）变风量空调系统，压力相关型（Pressure Dependent）变风量空调系统。

① 压力有关型变风量末端的控制设备包括温度传感器、控制器、风阀驱动器。温度差直接控制风阀开度，改变送入房间的风量。但风量变化值不仅与开度有关，还与进风口处的静压有关，当末端入口压力变化时，通过末端的风量会发生变化，但压力有关型末端则要等到风量变化改变了室内温度才动作，在时间上要滞后。

② 压力无关型变风量末端装置的控制设备由温度传感器、控制器、风阀驱动器和风量传感器组成。控制原理是：根据温度差计算所需风量，与实测风量比较，控制风阀开度。其特点是：不管进风口处静压是否改变，都将保持恒定的送风量；增加了风量控制的稳定性，并允许最小和最大风量设定。

图4-18a、b所示分别为单风道基本型变风量末端装置的控制原理示意图及控制特性图。图中TC为末端装置的温度控制器，FC为末端装置风量控制器，V为末端装置的风阀执行器。变风量末端装置的运行与变风量系统的形式有关。对于夏季送冷风、冬季送热风的单风道基本型变风量末端装置，其控制特性如图4-18b所示，在夏季，按曲线1运行，在冬季，按曲线2运行。

变风量末端装置串级控制原理框图如图4-19所示。实测的室内温度送至温控器TC，并与温度设定值比较，温控器TC根据温度差计算送风量的设定值，送给风量控制器FC，FC

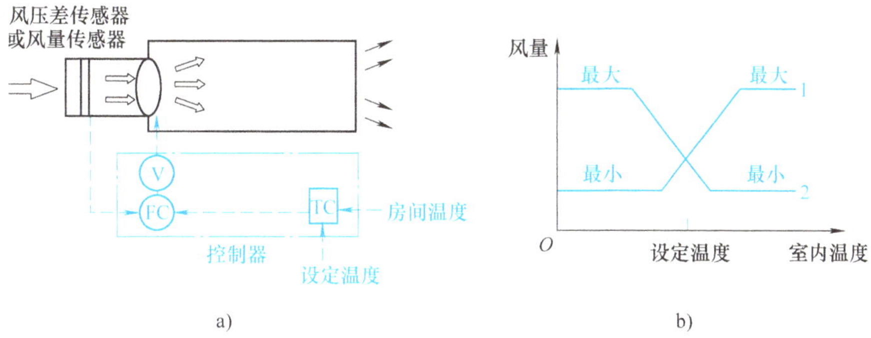

图 4-18 单风道基本型变风量末端装置
a）控制原理示意图 b）控制特性

根据风量的实测值与设定值之差按预定的控制规律去控制风阀 V 的开度，使送入房间的冷（热）量与室内的负荷相匹配。串级控制系统与单回路控制系统相比，结构上增加了一个副控制回路，其特点是可改善对象特性，抗干扰能力强，从而提高了系统的控制质量。在图 4-19 中，当室内负荷没有变化时，送风量 F 不应变化（因送风温度固定），但此时若系统送风压力由于其他区域送风量发生变化而升高，即有扰动量 $f_2(t)$，它会使此房间的变风量末端装置的送风量增大，但由于风量设定值 F_g 没有变化，副调节器会将风阀关小，以维持原有的送风量，此即为送风量与送风压力无关的含义。显然，这一调节过程减小了送风压力变化对室内温度的影响，提高了室内的空气品质。$f_1(t)$ 为作用在房间的干扰信号。当末端入口压力变化时，通过末端的风量会发生变化，而压力无关型末端可以较快地补偿这种压力变化，维持原有的风量。

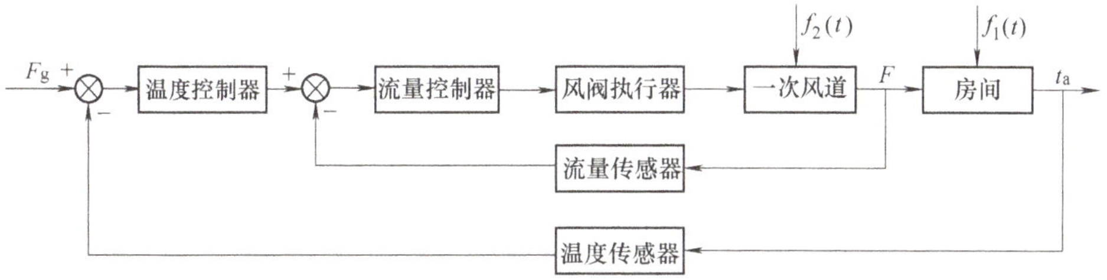

图 4-19 变风量末端装置串级控制原理框图

如果变风量末端装置内没有风量检测装置，则无副调节回路对送风压力变化的调节作用，变风量末端装置的送风量将与系统送风压力有关，故称此类变风量末端装置为压力相关型，其控制为单回路控制系统。在上述相同的条件下，系统送风压力升高将导致送入室内的冷风量增大，使室内温度降低后，再由控制器去调节风阀，减少送风量，因此室温的调节过程长，温度波动幅度大，调节品质显然不如前者。

3）按有无风机分类，有基本型和风机动力型（Fan Powered Box，FPB），FPB 又分为串联风机型和并联风机型两种。

4）按单、双风道分类，有单风道型和双风道型。

3. 变风量末端装置的控制

（1）单风道基本型变风量末端装置　图4-20为单风道基本型变风量末端装置。它由进风管、风速传感器、风阀、执行机构、控制器、阀轴、保温材料、箱体等部分组成。在进风管中，设有一个十字形皮托管，其功能是测量风管内的全压和静压，根据两者之差，求出动压后可得到风速，进而可求出末端装置的送风量。在变风量末端装置右侧的小箱内为末端装置控制器及AC 220V/24V变压器，末端装置内的皮托管与控制器内的压差变送器用两根塑料采样管直接连接。它的安装方式简便、紧凑。

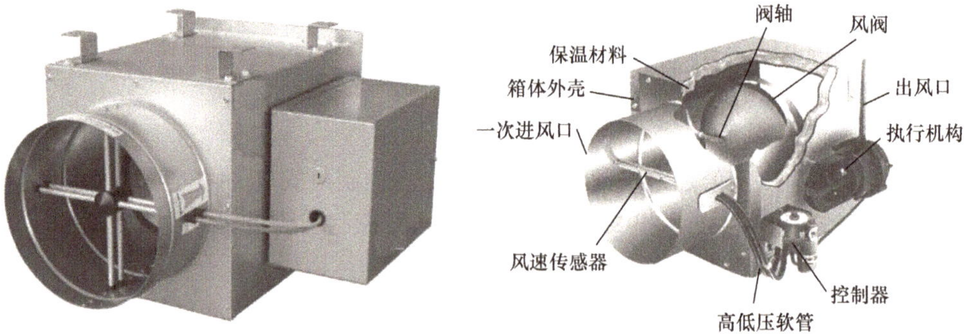

图4-20　单风道基本型变风量末端装置

制冷模式：当空调区域温度高于设定温度时，需求风量会增加（小于等于最大风量），即需求风量大于实测风量，温度控制器按预定的控制规律自动增大调节风门开度。当空调区域温度小于设定温度时，需求风量会减少（大于等于最小风量），即需求风量小于实测风量，温度控制器按预定的控制规律自动关小调节风门开度。如果风阀已经达到最小开度，但空调区域温度持续降低到供暖设定的点，系统将启动制热模式。

制热模式：当空调区域温度小于设定温度时，需求风量会增加（小于等于最大风量），即需求风量大于实测风量，温度控制器按预定的控制规律自动增大调节风门开度。当空调区域温度高于设定温度时，需求风量会减少（大于等于最小风量），即需求风量小于实测风量，温度控制器按预定的控制规律自动关小调节风门开度。如果风阀已经达到最小开度，但空调区域温度持续升高到制冷设定的点，系统将启动制冷模式。

（2）风机动力型变风量末端装置　风机动力型变风量末端装置是在基本型变风量末端装置中加设风机的产物。根据风机与来自空气处理设备的一次风的关系，分为串联式风机动力型变风量末端装置（Series Fan VAV Terminal Unit）与并联式风机动力型变风量末端装置（Parallel Fan VAV Terminal Unit）两种类型。

1）串联式。风机与来自空气处理机的一次风相当于串联。控制原理、控制特性以及控制系统图如图4-21所示。在制冷模式下，温控器根据空调区域设定温度，通过控制器调节一次风风量，在最小与最大风量范围内变化，通过吊顶吸入的二次风也相应地增大或减小，但末端送风机风量基本不变。在制热模式下，实际温度低于温度设定值时，一次风保持最小风量，最大比例地引入吊顶中温度相对较高的二次风，来提高空调区域温度，当空调区域温度更低时，辅助加热设备起动，将末端混合风加热后送出，提高送风温度，保证空调区域温度逼近设定值。

串联式风机动力型变风量末端是变送风温度、定送风量、压力无关型末端。压力无关型控制器是通过风速传感器检测一次风量，调节一次风阀开度，控制一次风量在设定范围。因此，串联型风机动力型变风量末端的风机在系统运行时是始终运行的，而且，是几乎不变的（除非采用 ECM 电动机），这样就无法根据负荷变化节省末端风机的运行能耗。但一次风处于最小送风量时，室内仍具有很好的气流组织形式。串联式风机动力型变风量末端的送风是一次风和二次回风混合后送出来的，所以，特别适用于低温送风变风量空调系统中。但在低温送风系统中，应注意在末端箱体内加绝热内衬，以防当低温空气流过时使金属外表面出现结露现象。

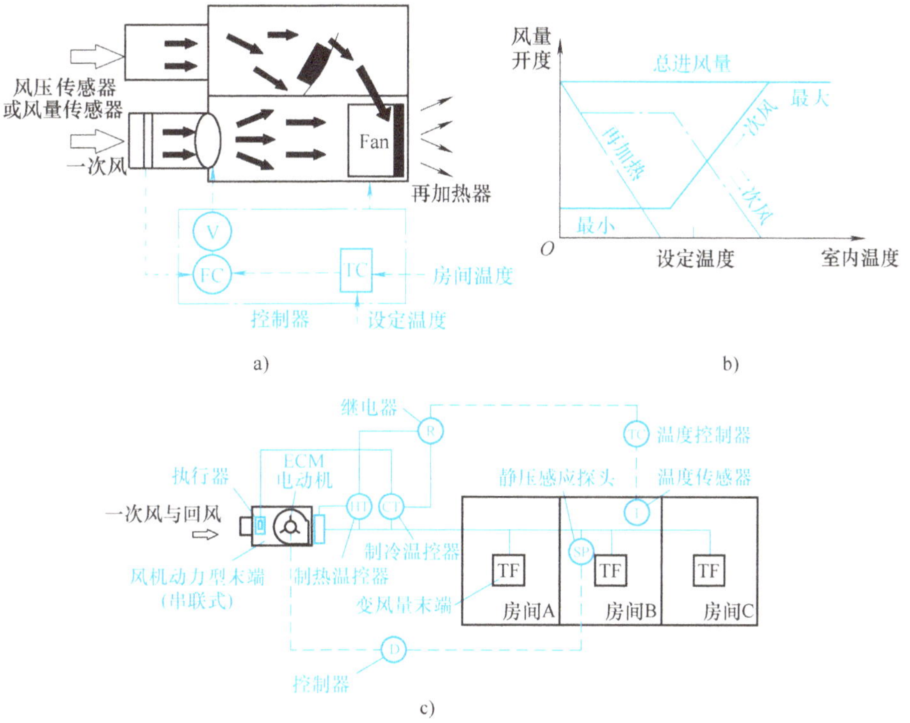

图 4-21　串联式风机动力型变风量末端装置

a）控制原理示意图　b）控制特性（带再加热）　c）控制系统图

2）并联式。风机与来自空气处理机的一次风呈并行形式，即只有二次风经过末端风机。并联式风机动力型变风量末端装置如图 4-22 所示。风机以间歇方式运行。在制冷模式下，风机停止运行，温控器根据空调区域设定温度，通过控制器调节一次风风量，在最小与最大风量范围内变化，与单风道变风量末端的运行情况相同。在制热模式下，空调区域温度低于风机起动设定值时，一次风减至最小风量，风机起动，风机引入吊顶中温度相对较高的二次风，利用回风余热来提高空调区域温度，当空调区域温度更低时，辅助加热设备起动，将二次风加热并与一次风混合后送出，或将一次风与二次风混合风加热后送出来提高空调区域温度。

并联式风机动力型变风量末端是压力无关型变风量末端，在制冷模式下，变送风量、定温度送风；在制热模式下，定送风量、一般是定送风温度，但也有变送风温度送风模式。

并联式风机动力型变风量末端的风机很多时候是在需要再热盘管阻力或其他需要使用二次回风时才采用，所以，其风量大小、运行时间都比串联式风机动力型变风量末端更小（少），所以，更节能，噪声也相对更低；并联式风机动力型变风量末端，主要使用在外区需要采用盘管再热的情况下，还可以使用在内区一些需要利用二次回风来克服室内新风不足或过冷的情况下；同单风道的原因相同，它也不太适用于低温送风变风量空调系统中。

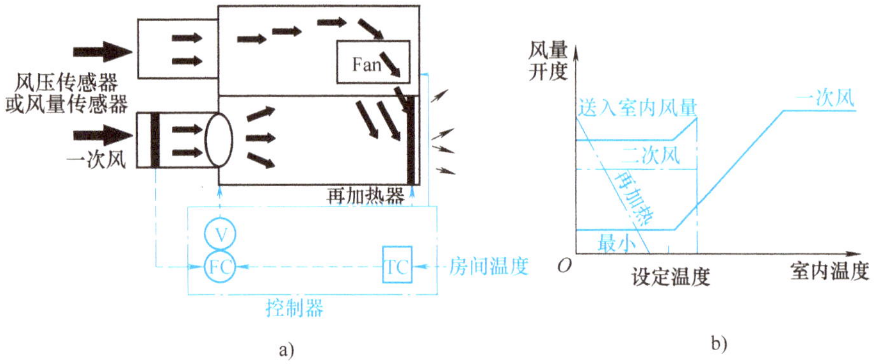

图 4-22 并联式风机动力型变风量末端装置

a）控制原理示意图 b）控制特性（带再加热）

4. 空调机组的控制

变风量空调系统不仅要对 VAV 末端装置进行控制，还要对空调机组进行控制。空调机组的控制内容包括总送风量控制；送风温、湿度的控制；回风量控制；新风量/排风量控制。因此，VAV 空调系统带来新的控制问题为：

1）由于各房间风量变化，空调机的总风量将随之变化，如何控制送风机转速使之与变化的风量相适应，以保证系统的静压满足系统要求，这是变风量空调系统十分重要的控制环节。

2）如何调整回风机转速使之与变化了的风量相适应，从而不使各房间内压力出现大的变化。

3）如何确定空气处理室送风温、湿度的设定值。

4）如何调整新、回风阀，使各房间有足够的新风。

（1）送风机的控制

1）定静压变温（Constant Pressure Variable Temperature，CPT）法。它也称为定静压法。定静压变温度控制原理如图 4-23 所示。系统主要控制原理为：在保证系统风管上某一点（或几点平均，常在离风机约 2/3 处）静压一定的前提下，室内要求风量由 VAV 所带风阀调节；系统送风量由风管上某一点（或几点平均）静压与该点所设定静压的偏差按已定的控制规律控制变频器，通过变频器调节风机转速来确定。同时还可以根据送风温度控制器改变送风温度来满足室内环境舒适性的要求。

该方法由于系统送风量由某点静压值来控制，不可避免会使风机转速过高，达不到最佳节能效果；同时当 VAV 所带风阀开度过小时，气流通过的噪声加大，影响室内环境。再者，在管网较复杂时，静压点位置及数量很难确定，往往凭经验，科学性差，且节能效果不好。

2）变静压法（最小静压法）。变静压法是 20 世纪 90 年代后期开发并普及推广的，控

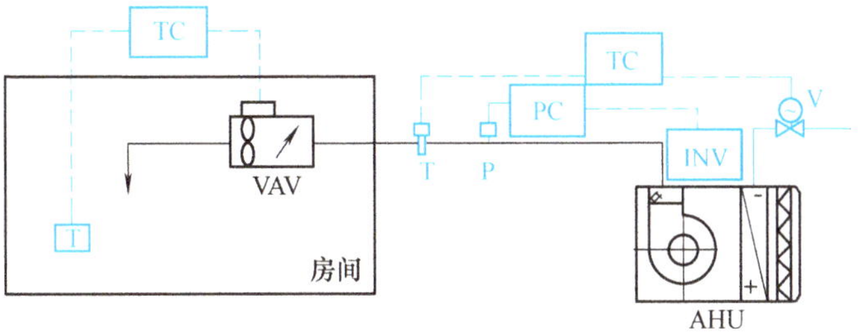

图 4-23　定静压变温度控制原理

TC—温度控制器　PC—静压控制器　INV—变频器　T—温度传感器　V—执行器

制原理如图 4-24 所示。它的控制思想是尽量使 VAV 风阀处于全开（80% ~90%）状态，把系统静压降至最低，因而能最大限度地降低风机转速，以达到节能目的。控制原理是根据变风量末端风阀的开度，阶段性地改变风管中压力测点的静压设定值，在适应流量要求的同时，控制送风机的转速，尽量使静压保持允许的最低值，以最大限度节省风机能量。从图 4-24 还可看出，根据变风量末端风阀的开度，一方面设定空调机的送风温度；另一方面静压设定值也由阀位信号决定，每个末端均向静压设定控制器发出阀位信号。以下面三种情况为例：

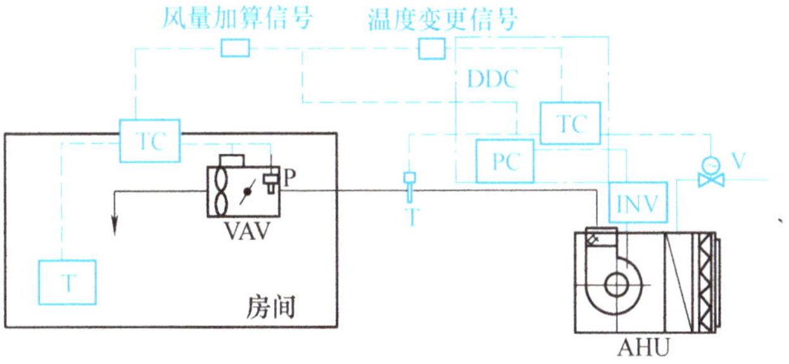

图 4-24　变静压控制原理图

① 变风量末端装置的风阀是全部处于中间状态→系统静压过高（系统提供的风量大于每个末端装置需要的风量）→调节并降低风机转速。

② 变风量末端装置的风阀全部处于全开状态，且风量传感器检测的实际风量等于温控器设定值→系统静压适合。

③ 变风量末端装置的风阀全部处于全开状态，且风量传感器检测的实际风量低于温控器设定值→系统静压偏低→调节并提高风机转速。

由图 4-24 可以看出，空调机组的静压控制系统与送风温度控制系统均为串级控制系统。变静压法与定静压法比较，节能效果明显，控制精度高，房间的温湿度效果更好；但增加了空调机组的风量与温度设定值的再设问题，使控制更加复杂，调试更加麻烦。而且，风阀开度信号的反馈对风机转速的调节有一个滞后的过程，房间负荷变化后要达到房间设定值有一段小幅波动过程。

3）总风量控制法。以一个典型的变风量控制系统为例，末端装置为压力无关型（Pressure Independent），VAV 末端控制原理如图 4-25 所示。T 反映了各房间的温度状况，是控制系统最终要实现的目的；T_g 表示房间的温度要求；F 为末端所测的流量；F_g 是由温度 PID 控制器根据房间温度偏差设定的一个合理的房间要求风量，反映了该末端所带房间目前要求的送风量。所有末端设定风量之和显然是系统当前要求的总风量。

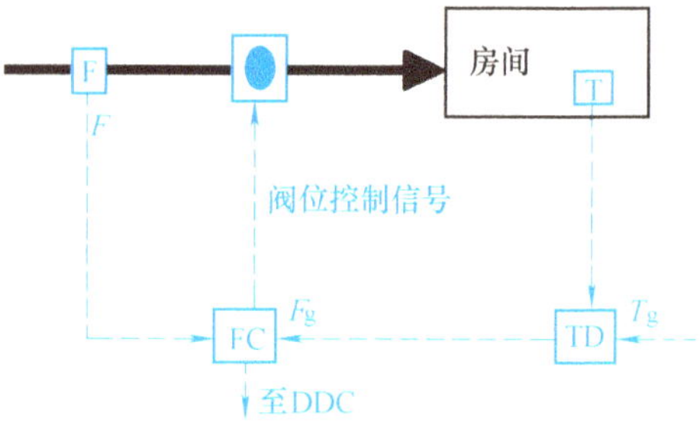

图 4-25 压力无关型变风量末端控制原理图

根据风机相似定律，在空调系统阻力系数不发生变化时，总风量和风机转速是一个正比的关系。总风量控制法的控制原理是依据总风量 G 和风机转速 n 的关系，其公式为

$$\frac{q_{v1}}{q_{v2}}=\lambda\frac{n_1}{n_2} \tag{4-3}$$

根据这一正比关系，在设计工况下，有一个设计风量和设计风机转速，那么在运行过程中有一要求的运行风量自然可以对应一要求的风机转速。虽然设计工况和实际运行工况下系统阻力有所变化，但可以近似表示为

$$\frac{q_{设计}}{n_{设计}}=\frac{q_{运行}}{n_{运行}} \tag{4-4}$$

如果说所有末端区域要求的风量都是按同一比例变化的，显然这一关系式就足以用来控制风机转速了。但事实上，在运行时几乎是不可能出现这种情况的。考虑到各末端风量要求的不均衡性，适当地增加一个安全系数就可简单地实现风机的变频控制。这个安全系数应该能反映出末端风量要求的不均衡性。首先给每个末端定义一个相对设定风量的概念，即

$$R_i=\frac{q_{g,i}}{q_{d,i}} \tag{4-5}$$

式中 $q_{g,i}$——第 i 个末端的非设计工况下的设定风量，由房间温度 PID 控制器输出的控制信号设定；

$q_{d,i}$——第 i 个末端的设计工况下的风量。

显然，由于各个末端要求风量的差异而使各末端的相对设定风量 R_i 不一致，这种不一致的程度可以用误差理论中的均方差概念来反映。首先利用误差理论来消除相对风量 R_i 的不一致。各个末端的相对设定风量 R_i 的平均值 $\bar{R}$ 为

$$\bar{R}=\frac{\sum_{i=1}^{n}R_i}{n} \tag{4-6}$$

式中 n——变风量系统中末端的总个数。

均方差 σ 为

$$\sigma=\sqrt{\frac{\sum_{i=1}^{n}(R_i-\bar{R})^2}{n(n-1)}}$$

有了上述基本概念之后，可以得出风机转速 N_g 的控制关系式为

$$N_g = \frac{\sum_{i=1}^{n} G_{g,i}}{\sum_{i=1}^{n} G_{d,i}} N_d(1+\sigma K) \tag{4-7}$$

式中　N_d——设计工况下风机的设计转速；

K——自适应的整定参数，默认值为1.0，参数K是一个保留数，可在系统初调时确定，也可以通过优化某一项性能指标，如最大阀位偏差进行自适应整定，目的是使各个末端在达到设定流量的情况下，彼此的阀位偏差最小；

$(1+\sigma K)$——安全系数。

总风量控制法可以避免压力控制环节，能很好地降低控制系统调试难度，提高控制系统稳定性和可靠性。它的节能效果介于变静压控制和定静压控制之间，并更接近于变静压控制，也可避免大量风阀关小所引起的噪声。因此，不管从控制系统稳定性，还是从节能角度上来说，总风量控制都具有很大的优势，完全可以成为取代各种静压控制方式的有效的风机调节手段。

（2）回风机的控制　控制回风机的目的是使回风量与送风量相匹配，保证房间不会出现太大的负压或正压。由于不可能直接测量每个房间的室内压力，因此不能直接依据室内压力对回风机进行控制。由于送风机要维持送风道中的静压，其工作点随转速变化而变化，因此送风量并非与转速成正比，而回风道中如果没有可随时调整的风阀，回风量基本上与回风机转速成正比。对于变静压控制或总风量控制，由于风道内静压不是恒定而是随风量变化，各末端装置的风阀开度范围基本不变，风道的阻力特性变化不大，送风机的工作点变化不大，因此送风机风量近似与转速成正比，于是回风机转速即可与送风机同步，这与风道内维持额定正压不同。因此也不能简单地使回风机与送风机同步地改变转速。实际工程中可行的方法有以下两种：

1）同时测量总送风量和总回风量，调整回风机转速使总回风量略低于总送风量，即可维持各房间稍有正压。

2）测量总送风量和总回风道接近回风机入口静压处静压，此静压与总风量的二次方成正比，由测出的总送风量即可计算出回风机入口静压设定值，调整回风机转速，使回风机入口静压达到该设定值，即可保证各房间内的静压。

（3）送风参数的确定　对于定风量系统，总的送风参数可以根据实测房间温湿度状况确定。对于变风量系统，由于每个房间的风量都根据实测温度调节，因此房间内的温度高低并不能说明送风温度偏高还是偏低。只有将各房间温度、风量及风阀位置全测出来进行分析，才能确定送风温度需调高或降低，这必须靠与各房间变风量末端装置的通信来实现。对于各变风量末端装置间无通信功能的控制系统，送风参数很难根据反馈来修正，只能根据设计计算或总结运行经验，根据建筑物使用特点、室内发热量变化情况及室外温度确定送风温度设定值。例如，根据一般房间内温湿度要求计算出绝对湿度d，取$d=(0.5\sim1)$g/kg作为送风绝对湿度的设定值。这样确定的送风温、湿度设定值一般总是偏于保守，即夏天偏低，冬天偏高，从而使经过变风量末端装置调节风量后，各房间温度都能满足要求。但有时各变风量末端装置都关得很小，增加了噪声。此外还减少了过渡期利用新风直接送风降温的时间，多消耗了冷量。

（4）新风量的控制　当新风阀、排风阀、混风阀处于最小新风位置时，降低风机转速，使总风量减小，新风入口处的压力就会升高，从而使吸入的新风的百分比不变，但绝对量减少。对于舒适性空调，这使各房间新风量的绝对量减少，空气质量变差。为避免这一点，在空调机组的结构上可采取许多措施。就控制系统来说，可在送风机转速降低时适当开大新风阀和排风阀，转速增加时，再将它们适当关小。更好的办法是，在新风管道上安装风速传感器，调节新风阀和排风阀，使新风量在任何情况下都不低于要求值。

根据以上的讨论，当各个变风量末端控制器均为DDC，空调机组的现场控制器可以与各变风量末端控制器通信时，可以充分利用计算机的计算分析能力，尽可能少使用各种压力、风量与风速传感器，通过计算机使各变风量末端装置相互协调。此时的控制策略取决于是采用“压力无关”型变风量末端装置，还是采用简单的电动风阀装置。当使用“压力无关”型变风量末端装置时，控制方法有以下两种：

1）空调机组的现场控制器可得到各变风量末端装置风量实测值、风量设定值、对应的房间温度和房间温度设定值，有些控制器还可得到阀位信息。由各变风量末端装置实测的风量之和即可确定送风机转速。只要使转速与总风量成正比，房间内基本上可保证正常的压力范围。

2）最适合的送风参数也可由各变风量末端装置的风量设定值确定：若各变风量末端装置的风量设定值都低于各自的最大风量，说明送风温差过大，应提高送风温度（夏季）或降低送风温度（冬季），以减小送风温差。若有的装置风量设定值等于或高于其最大风量，则说明送风温差偏小，应降低送风温度（夏季）或提高送风温度（冬季）。这种控制的结果，系统内应至少有一个变风量末端装置的风量设定值高于90%的最大风量。

掌握了各房间风量的实测值，还可以更准确地保证各房间的新风量。每个房间都有事先定义的最小新风量要求（根据人员数量），由各房间实测风量与该房间额定最小新风量之比确定。新风阀、排风阀的开度近似于新风比，因此可简单地根据这种计算出的最小新风比检查和调整新风阀、排风阀。为使新风量更准确，也可以在新风管道上测量新风量，再用计算出的实测总风量乘以最小新风比作为最小新风量的设定值。当各个变风量末端控制器均为DDC，空气处理室的现场控制器可以与各末端控制器通信时，这种用房间控制信息反馈来确定送风参数的方法比没有通信时的前馈方法要可靠、节能。

图4-26所示为二管制变风量（VAV）DDC系统控制原理图。表4-2所示为VAV的DDC系统外部线路表。图4-26可以实现以下监控内容。

（1）检测内容　新风、回风、送风温度，CO_2浓度、风管静压、过滤器堵塞信号、防冻信号和变频器频率，风机和变频器的工作、故障状态，风机起停、手/自动状态。

（2）控制原理及方法

1）变风量末端设备控制。控制器根据房间内温度传感器检测的温度值与设定值之差来修正风量的设定值，风阀根据实测的风量与所设定的风量值之差进行调整，以维持房间温度不变。

2）送风机的控制。根据风道静压的变化，DDC系统通过变频器随时调整风机转速。当送风机的转速降至设定的最小转速时，根据回风温度调节加热/冷却器电动阀的开度。湿度是通过调节蒸汽加湿器电动阀的开度来保证其设定值。

3）根据CO_2浓度，调节新风和回风的混合比例。

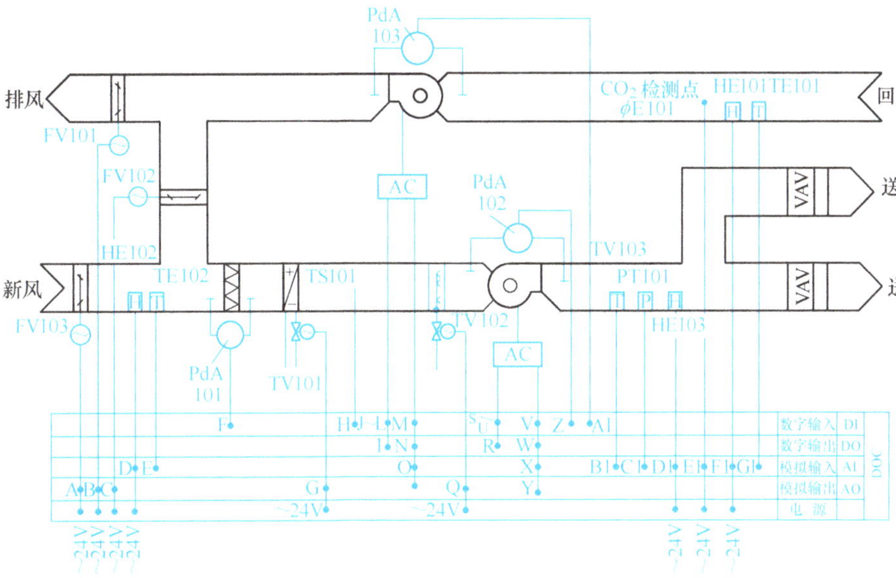

图 4-26　二管制变风量（VAV）DDC 系统控制原理图

4）按照排定的工作程序表，DDC 系统按时起停机组。

（3）联锁及保护　风机起停；风阀、电动调节阀联动开闭；风机运行后，其两侧压差低于设定值时，故障报警并停机；过滤器两侧之压差过高而超过设定值时，自动报警；盘管出口处设置的防冻开关，在温度低于设定值时，报警并开大热水阀。

表 4-2　VAV 的 DDC 系统外部线路表

代号	用途	数量	代号	用途	数量
A、B、C	电动调节阀	4	J、S	工作状态	2
D、D1、F1	新风、回风、送风湿度	4	K、T	故障状态信号	2
E、B1、G1	新风、回风、送风温度	2	L、U	手/自动转换信号	2
F	过滤器堵塞信号	2	Z、A1	风机压差检测信号	2
H	防冻开关信号	2	Q	电动蒸汽阀	4
G	电动调节阀	4	E1	CO_2 浓度	4
I、R	风机起停控制信号	2			

复习思考题

4-1　何谓空调控制对象？

4-2　空调控制对象有什么特点？

4-3　集中空调自动控制系统有什么特点？

4-4　简述新风机组的监控系统是如何分类的。

4-5　新风机组一般采用什么控制规律？

4-6　简述新风机组模拟仪表控制与 DDC 的异同点。

4-7　简述变露点控制系统的控制内容。

4-8 何谓新风补偿？一般用在什么场合？
4-9 简述定露点控制系统的控制内容。
4-10 如何设置室内温度传感器？控制系统的设定值与传感器的布置是否有关？
4-11 变露点控制系统与定露点控制系统的主要区别是什么？一般各用于什么空调系统？
4-12 定风量与变风量空调自动控制系统的操作量相同吗？
4-13 简述变风量末端装置的功能、分类与特点。
4-14 何谓变风量空调系统中送风机的控制策略。
4-15 变风量末端一般采用何类控制系统？
4-16 如何设置变风量空调系统的静压传感器？
4-17 风机盘管一般采用什么控制规律？
4-18 结合图4-8，简述定风量空调系统的监控原理。
4-19 结合图4-26，简述变风量空调系统的监控原理。
4-20 结合一个工程实例，做出各个DDC的监控一览表。
4-21 结合本章介绍的内容，试撰写一篇有关空气处理设备的控制策略论文。

第 5 章 集中空调冷热源系统的监控

集中空调冷热源系统一般以制冷机、锅炉、热泵、热水机组为主，并配以多种水泵、冷却塔、热交换机、膨胀水箱、阀门等。冷热源系统既是暖通空调系统的心脏，也是耗能大户，因此是系统的监控重点。冷热源系统的监测与控制包括制冷机、锅炉主机及各辅助系统的监测控制。冷源与热源一般自带控制系统，其系统的监测与控制的主要任务是：

1）制冷系统的运行状态监测、监视、故障报警、起停程序配置、机组台数或群控控制、机组运行均衡控制。

2）蓄冰制冷系统的起停控制、运行状态显示、故障报警、制冰与溶冰控制、冰库蓄冰量监测。

3）冷冻（媒）水供、回水温度、压力与回水流量、压力监测、冷冻泵起停控制和状态显示、冷冻泵过载报警、冷冻（媒）水进出口温度、压力监测、冷却水进出口温度监测、冷却水最低回水温度控制、冷却水泵起停控制（由制冷机组自带控制器时除外）和状态显示、冷却水泵故障报警、冷却塔风机起停控制（由制冷机组自带控制器时除外）和状态显示、冷却塔风机故障报警。

4）地源水供、回水温度、压力与回水流量、压力监测、地源泵起停控制和状态显示、地源泵过载报警、地源水进出口温度、压力监测。

5.1 冷水机组的自动控制

在集中空调系统中，目前常用的制冷方式主要有压缩式制冷和吸收式制冷两种方式。自动控制的任务就是实时控制设备的输出量，使其与负荷变化相匹配，以保证被控制参数（如温度、湿度、压力、流量等）达到给定值；同时也应保证制冷装置安全运行、参数超限保护及报警、参数记录、故障显示诊断等。调节单台机组的出力，对于不同机型的机组，其调节方法不同：离心机可调节入口导叶；往复机可采用多缸卸载或制冷剂旁通形式；螺杆机可调节滑阀位置；吸收式可调节蒸气、热水或气体的混合比等，对于有变频器的冷机可调节其频率。单台制冷机的监控与能量调节由制冷机供应商配置的人工智能控制系统完成。

5.1.1 冷水机组的监控内容与监控方式

单台机组的控制任务一般由安装在主机上的单元控制器完成，有些单元控制器同时还完成一部分辅助系统的监控，还有些制冷机的供应商同时提供冷冻站的集中控制器，对几台制冷机及其辅助系统实行统一的监测控制和能量调节。制冷装置控制系统是制冷装置的组成部分，它为更好地完成冷媒循环的制冷工艺系统服务。

1. 监控内容

就自动控制系统而言，主要的监控内容为：

1）对制冷工艺参数（压力、温度、流量等）进行自动检测。参数检测是实现优化控制的依据。

2）自动控制某些工艺参数，使之恒定或者按一定规律变化。对一台自动控制的制冷装置，首先期望的是维持被冷却对象在指定的恒温状态。因此，还涉及其他一系列相关参数（如蒸发压力、冷凝压力、供液量、压缩机排气量等）的调节。

3）根据编制的工艺流程和规定的操作程序，对机器、设备执行一定的顺序控制或程序控制。例如压缩机、风机、水泵、液压泵等的起动与停车，冷凝器和冷却水系统的自动控制，蒸发器除霜控制等。

4）实现自动保护，保证制冷设备的安全运行。在装置工作异常、参数达到警戒值时，使装置故障性停机或执行保护性操作，并发出报警信号，以确保人机安全。

随着使用技术和功能、容量等参数的不同，实现自动控制所采用的控制规律和控制元件也不尽相同。一般小型制冷装置系统简单、温控精度要求不高，采用较少的、简单便宜的自控元件、双位控制或比例控制便可以实现自动运行。复杂的大型空调用制冷装置，其机器设备多，工艺流程复杂、控制点多，运行中各设备、各参数的相互影响更要仔细考虑，所以自动控制的监控难度相对较大，所需自控元件较多，所采用的控制规律，由单一的双位控制、PID 控制上升为模糊控制、预测控制等智能控制。

2. BAS 对冷水机组的监控方式

随着计算机技术的发展，目前许多冷源设备自控通常都配有十分完善的计算机监控系统，能实现对机组各部位的状态参数的监测，实现故障报警、制冷量的自动调节及机组的安全保护，并且大多数设备都留有与外界信息交换的接口。接口形式有两种：一种为通信接口；另一种为干触点接口。通过通信接口，可以实现 BAS 与主机的完全通信，而干触点接口只能接受外部的起停控制、向外输出报警信号等，功能相对简单。对于自身已具有控制系统的制冷设备，BAS 实现对其监控的方式有三种：

1）不与冷水机组的控制器通信，而是在冷冻（媒）水、冷却水管路安装水温传感器、压力变送器、流量变送器，当计算机分析出需要开/关主机或改变出口水温设定值时，就以某种方式显示出来，通知值班人员进行相应的操作。此外，主机在配电箱中通过交流接触器辅助触点、热继电器触点等方式取得这些主机的工作状态参数，这种监测不能深入到主机内部，检测信号是不完整的。特别是报警信号只能检测到电动机的过载、断相等，对压缩机吸排气的压力、润滑油压力和油温等都无法检测。冷站内的相关设备（风机、水泵、电动蝶阀等）的联动控制由 BAS 承担。

2）采用主机制造商提供的冷冻站管理系统。这类管理系统能够把冷冻站内的设备全部监控管理起来，实现机组的起停控制、故障检测报警、参数监视、能量调节与安全保护等。另外还可实现机组的群控。采用这种方式可提高控制系统的可靠性和简便性，但还不能使空调水系统控制与冷冻站控制两者之间实现系统整体的理想优化控制与调节。

3）设法使主机的控制单元与 BAS 通信。有三种途径：①控制系统厂商提供专门的异型机接口装置，如图 5-1 所示的方式，使控制单元与系统连接，通过修改其中的软件，就可以实现两种通信协议间的转换。②DCU 现场控制器带有下挂的接口（如 RS－232 或 RS－

485)，可以外接控制单元（见图5-2）。根据控制单元的通信协议装入相应的通信处理及数据变换程序，实现与冷源主机通信。③采用控制系统与冷水机组统一的通信标准，如BACnet，实现互连BAS与冷源主机之间的通信。这样可以实现整体的优化控制与调节。

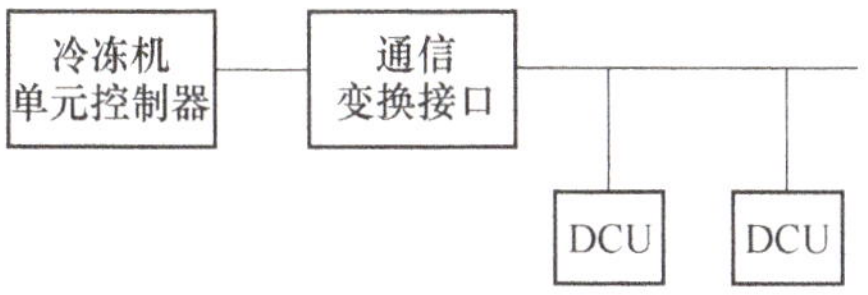

图5-1 通过通信变换接口实现异型机连接

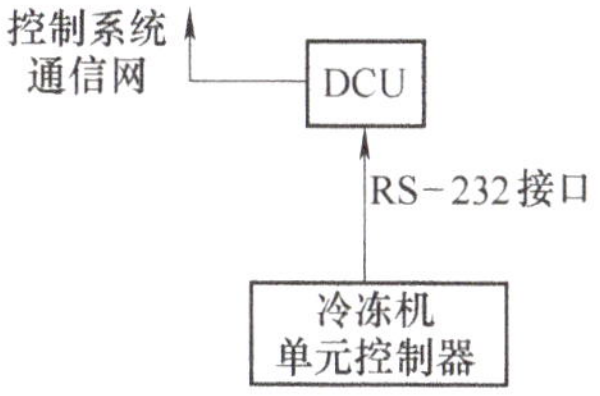

图5-2 由现场控制器实现异型机间通信

BAS通过通信协议取得必要信息后，仍然要完成冷站内相应设备的联动控制。

5.1.2 螺杆式制冷压缩机能量调节与安全保护系统

1. 能量调节系统

螺杆式制冷机虽然从运动形式上属于回转式，但气体压缩原理与往复活塞式一样，均属于容积式压缩机。以上所列举的各种能量调节方法也适用于螺杆式制冷机的制冷系统。只是在用机器本身卸载机构进行能量调节的方法中，螺杆式制冷机与多缸活塞式制冷机有不同的特点，后者只能通过若干个气缸卸载获得指定的分级位式能量调节；而螺杆式制冷机可以利用卸载滑阀获得10%～100%范围的无级能量调节。

螺杆式制冷压缩机能量调节主要采用压缩机卸载的能量调节方法，热气旁通调节方式作为辅助调节手段。调节对象的时间常数较小，反应速度较快，因此调节系统可选用较简单的恒速积分调节（三位PI）。这种调节系统结构简单且不需要在螺杆式制冷机的卸载滑阀的行程上取反馈信号。压缩机卸载装置由卸载滑阀等组成，如图5-3所示。

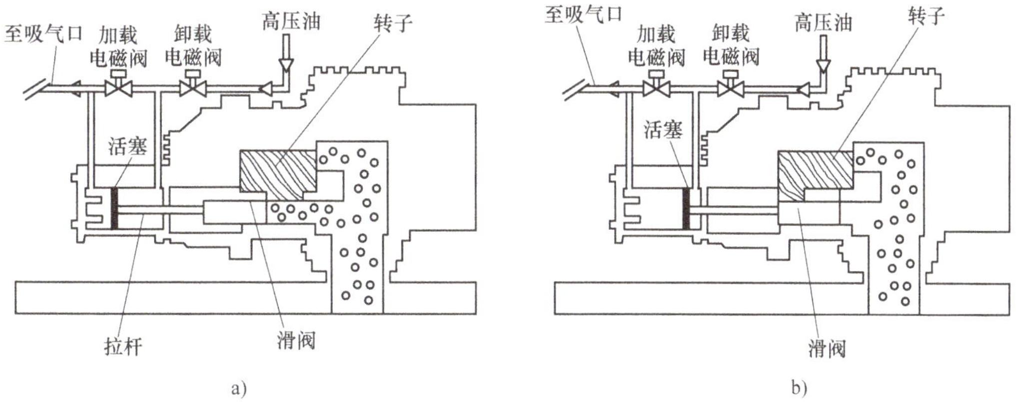

图5-3 螺杆式压缩机滑阀调节

a）滑阀卸载位置 b）滑阀全负荷位置

滑阀被安装在压缩机缸体的底部，通过滑阀杆与液压缸活塞相连。由于液压缸两端的油压变化，使得活塞在液压缸中移动时，可以带动卸载滑阀移动。移动的滑阀改变了转子在起始压缩时的位置，从而减小了压缩腔的有效长度，也就减小了压缩腔的有效体积，达到了控制制冷剂流量，进而控制有效制冷量的目的。由于卸载滑阀可停留在压缩机的任何位置，因此该调节可实现平滑的无级能量调节，同时吸气压力也不发生变化。滑阀两端的油压由两个电磁阀控制，如图5-3中的加载电磁阀和卸载电磁阀。电磁阀受微机发出的加载和卸载信号控制。压缩机卸载时，卸载电磁阀开启，加载电磁阀关闭，高压油进入液压缸，推动活塞，使滑阀向排气方向移动，滑阀的开口使压缩气体回到吸气端，减小了压缩机的输气量。压缩机加载时，卸载电磁阀关闭，加载电磁阀开启，油从液压缸排向机体内吸气区域，高低压压差产生的力，将滑阀向吸气端推动，从而使压缩机的输气量增大。

压缩机滑阀所处的位置，可以根据冷冻水进、出口温度调节滑阀。

1）根据冷冻水出口温度调节滑阀。温度传感器、微处理器、加载与卸载电磁阀、滑阀共同组成了对冷冻水温度进行控制的闭环系统。能量控制原理如图5-4所示。

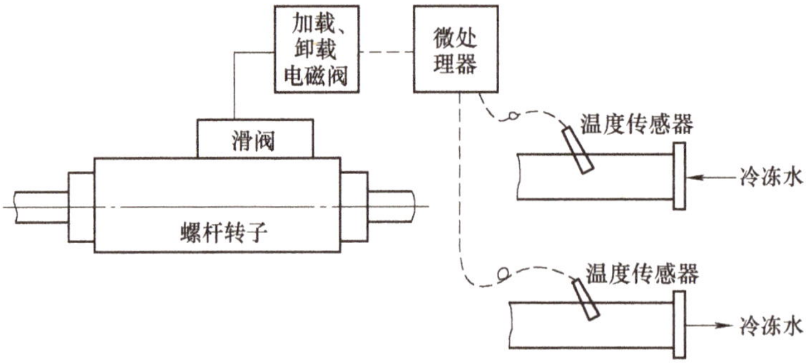

图5-4 螺杆式压缩机能量调节原理

2）根据冷冻水出口温度来调节滑阀。根据冷冻水出口温度调节滑阀，由于冷冻水的进水温度受外界负荷影响较大，机组控制反应迅速，但稳定性差；采用冷冻水的出口温度控制，滞后大，但稳定性好。

螺杆式制冷机自动控制在电路设计时，做到机器停车时，能量调节装置是处在最小能量上，满足制冷压缩机轻载起动的要求。当能量调节装置采用手动操作时，应注意开机前要让能量调节装置处在最小能量上。另外，螺杆式制冷机的开机程序要求在主机开机前，需先接通油路系统，向主机喷油，保证制冷机在良好的润滑条件下工作。

2. 安全保护系统

机组设有一套完整的安全保护装置，计算机监控所有的安全控制输入，发现异常，立即做出反应，必要时会关机或减小滑阀的开启度，保护机组不致发生事故而受到损坏。当机组发生故障并关机后，会在计算机的显示屏上显示故障内容，同时在控制中心面板上进行声光报警，这些报警会记录在计算机的存储器中，用户可在报警历史表中查找到该次故障信息。螺杆式压缩机组通常控制保护以下几个方面。

（1）蒸发器冷冻（媒）水进、出水温度控制　通过温度传感器检测蒸发器冷冻（媒）水进、出水温度，送入计算机监控系统并与设定值比较，按一定的控制规律控制压缩机的冷量大小。当水温低于一定值时，压缩机停机。

（2）冷凝器冷却水进出水温度控制　通过温度传感器检测冷凝器冷却水进、出水温度，当温度降低时，计算机控制系统发出指令，使水流调节阀调整水的流量，使水温和冷凝压力保持基本不变。当温度过高时，会使冷凝压力升高，当达到一定值时，机组会自动停机保护。

（3）蒸发器蒸发温度控制　通过温度传感器检测蒸发器制冷剂的蒸发温度，当温度过低时会实施冷量优先控制，当低于设定极限时，会使蒸发器冻结，此时机组将进行停机保护。

（4）冷凝器冷凝温度控制　通过温度传感器检测冷凝温度，当冷凝温度过高时，实施冷量优先控制，超过一定值时实现压缩机停机保护。

（5）压缩机排气温度控制　通过温度传感器检测压缩机的排气温度，当压缩机的排气温度过高时，表明冷凝压力高于设定值，进行压缩机停机保护。

（6）油压压差控制　使用油压压差控制器检测压缩机吸气压力和油压，使压差在规定的范围内，当压缩机油压过高或过低时，会引起压缩机润滑不良。若油压过高，超过一定范围，说明油过滤器或油路可能堵塞。油压过低和油位过低均会引起压缩机供油不足。螺杆式制冷压缩机实行保护控制的油压差不是液压泵排出压力和曲轴箱压力之差，而是液压泵排出压力与制冷压缩机排气压力之差，一般要求控制液压泵排出压力高于制冷压缩机排气压力0.2～0.3MPa，以保证能够向螺杆式制冷压缩机腔内喷油。润滑油过滤器油压差控制器压差调定值为0.1MPa，超过此控制值则说明过滤器需清洗更换了。螺杆式制冷压缩机对油温的要求比较严格，这主要是考虑润滑油的黏度。油的黏度偏高会增加搅动功率损失，油的黏度偏低时又会使密封效果变差。所以对油温的控制，一般要求喷油的温度为40℃，当油温超过65℃时，控制油温的温度控制器动作，停止制冷压缩机的工作。使用氨工质的制冷压缩机的油温值一般为25～55℃，使用氟利昂工质的制冷压缩机的油温值一般为25～45℃。由于氟利昂有与润滑油互溶的特性，使用氟利昂工质的制冷压缩机的控制温度应较使用氨工质的低些。

（7）高压压力（排气压力）控制　使用高压压力开关，当排气压力超过设定值时，压力开关断开，实现压缩机停机保护。

（8）低压压力（吸气压力）控制　使用低压压力开关，当吸气压力低于设定值时，压力开关断开，实现压缩机停机保护。

（9）冷水流量控制　使用流量开关或压差开关连同水泵联锁来感应系统的水流。为保护冷水机组，在冷冻（媒）水回路和冷却水回路中，将流量开关的电路与水泵的起动接触器串联联锁。若系统水流太小或突然停止，流量开关能使压缩机停止或防止其运行。

3. 计算机控制系统

（1）程序控制系统　为使机组安全、可靠、正常地运行，螺杆式压缩机组的计算机控制系统根据自身的特点，建立了机组的开机、停机与再循环程序。

1）开机程序控制。机组开机后，计算机要执行一系列的开机检查，检查机组各安全保护系统及报警系统，确定机组各参数是否都在规定的范围内。如检验通过，则依次完成冷冻水泵开启，冷却水泵开启，冷冻（媒）水流量与冷却水流量检验等一系列程序，直至压缩机起动，机组进入正常的运行状态。

各种机组的开机程序基本相同，但在具体控制和检测上有其各自特点，下面是某螺杆式冷水机组的开机程序。

① 按下机组控制箱上的自动（AUTO）按钮。此时，计算机控制系统将接通指令接点来起动冷冻（媒）水泵，检查重置程序并测试所有输入点，包括冷冻（媒）水流闭锁点输入，检查电子膨胀阀动作情况以测定其电子部分及机械部分是否完好。如果这时发现故障，清晰语言显示器将会显示诊断结果。如果没有发现任何故障，起动前的检测程序就会完成，并且将会显示机组操作的模式。

② 计算机控制系统将会开始监测冷冻（媒）水出水温度，如果此温度高于设定温度加上起动温差，程序跳入执行机组起动。首先，起动冷却水泵，并且激励卸载接点的线圈，关闭油槽内的油加热器，并且打开油路中的主电磁阀。接着，计算机控制系统将会验证冷却水水流是否建立，并且继续建立冷冻（媒）水流。在此过程中，不同的操作模式和运行时间所留信息，将会显示当前的起动状态。

③ 计算机控制系统进入压缩机的起动程序。如果配备的起动器是Y－△起动形式的，并且计算机控制系统的目录项目内有接触测试一项，将在规定的计时范围内激励构成Y－△的接触器，以测试其接点的接触性能。否则，计算机控制系统将执行接触器的起动程序。对于Y－△起动，起动接触器将被激励并在计算机控制系统目录项目规定的时间迟延后闭合，转换动作，以提供给电动机绕组一个全电压，并且此时压缩机加速至全速。

对于全压的直接起动器，计算机控制系统将简单地将压缩机接触器激励闭合，以加速电动机至全速。

④ 压缩机起动后，计算机控制系统根据冷冻（媒）水出水温度来调节滑阀。同时，计算机控制系统将会计算出压缩机出口过热度以持续保持一个准确的数值。根据冷冻（媒）水温度在蒸发器内的温度降，调节电子膨胀阀，使水温符合要求。

当冷冻要求已被满足，即冷冻（媒）水出水温度与设定温度的温度差等于指令停机的温度差时，压缩机就会进入“运行—不加载循环”，卸载的电磁阀被打开以控制滑阀于卸载的位置，电子膨胀阀将处于全开启状态。冷却水泵的接触器将保持闭合，到这个“运行—卸载循环”结束。在“运行—卸载循环”完成后，电动机的接触器将会失电，油路主电磁线圈将会关闭，并且油槽加热器将被起动。冷冻（媒）水泵的接触器保持动作以使计算机控制系统能继续监测冷冻（媒）水系统的水温，以便再一次开始制冷循环。

2）停机程序控制。机组接到手动关机命令后，按顺序，首先关闭压缩机，随后根据压缩机用电动机电流的衰减情况关闭冷冻水泵，最后延时关闭冷却水泵。如果关机过程中出现某些异常，则关机程序将被改变。如关机时冷却水进水温度高于某一温度，则计算机控制系统将会另外决定主机停机后，何时关闭冷却水泵。

机组停机程序能够保证机组的正常停机。压缩机在低负荷工况运行时，可能会使机组循环关机。这是由于压缩机的最低制冷量可能会大于外界所需要的热负荷，当压缩机运行时，冷冻水温度持续下降，最终导致关机。当冷冻水温度回升后，再重新开机。这种循环称为再循环，完成这个功能的程序称为再循环程序。当机组处于再循环程序运行时，冷冻水泵将继续运行。

除手动关机外，系统还设有安全关机，即故障关机。它的关机程序与手动关机程序基本相同，所不同的是计算机屏幕将显示关机的原因，同时报警指示灯连续闪亮。安全关机必须按复位按钮才能解除报警信号。

（2）计算机控制系统　计算机控制系统主要由CPU、存储器、显示屏、A－D及D－A转换、温度传感器、压力传感器、继电器等部件组成。通过这些部件的协调工作，计算机控制系统可以完成机组的温度、压力等参数的数据检测，进行机组的故障检测与诊断，执行机组的能量调节功能与机组的安全保护功能，运行机组的正常开机、正常与非正常关机程序。另外，计算机控制系统还具有存储功能，可供用户及维修人员查询机组运行的历史数据及机组以往的运行情况，同时机组还具有远程通信及监视功能、机组群控功能。

（3）机组的群控与远程通信　冷水机组的计算机控制屏通过RS－485接口，把信息传送到冷水机组的通信接口，多个通信接口的RS－485串联连接，把信息送到中心控制器。中心控制器可以集中监控冷源系统中的所有设备，包括：监测冷水机组的运行状态和故障；远程设定冷水机组的冷冻（媒）水出水温度和满负荷电流；遥控冷水机组的起停；监控冷水泵、冷却水泵、冷却塔的状态、故障和起停；监测冷源系统冷水供水回水的温度、流量和压差，并可调整供、回水压差，监测冷却水总供水和回水的温度，监控各分支冷冻水、冷却水路的电动蝶阀等。

5.1.3 离心式制冷压缩机能量调节与安全保护系统

1. 离心式制冷机组能量自动控制

离心式制冷机组制冷量的调节有多种方法，最常使用的是通过调节可转动的进口导叶片来实现能量调节。下面介绍主要的几种控制方法和调节原理。

（1）进口导叶调节　进口导叶调节是指通过调节压缩机可调导叶的开度大小来调节制冷量。通常将可调导叶安装在压缩机进口处，通过调节导叶的开启度来调节进入压缩机的蒸气量。图5-5所示为单级离心式制冷压缩机示意图。

进口导叶开启的自动控制是用热电阻检测蒸发器冷媒出水温度，将测得的温度信号送入温度指示控制仪。控制仪将此信号与设定值进行比较，将其偏差转换成电信号输出，再由时间继电器或脉冲开关将电信号转换为脉冲开关信号，通过交流接触器，指示拖动导流器的电动执行机构——电动机旋转，使导流器能根据蒸发器冷冻（媒）水温度的变化而自动调节开度，使恒定蒸发器的出水温度维持在设定值。

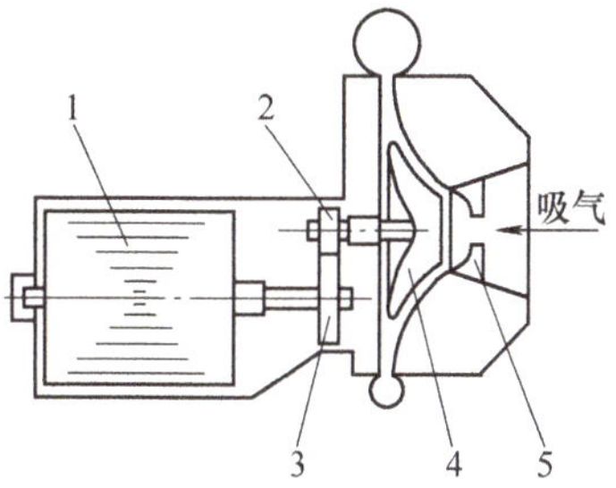

图5-5　单级离心式制冷压缩机示意图
1—电动机　2—增速齿轮
3—主动齿轮　4—叶轮
5—导叶调节阀

进口导叶开启的自动调节控制流程如图5-6所示。通常要求温度调节仪的控制分为几个阶段，并把导叶开度调节范围分为0～30%、30%～40%、40%～100%。起动制冷压缩机，待电动机运行稳定后，导叶需自动连续开大至开度的30%，随后再由热电阻检测信号控制。当热负荷较大，开度至40%，还不能匹配，即还需开大导叶开度时，则要求采取自动断续开大（受脉冲间歇信号控制）。这种调节方式是根据离心式制冷压缩机的具体特点而安排的。因为离心式制冷压缩机在流量减少到一定程度时，就会发生喘振现象，刚起动连续开大导叶到30%左右，就是为了跳过易喘振区。在刚开机时，温度设定值与蒸发器冷媒实际出水温度有较大的温度差，并且冷冻（媒）水温度的下降是逐步的，温度下降速度要比进口导叶的开启速度迟缓得多，若进口导叶打开速度太快，会造成制冷压缩机在大流量、小压比区运行，容易产生与喘振相似的堵塞现象。因此，在进口导叶达到一定开度（40%）后需采用脉冲信号做间歇调节。

（2）变转速调节　对于离心式制冷压缩机而言，如果原动机采用蒸汽或燃气轮机，或在电动机驱动时采用变频机组、晶闸管变频器来变速，以及用定速电动机加装液力联轴器达到变速，则变速调节的经济性最高，它可以使制冷量在50%～100%范围内进行无级调节。当转速变化时，制冷压缩机的进口流量与转速成正比。而且随制冷压缩机工作转速的下降，

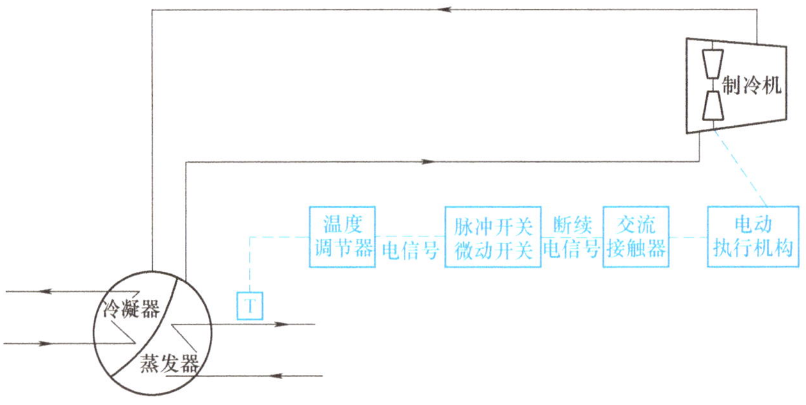

图 5-6 进口导叶开启的自动调节控制流程

其对应转速下的制冷压缩机喘振点向小流量方向移动，因此，在较小制冷量时，制冷压缩机仍有较好的工作状况。

（3）进气节流调节 离心式制冷压缩机的进气节流调节是在进气管道上装设调节阀，利用阀的节流作用来改变流量和进口压力，使制冷压缩机的特性改变。这种调节方法在固定转速下的大型氨工质离心式制冷压缩机上用得较多，而且常用于使用过程中制冷量变化不大的场合。其缺点是经济性差，冷量的调节范围只能在60%～100%之间。

2. 离心式制冷压缩机的安全保护

（1）压力保护 离心式制冷压缩机的压力保护主要有润滑油油压差过低保护、高压保护和冷媒回收装置小压缩机出口压力过高保护。各种压力保护自动控制的基本控制方法与活塞式制冷压缩机装置的压力保护自动控制相类似。所不同的是，离心式制冷压缩机油压差一般调定值为0.08MPa。由于离心机组在真空状态下，容易产生不凝性气体，一旦机组中出现不凝性气体，就会影响机组的性能。因此，机组设置了冷媒回收装置。冷媒回收装置主要用来排除冷凝器中的不凝性气体，通过微压差传感器的间接检测，测量冷凝器中不凝性气体的含量，控制抽气回收装置的起停，保证机组运行性能。冷媒回收装置小压缩机出口压力过高时，通过保护器的动作可以停止小压缩机的运行，保护小压缩机。

（2）温度保护 离心式制冷压缩机的温度保护主要有轴承温度过高保护、蒸发温度过低保护等。各种温度保护自动控制方法也和活塞式制冷压缩机温度保护的方法相类似，所不同的是，对于不同的轴承保护温度控制要求是不同的。对于滑动轴承，温度超过80℃时停车；对于滚动轴承，温度超过90℃时停车。离心式制冷压缩机一般和壳管式蒸发器配套用于空调制冷，故一般应设蒸发温度过低保护。

（3）其他保护 离心式制冷压缩机的其他保护主要有电动机保护和防喘振保护。电动机保护包括失电压、绕组过温升和过电流保护。离心式制冷压缩机比较有特点的保护是防喘振保护，其保护方法是在离心式制冷压缩机蒸发器进出水管间装设有旁通电磁阀，当制冷负荷减小，制冷循环量减小到某一极小值以下时，旁通电磁阀动作，防止喘振发生。冷凝压力升高也会造成高压缩比引起喘振。对这类喘振的发生，冷凝压力的控制就可以起防止作用了。

与螺杆式机组相同，离心式机组也设置了计算机监控系统，完成机组的监控任务与远程通信。

5.1.4 直燃式冷热水机组的能量调节与安全保护系统

1. 直燃式冷热水机组能量自动控制

直燃式机组的制冷量（或制热量）是否与外界冷负荷（或热负荷）相匹配，首先体现在机组冷（热）水出水温度的变化上。因此，能量调节系统就是以稳定机组冷（热）水出水温度为目的，通过对驱动热源、溶液循环量的检测和调节，保证机组运行的经济性和稳定性。由于机组热源的供热量将会使发生器中冷剂的发生量发生变化，使制冷量（或制热量）也会发生相应的变化。因此，机组制冷量调节系统，就是通过对热源供热量进行调节，保证冷水温度维持在设定点上。

直燃型机组制冷量自动控制原理如图5-7所示。被测量的冷水温度与设定的冷水温度相比较，根据它们的偏差与偏差积累，按一定的控制规律控制进入燃烧器中的燃料和空气的量，尽量减少被测冷水温度与设定冷水温度的偏差。控制器所采用的控制规律，通常为比例积分规律。该控制规律既具有反应速度快，又具有消除静态偏差的优点，能够获得很高的控制精度。

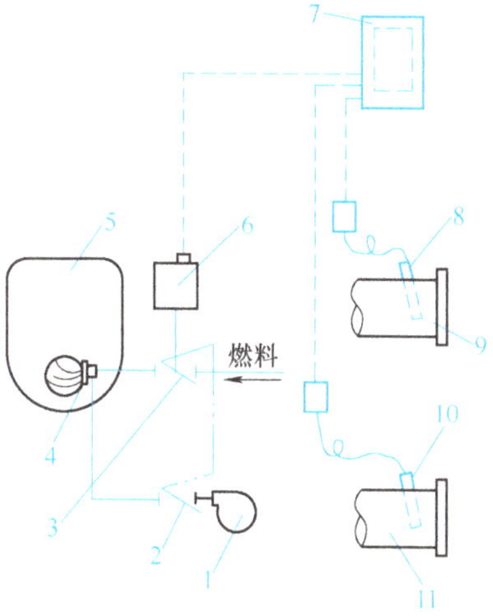

图5-7 直燃型机组制冷量自动控制原理
1—燃烧器风机 2—空气量控制
3—燃烧器控制 4—燃烧器
5—高压发生器 6—调节电动机
7—计算机控制系统 8、10—温度传感器
9、11—冷/热水出口连接管

直燃式制冷机组热源的控制按照加热燃料的不同分为燃气燃料的控制与燃油燃料的控制。其控制方式有以下两种：

1）设置两只以上的喷嘴，根据外界负荷变更喷嘴数量，进行分级调节。

2）利用调节机构来改变进入喷嘴的燃料量。

前者控制方式较为简单，为有级控制，热效率较低；后者虽控制设备较复杂，但能实现无级控制，具有明显的节能效果。

燃气燃料的控制包括空气量的控制与燃气量的控制。一般在燃气管路和空气管路上均设有流量调节阀，两者通过连杆保证同步运动。当外界负荷发生改变时，由控制电动机带动风阀和燃气阀门进行调节，使机组的输出负荷做出相应的改变。

燃油量的调节方法分非回油式与回油式两种。非回油式的油量调节范围很小，一般采用开关控制或设置多个喷嘴。回油式调节范围比较大，多余的油料可以通过油量调节阀回流，从而保证在燃油压力不大的情况下，根据负荷来调节燃烧的油量。无论是何种调节方法，油量调节的同时必须对空气量进行调节。

随着发生器获取热量多少的变化，发生器中溶液的液位也会随之变化，特别是双效机组更为明显。因此，发生器中要有液位保护和液位控制，以保持稳定的液位。这种调节方法调节迅速，但它通常要和溶液循环量的调节配合，共同完成制冷量的调节，以保证稀溶液循环量随着发生器获取热量多少的变化而变化，保证机组在低负荷运行时，仍然具有较高的热力系数。

2. 溶液循环量调节

溶液循环量调节与机组的能量调节密切相关，当外界所需要的热负荷增大时，溶液的循环量也应增加，反之，溶液的循环量也会下降。溶液循环量调节主要有以下两种方法：

(1) 发生器液位控制　通过安装在高压发生器中的电极式液位计检测溶液液位的变化，通过溶液调节间或变频器控制溶液泵转速来实现对溶液循环量的控制，使低液位时溶液循环量增大，高液位时溶液的循环量减少或溶液泵停止。在中间液位（正常液位）时，由安装于高压发生器中的压力传感器，检测高压发生器中的压力变化信号，或温度传感器检测高压发生器中浓溶液出口的温度变化信号，通过比例调节，改变进入高压发生器的溶液量。

(2) 稀溶液循环量控制　通过安装在蒸发器冷水管道上的温度传感器，检测蒸发器冷水温度，调节进入蒸发器的溶液循环量，使机组的输出负荷发生改变，保持冷水温度在设定的范围内，送往发生器的稀溶液循环量共有4种控制方法，下面结合蒸汽型溴化锂吸收式机组讨论循环量控制方法，如图5-8所示。

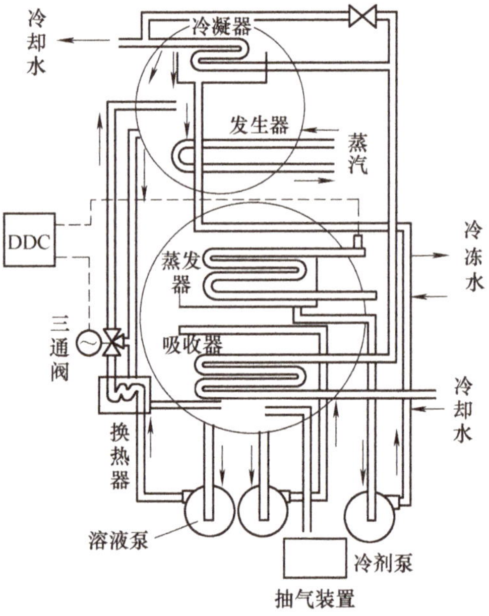

图5-8　稀溶液循环量控制示意图

1）二通阀控制。一般与加热蒸汽量控制组合使用，放气范围基本保持不变。随着负荷的降低，单位传热面积（传热面积制冷量）增大，蒸发温度上升而冷凝温度下降，因而热力系数上升，蒸汽单耗减少。但溶液循环量不能过分减少，若过分减少则会出现高温侧的结晶与腐蚀。

2）三通阀控制。不必与加热蒸汽量控制组合使用，与二通阀一样具有热力系数高、蒸汽单耗小等优点。但控制器结构较复杂，目前很少采用。

3）变频器控制。采用变频器改变溶液泵的转速，来控制输送到高压发生器的液体流量。流量调节比较有效，可以节约溶液泵所耗用的电能，且溶液泵的使用寿命长。其缺点是当变频器频率调节小到一定程度时，会使溶液泵的扬程小于高压发生器压力，影响机组的正常运行，因而频率调节的幅度受到一定的限制。

溶液循环量调节具有很好的经济性，但因调节阀安装在溶液管道上，因此对机组的真空度有一定的影响。

3. 直燃式冷热水机组的保护装置

溴化锂吸收式制冷机的安全保护装置一般有防冻装置、防晶装置、防止水污染装置、屏蔽泵保护装置、防止高压发生器过压保护装置、防止机内过压保护装置和防止蒸发温度过高保护装置等。对于直燃式冷热水机组，还具有下面一些特殊的保护装置。

1）安全点火装置。直燃式冷热水机组的燃烧系统分为主燃烧系统和点火燃烧系统。主燃烧系统是机组的加热源，由主燃烧器、主稳压器、燃料箱等组成，供机组在制冷或制热时使用；点火燃烧系统由点火燃烧器、点火稳压器、点火电磁阀等构成，其作用是辅助主燃烧器点火。点火燃烧器内设有电打火装置，起动时，点火燃烧器投入工作，经火焰检测器确认正常后，延时打开主燃料阀，使主燃烧系统进行正常燃烧，一旦主燃烧器正常工作，点火燃烧器即自动熄灭。如果点火燃烧器点火失败，受火焰检测器控制的主燃烧器将不会被打开，防止燃料大量溢出，发生泄漏或爆炸事故。

2）燃料压力保护装置。机组工作时，需要保持燃料压力相对稳定。燃料压力的波动会使正常燃烧受到影响，严重时甚至会产生回火或熄火等故障。因此，在燃气（油）系统中安装燃气（油）压力控制器，一旦燃气（油）压力的波动超过设定范围，压力控制器立即工作，发出报警信号，同时切断燃料供应，使机组转入稀释状态。

3）熄火安全装置。当燃气式机组熄火或点火失败时，炉膛中往往留有一定量的燃气。这部分气体应及时排出机外，否则再次点火时有产生燃气爆炸的危险，而引发事故。一般应用延时继电器等控制元件，使风机在熄火后继续工作，将炉膛内的燃气吹扫干净。

4）排气高温继电器。当排气温度超过 300℃ 以上时，机组自动停止运行。

5）空气压力开关。当空气压力低于 490Pa 时，机组自动停止运行。

6）燃烧器风扇过电流保护装置。设置热继电器、熔断器等保护装置，防止燃烧器风扇故障。若过载保护器动作，机组自动停止运行。

4. 计算机监控系统

计算机监控系统具有检测功能、预报功能、记忆功能、控制功能与远程通信功能。

图 5-9 所示为直燃式冷热水机组程序起动流程图。图 5-10 所示为直燃式冷热水机组程

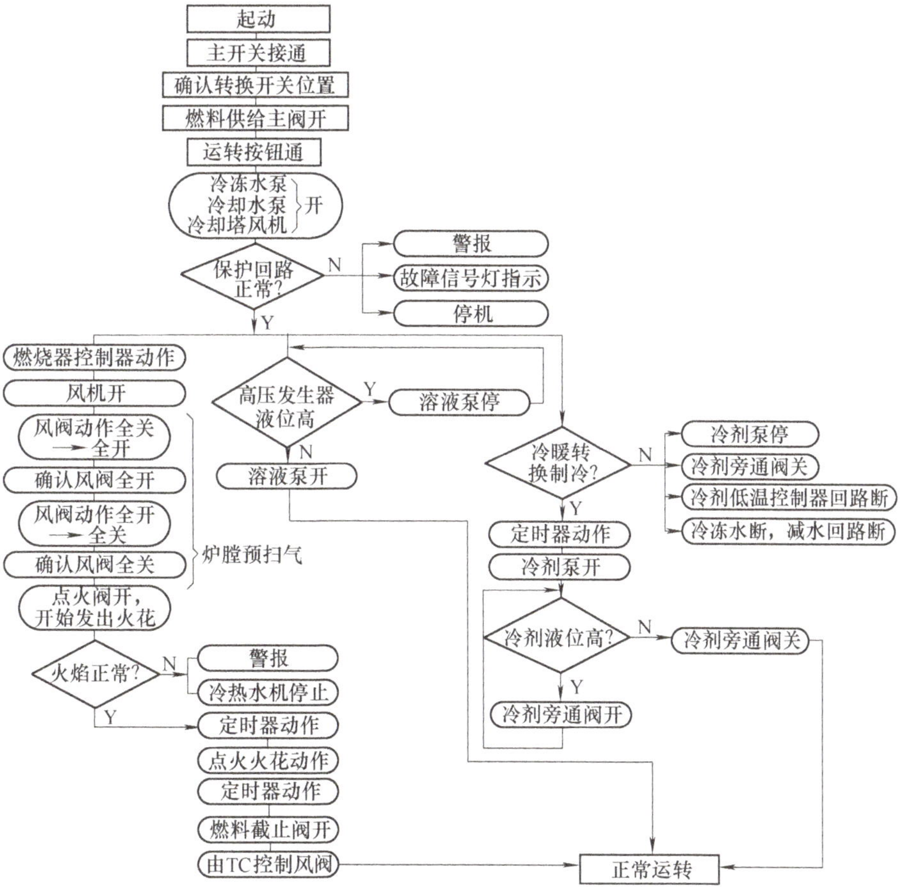

图 5-9　直燃式冷热水机组程序起动流程图

序故障诊断流程图。图5-11所示为直燃式冷热水机组程序停机流程图。图5-12所示为计算机群控系统。

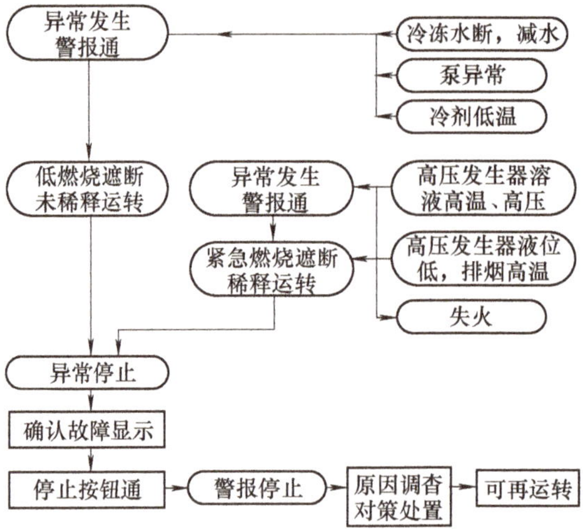

图5-10 直燃式冷热水机组程序故障诊断流程图

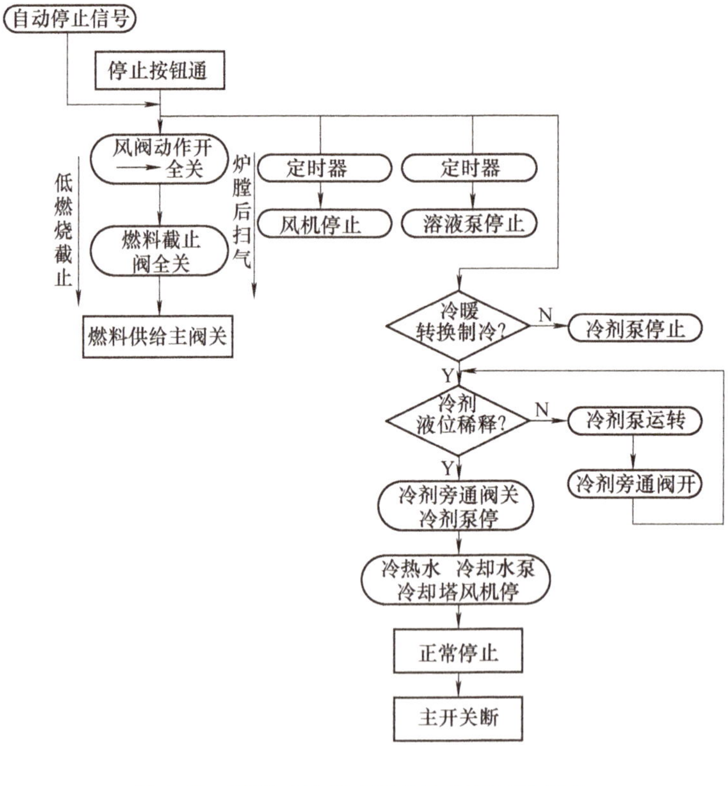

图5-11 直燃式冷热水机组程序停机流程图

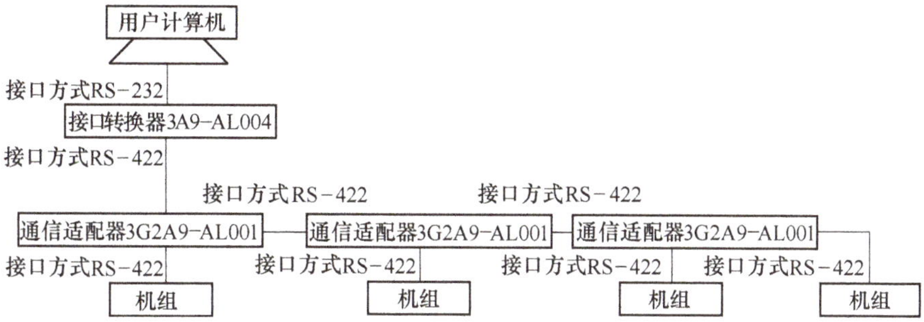

图 5-12　计算机群控系统

5.2　冷源系统的监测与控制

冷源监控系统的作用是通过对冷水机组、冷却水泵、冷却水塔、冷水循环泵台数的控制，在满足室内舒适度或工艺温湿度等参数的条件下，有效地、大幅度地降低冷源设备的能量消耗。

5.2.1　冷源监控系统的监控内容

1）监测冷冻（媒）水供水温度，冷冻（媒）水一次回水、二次回水温度，以了解冷冻（媒）水的工作温度是否在合理的范围之内。

2）监测冷冻（媒）水一次供、回水压力。

3）监测冷冻（媒）水供水流量，与冷冻（媒）水供、回水温差相结合，可计算出冷量，以此作为能源消耗计量的依据。

4）监测冷却水供、回水温度，以了解冷却水的工作温度是否在合理的范围之内。

5）监测冷冻（媒）水一级循环泵、冷冻（媒）水二级循环泵、冷却水循环泵及冷却塔风机的运行和故障状态。

6）补水泵的运行和故障状态。补水泵的起停控制可根据冷冻（媒）水供水压力的范围来决定起停控制。当供水压力超过警戒压力时，关闭补水泵，当供水压力过小时，起动补水泵。

7）监测补水箱的高液位、低液位和溢流液位，在水箱液位高于高液位和低于低液位时，起动报警。

8）监测膨胀水箱的高液位、低液位，在水箱液位高于高液位和低于低液位时，关闭或起动补水泵。

9）设备之间的联锁保护。

10）群控功能：①一级泵系统。根据冷冻（媒）水供、回水温度与流量，计算出空调系统的实际负荷，将计算结果与实际制冷量比较，若实际制冷量与空调系统的实际负荷之差大于（或小于）一台冷水机组的供冷量时，则发出停止（或起动）一台冷水机组的运行的提示（或自动控制）。一级泵、冷却水泵和冷却塔与冷水机组一一对应，随冷水机组的起动和关闭而起动和关闭。②二级泵系统。初级泵的控制同一级泵系统，二级泵则根据用户的负荷情况来调整二级泵的起动台数以达到调整负荷的目的。

5.2.2 机电设备的顺序控制

在空调冷冻（媒）水系统的起动或停止的过程中，冷水机组应与相应的冷冻（媒）水泵、冷却水泵和冷却塔等进行电气联锁。只有当所有的附属设备及附件都正常运行工作之后，冷水机组才能起动；而停车时的顺序则相反，应是冷水机组优先停车。图5-13为冷水机组与辅助设备的联锁示意图。多台冷水机组顺序控制步骤如图5-14所示。如果仅用时间继电器延时来构成控制程序，一旦冷却塔风机误起动，会直接引起制冷机的误动作。因此，在冷冻（媒）水、冷却水出水口总管上装设水流开关，当水泵起动后水流速度达到一定值后，输出节点闭合，并将其接入制冷机的控制电路中，作为冷水机组起动控制的一个外部保护联锁条件。其次，冷水机组冷冻（媒）水和冷却水接管上安装电动蝶阀，是为了冷水机组与水泵运行能一一对应进行，避免分流。

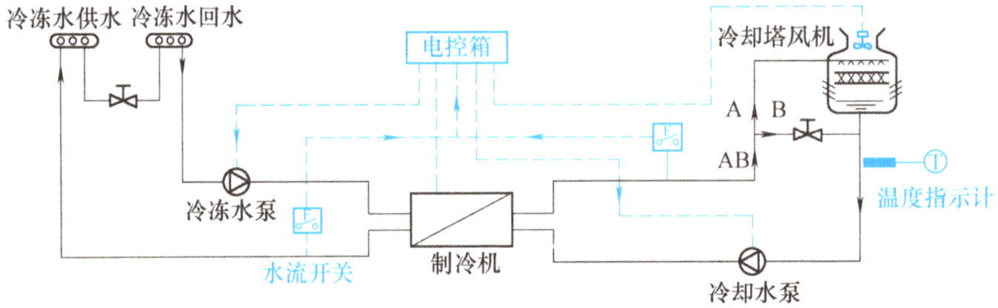

图5-13 冷水机组与辅助设备的联锁示意图

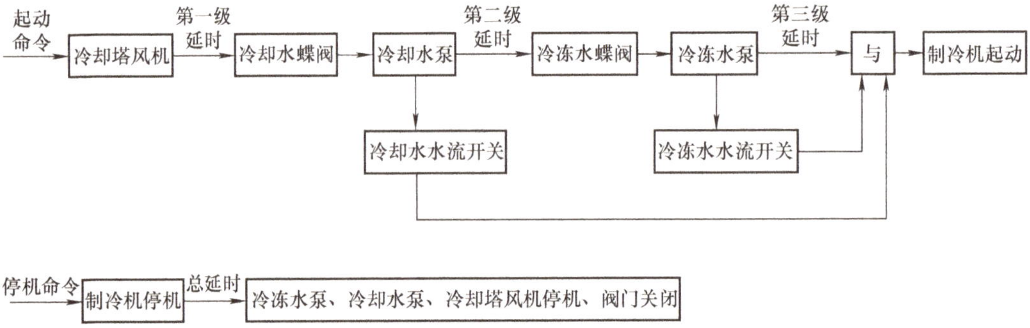

图5-14 冷水机组顺序控制步骤

5.2.3 空调闭式冷冻（媒）水系统的监控

空调闭式冷冻（媒）水系统由冷冻（媒）水循环泵、通过管道系统所连接的制冷机蒸发器及用户所使用的各种冷水设备（如空调机和风机盘管）而组成。空调闭式冷冻（媒）水监测与控制系统的核心任务是：

1）保证制冷机蒸发器通过足够的水量以使蒸发器正常工作，防止冻坏。

2）向冷冻（媒）水用户提供足够的水量以满足使用要求。

3）在满足使用要求的前提下尽可能减少循环水泵电耗。

空调水系统按水系统的循环水量是否变化分为定流量系统和变流量系统。其中，变流量系统又分为冷水机组定流量与冷水机组变流量系统。定流量系统的末端采用三通阀调节，依据室内温度信号或送风温度信号，控制三通调节阀旁通流量，以维持室内温度或送风温度恒定，但水泵大部分时间在满负荷下工作，耗能严重。而变流量系统中，依据室内温度信号或送风温度信号，控制二通阀的开度，改变用户（负荷侧）的水流量，以维持室内温度或送风温度恒定。当用户末端盘管采用开关式调节阀或二通调节阀调节时，必然会使空调水系统的供回水压差发生变化，对其他末端设备来说这一变化是一种被动变化。空调水系统及其自动控制系统应能保证各空调末端设备在各种被动变化情况下的流量需求，同时也可以采取合理的技术措施以尽量避免或减小该被动变化对其他空调末端设备的影响。根据循环泵的设置，空调冷冻（媒）水直接供冷系统又可以分为一级泵与多级泵形式；间接供冷系统可以分为一次泵/负荷侧二次泵系统。

下面以一级泵冷冻（媒）水系统的自动控制为例进行介绍。

（1）冷水机组定流量的变流量一级泵系统

1）压差控制系统。当空调机组、风机盘管都采用电动两通阀的空调水系统时，用户侧属变流量系统，冷源侧需要定流量运行。因此，在供、回水管之间需加一旁通阀。根据压差控制点位置的不同，压差控制法又分为根据供回水干管之间的压差信号控制的压差控制法（简称干管压差控制法）和根据最不利支路两端的压差信号控制的压差控制法（简称末端压差控制法）。

① 干管压差控制系统。图 5-15 所示为一级泵干管压差控制系统原理图。当负荷流量发生变化时，供、回水干管间压差将发生变化，通过压差信号调节旁通阀开度，改变旁通水量，一方面恒定压差，使压力工况稳定，同时也保证了冷源侧的定水量运行。控制元件由压差传感器、压差控制器 PdA 和旁通电动两通阀（简称“旁通阀”）V 组成。在系统处于设计状况下，所有的设备满负荷运行，压差旁通阀开度为零，压差传感器两端接口处的压差为控制器的设定值 Δp_0；当末端负荷变小后，末端的两通阀关小，供、回水压差 Δp 将会提高而超过设定值，在压差控制器的作用下，旁通阀将自动打开，它的开度加大将使总供、回水压差减小直至达到 Δp_0 时，才停止继续开大。若为多台机组，当冷水的旁通量超过了单台冷水循环泵流量时，则自动关闭一台冷水循环泵，对应的冷水机组、冷却泵及冷却塔也停止运行。干管压差控制系统的压差传感器的两端接管应尽可能地靠近旁通阀两端并应设于水系统中压力较稳定的地点，以减少水流量的波动，提高控制的精确性。

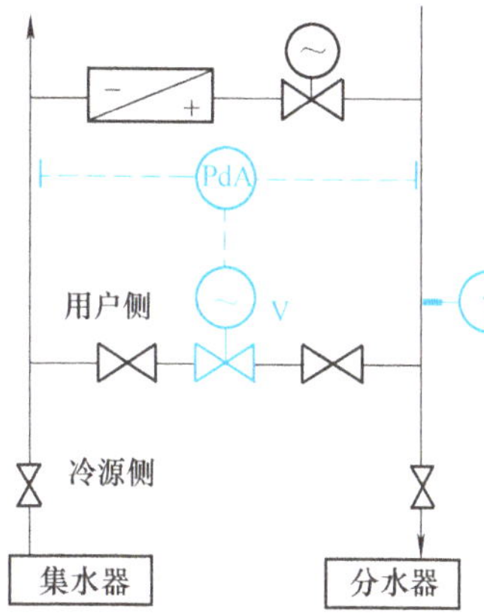

图 5-15　一级泵干管压差控制系统原理图

② 末端压差控制系统。图 5-16 所示为一级泵末端压差控制系统原理图。在最不利环路末端支路两端设置压差传感器，在部分负荷下，室内温控器根据室内温度的变化改变二通阀的开度，末端支路两端作用压差随末端调节阀开度的改变而改变。压差控制器 PdA 依据末端支路压差传感器的信号控制旁通阀开度，维持最不利环路的所需流量。

由干管定压导致的系统阻抗增加远大于末端定压导致的系统阻抗，所以末端压差控制的节能效果优于干管压差控制，但末端压差传感器布置比较困难。

2）制冷机的台数控制。对于多台机组，其控制方法主要有操作指导控制、压差控制、恒定供回水压差的流量旁通控制、回水温度控制与冷量控制。

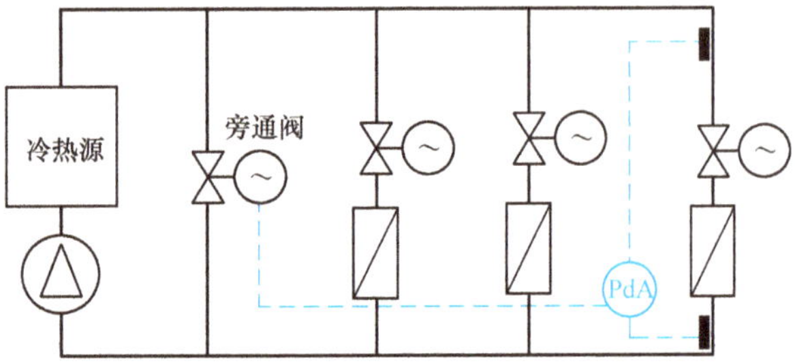

图5-16 一级泵末端压差控制系统原理图

① 操作指导控制。这种控制方式根据实测冷负荷，一方面显示、记录实际冷负荷；另一方面由操作人员对数据进行分析、判断，实施制冷机运行台数控制及相应联动设备的控制。这是一种开环控制结构，其优点是结构简单、控制灵活，特别适合于冷负荷变化规律尚不清楚和对大型制冷机的起、停要求严格的场合。其缺点是人工操作，控制过程慢、实时性差，节能效果受到限制。

② 干管压差旁通阀控制。旁通阀的流量为一台冷水机组的流量，其限位开关用于指示10%～90%的开度。低负荷时起动一台冷水机组，其相应的水泵同时运行，旁通阀在某一调节位置。负荷增加时，调节旁通阀趋向关的位置，当达到一定负荷时，限位开关闭合，自动起动第二台水泵和相应的冷水机组（或发出警报信号，提示操作人员起动冷水机组和水泵）；负荷继续增加，则进一步起动第三台冷水机组。当负荷减小时，以相反的方向进行。

③ 恒定供回水压差的流量旁通控制。恒定供回水压差的流量旁通控制法是在旁通管上再增设流量计，以旁通流量控制冷水机组和水泵的起停。例如，某冷冻站安装有三台机组，当由满负荷降至66.6%负荷时，停掉一组冷水机组和水泵；当由满负荷降至33.3%，停掉两组冷水机组和水泵负荷。一级泵旁通流量控制系统原理如图5-17所示。图中ΔF为流量传感器，C为控制器。

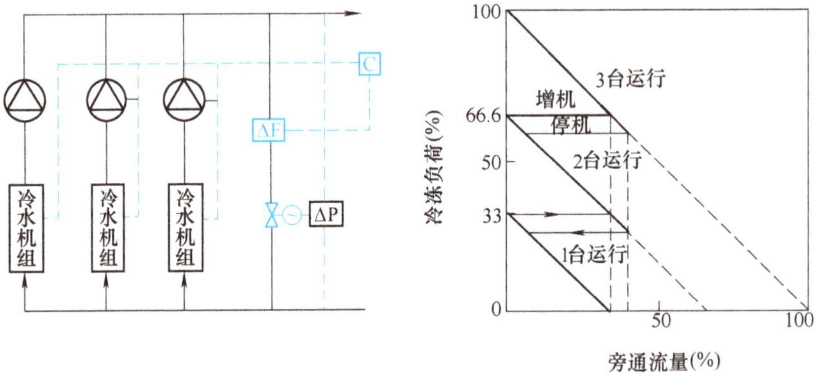

图5-17 一级泵旁通流量控制系统原理图

④ 回水温度控制。冷水机组的制冷量可以由下式计算

$$Q = q_m c(t_2 - t_1) \tag{5-1}$$

式中 q_m——回水流量（kg/s）；

c——水的比热容，其值为4.1868kJ/(kg·℃)；

t_1、t_2——冷冻（媒）水供、回水温度（℃）。

通常冷水机组的出水温度设定为7℃，在定流量系统中，不同的回水温度实际上反映了空调系统中不同的需冷量。一级泵温度控制系统原理图如图5-18所示。它的控制原理是将回水温度传感器信号送至温度控制器，控制器根据回水温度信号控制冷水机组及冷冻（媒）水泵的起停。

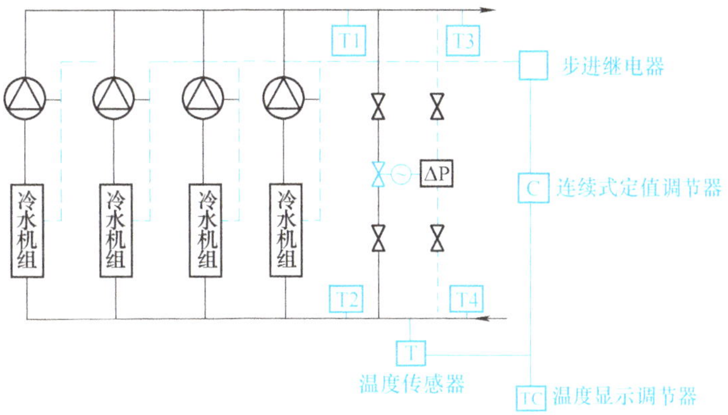

图 5-18 一级泵温度控制系统原理图

尽管从理论上来说回水温度可反映空调需冷量，但由于目前较好的水温传感器的精度大约在 0.4℃，而冷冻（媒）水设计的回水温度大多为 12℃，因此，回水温度控制的方式在控制精度上受到了温度传感器的约束，不可能很高。特别是只利用了回水温度，而没有考虑回水流量，故该方法没有跟踪实际空调负荷，但造价低。为了防止冷水机组起停过于频繁，采用此方式时，一般不能用自动起停机组而应采用自动监测与人工手动起停的方式。该系统的压差控制仅起着平衡流量的作用。

⑤ 冷量控制。冷量控制的原理是通过测量用户侧的供回水温度及冷冻（媒）水流量，按式（5-1）计算实际所需冷量，由此决定冷水机组的运行台数。采用这种控制方式，各传感器的设置位置是非常重要的。设置位置应保证回水流量 q_m 传感器测量的是用户侧来的总回水流量，不包括旁通流量；回水温度传感器 t_2 应该是测量用户侧来的总回水温度，不应是回水与旁通水的混合温度。该方法是工程中常用的一种方法。该系统的压差控制仅起着平衡流量的作用。

冷源侧定流量负荷侧变流量一级泵系统，常见的冷站供、回干管的连接方式及测量组建系统如图 5-19 所示。有以下四种方案：

方案 1：在分水器与集水器之间连接压差旁通管，由分水器引出一条供水管（如果冷站设在地下室，则到楼上再行分支）。由用户侧回来的回水管接到集水器上。这种连接方法可以用一个流量变送器测量用户回水流量，且较容易满足流量变送器直管段的要求，可从安装条件保证测量精度和稳定性，可测性好。同时由于旁通管连接到集水器与分水器之间，对稳定地调节供回水压差有利。

方案 2：方案 2 与方案 1 不同的是在集水器安装两根回水管，故需采用两个回水流量变送器和两个回水温度传感器，按下式计算冷负荷 Q

$$Q = q_m c(t_2 - t_1) \tag{5-2}$$

式中 q_m——总回水流量，$q_m = q_1 + q_2$；

c——水的比热容；

t_1——供水温度；

t_2——回水当量温度，$t_2 = \dfrac{q_2 t_{21} + q_1 t_{22}}{q_1 + q_2}$，$q_1$、$q_2$ 为回水管 1、2 对应的流量，分别由流量变送器 FT1、FT2 测量，t_{21}、t_{22} 为回水管的 1、2 对应的回水温度，分别由温度变送器 TE1、TE2 测量。

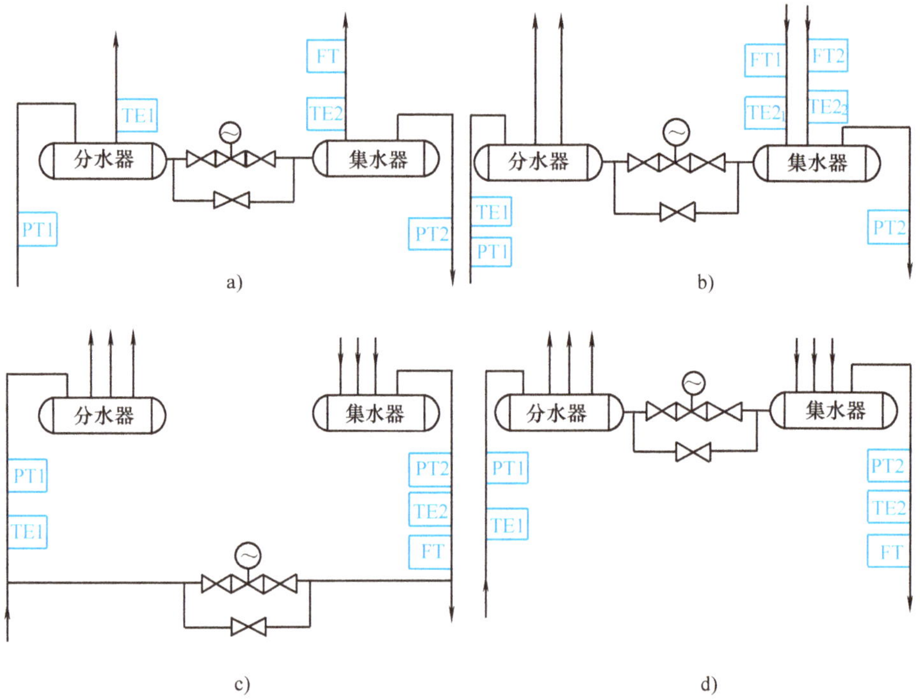

图5-19 冷量测量系统的组建方案

a）方案一 b）方案二 c）方案三 d）方案四

方案3：方案3的特点是压差旁通管连接在供、回水干管上。按这种连接方法，无论集水器连接多少个回水管，均可采用一台流量变送器和一只回水温度传感器测量，减少了硬件投资。但其压差调节的稳定性不如方案1和方案2好。

方案4：方案4的回水流量计和回水温度传感器安装错误，TE2、FT测量的是混水温度和混水流量，而不是用户的回水温度和回水流量。

在设计、施工中，一方面要求传感器的准确性与传感器的安装位置，另一方面还必须保证变送器的特殊安装条件。例如，流量变送器FT要求在其安装位置的前、后（按水流方向）有一定长度的直管段要求，一般要求前DN10、后DN5（DN为安装管直径），这是为了消除管道中流动的涡流，改善流速场的分布，提高测量精度和测量的稳定性。为了延长流量变送器的使用寿命，要求流量变送器安装在回水管路上，避免安装在供水管上。在各种流量变送器中，电磁流量系无阻流元件，阻力损失小、流场影响小，精度高，直管段要求低，是常用的一种流量变送器。

（2）冷水机组变流量的一级泵系统 采用冷水机组变流量的一级泵系统，是为了挖掘一级泵的节能潜力，因此，一级泵应采用调速泵。采用该系统的前提条件是冷水机组允许的水流量变化较大，例如，离心机组宜为额定流量的30%～130%，螺杆式机组宜为额定流量的40%～120%；还要考虑机组的安全性——机组可以承受的流量变化率。其次是多台并联的冷水机组的蒸发压降相同或者接近。变流量的一级泵系统的被控量可以是供回水压差、供回水温差、流量、冷量以及这些参数的组合等控制。

1）干管供回水温差控制系统。图5-20所示为干管供回水温差控制系统原理。温差控制器依据干管供回水温差信号，控制水泵的速度。当负荷下降时，如流量保持不变，则回水温度下降，Δt 相应变小，要保持 Δt 不变，可通过温差控制器 TC、变频器 SC 来降低水泵转速、减少水流量、降低水泵能耗。系统采用温差信号控制水泵时，只能采用压差信号或者流量信号平衡用户侧和冷热源侧流量。

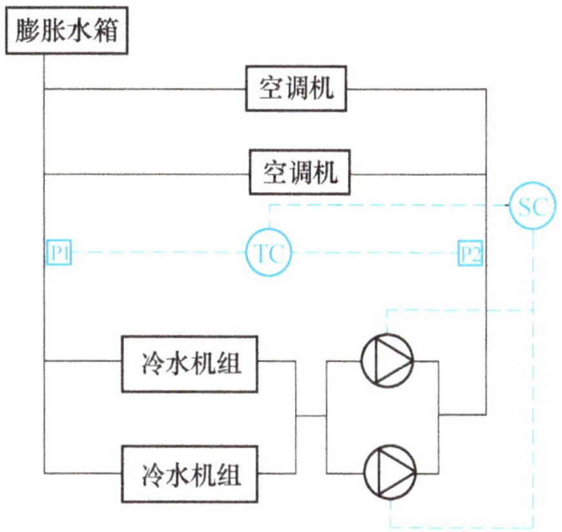

图 5-20　干管供回水温差控制原理图

2）压差控制法是指在供、回水总管间设压差控制器，在运行过程中不管负荷如何变化，供、回水总管间压差保持不变，末端装置的流量完全由电动二通阀控制。但压差控制法的节能效果不如温差控制法。图 5-21 所示为一级泵末端压差控制原理图。在最不利环路末端支路两端设置压差传感器，在部分负荷下，室内温控器根据室内温度的变化改变二通阀的开度，末端支路两端作用压差随末端调节阀开度的改变而改变。压差控制器 PdA 依据末端支路压差传感器的信号控制一级泵的速度，维持最不利环路的所需流量。

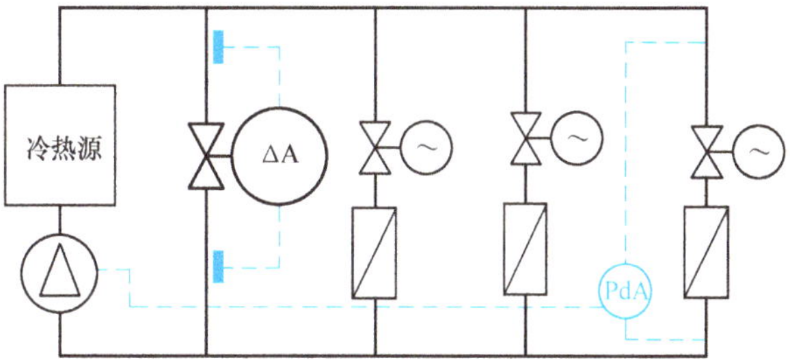

图 5-21　一级泵末端压差控制原理图

5.2.4　二级泵冷冻（媒）水系统的监控

二级泵冷冻（媒）水系统监控的内容包括设备联锁、冷水机组台数控制和次级泵控制等。从二级泵系统的设计原理及控制要求来看，要保证其良好的节能效果，必须设置相应的自动控制系统才能实现。这也就是说，所有的控制都应是在自动检测各种运行参数的基础上进行的。

二级泵冷冻（媒）水系统中，冷水机组、初级冷冻（媒）水泵、冷却泵、冷却塔及有关电动阀的电气联锁起停程序与一级泵系统完全相同。

图 5-22 所示为二级泵冷冻（媒）水控制系统原理。AB 为平衡管，当一级泵与二级泵流量在设计工况完全匹配时，平衡管无水量通过，即 AB 接管之间无压差；当一级泵与二级泵流量调节不完全匹配时，平衡管有水量通过，使一级泵与二级泵流量在设计工况流量，并保证蒸发器流量恒定。初级泵克服蒸发器及周围管件的阻力，应尽量减小平衡管阻力。为了避免回水直接从平衡管进入供水管，有的系统在平衡管上设置了单向阀。次级泵用于克服用户支路及相应管道阻力。

1. 初级泵控制

初级泵随冷水机组联锁起停。在二级泵系统中，一般基于冷量控制原理控制制冷机台数，传感器的设置原则同一级泵。同样，也可以根据供、回水温度控制冷水机组台数。用户侧流量与制冷机蒸发流量的关系可通过温度 t_2、t_3、t_4 和 t_5 确定。

1）当 $t_3=t_5$，$t_2>t_4$ 时，通过蒸发器的流量 q_{m0} 大于用户侧流量 q_m，由于冷水机组的制冷量等于用户侧空调负荷，即

$$q_{m0}(t_4-t_3)=q_m(t_2-t_3)$$

则可以得出用户侧的总流量 q_m 与通过蒸发器流量 q_{m0} 的比值为

$$\frac{q_m}{q_{m0}}=\frac{t_4-t_3}{t_2-t_3} \tag{5-3}$$

2）当 $t_3<t_5$，$t_2=t_4$ 时，用户侧流量大于蒸发器侧流量，两者之比为

$$\frac{q_m}{q_{m0}}=\frac{t_2-t_3}{t_2-t_5} \tag{5-4}$$

因此，可以通过这些温度的关系确定用户侧负荷情况，从而确定制冷机的运行台数。

2. 次级泵控制

次级泵则根据用户侧需水量进行台数起停控制，次级泵控制可分为台数控制、变速控制和联合控制三种。

（1）次级泵台数控制　采用这种方式时，次级泵全部为定速泵。

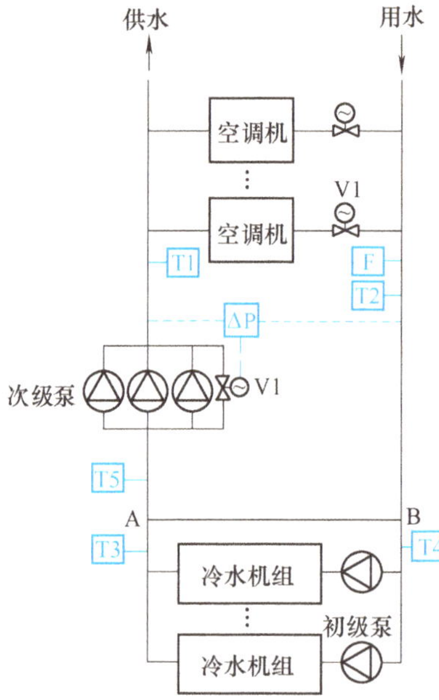

图 5-22　二级泵冷冻（媒）水控制系统原理图

1）压差控制。当系统需水量小于次级泵组运行的总水量时，为了保证次级泵的工作点基本不变，稳定用户环路，应在次级泵环路中设旁通电动阀，通过压差控制旁通水量。当旁通阀全开，而供、回水压差继续升高时，则应停止一台次级泵运行。当系统需水量大于运行的次级泵组总水量时，反映出的结果是旁通阀全关且压差继续下降，这时应增加一台次级泵。因此，压差控制次级泵台数时，转换边界条件如下：

停泵过程：压差旁通阀全开，压差仍超过设定值时，则停一台泵；起泵过程：压差旁通阀全关，压差仍低于设定值时，则起动一台泵。

由于压差的波动较大，测量精度有限（5% ~10%），很显然，采用压差控制次级泵时，精度受到一定的限制，且由于必须了解两个以上的条件参数（旁通阀的开、闭情况及压差值），因而使控制变得较为复杂。

2）流量控制。用户侧设有流量传感器 F，因此，比较此流量测定值与每台次级泵设计流量即可方便地得出需要运行的次级泵台数。由于流量测量的精度较高，因此这一控制是更为精确的方法。此时旁通阀仍然需要，但它只是作为输水量旁通用，并不参与次级泵台数控制。

（2）变速控制　次级泵为全变速泵，其被控参数既可是次级泵出口压力，又可是供、回水管的压差或者用户侧最不利端进回水压差。图 5-23 所示为三级泵冷冻（媒）水控制系统原理图。二级泵控制系统的控制器根据用户侧最不利端（B 区）进回水压差，并通过变频器改变其转速。三级泵控制系统的控制器根据用户侧最不利末端设备的进回水压差，并通过变频器改变其转速。二级泵等负荷侧水泵采用变频调速泵，比采用台数调节更加节能。

实际上冷冻（媒）水管网若分成许多支路，很难判断哪个是最不利支路。尤其当部分用户停止运行，系统流量分配在很大范围内变化时，实际最不利末端也会从一个支路变为另一个支路。这时可以将几个有可能是最不利末端的支路末端均安装压差传感器，实际运行时

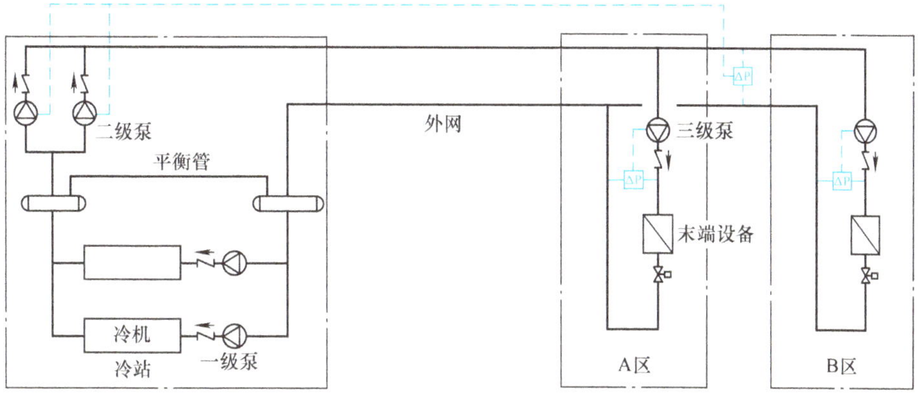

图5-23 三级泵冷冻（媒）水控制系统原理图

根据其最小者确定加压泵的工作方式。

在变速过程中，如果无控制手段，在用户侧供、回水压差的变化将破坏水路系统的水力平衡，甚至使得用户的电动阀不能正常工作。因此，变速泵控制时，不能采用流量为被控参数而必须用压力或压力差。

（3）联合控制　联合控制是针对定－变速泵系统而设置的，空调水系统采用一台变速泵与多台定速泵组合，其被控参数既可是压差也可以是压力。这种控制方式，既要控制变速泵转速，又要控制定速泵的运行台数，因此相对来说此方式比上述两种更为复杂。同时，从控制和节能要求来看，任何时候变速泵都应保持运行状态，且其参数会随着定速泵台数起停时发生较大的变化。非同步变速方案虽然在一定程度上可以减小对变频器的投资，但系统的运行能耗比同步变速能耗高。

无论是变速控制还是台数控制，在系统初投入时，都应先手动起动一台次级泵（若有变速泵则应先起动变速泵），同时监控系统供电并自动投入工作状态。当实测冷量大于单台冷水机组的最小冷量要求时，则联锁起动一台冷水机组及相关设备。

5.2.5　冷却水系统的监测控制

冷却水系统是通过冷却塔和冷却水泵及管道系统向制冷机提供冷却水，它的监控系统的作用是：

1）保证冷却塔风机、冷却水泵安全运行。

2）确保制冷机冷凝器侧有足够的冷却水通过。

3）根据室外气候情况及冷负荷，调整冷却水运行工况，使冷却水温度在要求的设定温度范围内。

图5-24所示为装有4台冷却塔（F1～F4）、2台冷却水循环泵（P1、P2）的冷却系统及其监测控制点。冷却水泵根据制冷机起动台数决定它们的运行台数。冷凝器入口处两个电动蝶阀仅进行通断控制，在某台制冷机停止时关闭，以防止冷却水分流，减少正在运行的冷凝器中的冷却水量。

冷却塔与冷水机组通常是电气联锁，但这一联锁并非要求冷却塔风机必须随冷水机组同时进行，而只是要求冷却塔的控制系统投入工作。冷却塔风机的起停台数根据制冷机起动

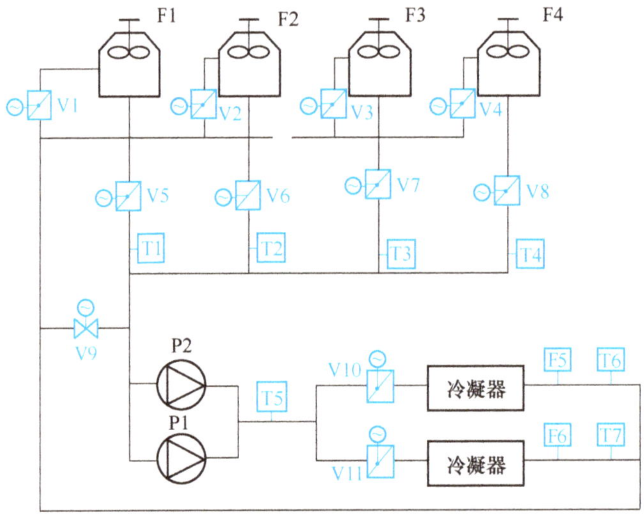

图 5-24 冷却水系统及其测控点

台数、室外温湿度、冷却水温度、冷却水泵起动台数来确定。一旦进入冷凝器的冷却进水温度 T5 不能保证时，则自动起动冷却塔风机。因此，冷却回水温度是整个冷却水系统最主要的测量参数。冷却塔的控制实际上是利用冷却回水温度来控制相应的风机（风机做台数控制或变速控制），不受冷水机组运行状态限制（如室外湿球温度较低时，虽然冷水机组运行，但也可能仅靠水从塔流出后的自然冷却即可满足水温要求），它是一个独立回路。

由冷凝器出口水温测点 T6、T7 测得的温度可确定这两台冷凝器的工作状况。当某台冷凝器由于内部堵塞或管道系统误操作造成冷却水流量过小时，会使相应的冷凝器出口水温异常升高，从而及时发现故障。水流开关 F5、F6 也可以指示无水状态，但当水量仅是偏小，并没有完全关断时，不能给出指示，还可以在冷却水系统中安装流量计测量冷却水的瞬时流量，用它测量冷却水循环量尽管能及时发现由于某种原因使冷却水循环突然减少的现象，便于分析系统故障，但所付出的代价可能太高。实际上如果测出冷冻（媒）水侧流量及温差，得到瞬时制冷量，再测出冷凝器侧供回水温差，也能估算出通过冷凝器的冷却水量，其精度足以用来判断各种故障。

接于各冷却塔进水管上的电动蝶阀 V1 ~ V4 用于当冷却塔停止运行时切断水路，以防分流，同时可适当调整进入各冷却塔的水量，使其分配均匀，以保证各冷却塔都能得到最大使用。由于此阀门主要功能是开通和关断，对调节要求并不很高，因此选用一般的电动蝶阀可以减小体积，降低成本。为避免部分冷却塔工作时，接水盘溢水，应在冷却塔进、出水管上同时安装电动蝶阀 V1 ~ V8。

混水电动阀是另一种对冷却水温度进行调节的装置。当夜间或春秋季室外气温低，冷却水温度低于制冷机要求的最低温度时，为了防止冷凝压力过低，适当打开混水阀，使一部分从冷凝器出来的水与从冷却塔回来的水混合，调整进入冷凝器的水温。当能够通过起停冷却塔台数、改变冷却塔风机转速等措施调整冷却水温度时，应尽量优先采用这些措施。用混水阀调整只能是最终的补救措施。

5.2.6 冷冻站监控系统

图 5-25 所示为冷冻站监控系统（DDC）原理图。该冷冻站系统由两台冷水机组、三台

冷却水泵、两台冷却塔和三台冷冻（媒）水泵组成。监测与控制内容如下。

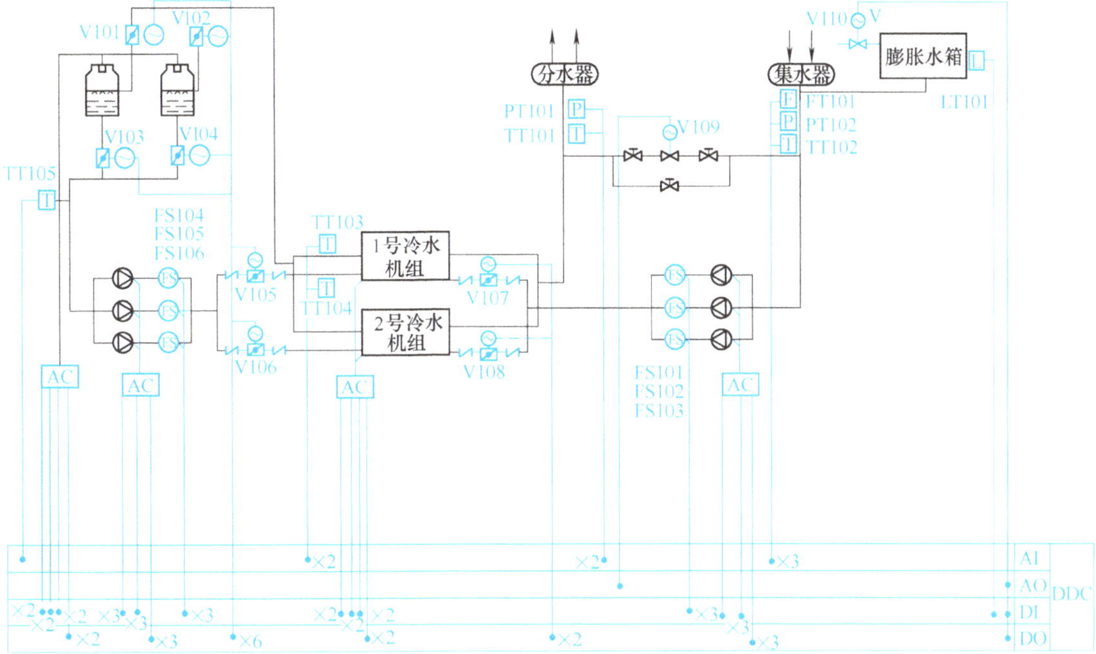

图 5-25　冷冻站监控系统原理图

（1）监测内容　冷却水供、回温度，冷冻（媒）水、冷却水供回水管水流开关信号，冷冻（媒）水供、回水压差信号及回水流量信号，冷水机组正常运行、故障及远程/本地转换状态，冷却水泵、冷冻（媒）水泵、冷却塔风机工作、故障及手动/自动状态。以上内容能在 DDC 与中央站上显示。

DDC 将冷却水泵、冷冻（媒）水泵、冷却塔风机电动机主电路上交流接触器的辅助触点作为开关量输入（DI 信号），输出 DDC 监控冷冻（媒）水泵的运行状态；主电路上热继电器的辅助触点信号（1 路 DI 信号）作为冷冻（媒）水泵过载停机报警信号。

（2）联锁及保护

1）根据排定的工作程序表，DDC 按时起停机组。顺序控制如前所述。

2）通过 DDC 对各设备运行时间的积累，实现同组设备的均衡运行。当其中某台设备出现故障时，备用设备会自动投入运行，同时提示检修。

3）DDC 对冷却水泵、冷冻（媒）水泵、冷却塔风机的起停控制时间应与冷水机组的要求一致。

4）水泵起动后，水流开关检测水流状态，发生断水故障，自动停机。

5）设置时间延时和冷量控制上下限范围，防止机组频繁起动。

（3）控制

1）测量冷冻（媒）水系统供、回水温度及回水流量，计算空调实际冷负荷，根据冷负荷确定冷水机组起停台数，以达到最佳节能效果。

2）根据冷却水回水温度，决定冷却塔风机的运行台数，自动起停冷却塔风机。

3）测量冷水系统供、回水总管之压差，控制其旁通阀开度，以维持压差平衡。

5.3 锅炉的监控

锅炉是实现将“一次能源”（即从自然界中开发出来未经动力转换的能源，如煤、石油、天然气等），经过燃烧转化成“二次能源”，并且把工质（水或其他流体）加热到一定参数的工业设备。为了确保锅炉能够安全、经济地运行，合理调节其运行工况，节能降耗，减轻操作人员的劳动强度，提高管理水平，必须对锅炉及其辅助设备进行监控。

5.3.1 锅炉监控内容简介

为了保证锅炉能够满足集中供热、热电联产和其他生产工艺用热的热负荷需求，产生品质合格的热媒（热水或蒸汽），需要设置锅炉及其辅机的自动化系统。其监控内容如下：

（1）自动检测　显示、记录锅炉的水位，热媒的温度、压力、流量，给水流量，炉膛负压和排烟温度等运行参数。

（2）起动/停止和运行台数的控制　按照预先编制的程序，对锅炉及其辅机进行起停控制。并且根据锅炉产生热媒的温度、压力、流量，计算出实际热负荷的大小，相应地调整锅炉的运行台数，达到既满足用户对用热量的需求，又实现经济、节能运行的目的。

（3）自动控制　当锅炉在运行过程中受到干扰，其参数偏离工艺要求的设定值时，自动化系统及时产生调节作用克服干扰的影响，使其参数重新回到工艺要求的设定值，实现安全、经济运行的目的。其内容主要包括给水自动控制、燃烧自动控制等。

（4）自动保护　当锅炉及其辅助设备的运行工况发生异常或关键运行参数越限时，立即发出声光报警信号；同时采取联锁保护措施进行处理，避免事故（如损坏设备和危及人身安全）的发生或扩大。其主要内容包括高、低水位的自动保护，超温、超压的自动保护，熄火的自动保护和灭火的自动保护等。

1）蒸汽压力超压自动保护。由于蒸汽压力超过规定值时，会影响锅炉和其他用热设备的安全运行。所以，当蒸汽压力超限时，超压的自动保护系统自动停止相应的燃烧设备，减少或停止供给燃料。同时，开启安全阀，释放压力，确保锅炉设备和操作人员的安全。

2）蒸汽超温自动保护。蒸汽温度过高会损坏过热器，影响相关用热设备的安全运行。当蒸汽温度超限时，超温自动保护系统应采取事故喷水和停止相应燃烧设备的处理措施。

3）低油压自动保护。对于燃油锅炉而言，油压过低会导致雾化质量恶化而降低燃烧效率，甚至可能造成炉膛爆炸等事故。所以，当油压超限时，系统自动切断油路，停止锅炉的运行。

4）高、低油温自动保护。对于燃油锅炉而言，油温高有利于雾化，但油温过高，超过燃油的闪点时，可引起燃油自燃，酿成事故；油温过低将导致燃油的黏度增大，影响雾化质量和降低燃烧效率。所以，当燃油温度超限时，应停止锅炉的运行。

5）低气压自动保护。对于燃气锅炉而言，燃气压力过低会影响燃气的供应量和燃烧工况，可能造成回火。所以，当燃气压力过低时，应停止锅炉的运行。

6）风压高、低自动保护。风压过高，会增加排烟损失；风压过低，会使空气量不足，影响正常燃烧。所以，当风压超限时，系统应投入相应的自动保护。

7）锅筒（也称汽包）水位高、低自动保护。水位过高或过低会导致锅炉的水循环不畅，造成“干烧”等事故。所以，当水位超限时，应采用声光报警，及时停止锅炉的运行。

8）为了保证燃油与燃气锅炉的安全运行，必须设置燃油/燃气压力上下限控制及其越限声光报警装置、熄火自动保护装置和灭火自动保护装置。其中，燃油/燃气压力上下限控制及其越限声光报警装置用于实时检测供给锅炉燃烧所需燃料压力的大小，避免发生事故。熄火自动保护装置用于检测燃烧火焰的存在情况。当火焰持续存在时，允许燃料的持续供给；当火焰熄灭时，及时声光报警并自动切断燃料的供给，防止发生炉膛爆炸事故。

9）电动机过载自动保护。对于辅助设备（如循环水泵、补水泵、送风机、引风机等）在运行过程中，如果电动机过载，会使电动机绕组温度过高导致烧毁设备，引发火灾。所以，当运行电动机过载时，采用电动机主电路中的热继电器进行联锁保护，及时切断电源，使辅助设备停车。

10）灭火自动保护。火灾探测器平时巡检锅炉房区域的火警信息（如烟、温度、光等），送至火灾报警控制器与设定值进行比较、判断。当确认发生火灾时，马上发出声光火警信号。灭火保护装置根据火灾报警控制系统的命令，自动起动喷淋/喷气消防设备进行灭火，保护设备和人员的安全。

5.3.2　锅炉燃烧的自动控制

按照锅炉所使用的燃料或能源种类，锅炉分为燃煤、燃气、燃油和电锅炉等类型。由于它们的燃烧过程和工作机理不同，如燃油与燃气是将燃料随空气喷入炉室内混合后进行燃烧（即室燃烧）；燃煤锅炉是将燃料层铺在炉排上与送风混合后进行燃烧（即层燃烧）；电锅炉则是通过电加热元件，消耗电能，将工质进行加热。所以锅炉燃烧系统的监控功能和过程也不同。锅炉燃烧过程自动控制的基本任务包括维持气压恒定、保证经济燃烧和保持炉膛负压不变等。

1. 燃油与燃气锅炉燃烧系统的监控

为了保证燃油与燃气锅炉的安全运行，必须设置燃油/燃气压力上下限控制及其越限声光报警装置、熄火自动保护装置和灭火自动保护装置。另外，为了保证燃油与燃气锅炉的经济运行，还需要设置空气/燃料比的自动控制系统，并实时检测炉温、炉压、排烟温度和热媒参数等。

燃油与燃气锅炉的燃烧控制常采用比值控制。比值控制是将两种或两种以上的物料按一定的比例混合或参加化学反应。比值控制一般可以分为单闭环比值控制系统、双闭环比值控制系统、变比值控制系统及依据某一变量而调整的固定比值控制系统。图 5-26 所示为单闭环比值控制系统。物料 A 的流量 FT101（q_A）为不可控变量。当它改变时，就由控制器 FC 控制执行器 Z，改变物料 B 的流量 FT102（q_B），使物料 B 随物料 A 的流量变化而变化。K 为比值器。由于给定值 g 随流量 FT101 变化而变化，因此为随动控制系统。控制器规律可以采用比例或者比例积分规律。图 5-27 所示为燃气加热炉炉温控制系统原理图。为了维持炉温 t 为一定值，在加热炉负载变化时，应相应改变燃气流量 FT101。为了充分利用燃气，要使进入炉膛的燃气流量和空气流量有一个固定比值（空燃比）。所以要用比值器 K 将燃气流量和空气流量的两个流量按比值 g 的关系联系起来。温度控制器 TC101 输出作为燃气流量控制器 FC101 的给定值，当炉温低于（或高于）给定值时，炉温控制器 TC101 的输出重新设定燃气流量控制器 FC101 的给定值，其偏差按照一定规律增加（或减小）燃气流量；比值控制器根据燃气流量的大小重新设定空气流量控制器 FC102 的给定值，其偏差按照一定规律增加（或减小）空气流量，最后使 $t=t_g$。

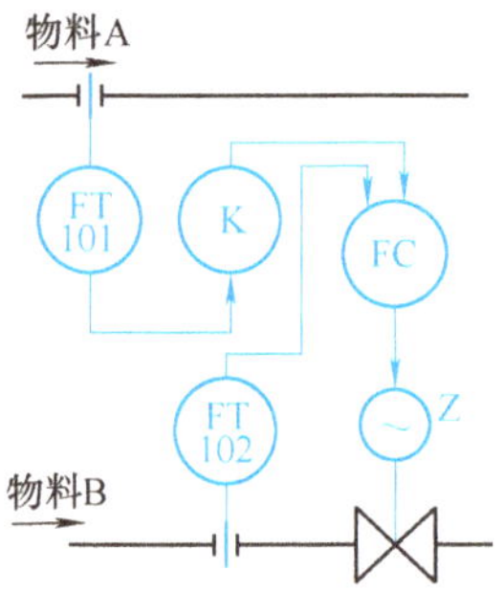

图 5-26 单闭环比值控制系统

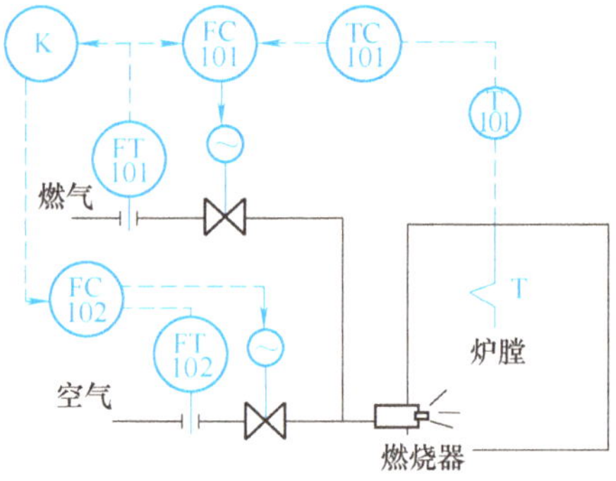

图 5-27 燃气加热炉炉温控制系统原理图

燃油与燃气锅炉燃烧系统的 DDC 监控原理图如图 5-28 所示。通过实时检测蒸汽压力、燃油/燃气的流量和送风量的参数大小，送入计算机，经过相应控制规律（如 PID）的运算，产生相应的控制指令，改变燃油/燃气电动调节阀和送风电动调节阀的开度大小，控制送入炉膛的燃油/燃气流量和送风量，达到合理的燃油/燃气－空气的比例，实现经济燃烧。同时，燃油/燃气电动调节阀和送风电动调节阀的阀位信号通过 AI 反馈到控制系统。

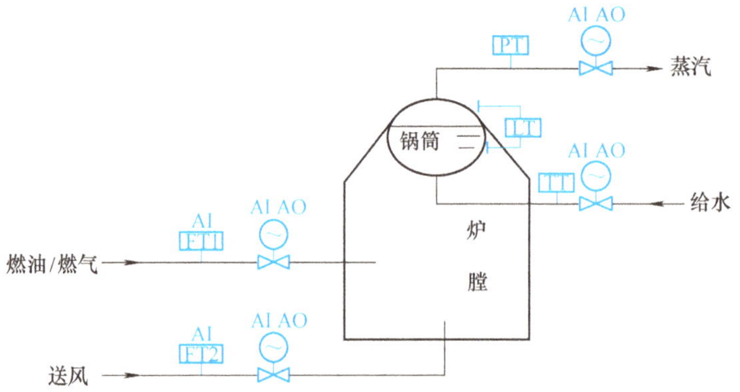

图 5-28 燃油与燃气锅炉燃烧系统的 DDC 监控原理图
TT—温度变送器 PT—压力变送器
FT—流量变送器 LT—液位变送器 —电动调节阀

2. 燃煤锅炉燃烧系统的监控

燃煤锅炉燃烧系统的监控任务主要是为保证产热与外界负荷相匹配。因此，需要控制风煤比、炉膛压力和监测烟气中的含氧量，实现最佳燃烧工况，节能降耗。为保证安全燃烧，设置蒸汽超压或超温自动保护装置和熄火自动保护装置。此外，还需要实时检测供水温度，排烟温度，炉膛出口、省煤器及空气预热器出口的温度，炉压，一次/二次风的压力，省煤器、空气预热器、除尘器出口烟气压力等。燃煤锅炉燃烧系统的监控原理如图 5-29 所示。

燃煤锅炉的燃烧控制常采用风煤比值控制。通过实时检测蒸汽压力、送风量、引风量、炉膛压力，送入计算机，经过相应控制规律（如 PID）的运算，产生相应的控制指令，改变送风电动调节阀的开度和控制送煤设备的速度或位置（控制送煤量），达到合理的风煤比，实现经济燃烧。同时，根据炉压信号，控制引风量，维持炉膛负压不变。

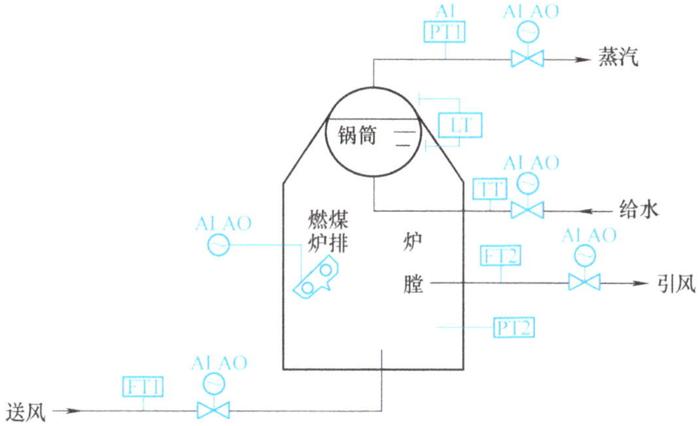

图 5-29　燃煤锅炉燃烧系统的监控原理图

电锅炉则是通过电加热元件（如镍铬铁合金），消耗电能，将工质水加热，输出品质合格的热媒。它分为电热水锅炉和电热蒸汽锅炉，均使用 AC 380V 电源。电热水锅炉的监控原理如图 5-30 所示。

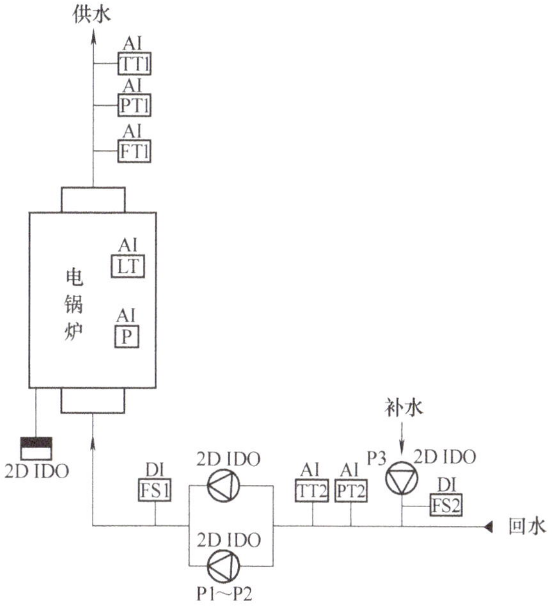

图 5-30　电热水锅炉的监控原理图

电锅炉监控系统实时检测输出热媒的温度、压力、流量，计算出实际供热量。按照实际热负荷的大小，调控电热锅炉的运行功率或运行台数，实现节能控制。熔丝型保护元件和交流接触器可在电锅炉发生过载时，自动切断三相电源，起到安全保护作用。当电锅炉输出的热媒有超温或超压现象发生时，自动打开安全阀进行泄压，及时补入冷水进行降温。当回水压力低于设定值时，补水泵起动对系统进行补水，保证循环水不致中断。同时，设置水流开关对循环水泵的运行状态进行监测；采用电能变送器对锅炉的用电量进行计量，实现经济核算；使用热继电器对循环水泵、补水泵进行过载报警保护。

电锅炉由于体积小，便于操作和控制，所需的辅助设备少，对周围环境没有污染。因此，在供热工程中越来越多地得到广泛应用。

5.3.3　锅炉水位的自动控制

锅炉水位是保证锅炉安全运行和提供合格热媒的重要参数。水位过高，影响汽水分离装置的正常工作，导致蒸汽带水，使得过热器结垢，甚至造成用热设备的水冲击；水位过低，则会破坏锅炉的水循环，造成“干烧”，甚至导致爆炸事故。所以，需设置锅炉给水控制系统，使得给水流量适应锅筒的蒸发量，维持锅筒中水位在正常范围，保证给水流量的稳定。锅炉给水控制系统的监控原理如图 5-31 所示。其中，以锅炉锅筒水位作为单一调节信号的系统称作单参数给水控制系统。以锅炉锅筒水位作为主要调节信号，又以蒸汽流量作为辅助调节信号的系统称作双参数给水控制系统。以锅炉锅筒水位作为主要调节信号，以蒸汽流量和给水流量作为辅助调节信号的系统称作三参数给水控制系统，其监控原理分别如图5-32、图5-33所示。

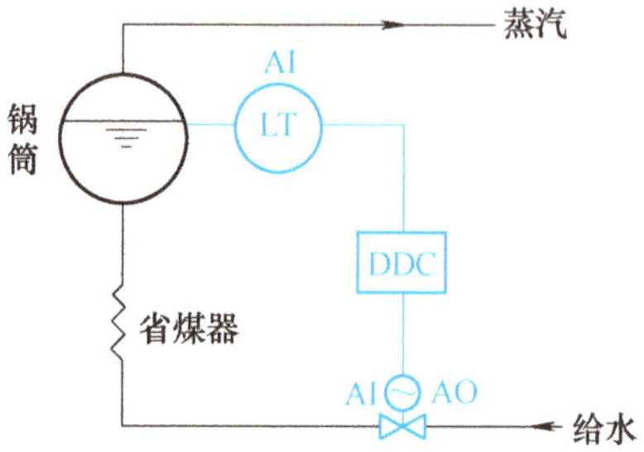

图5-31　单参数给水控制系统的监控原理图

单参数给水控制系统结构简单，适用于“虚假水位”现象不很严重的小型锅炉，控制品质较好。但是，对于锅炉锅筒水位变化速度快及“虚假水位”现象严重的锅炉则不易使用，否则会导致控制品质下降，影响锅炉的安全运行。

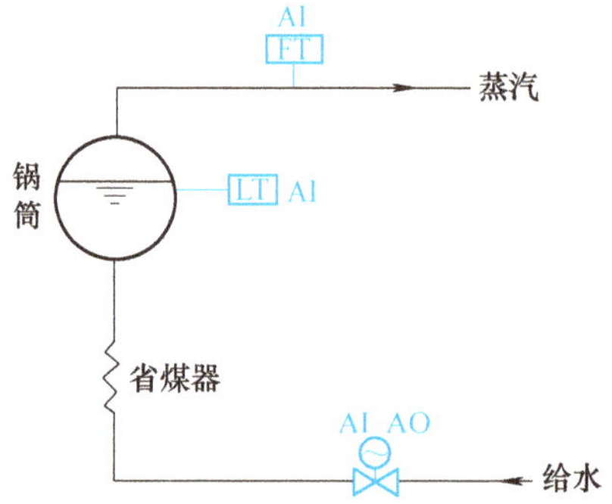

图5-32　双参数给水控制系统的监控原理图

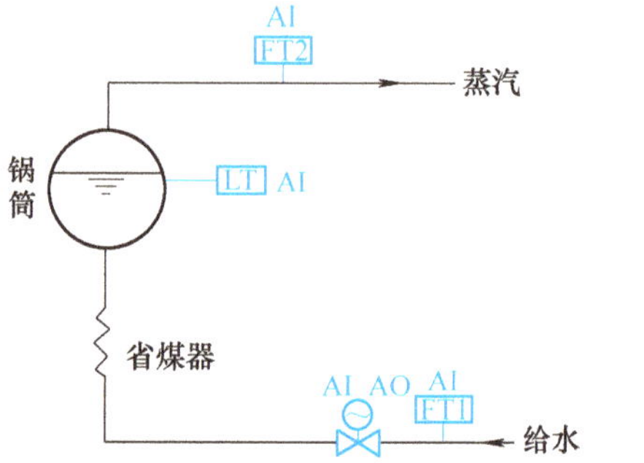

图5-33　三参数给水控制系统的监控原理图

双参数给水控制系统在单参数闭环负反馈控制的基础上，引入蒸汽流量作为前馈信号，构成前馈控制系统。由于增加了蒸汽流量信号的超前作用，能够有效地克服蒸汽流量扰动对锅炉锅筒水位的影响，消除“虚假水位”现象，保证控制质量。

三参数给水控制系统在双参数给水控制系统的基础上，又引入给水流量信号，及时反映给水流量的变化。该控制系统控制及时，有较强的抗干扰能力，能够克服“虚假水位”、蒸汽压力变化及给水母管压力变化的影响，有效地控制锅炉水位的变化，显著改善控制品质，尤其适用于负荷容量较大、容量滞后较大的大、中型锅炉。

此外，锅炉给水系统还要保证主循环泵的正常工作和及时对水系统进行补水，使得锅炉在运行过程中的循环水不致中断，也不会由于缺水欠压而放空。根据锅炉的运行台数，及时调整循环水泵的相应运行台数或改变循环水泵的转速，实现动态地调节循环流量，以适应供暖负荷的变化需求，节约电能。

5.3.4 锅炉监控系统

图5-34所示为电锅炉的DDC监控原理图。

1. 锅炉运行参数的监测

1）锅炉出口、入口热水温度TE201～TE204。

2）锅炉出口热水压力PT201～PT204。

3）锅炉出口热水流量FE201～FE204。

4）锅炉回水干管压力PT205为补水泵提供控制信号。

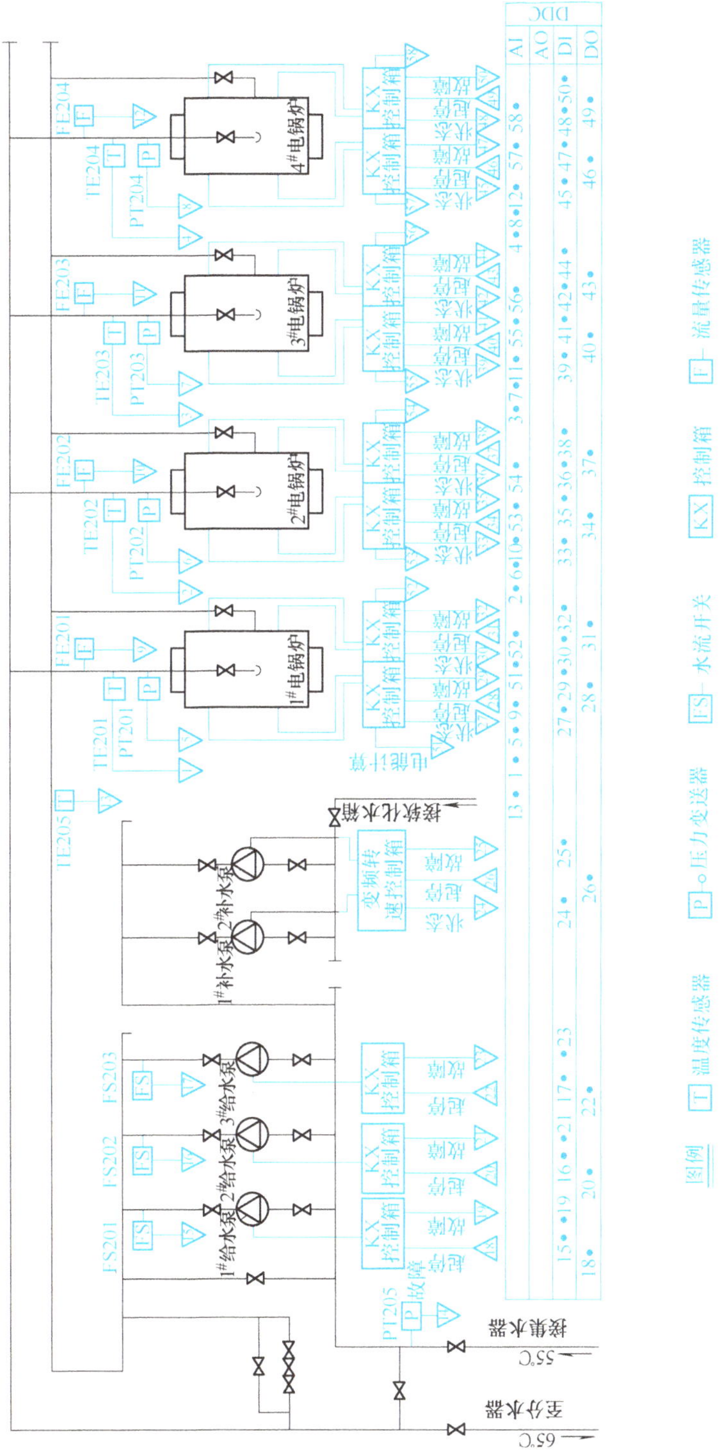

图 5-34 锅炉 DDC 监控原理图

5）锅炉用电计量。采用电流、电压传感器计量锅炉用电量，用于锅炉房成本核算 。

6）单台锅炉的热量计算。根据 TE201～TE204 及 TE205 铂电阻，FE201～FE204 电磁流量计的测量值直接计算单台炉的发热量，可用以考核锅炉的热效率。

7）水泵的状态显示及故障报警。采用水流开关监测给水泵的工作状态；水泵的故障报警信号取自主电路热继电器的辅助触点。

8）电锅炉的工作状态与故障报警。电锅炉的状态信号取的是主接触器的辅助触点，故障信号取的是加热器断线信号。

2. 锅炉的控制

（1）锅炉补水泵的自动控制　采用 PT205 压力变送器测量锅炉回水压力。当回水压力低于设定值时，DDC 自动起动补水泵进行补水。当回水压力上升到限定值时，补水泵自动停泵。当工作泵出现故障时，备用泵自动投入。

（2）锅炉供水系统的节能控制　锅炉在冬季供暖时，根据分水器、集水器的供、回水及回水干管的流量测量值，实时计算空调房间所需热负荷，按实际热负荷自动起停电锅炉和给水泵的台数。

3. 锅炉的联锁控制锅炉的安全保护

（1）起停顺序控制　起动顺序控制：给水泵→电锅炉；停车顺序控制：电锅炉→给水泵。

（2）锅炉的安全保护　当由于某种原因造成循环水泵停止或循环水量减小，以及锅炉内水温太高，出现汽化现象时，DDC 接收到水温超高的信号后，立即进入事故处理程序：恢复水的循环，停止锅炉运行，起动排空阀，排出锅炉内蒸汽，降低锅炉内压力，防止事故发生，同时响铃报警，通知运行管理人员，必要时还可通过手动补入冷水排出热水，进行锅炉降温。

5.4 蓄能空调系统的控制

蓄能空调系统分为蓄热空调系统和冰蓄冷空调系统。蓄能控制系统的控制实质是将空调负荷转移至用电省或电费低的时间里，来减少每个月的运行费用。因此，蓄能空调系统必须合理选择系统的运行模式，以便既满足建筑物的供冷/热需求，又避免电耗过大。这里仅讨论带有冰蓄冷的冷站。

5.4.1 冰蓄冷空调系统的运行方式

图 5-35 所示为带有冰蓄冷的冷冻站盐水系统。换热器的另一侧为冷冻（媒）水，通过冷冻（媒）水循环泵实现用户至换热器间冷冻（媒）水的循环。实际运行模式有直接供冷、蓄冷模式，同时蓄冷和供冷模式，从蓄冰罐取冷模式及制冷机和蓄冰罐联合供冷模式。

1. 直接供冷模式

阀门 V1、V3 关闭，V2 打开。制冷机的设定出口温度为冷冻（媒）水供水温度减去换热器传热温差。制冷机出口水温与水泵转速的控制逻辑可按照以下步骤进行。

第一步：找出阀门开度最大的用户 V_{max} 和该用户的供、回水温差 Δt_1，阀门开度最小的用户 V_{min} 和该用户的供、回水温差 Δt_2。

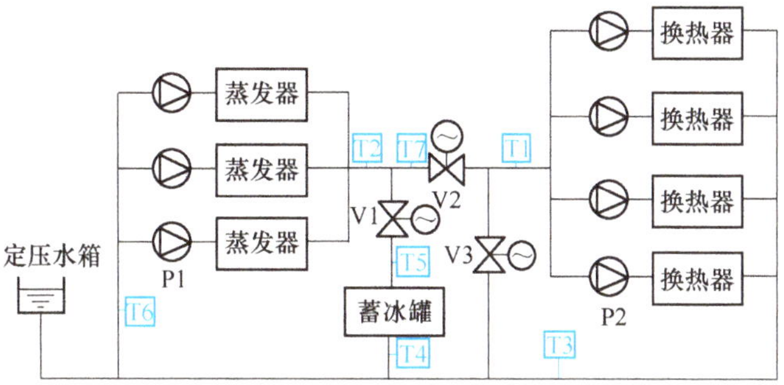

图 5-35　带有冰蓄冷的冷冻站盐水系统

第二步：制冷机出口水温与水泵转速的控制：

1）若 $80\% \leqslant V_{max} \leqslant 90\%$，则水泵及制冷机的水温设定值都应维持现状。

2）若 $V_{max} > 90\%$，$\Delta t_1 < \Delta t_{min}$，且 $t_{供} > t_{供,min}$，则水温过高，应将制冷机出口温度设定值降低 0.25℃。

3）若 $V_{max} > 90\%$，$\Delta t_1 > \Delta t_{max}$，则流量不足，应将水泵转速提高 5%。

4）若 $V_{max} < 80\%$，$\Delta t_2 > \Delta t_{max}$，且 $t_{供} < t_{供,max}$，则水温过低，应将制冷机出口温度升高 0.25。

5）若 $V_{max} < 80\%$，$\Delta t_2 < \Delta t_{min}$，则流量太大，应将水泵转速降低 5%。

Δt_{max}、Δt_{min}分别为希望的供、回水最大温差和最小温差，当设计的供、回水温差为 5℃时，可取 $\Delta t_{max} = 5℃$，$\Delta t_{min} = 4℃$。

直接供冷调节模式还具有很好的稳定性。例如当 $V_{max} > 90\%$，且 $\Delta t_1 > \Delta t_{max}$时，水泵转速加大，导致各用户流量增大，冷源侧温度降低，各调节阀相应地逐渐关小，至开度最大的阀门阀位降至 90% 以下，水泵的调节停止。而按照维持末端压差的传统方法时，当用户要求减少流量而关小阀门时，末端压力升高，由此使水泵转速降低，这将导致各用户流量又偏小，冷源侧温度逐渐升高，于是又纷纷开大阀门，使流量加大，引起末端压力监测点的压力降低，进而又导致水泵转速增加。由于各用户是根据工况来调节其阀门，具有较大热惯性和时间延迟，而阀门及水泵的调节作用导致的末端压力的变化惯性很小，由此很容易造成上述的振荡过程发生，需要小心地设计控制算法，整定好调节参数，才能消除此振荡。

制冷机运行台数与水泵组 P1、P2 的运行台数相同，只是在增减制冷机运行台数的同时要增减泵组 P2 的运行台数。当冷源侧为定流量时，制冷机台数控制逻辑可按照以下进行：

1）若 $t_{供} > (t_g + 5)$℃，再起动一台制冷机。

2）若相对制冷量 $r_c < 1 - \dfrac{1}{N}$（N 为正在运行的制冷机台数），停掉运行时间最长的那台制冷机。相对制冷量按下式计算：

$$r_c = \frac{\Delta t}{\Delta t_0}$$

式中　Δt ——蒸发器的进、出口温差；

Δt_0 ——机组在全负荷时产生的温降。

2. 蓄冷模式

关闭阀门 V2、V3，打开 V1。制冷机出口水温设定值为制冰温度。根据设计要求确定应起动的制冷机及泵组 P1 的台数，观察温度测点 t_4，当 t_4 下降速度加快或达到其低限 t_{min}时，说明冰已蓄满，停止制冷机的运行。

3. 同时蓄冷和供冷的模式

此时制冷机的设定值为制冰温度，打开阀门 V1，制冷机全部或部分投入运行（根据蓄冰罐容积确定），依据已定规律调节阀门 V2、V3 控制冷水侧出口温度。此温度的设定值可按照直接供冷模式的水温的控制逻辑确定；泵组 P2 的运行台数则可根据 t_3 和 t_1 之差，按照直接供冷模式的台数控制逻辑确定。

4. 从蓄冰罐取冷的模式

此时制冷机及泵组 P1 停止。打开阀门 V1，依据已定规律调整阀门 V2、V3，以保证要求的冷冻（媒）水供水温度，其设定值按照直接供冷模式的控制逻辑决定。泵组 P2 的起动台数同样可根据温差（t_3-t_1）按直接供冷模式的逻辑确定。

5. 制冷机和蓄冰罐联合供冷的模式

此时泵组 P2 的起动台数一定要大于泵组 P1 的起动台数。制冷机出口温度的设定值为冷水供水温度的设定值减去换热器换热温差。打开阀门 V2，关闭阀门 V3，调整阀门 V1，以调节从蓄冰罐中的取冷量，从而也就调整了冷水供水温度，使其达到设定值。泵组 P2 的运行台数亦根据温差（t_3-t_1）确定。

上述 5 种运行模式实际上可综合为制冷机的两种基本运行模式：将制冷机蒸发器出口水温设定到制冰工况的模式和设置为制冷工况，即冷水出口温度减去换热器换热温差的模式。前一种为蓄冷工况，后一种为取冷工况。在蓄冷工况时，制冷机及水泵组 P1 的起动台数是根据蓄冰罐贮存状况，亦即温度 t_4 决定，在此期间有供冷的要求时，根据要求的供冷量起动泵组 P2 的台数，并调整阀门 V2、V3，使换热器另一侧的冷水出口温度达到要求的设定值。在取冷工况时，泵组 P2 的起动台数决定了换热器的工作情况。因此由供冷量的要求决定起动泵组 P2 的台数，亦可由温差（t_3-t_1）决定。制冷机的起动台数则由系统的运行控制策略确定。控制策略旨在确定每个时刻冷水机组与蓄冰设备之间的各自供冷负荷的分配。换句话说，冰蓄冷空调系统的控制策略是要确定系统的运行模式，确定冷水机组、蓄冰设备各自应承担的空调负荷。

冰蓄冷空调系统的控制策略主要有冷水机组优先控制策略、限定需求控制策略、蓄冰设备优先控制策略、优化控制策略、均衡负荷控制策略、简化优化控制策略及负荷预测控制策略等。

5.4.2 冷水机组控制策略

1. 冷水机组优先控制策略

传统意义上的冷水机组优先控制策略是指：系统优先起动冷水机组来满足空调负荷要求，当空调负荷小于冷水机组最大的制冷能力时，蓄冰设备不参与供冷，空调负荷完全由冷水机组提供；当空调负荷超过冷水机组最大的制冷能力时，起动蓄冰设备参与供冷，空调负荷主要由冷水机组提供，超过冷水机组最大供冷能力的那部分空调负荷由蓄冰设备融冰供给；当系统无空调负荷时，起动冷水机组满负荷运行直至蓄冰结束。

该控制策略工程上实现起来较为简单，运行可靠，且不需要预测未来时间内的空调负荷。但在全天空调负荷较小时，蓄冰设备的使用率较低，不能有效地减少峰值电力需求和降低用户运行费用。

2. 限定需求控制策略

限定需求控制策略的具体思想是：在没有空调负荷、低谷电价时，冷水机组满负荷运转制冰，蓄冰量达到最大或蓄冰量已足够满足下一个高峰期的空调负荷时，制冰才算结束；在有空调负荷、非高峰电价时，冰蓄冷空调系统运行模式类似于冷水机组优先控制策略，即冷水机组满负荷运行，超过冷水机组最大供冷能力的那部分空调负荷由蓄冰设备融冰供给；在有空调负荷、高峰电价时，冷水机组在允许的低容量下稳定运行，大部分空调负荷由蓄冰设备融冰提供。实际工程运行表明，这种控制策略具有一定的移峰能力，运行费用节省也比较明显。

3. 蓄冰设备优先控制策略

蓄冰设备优先控制策略是尽可能地利用蓄冰设备融冰来负担空调负荷。当蓄冰设备融冰不能完全负担空调负荷时，依靠冷水机组的运转来负担不足的部分。这种控制策略能最大限度地利用蓄冰设备。在部分蓄冰空调系统中，蓄冰设备的蓄冰融冰能力和冷水机组的制冷能力都比较小，必须两者同时供冷才能满足峰值空调负荷。因此该系统采用蓄冰设备优先控制策略时，理论上会出现蓄冰设备中剩冰量过少，峰值空调负荷无法满足的情况。在典型设计日或接近典型设计日里，空调负荷较大，若不限制每个时刻的融冰量，则根本不能满足峰值空调负荷，整个空调系统就不能正常运行。如果结合负荷预测控制方法，即对负荷进行预测以决定各时刻的融冰量，保证蓄冰设备能负担每天峰值时的空调负荷，也就是说，蓄冰设备就不能融冰太快。因此，蓄冰设备优先控制策略实现起来较为复杂，而且我国多数地方都实行的是“三步”分时电价政策，即低谷、平峰、高峰三个不同的电价时段，这更增加了蓄冰设备优先控制策略控制的复杂性。另外，蓄冰设备优先控制策略对蓄冰设备的要求较高，在一定程度上增加了系统的初投资，不利于冰蓄冷空调系统与常规空调的竞争。

4. 定比例控制

定比例控制是制冷机和蓄冰罐各自分别承担峰期各时刻一定比例的空调负荷，即同时使用制冷机和蓄冰罐供冷。它比制冷机优先更节省峰值用电量，其运行费用介于制冷机优先控制和蓄冰罐优先控制之间。但是它如果不能准确预测空调负荷，恰当地确定日间供冷时制冷机所承担的空调负荷比例，可能造成罐内残留余冰或蓄冰过早耗尽。

5. 预测控制

蓄冰空调系统的预测控制的核心是准确预测次日逐时负荷，根据空调负荷分布制定制冷机运行与冰槽释冷的最佳运行方案。日间供冷时，每隔半小时罐内的余冰量与该时刻到供冷结束时所需的总冷量做一次比较，若罐内所余的冰量不够，则起动制冷机补充供冷，既可以保证供冷高峰期有足够的冰，又可以在供冷结束时蓄冰量全部释放。它具有以下特点：

1）可以降低运行费用，但降低的额度取决于负荷预测的准确度。

2）尽可能地利用夜间低谷时间廉价电力制冰。

3）防止冰罐冷量过早耗尽，以至于出现下午峰期供冷不足的现象。

4）尽量缩短制冷机在峰期供冷时间。

5）尽量防止制冷机在峰期低负荷运行。

图 5-36 所示为外融冰 DDC 控制系统。如果采用制冷机优先控制策略，则根据 t_2（T2）、t_5（T5）、t_7（T7）、t_3（T3）确定制冷机提供冷量与蓄冰罐提供冷量之比 r 为

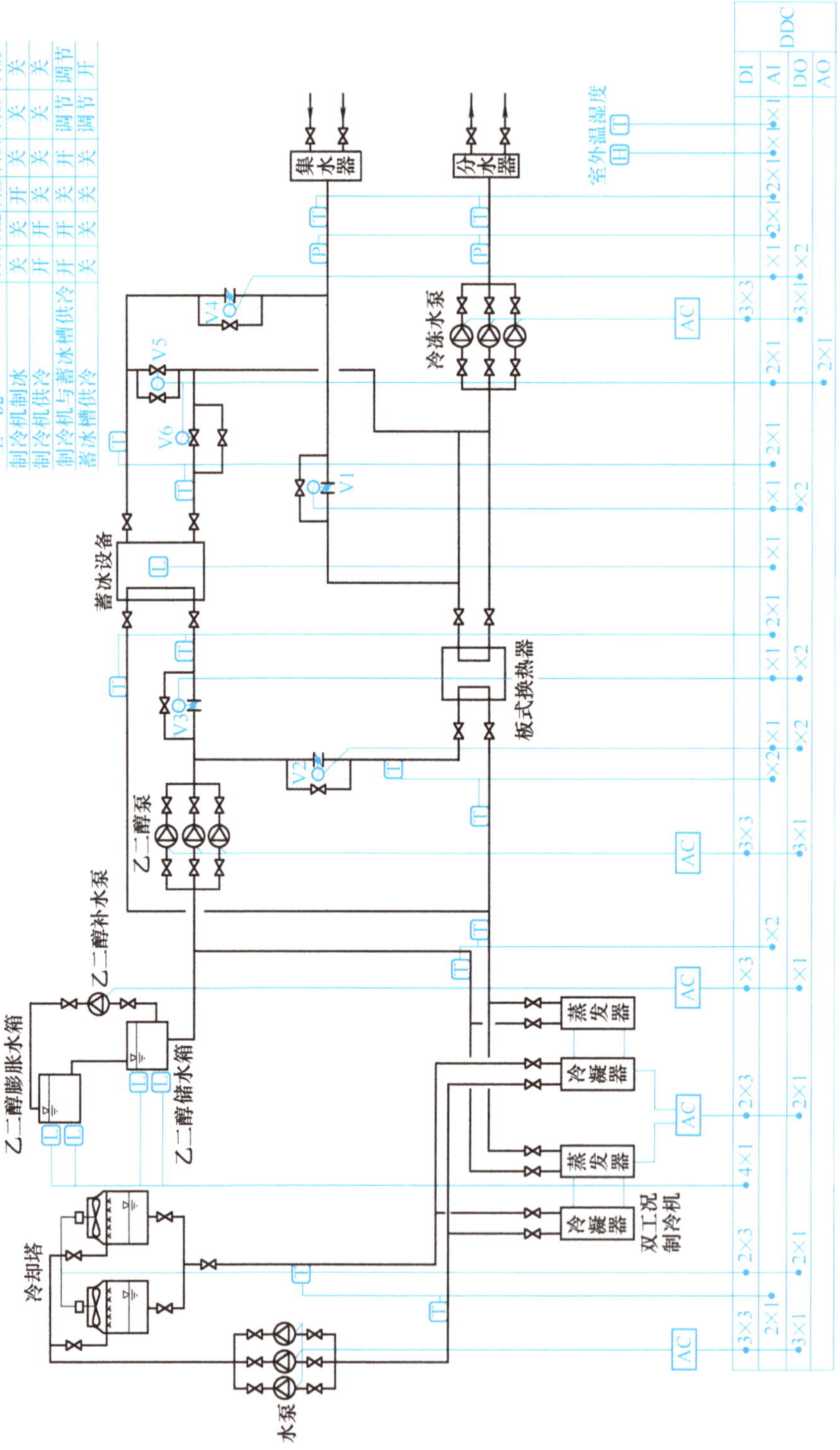

不同工况下阀门状态表

工况	V101	V102	V103	V104	V105	V106
制冷机制冰	关	关	开	关	关	关
制冷机供冷	开	开	关	关	关	关
制冷机与蓄冰槽供冷	开	开	关	开	调节	调节
蓄冰槽供冷	关	关	关	关	调节	开

图 5-36 外融冰 DDC 控制系统

$$r=\frac{(t_7-t_5)(t_3-t_2)}{(t_2-t_7)(t_3-t_5)} \tag{5-5}$$

制冷机提供的冷量为总冷量的$\frac{r}{r+1}$，当蓄冰量大于投运的冷机的冷量，即$\frac{1}{r+1}>\frac{r}{r+1}$时，可以增开一台制冷机以减少从蓄冰罐中的取冷量；而当阀门 V1 全关时，换热器另一侧供水温度仍然低于设定值，可关掉一台制冷机。按照这种控制方式，当所需冷量不足于一台制冷机的制冷量时，就会停止全部制冷机，用蓄冰罐提供冷量。

如果采用常规的蓄冰设备优先原则，则全开 V1，用 V3 调整供水温度。当 V3 全闭，换热器另一侧冷水出口水温仍然偏高时，起动制冷机，并改为用阀门 V1 调整冷水出口。在起动制冷机之前，首先计算蓄冰罐的最大相对供冷量。相对供冷量 S 的计算式为

$$S=N_{p2}\ (t_3-t_1) \tag{5-6}$$

式中　N_{p2}——当时泵组 P2 的起动台数。

然后，当阀门 V1 全开，而换热器另一侧冷水出口温度仍偏高时，再起动一台制冷机，依据已定的控制规律控制阀门 V1 的开度，直到换热器另一侧冷水出口温度满足要求。而当

$$\frac{S}{N_{p2}\ (t_3-t_1)}-\frac{1}{r+1}>\left(\frac{r}{r+1}\right) \tag{5-7}$$

且 V1 未全开，$t_5<t_2$ 时，说明蓄冰罐还可以提供更大的冷量，因此可以关掉一台制冷机。

冰蓄冷工艺系统由制冷机、板式换热器、冷冻（媒）水泵、冷却水泵、冷却塔、乙二醇泵、补水泵、蓄冰设备及集、分水器组成。控制设备由冰蓄冷的现场元件如水道温度传感器、水道压力传感器、电动调节阀、液位传感器、室外温湿度传感器等组成。DDC 控制设备安装在机房。系统运行模式有机组制冰工况、制冷机供冷工况、蓄冰罐融冰供冷工况及机组和蓄冰罐融冰联合供冷工况。不同工况下的阀门动作如图 5-36 所示。监测与控制内容如下：

1）自动检测室外温度和湿度，用于蓄冰优化控制。

2）监测换热器一次侧的供、回水温度，确定是否需要防冻保护。

3）监测蓄冰设备进出口温度。

4）监测蓄冰设备液位，根据蓄冰设备液位，计算蓄冷量。

5）监测制冷机进出口乙二醇温度。

6）根据工况转换要求，控制冷冻（媒）水泵、冷却水泵、制冷机、冷却塔的顺序起停及相关阀门的顺序调节，并检测其运行状态。

7）检测乙二醇膨胀水箱和储水箱高、低液位，并根据乙二醇膨胀水箱液位自动控制乙二醇补水泵的运行。

8）根据系统供、回水压力自动调节旁通阀的开度，以保证系统管网压力和流量稳定。

复习思考题

5-1　制冷机组的监控内容有哪些？现代监控手段与传统监控手段有什么不同？

5-2　简述 BAS 对冷水机组的监控方式。

5-3　简述冷水机组的顺序控制步骤。当有多台冷水机组并联，且在水管路中泵与冷水机组不是一一对

应连接时，则冷水机组冷冻（媒）水和冷却水接管上还应设置什么设备？为什么？

5-4 为什么要对一级泵变水量系统设置压差控制系统？

5-5 简述一级泵变水量系统的制冷机台数的控制策略。

5-6 二级泵与一级泵冷冻（媒）水系统的控制策略有何异同点？

5-7 结合图5-25，简述如何根据供、回水温差和回水流量控制制冷机台数。

5-8 简述次级泵的控制方法。

5-9 结合图5-25，讨论DDC监控系统，并叙述设置监控点的理由。

5-10 简述锅炉监控的内容。

5-11 锅炉燃烧过程自动控制的基本任务是什么？画出燃油或燃气锅炉空气/燃料比的自动控制系统框图，并简述其工作过程。

5-12 锅炉给水控制系统的基本任务是什么？画出双参数给水控制系统框图，并简述其工作工程。

5-13 简述锅炉及其辅机的自动检测与保护的内容。

5-14 结合图5-36带有冰蓄冷的冷冻站盐水系统，讨论可行的运行模式。

5-15 简述冰蓄冷空调系统冷冻站设备的控制策略。

5-16 结合图5-36，讨论制冷机优先的控制方法。

5-17 结合图5-36，讨论DDC监控系统，并叙述设置监控点的理由。

第6章 换热站与供暖系统的控制与管理

供暖系统是通过热媒（如热水或蒸汽）向具有多种热负荷形式需求的用户提供热能的系统，它的设计是基于稳定传热和重要参数——室外计算温度进行计算、设计的。由于供暖系统在实际运行期间，其热负荷的大小受到气候条件的影响，并非一成不变。其中生产工艺用热和生活用热与气候条件的关系不大，其变化较小，属于常年热负荷。供暖通风空调系统的热负荷与气候条件（如室外温度、湿度、风速、风向及太阳辐射强度等）密切相关，尤其是室外温度起着决定性作用，变化较大，属于季节性热负荷。

所以，对于供暖系统不但要求设计正确，而且需要设置相应的控制系统，使得供暖系统在整个实际运行期间，能够按照室外气象条件的变化，实时调节供暖系统的热负荷（尤其是季节性热负荷）大小。既确保供暖系统输出的热负荷与用户需求的热负荷匹配，室温达标，提高供暖质量，又实现供暖系统的经济运行，节能降耗。供暖监控系统的任务是对整个供暖系统的运行热工参数、设备的工作状态等进行监控，监控重点在于向供暖通风空调系统供应热能的供暖系统，监控对象主要包括热源、热力站、热力管网等部分。其中热源部分主要由锅炉和热交换设备组成，锅炉及其相关设备的监控内容见5.3节，这里不再赘述。本章主要介绍换热器和供暖管网的监控。

6.1 换热器的监控

换热器的作用是将一次蒸汽或高温水的热量，交换给二次网的低温水，供供暖空调、生活用。热水通过水泵送到分水器，由分水器分配给供暖空调与生活系统，供暖空调的回水通过集水器集中后，进入换热器加热后循环使用。换热站计算机监控系统的主要任务是保证系统的安全性，对运行参数进行计量和统计，根据要求调整运行工况。

6.1.1 蒸汽－水换热器的监控

对于利用大型集中锅炉房或热电厂作为热源，通过换热站向小区供暖的系统来说，换热站的作用就同供暖锅炉房一样，只是用换热器代替了锅炉。图6-1所示为蒸汽－水换热器的监控原理图。换热站的监控对象为换热器、供热水泵、分水器和集水器。蒸汽－水换热器的监控功能包括换热器一次侧、二次侧热媒（蒸汽和循环热水）的温度、流量、压力的实时检测及二次侧出水温度的自动控制。

1. 监测内容

1）换热器的蒸汽温度TT1、流量FT1及压力PT1。

2）供水温度TT2、流量FT2及压力PT2。

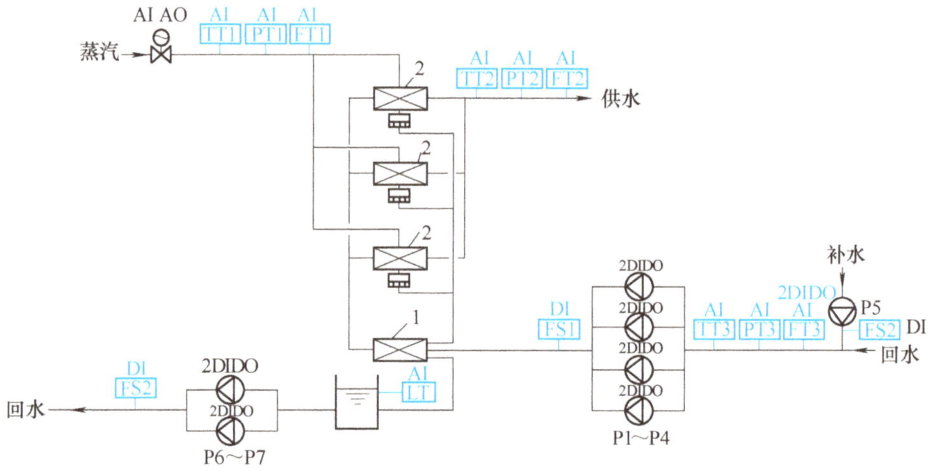

图6-1 蒸汽－水换热器的监控原理图

TT—温度变送器 PT—压力变送器 FT—流量变送器

1—热水换热器 2—蒸汽－水换热器

3）空调供暖回水温度 TT3、流量 FT3 及压力 PT3。

4）凝结水水箱的水位监测 LT。

2. 控制内容

（1）供水温度的自动控制 根据装设在热水出水管处的温度传感器 TT2 检测的温度值与设定值之偏差，以比例积分控制规律自动调节蒸汽侧电动阀的开度。蒸汽电动阀实际上是控制进入换热器的蒸汽压力，从而决定了冷凝温度，也就确定了传热量。

（2）换热器与循环水泵的台数控制 通过实时检测循环热水流量和供/回水的温度，确定实际的供热量，用户侧的供热量 Q 为

$$Q = q_m c_p (t_2 - t_3) \tag{6-1}$$

式中 Q——供热量（W）；

q_m——质量流量（kg/h）；

c_p——比定压热容[J/(kg·℃)]；

t_2、t_3——用户侧供、回水温度（℃）。

根据室外温度（前24h）的平均值，利用供暖系统的运行曲线图，得到以下指标：

1）实际运行所要求的供水温度。

2）循环热水流量值。

3）蒸汽换热器以及循环水泵运行台数。

4）供水温度的设定值。供水温度 t_g 的设定值可由调整后测出的循环水量 q_m、要求的热量 Q 及实测回水温度 t_3 确定，其公式为

$$t_g = t_3 + Q/(c_p q_m) \tag{6-2}$$

随着供水温度 t_2 的改变，回水温度 t_3 也会缓慢变化，从而使要求的供水温度同时相应地改变，以保证供出的热量与要求的热量设定值一致。蒸汽计量可以通过测量蒸汽温度 t_1（TT1）、压力 p_1（PT1）和流量 FT1 实现，流量计可以选用涡街流量计测定，它测出的流量是体积流量，通过 t_1 和 p_1 由水蒸气性质表可查出相应状态下水蒸气的比体积 ρ，从而由体

积流量换算出质量流量。为了能由 t_1 和 p_1 查出比体积，要求水蒸气为过热蒸汽。为此将减压调节阀移至测量元件的前面，这样即使输送来的蒸汽为饱和蒸汽，经调节阀等焓减压后，也可成为过热蒸汽。

（3）补水泵的控制　实时检测回水压力 PT3 的大小，自动控制补水泵的起/停，及时对热水循环系统进行补水。

（4）水泵运行状态显示及故障报警　采用流量开关 FS1、FS2、FS3 分别作为热水水泵、凝结循环水泵与补水泵的运行状态显示，水泵停止时电动阀自动关闭。采用泵的主电路热继电器辅助触点作为故障报警信号，当水泵有故障时，自动起动备用泵。

3. 换热器传热量的控制方法

如果一次侧蒸汽的压力较平稳，一般以供水温度 TT2 作为被控参数，蒸汽流量 FT1 作为操作量，可采用简单控制系统对换热器的传热量进行控制，如图 6-2 所示。自动控制系统实时检测换热器的出水温度，送至温控器与工艺设定值进行比较，将偏差进行比例积分控制运算，输出控制指令给蒸汽流量调节阀，自动地改变阀门的开度，即改变进入换热器的蒸汽流量，以改变换热器的加热量，控制出水温度，满足工艺设定值的要求。

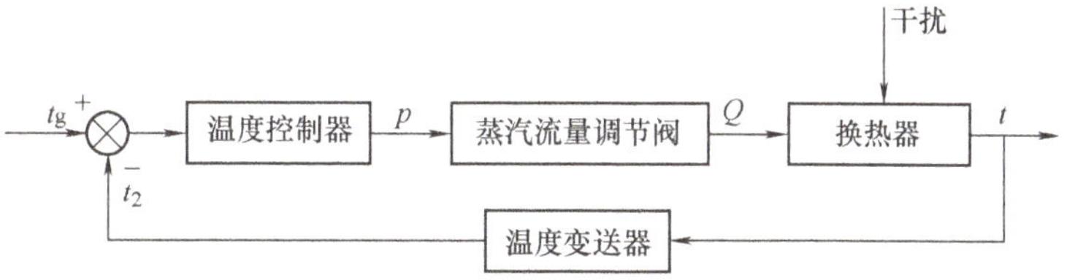

图 6-2　蒸汽－水换热器的简单控制系统原理图

如果一次侧蒸汽的压力波动较大，将影响简单控制系统的控制品质，满足不了供暖工艺对供水温度设定值的要求。因此，需设置供水温度－蒸汽压力串级控制系统，如图 6-3 所示。供水温度－蒸汽压力串级控制系统因为增加了副回路调节（蒸汽流量调节回路），能够及时克服蒸汽压力波动等因素对控制系统的影响，具有一定的自适应特性，具备了超前调节的功能。主回路温度控制器的定值调节作用与副回路流量控制器的随动调节作用相互配合、协调工作，克服内、外干扰，动态地适应被控对象特性、负荷及操作条件的变化，较好地解决供水温度简单控制系统控制品质下降的问题，确保了串级控制系统在新的工作状态点、新的负荷和操作条件下，仍然具有较好的控制性能，满足供暖工艺的要求。

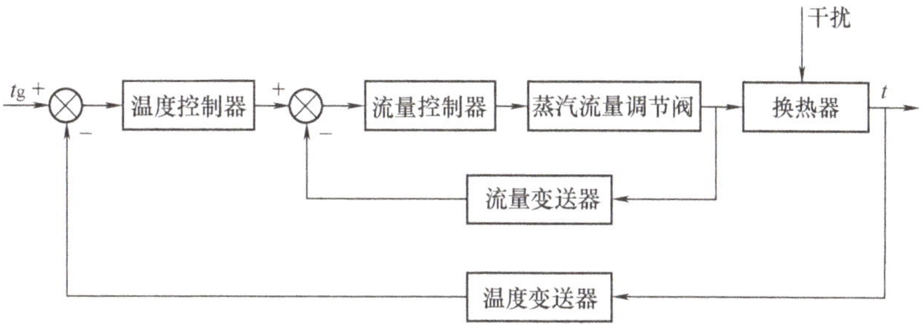

图 6-3　蒸汽－水换热器的串级控制系统原理图

6.1.2 水－水换热器的监控

图6-4所示为水－水换热器的监控原理图。换热站的监控对象为换热器、供热水泵、分水器和集水器。

1. 主要检测内容

一次热媒侧供、回水温度 t_1（T1）、t_5（T5）；二次热水流量 q_{m2}（F1）、热水供水温度 t_2（T2）、回水温度 t_3（T3）；供回水压差（PdT）；供热水泵工作、故障及手/自动状态。

2. 控制内容

1）根据装设在热水出水管处的温度传感器T3检测的温度值与设定值之偏差，以比例积分控制方式自动调节一次热媒侧电动阀的开度V1。

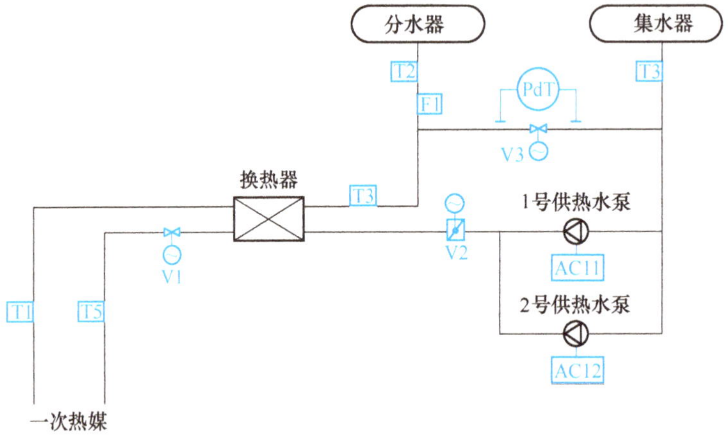

图6-4 水－水换热器监控原理图

2）测量供、回水压差PdT，控制其旁通阀的开度V3，以维持压差设定值。

3）根据二次侧供水温度、回水温度和流量（F1），计算用户侧实际耗量。根据室外温度（前24h）的平均值，利用供暖系统的运行曲线图，得到实际运行所要求供水温度的大小，计算出循环热水流量的多少，并进行供水温度的再设定。

4）供热泵停止运行，一次热媒电动调节阀关闭。

5）根据排定的工作序表，按时起停设备。

水－水换热器DDC计算机监控图如图6-5所示。测量高温水侧供回水压力可了解高温侧水网的压力分布状况，以指导高温侧水网的调节。在实际工程中，高温水网侧的主要问题是水力失调，由于各支路通过干管彼此相连，一个热力站的调整往往会导致邻近热力站流量的变化。另外，高温水侧管网总的循环水量也很难与各换热站所要求的流量变化相匹配，于是往往导致室外温度降低时各换热站都将高温侧水阀TV101开大，试图增大流量，结果距热源近的换热站流量得到满足，而距热源远的换热站流量反而减少，造成系统严重的区域失调。解决这种问题的方法就是采用全网的集中控制，由管理整个高温水网的中央控制管理计算机统一指定各热力站调节阀TV101的阀位或流量，各换热站的DCU则仅是接收通过通信网送来的关于调整阀门TV101的命令，并按此命令进行相应的调整。高温水侧管网的集中控制调节将在下一节中详细介绍。电动蝶阀FV101可控制水路的通断，当多台换热器并联工作时，电动蝶阀还起着台数控制的作用。

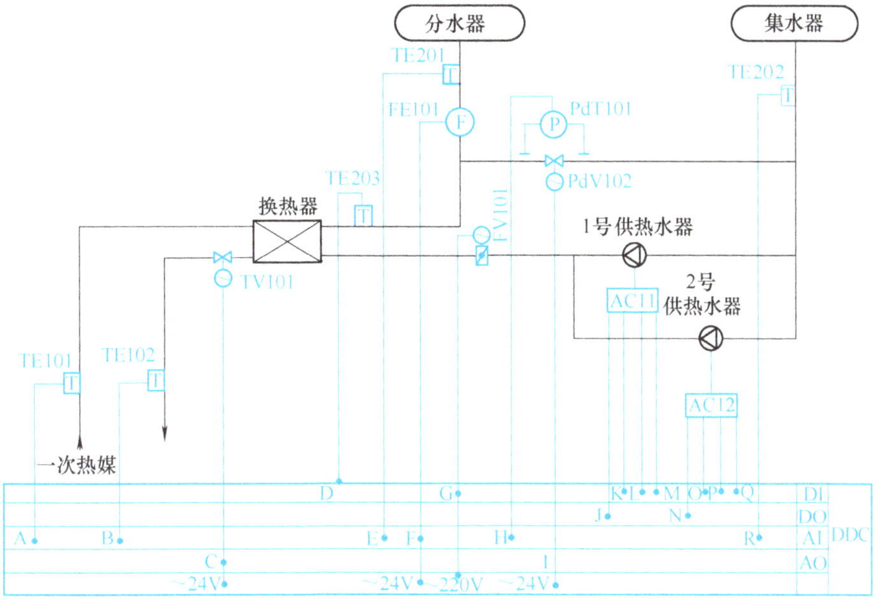

图 6-5　水－水换热器 DDC 计算机监控图

DDC 外部线路表见表 6-1。

表 6-1　DDC 外部线路表

代号	用途	状态	导线数量	代号	用途	状态	导线数量
A	一次热媒侧供水温度	AI	2	J	1 号供热水泵起停控制信号	DI	2
B	一次热媒侧回水温度	AI	2	K	1 号供热水泵工作状态信号	DI	2
C	一次热媒电动调节阀	AO	4	L	1 号供热水泵故障状态控制信号	DI	2
D	换热器供水温度	AI	2	M	1 号供热水泵手/自动转换信号	DI	2
E	热水供水温度	AI	2	N	2 号供热水泵起停控制信号	DI	2
F	换热器供水流量信号	AI	2	O	2 号供热水泵工作状态信号	DI	2
G	换热器电动蝶阀	DI、DO	5	P	2 号供热水泵故障状态控制信号	DI	2
H	换热器供回水压差信号	AO	2	Q	2 号供热水泵手/自动转换信号	DI	2
I	换热器供水旁路电动调节阀	AO	4	R	热水回水温度	AI	2

6.2　供暖管网的集中控制

集中供暖网可以分成两部分：热源至各热力站间的一次网；热力站至各用户建筑的二次网。后者的控制调节已在前面讨论，本节讨论热源至各热力站间的一次网的监控管理。

6.2.1　按供暖面积收费体制下热网和热源的调节方法

1. 控制方法的分类和特点

热源至各热力站间的一次网调节，其热网调节方案在现有的按面积收费体制下，调节方法分为以下几种：

（1）量调节 调节方法是供水温度不变，只改变水流量。调节特点是节省电耗，但由于室外温度的改变而改变热网流量，将会使热用户系统水力失调。

（2）质调节 调节方法是循环水量不变，仅改变供回水温度。调节特点是网路水力稳定性好，运行管理方便。但由于水量不变，增加电耗；当水温过低时，对暖风机系统和热水供应系统均不利。

（3）阶式质－量综合调节 调节方法是供水温度变化的同时，热网水流量也发生阶段变化（介于质调与量调之间）。具有上述两种方法的特点可以满足最佳工况要求。

（4）间歇调节 调节方法是供水温度不变，只改变水流量，在供暖初期或末期，不改变热网水流量和供水温度，而改变每天的供热时数来调节供热量。调节特点是建筑物（用户）应有较好的蓄热能力。

2. 正常供暖的技术措施

从技术角度看，一个热网运行做到正常供暖，只要保证以下两点：

（1）流量分配均匀 在初调节时把整个热网的水流量分配调整到用户所要求的设计流量，即流量按供暖面积分配均匀即可。

（2）保证合适的供水温度 对于一次网，由热源处根据室外温度的高低来控制热源出口的供水温度；对于二次网，只要热力站设计及初调节合理，在一次网供水温度调节适当的情况下即可保证二次网的合适供水温度。

按供暖面积收费体制下热网和热源的调节方案，用户不能自主调节自己的供热量，因此在正常供暖的情况下，热源的总供热量仅仅和室外温度有关。热源调节主动权在供热公司，它可以主动地调节、控制热网的流量和供水温度，即供热量，其调节的原则就是流量按供暖面积均匀分配，控制手段是根据室外温度控制好供水温度，其总供热量是可以预先知道并且由其控制。控制算法可以采用PI算法，也可以采用预测控制或者智能控制方法。

6.2.2 热计量体制下的调节方法

随着我国供暖与用热制度改革和国民用热观念的改变，热量由福利转变为商品，归用户自行调控、使用，并且按照实际用热量进行收费（类同于水电的计量收费），已成为我国供暖/用热的发展趋势。同时，为了实现建筑节能目标和用热量的合理收费，调动供暖/用热两方面的积极性，促进供热事业的发展，要求采用依据热量计量收费这一新的收费体制。

1. 热量计量下用户的调节方法和特点

每一户都安装热量计和温控阀，用户将根据自己的需求调节温控阀来控制室内温度。例如夜间的客厅、无人居住的房间均可以调低温度，以减少供热量、降低供暖费用，从而调动了用户节能的积极性。这种调节本质上是通过调节散热器的流量大小来调节散热器的供热量多少，从而控制室温。当用户需要调节室温时开大或关小温控阀，这时通过该用户散热器的热水流量就要发生变化。当众多用户调节自己的流量后，整个热网的流量和供热量也将随之变化，而这个流量和供热量的变化是供热公司和热源处无法控制和预知的。也就是说，调节的主动权掌握在分散的众多用户手中，而供热公司和热源处变为被动的适从者。

2. 依据热量计量收费后热网调节方案

热网调节的原则是在保证充分供应的基础上尽量降低运行成本。为保证充分供应，就要保证在任何时候用户都有足够的资用压头。为此可以采用以下两种控制方法：

（1）供水定压力控制　把热网供水管路上的某一点选作压力控制点，在运行时使该点的压力保持不变——压力控制点（该点并不是热网的恒压点）。例如，当用户调节导致热网流量增大后，压力控制点的压力必然下降，这时调高热网循环水泵的转速，使该点的压力又恢复到原来的设定值，从而保持压力控制点的压力不变。

（2）供回水定压差控制　把供暖网某一处管路上的供回水压差作为压差控制点，使该点的供回水压差始终保持不变。例如，当用户调节导致热网流量增大后，压差控制点的压差必然下降，调高热网循环水泵的转速，使该点的压差又恢复到原来的设定值，从而保持压差控制点的压差不变。

无论哪种控制方法，都要做到以下两点：

1）正确选择控制点的位置和设定值。控制点位置及设定值大小的选择主要是考虑降低运行能耗和保证热网调节性能的综合效果。在设定值大小相同的条件下，控制点位置离热网循环泵出口越近，滞后越小，调节能力越强，但越不利于节约运行费用；离热网循环泵出口越远，情况正好相反。在控制点位置确定的条件下，控制点的压力（压差）设定值取得越大，越能保证用户在任何工况下都有足够的资用压头，但运行能耗及费用也就越大；反之如取值过低，运行能耗及费用虽然较低，但有可能在某些工况下保证不了用户的要求。

2）供水温度的调节方法、供水温度和控制点的设定值根据具体工程而定。

3. 直连网的调节

（1）供水压力控制　供水采用定压力控制的方法，即将供水管路上的某一点选作压力控制点，在运行时保证该点的压力不变。例如，当用户调节导致热网流量增大后，压力控制点的压力必然下降。这时调高热网循环水泵转速，使该点的压力又恢复到原来的设定值，从而保持压力控制点的压力不变。该方法的关键点是选择压力控制点及设定值。

供水压力控制方法有资用压头相同与资用压头不相同两种情况。

1）各个用户所要求的资用压头相同（见图6-6）。其特点是为保证在任何时候都能满足所有用户的调节要求，把压力控制点确定在最远用户 n 的供水入口处。该用户供水入口处的压力设定值 p_n 为

$$p_n = p_0 + \Delta p_r + \Delta p_y \tag{6-3}$$

式中　p_0——热源恒压点的压力值，设恒压点在循环泵的入口；

Δp_r——设计工况下，从 n 用户到热源恒压点的回水干管压降；

Δp_y——用户的资用压头。

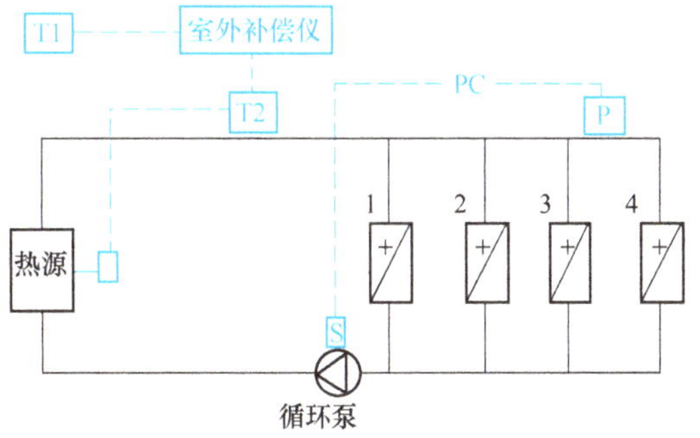

图6-6　直连网压力控制原理图

T1—室外温度传感器　T2—供水温度传感器

2）各用户所要求的资用压头不相同，此时压力控制点的选择比较复杂。原则上应根据式（6-3）计算出所有用户的 p_n，然后选其中具有最大 p_n 的用户供水入口处为压力控制点。图6-7所示为在设计工况下的水压图，用户2要求资用压头最大，用户3最小。应选最远用户4的入口压力为控制压力点（p_n 最大）。但在实际情况中，比较难以确定哪一个用户的 p_n 最大。从设计数据中可以知道各用户的设计流量、热网管径及长度，从而算出各用户的 p_n，

但由于热网施工安装、阀门开度大小等实际因素的影响，管网水压图水路的实际阻力系数并不等于设计值，因最大 p_n 并非实际上最大。一般来讲，如果最远用户所要求的资用压头最大，则把最远用户供水入口处作为压力控制点；否则可以把压力控制点设置在主干管上离循环泵出口约2/3处附近的用户供水入口处，其设定值大小为设计工况下该点的供水压力值，这是一种经验性质的确定方法。

（2）压差控制方法　直连网压差控制原理如图6-8所示。如同供水压力控制的原理一样，当各个用户所要求的资用压头相同时，压差控制点可以选在最远用户处；当各用户所要求的资用压头不相同时，压差控制点选在要求资用压头最大的用户处，其压差设定值为所要求的最大资用压头，如图6-7中的用户2资用压头最大，则取用户2作为压差控制点，其资用压头即为压差设定值。

（3）热源供水温度　计量供暖条件下，热源供水温度的调节方案是热源的供水温度仍随室外温度变化而变化，相当于原来的质调节。例如，当室外温度升高时，控制热源的加热量以降低供水温度。当室外温度较高时，如果热网的供水温度较低，就满足不了生活热水用户对热水的要求。因此应保证热网的供水温度不低于60℃。

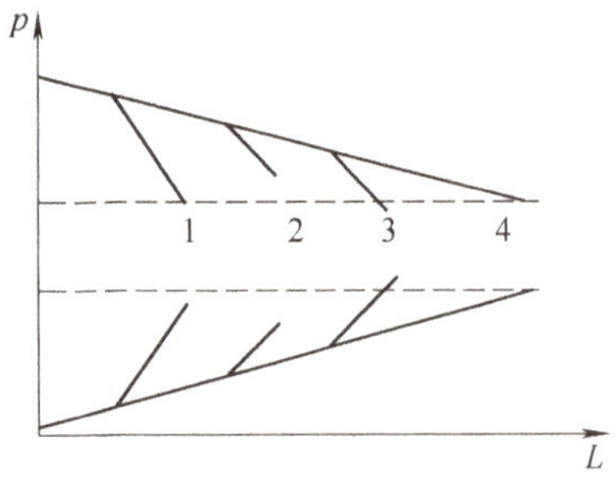

图6-7　水压图

p—压力　*L*—距离

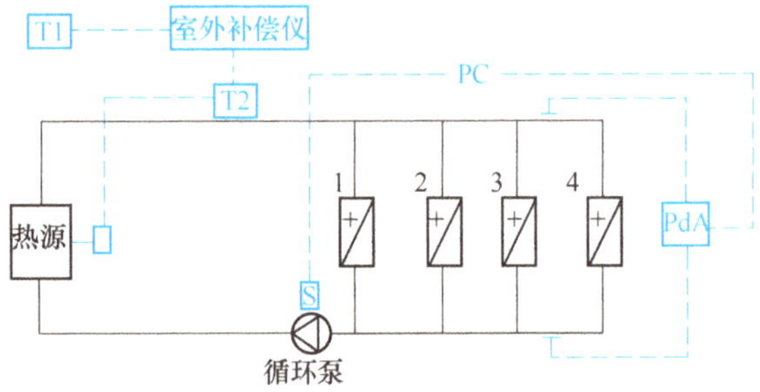

图6-8　直连网压差控制原理图

（4）热源总流量的调节　热源总流量的控制系统也就是供水压力控制（或压差控制）系统。热源处循环泵的总流量用变频控制，根据压力控制点的压力变化而控制变频泵的转速。假如调小用户1、2的流量，导致压力控制点的供水压力升高，该压力值的升高反馈给循环泵，使泵的转速降低，一直降到压力控制点的压力值到设定值为止，这样，就可以保证压力控制点的供水压力值不变。

4. 间连网的调节

间连网不同于直连网，其一次网和二次网的调节方案不同。

（1）二次网的调节　压力控制和压差控制的原理相似，这里仅以压力控制为例进行说明。把间连网的换热站看成一个热源，这样间连网的每一个二次网就相当于一个独立的直连网，如图6-9所示，则二次网的调节中关于控制点位置及设定值大小的选取也就和直连网相同。两者的差别在于换热站二次网供水温度控制。

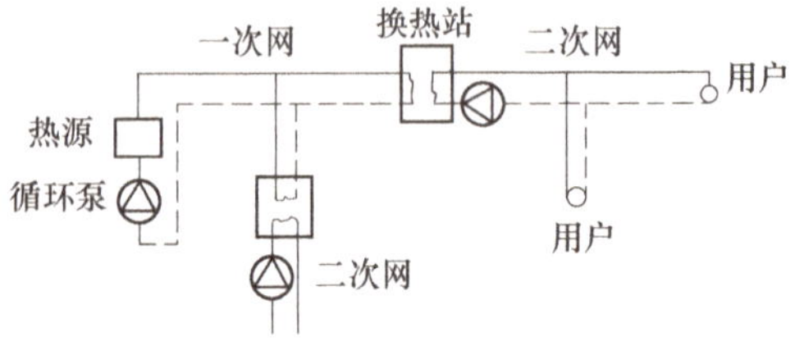

图6-9　间连网示意图

设换热站的换热面积不变，当换热站所带的其中一个用户调节流量后，换热器的二次侧流量发生变化，但换热器的一次侧流量、供水温度并没有发生变化，这样，如换热器没有温度调节手段，换热器的二次侧供水温度就要随之发生变化。当二次网的供水温度发生变化后，对没有进行调节的用户，虽然其散热器流量没有变化，但室内温度也要发生变化，这是不希望发生的。因此二次网供水温度只能与室外温度有关，而不应当随用户调节流量而有所改变。这样，换热站二次网的供水温度 T1 是通过控制器（气象补偿仪）控制该站的一次网调节阀 V1，即通过调节该站一次网阀门 V1 使二次网的供水温度保持在所需值，如图 6-10 所示。

（2）一次网的调节　把换热站看作一次网的一个用户，由上述二次网供水温度的调节要求知，一次网调节阀 V1 的调节，使一次网也成为变流量运行而不是定流量运行。这样一次网的调节、热源的调节方案完全与直连网相同。需要特别指出，间连网的一次、二次网在水力工况上是相互独立的，因此需要分别在一次、二次网上设置控制点和变频泵，以便分别进行调节控制。

图 6-11 所示为间连网现场控制器控制功能图，它由三个控制系统组成。监控内容如下：

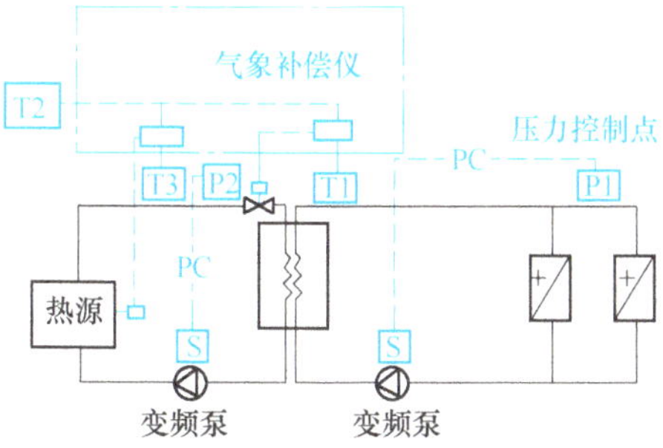

图 6-10　间连网压力控制原理图
T1—二次网供水温度　P1—二次网定压点
P2—一次网定压点　T3—一次网供水温度
T2—室外温度

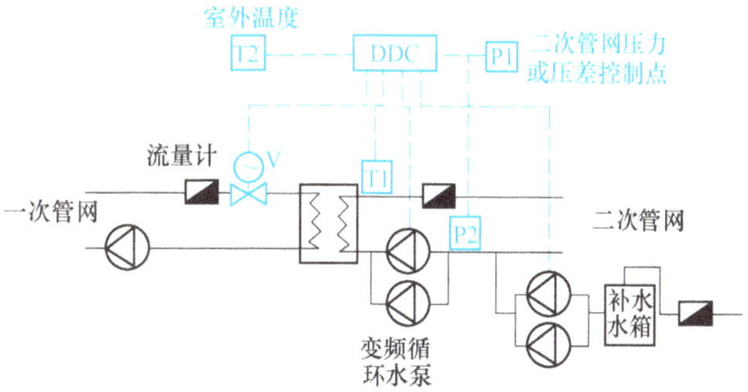

图 6-11　间连网现场控制器控制功能图

1）供水温度的控制。根据室外温度设定二次管网侧的供水温度，通过调节一次管网侧的流量来控制。室外温度传感器将室外温度转变成电信号，通过模拟量输入通道 AI 输入现场控制器，根据预先设置好的算法算出二次管网侧的供水温度 t_1，并将控制信号通过模拟量输出通道 AO 传送给一次管网侧的流量调节阀 V，调整其开度，从而达到控制二次管网供水温度的目的。

2）二次管网的流量控制。二次管网侧的循环水泵采用变频水泵。在二次管网侧选一压力或压差控制点，在此点装一压力或压差传感器，此传感器将压力或压差数值 p_1 转变为电信号，通过模拟量输入通道 AI 输入现场控制器，再根据此数值与设定值的偏差及转速公式算出转速，并通过模拟量输出通道 AO 控制变频水泵的转速。

3）系统定压控制。由于系统循环水是变流量，补水水泵也宜采用变频泵，补水水泵的定压点设置在循环水泵的入口处，由压力传感器测得的数值 p_2 传送给现场控制器，将其与设定值比较，根据偏差及转速公式，缓慢改变补水水泵转速，使定压点的数值恢复到设定值，保证系统的稳定运行。

5. 混连网的调节

混连网压力控制原理如图 6-12 所示。

（1）控制点的位置及设定值 间连网的一次、二次网水力工况相互独立、互不干扰，但混连网的一次、二次网水力工况并不相互独立，因此混连网的压力控制点位置和控制压力值的选取不能像间连网那样在一次、二次网分别设置，而应该只设置一套压力控制点和控制值。此时可以不考虑混连网中的混连站而与直连网一样设置一套压力控制点和控制值。

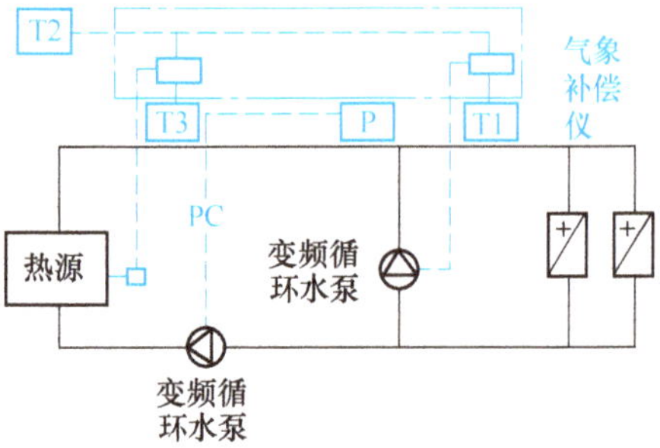

图 6-12 混连网压力控制原理图

（2）混连站出水温度及其流量的调节 混连站出水温度与混水比有关，当某一用户调节其流量后，混连站的出水温度 T1 即发生变化，为保证出水温度仅与室外温度有关而不随用户的调节而变化，此时调节混水泵的转速，使出水温度达到要求。总之，混连网的压力控制点 P 的压力值由热源处变频循环泵的转速所控制，而混连站的出水温度由变频混水泵的转速调整。

复习思考题

6-1 结合图 6-1，分析能实现几个自动控制系统。

6-2 按供暖面积收费体制下热网和热源的调节方法有哪几种？简述控制原理及特点。

6-3 按热量计量收费体制下的调节方法有哪几种？

6-4 结合图 6-11，谈谈现场控制器控制的原理。

6-5 简述按供暖面积收费体制下的热网控制方法与按热量计量收费的控制方法的异同点。

6-6 结合一个工程实例，写出 DDC 监控一览表。

6-7 结合本章介绍的内容，试撰写一篇有关供暖系统控制策略的论文。

第7章 其他建筑用能系统的监测与控制

7

7.1 建筑给排水系统监控

水是人们日常生活和生产活动不可缺少的物质之一。城市现代化建筑大都是多功能的高层建筑，其内部人员众多，生活卫生和防火设施齐备，各种给排水设施齐全，用水量大。实现对建筑内部用水安全可靠的供应和污水及时的排放，以及实现给排水系统科学有效的管理和水、电资源的节约是建筑设备自动化要解决的主要问题。

给排水系统主要由水泵、水箱、水池、管道及阀门等组成。对给排水系统实行监控，是提高科学管理水平，减轻劳动强度，保证人们用水质量和节约能源的一项重要而又必需的技术措施。

给排水监控系统是建筑设备自动化中非常重要的一个子系统。其主要功能是通过计算机对系统中的各种水位、水泵工作状态和管网压力进行实时监测，按照一定要求控制水泵的运行方式、台数和相应阀门的动作，以达到需水量和供水量之间的平衡、污水的及时排放，实现水泵高效、低耗的最优化控制，达到经济运行的目的；并对给排水系统的设备进行集中管理，保证系统可靠运行。

7.1.1 给水系统监控

给水系统虽然有不同方式，但对其监控的目的是一致的：一是要使系统正常工作，保证可靠供水；二是要使设备合理运行，提高效率，节约能源。同时，不论何种给水系统都是由水泵、水箱（罐、池）、管道、阀门等设备组成的，需监控的对象和信号基本相同，因而各种给水监控系统在功能上也具有共同性，大致包括以下几个方面。

1. 给水系统监控功能

1）水箱液位显示及报警。监视水箱（罐、池）的各种水位，当水位超限时发出报警信号。

2）水泵起停控制。根据对水压或液位的检测结果，控制投入运行水泵的数量；并根据各泵运行时间，实现主、备泵自动切换，平衡各泵的运行时间。

3）水泵运行状态显示及过载报警。监视水泵运行状态，当水泵发生过载等故障时，发出报警信号。

4）水流、水压状态显示。监视水泵水流、水压及压差等状态，当参数异常时，发出报警信号。

5）累计各设备运行时间，并据此制定各设备的检修保养计划，提示管理人员定时维修。

2. 给排水设备中监控的物理量

给排水设备中监控的物理量一般为液位、压力、压差、流量、温度和运行状态等。

（1）液位信号 对供水系统来说，所有的水池、水箱中的液位是保证系统运行的重要参数。液位一般分控制液位、报警液位、指示液位。

1）控制液位。控制液位一般是指控制开、停水泵的液位，它们是水泵运行的必要参数。

2）报警液位。报警液位一般可分为超高报警和超低报警液位，用于监视液位的极限位置，便于及时采取紧急应对措施，若不加控制将会出现异常情况。

3）指示液位。指示液位用来监视系统的运行状态。

4）液位信号。液位信号不但在给水系统中使用，也在排水系统的污水池或集水井中使用，起同样的作用。

（2）压力信号 给水系统的运行状态一般可由压力信号反映出来，压力过高或过低均会影响给水系统的正常运行。压力信号的取样位置通常选在系统中能表征系统运行状态的部位或压力的高低可能对系统运行产生严重影响的部位，例如给水加压泵的出口、减压阀的两端等。

（3）压差信号 建筑给排水系统中有些部位的压力差往往标志着设备的运行工况，必须及时了解，一旦超限必须及时进行处理。例如过滤器两端的压差信号，能反映出过滤器是否堵塞，便于及时清洗。

（4）流量信号 流量信号一般用于系统给水、用水量的大小的观察和计量。但因流量测量仪器价格昂贵，所以尽管流量是给排水系统的重要参数，但选用时仍需慎重。

（5）温度信号 温度信号一般常用于热水系统和冷却水循环系统中对水温的测量。常规给排水中应用较少。

（6）运行状态信号 在给排水系统中都设有水泵等运转设备，了解这些设备的运行状态，是十分必要的。运行状态信号的采集一般直接来自水泵等运转设备，其中包括所有备用设备的状态信号，以便实现对所有设施的监控。

3. 建筑给水系统的监控

高层建筑给水系统的形式主要有两种，即高位水箱给水系统和恒压给水系统。以下仅以这两种形式为例说明建筑给水系统的监控。

（1）重力高位水箱给水系统监控 现代建筑多为高层，城市供水管网的供水压力往往不能满足整个建筑的供水要求，一般只能满足较低楼层的用水需要，而对于较高的楼层则需要采取一定措施提高供水压力。如果对同一幢建筑物采用统一的压力供水系统，由于供水的高度大，显然低层的水压将过大，过高的水压不仅会加大管网中使用的材料、设备成本，以及给维修管理带来困难，还会给用户的使用带来不便。为了克服上述问题，并充分有效地利用城市管网的水压，常常根据建筑物的性质、使用要求、用水设备的性能、维修管理等条件，结合建筑层数对建筑物进行纵向分区，将建筑物给水系统分成上下两个或多个供水区。为了节省能量，应充分利用室外管网的水压，下区可直接利用城市管网供水，并将洗衣房、餐厅、理发室、浴室等用水大户布置在低区，以便由城市管网直接供水，充分利用室外管道压力。上区由水泵、水箱联合供水，如图7-1所示，上区系统由高位生活水泵（一用一备）

和高位水箱组成，中区由三台水泵（两用一备）和恒压水箱组成。给水系统的监控功能如下：

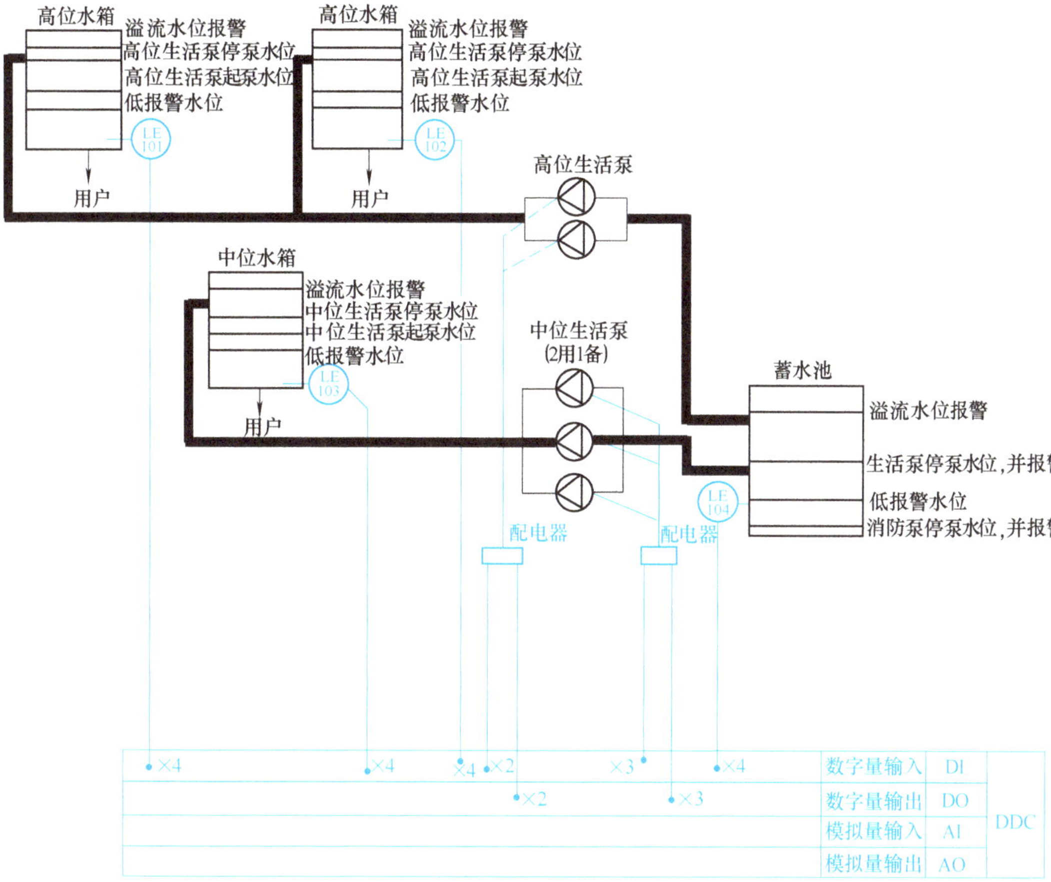

图 7-1　给水系统监控图

1）水泵的起停控制。以中区为例，中位水箱设有 4 个水位信号，分别是最低报警、下限中位生活泵起泵水位、上限中位生活泵停泵水位和溢流水位；高位水箱也设有 4 个水位信号，分别是停泵、起泵、低水位报警和溢流水位。这些水位信号通过 DI 通道送入现场 DDC，DDC 通过一路 DO 通道接到配电箱上控制水泵的起停。系统开始运行后，控制系统对高、中、低位水箱（池）水位进行监测，当高位水箱液位降低到下限水位时，该信号由现场的 DDC 控制器进行判断后，通过 DO 通道自动起动水泵运行；当高位水箱水位达到上限水位或蓄水池水位到达停泵水位时，该水位信号又通过 DDC 判断后发出停止生活水泵信号。

水泵的运行状态和过载监视信号分别取自水泵控制接触器的辅助触点及热继电器的辅助触点，作为两路开关量输入信号，各自引入 DDC 不同的 DI 输入通道，用于监视水泵的起停状态和过载状态。当发生过载时，控制过载水泵停机，并发出过载报警信号。实现系统对水泵工作状态和故障的监测，当工作泵出现故障时，备用泵自动投入运行。现场控制器可根据检测到的各水箱水位按编制好的程序自动控制水泵的运行，同时把有关数据送往中央站进行统计分析，以便对整个给水系统进行管理。

2）监测与报警。高、中水位水箱还设有溢流水位及最低报警水位信号，当高位水箱的水位达到溢流水位时，说明水泵在高位水箱水位到达上限时没有停止，此时溢流水位发出报警信号送到控制中心报警，提示值班人员注意，并做出相应紧急处理。当高、中位水箱的水位到达最低报警水位时，说明水泵在高、中位水箱水位到达下限时没有开启，此时最低报警水位发出报警信号送到控制中心报警，提示值班人员注意，做相应紧急处理。蓄水池的下限水位并不意味着蓄水池无水，而是为了保障消防用水，蓄水池必须留有一定的消防用水量。当发生火灾时，消防泵起动，抽取这部分存水，如果蓄水池液面达到消防泵停泵水位，则控制消防泵停泵并向系统报警。

出水干管上装设流量计或水流开关，水流信号通过 AI 或 DI 通道送入现场 DDC，以监视给水系统的运行状况。现场控制器对水泵的运行状态及故障状态信号实时监视，若发现水泵出现故障，系统将自动切换到备用水泵。

3）设备运行时间统计和用电量统计。系统对水泵运行时间及累计运行时间进行记录，累计运行时间为定时维修提供依据，并根据每台泵的运行时间，自动确定将其作为运行泵或是备用泵。

（2）压力式恒压给水系统监控　为取消由庞大水箱供水，可采用压力式恒压供水系统，以满足供水要求。目前常见的恒压供水方式有两种形式：气压给水方式和调速给水方式。

1）气压给水方式。气压给水系统由密封式弹性隔膜气压水箱和两台稳压泵（一用一备）组成，可以不用空气压缩机充气，既可节省电能又能防止空气污染水质，有利于环境卫生。

2）调速恒压给水方式。随着高层建筑的增多，各种恒压供水系统不断出现。调速恒压供水方式是随着科学技术的进步及人们对供水要求的不断提高，出现的新型供水方式。其最大的特点是取消了水箱，并采用调速技术，实现建筑内的恒压供水和水泵的节能控制。

当需水量减小时，电动机转速降低，水泵出口流量减少，电动机的消耗功率大幅度下降，从而达到节约能源的目的。水泵调速多采用变频调速方法，即通过改变驱动电动机的变频电源频率，控制电动机的转速，从而使水泵的出口流量和压力得到调节。尤其采用由 PLC 和变频器控制的多台水泵的变速运行方式，可使水泵供水曲线和用水曲线相接近，实现真正的恒压供水和达到节能的目的，这就是变频调速恒压供水系统。

近来国外研究出一种可控制水泵叶片角度的水泵，用改变叶片角度的方法来调节水泵的流量，以满足用水量的需要。这种给水系统设备简单，使用方便，是一种有前途的新型水泵给水系统。

变频调速恒压给水既能保证所需的供水压力、流量，又可节能、节省建筑面积，保证供水水质，具有明显的优点。这里仅以变频调速恒压供水系统为例，说明变频调速及其恒压给水系统的监控。变频调速实际是变压变频调速，简称 VVVF，它是通过改变送入电动机的电源频率来改变电动机转速，这种调速系统需要一台变频器。变频器一端接入三相工频（50Hz）电源，另一端则输出频率可变的三相变频电源，将其接在三相异步电动机上，即可实现变频调速。在压力给水系统中采用变频调速，可以保证供水管网中的压力不受用户负荷大小的影响，故称为恒压供水系统。这种供水方式虽因使用变频器使一次性投资加大，但因水泵的转速决定着管网压力的大小，而轴功率随转速的降低而降低，因此与恒速泵运行方式相比，有明显的节能效果，具有良好的投资回报率。该方式由于减少了水箱储水环节，避免了水质的二次污染；泵组及控制设备集中布置在泵房，占地面积小、便于安装调试。另外，变频调速为无级调速，水泵的起动可实现软起动，减小了起动时对水泵及电网的冲击，且多台泵组采用“先投入，先退出”的运行方式，可使每台泵的运行时间相同，能够有效延长泵组的使用寿命。采用闭环式供水控制方式，根据管网压力信号调节水泵转速，实现变量供水，确保管网压力恒定，避免了水箱供水方式中可能产生的溢流或超压供水，减小了水能的损耗，可实现全自动运行、无人值守，可靠性高。

典型的恒压供水系统由压力传感器、PLC 控制器、变频器、水泵机组等组成，系统采用压力负反馈闭环控制方式。在水泵出水口干管上设压力传感器，实时采集管网压力信号，由 AI 通道送入现场 DDC，经放大器放大后得到反馈信号，与给定压力信号进行比较，其差值在 PLC 控制器内经一定的控制算法（如 PID 等）后，输出控制信号 AO 控制变频器的输出频率变化，从而改变电动机 - 水泵的转速，使水泵出口压力维持在所设定的数值上，达到恒压供水的目的。当系统用水量增加时，水压下降，DDC 使变频器的输出频率提高，水泵的转速提高，供水量增大，维持系统水压基本不变；当系统用水量减少时过程相反，控制系统使水泵减速，维持系统恒压。

若有多台水泵组成变频调速恒压供水系统，可采用一台变频调速器配合可编程序控制器，实现多台水泵的循环软起动和调节运行。多台并联水泵的工频电源与变频电源的切换由 DDC 控制，并联水泵的台数视需求而定。采用三台并联水泵的恒压供水系统原理如图 7-2 所示。水泵电动机的供电系统由工频电网和由变频器提供的变频电源组成，通过现场控制器（DDC）将各水泵按一定规律投入（或切除），以获得最佳配置状态。

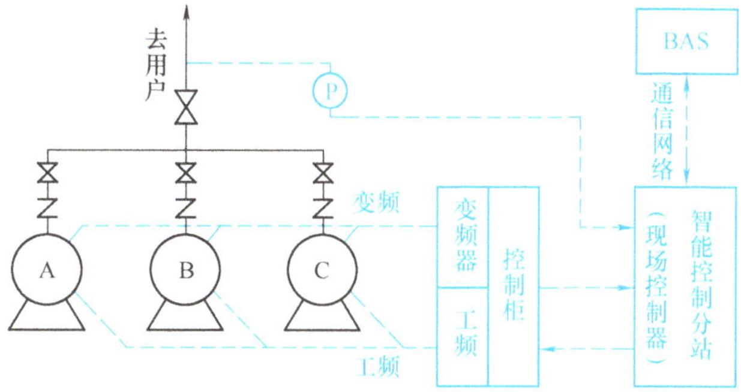

图 7-2　恒压供水系统原理图

该系统根据用户的实际用水量确定投入水泵的台数，并通过压力负反馈闭环控制系统自动调节水泵转速以达到保证供水管网压力维持恒定的目的。在正常运行中，只有一台水泵工作于变频调速状态，其余水泵或工作于工频状态或处于停机状态。

现场控制器一方面根据压力检测信号控制变频器实现图 7-3 所示的水泵调速，另一方面，按预定的规律控制各水泵的运行。系统投入运行时，由变频器驱动 A 泵首先起动，其转速由零逐渐增加，管网水压逐渐升高。当需水量增加时，管道压力减小，通过系统调节，变频器输出频率增加，水泵驱动电动机的转速增加，水泵出口流量亦增加。当变频器的输出频率增至工频 50Hz，水压仍达不到设定值时，现场控制器或可编程序控制器发出切换指令，水泵 A 切换至工频电网运行，同时又使水泵 B 接入变频电源软起动运行，依次类推，直到管道水压达到设定值为止。若所有水泵全部投入，并且都在工频下运行，管道压力仍不能达到设定值时，则 DDC 发出报警信号。当需水量减少时，供水管道水压升高，通过系统调节，变频器输出频率降低，水泵的驱动电动机的转速降低，水泵出口流量降少。当变频器输出频率降至起动频率时，水压仍高于设定值，可编程序控制器发出指令，将水泵A由工频电网切除，水泵B仍由工频电网供电，水泵C仍由变频器供电，对水压进行调节，维持供水压力的稳定。依次类推，直至水压降至需求值为止。需水量又增加时，DDC仍按原（A－B－C－A）顺序控制水泵的起动运行。

恒压供水系统的控制由现场控制器和电控柜组成。其中电控柜又分为恒速泵控制柜和变速泵控制柜，前者由继电器、接触器组成，用来将工频电源引向各水泵电动机，后者装有变频器、接触器等，用来产生变频电源，并送往各台水泵电动机。两个控制柜都要受到现场控制器的控制。若给水控制系统是一独立系统，不纳入BAS时，现场控制器可以是PLC或其他工业控制机，配以压力传感器实现对管网水压的自动测量、参数的设定，并据此发出控制信号实现泵组的工作配置及转速调节和工作状态的显示。若给水控制系统是BAS的一个子系统，该现场控制器最好是采用直接数字控制（DDC）的智能控制分站，其上应具有数据通信接口，以便与BAS进行通信。

变频恒压调速系统的恒压点要选择既具有代表性，又稳定的压力点，例如，选在远离水泵出口处。

4. 消防给水

高层建筑的高压消火栓或自动喷水灭火系统一般应设置高位消防水箱，但其往往受建筑结构设计的影响，致使高位消防水箱的静水压力值不能满足系统最不利点要求的压力值。为此，需专门设置消防加压供水系统。消防加压供水系统有三种形式：常用的加压设施由一只气压水罐和两台稳压泵（一用一备）组成；另一种形式则是直接采用两台加压水泵；第三种形式则是前两种形式的综合。前两种系统的原理及其监控与前述生活给水系统中的直接加压给水方式和气压给水方式相同。下面只简单叙述第三种形式的工作过程。

带有气压水罐的稳压泵的起动和停止由设在气压水罐上的压力传感器根据压力值进行控制。其运行控制方式可采用如下形式：在气压水罐上设置4个压力传感器限值，分别是一个上限值和三个下限值（下限值1＞下限值2＞下限值3）。当气压水罐上压力显示值降到下限压力值1时，自动起动一台常用稳压泵向系统供水，直至气压水罐上压力显示值升至上限压力值时自动停泵。如果常用稳压泵起动后，气压水罐压力显示值继续下降，当降到下限值2时，则自动起动备用稳压泵；如果两台稳压泵均起动后，气压水罐压力显示值仍然向下降，当降到下限值3时，则应自动直接起动加压消防水泵，并同时向消防控制室报警。因为，如果两台稳压泵起动后都不能稳住灭火系统的水压，则说明系统正大规模用水扑救火灾。这些信息可以通过网络传至消防控制中心系统的中央控制室，让操作人员了解当前的水位和压力状况。

在一些高层建筑、尤其是超高层建筑中为弥补消防水泵供水时扬程的不足，或为降低单台消防水泵的容量以达到降低自备应急发电机组的容量，往往在消防给水系统中增设中间接力水泵。

应特别强调，消防给水系统的监控是由消防控制系统FAS来完成的，BAS只进行监测，不进行控制。

7.1.2 排水系统的监控

高层建筑物一般都建有地下室，地下室的污水集水井（坑）一般低于城市排水管网的标高，故不能以重力排除，应先将污水集中收集于集水井中，然后由排水泵将污水提升，排至室外排水管或水处理池中。所以，建筑排水监控系统的监控对象为污水处理池、集水井和排水泵。

1. 排水系统的监测

1）污水处理池、污（废）水集水井的高低液位显示及越限报警。

2）水泵运行状态显示：监测水泵的起停及有关压力、流量等参数。

3）水泵过载报警：监视水泵的运行状态，当水泵出现过载时停机并发出报警信号。

2. 排水系统的控制

排水控制系统通常由液位计、现场控制器（DDC）及水泵电动机等设备组成。根据污（废）水集水井的水位控制排水泵的起停。当集水井的水位达到上限时，起动相应的水泵；当水位达到高限时，联锁起动相应的备用泵，直到水位降至低限时联锁停泵。

典型的排水系统监控原理图如图7-3所示。图中以污水集水井和排水泵为监控对象。系统设有两台潜水泵，正常情况下一用一备，由DDC进行控制，以保证排水安全可靠。

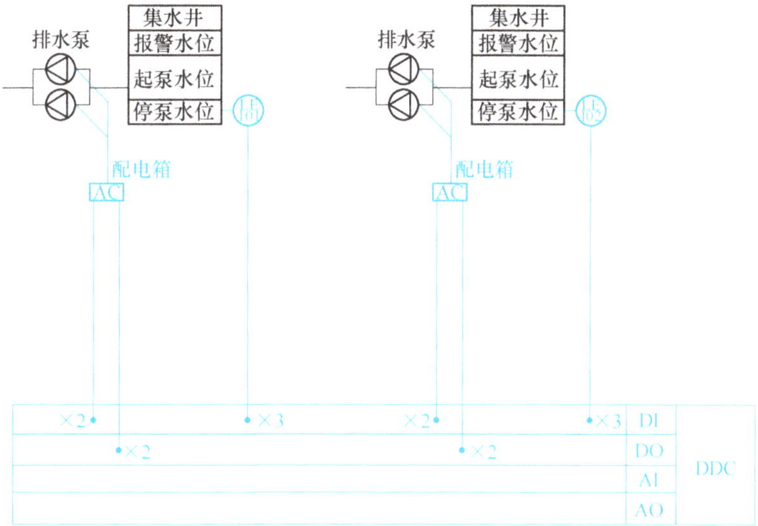

图7-3　典型的排水系统监控原理图

集水井设三个液位计监测液面位置，分别是下限液位（停泵水位）、上限液位（起泵水位）和高限液位（报警水位），监控系统根据集水井水位的变化，控制工作泵的起停。液位信号通过DI通道送入现场DDC，当集水井中水位达到上限时，DDC起动一台排水泵运行开始排污，直到水位降至下限时停止排水泵运行。当污水流量较大，水位达到高限时，监控系统发出报警信号，提醒值班人员注意，同时将备用泵投入运行。

排水系统的运行状态监控与给水系统监控相同，也是将水泵主电路上交流接触器的辅助触点作为开关量输入信号，接到DDC的DI输入通道上监测水泵的运行状态；将水泵主电路中热继电器的辅助触点通过1路DI通道，提供水泵过载停机和过载报警信号。

3. 设备运行时间累计与用电量累计

运行时间累计为物业定时维修提供依据，并根据每台泵的运行时间自动确定作为工作泵或是备用泵。

7.2 电气设备监控系统

供配电系统是智能建筑的命脉。智能建筑供配电系统的安全、可靠运行对于保证智能建筑内人身和设备财产安全，保证智能建筑各子系统的正常运行，具有极其重要的意义。

7.2.1 供配电系统

1. 供配电系统的一般概念

电能由发电厂生产，为便于长距离输送，都要经过升压变电站（所）将其升为高等级电压（如220kV），经高压输电线路将高压电输送到各个地区，再经区域降压变电站（所）降压后，输送到各用电单位的变电站（所），由变电所变换为所需的各种等级电压，再通过配电线路送给各电能用户。这样一个由不同电压等级的电力线路将发电、输电、变电、配电和用电联系起来的整体称为电力系统。图7-4所示为电力系统示意图。

1）电力系统中不同电压等级的电力线路及其联系的变电站（所）称为电网。

2）将来自电网的电源经电力变压器变换成另一电压等级后，再由配电线路送至各变电所或供给各用电负荷的电能供配电场所称为变配电所，简称变电所。

3）引入电源不经过电力变压器变换，直接以同级电压重新分配给附近的变电所或供给各用电设备的电能供配电场所称为配电所。

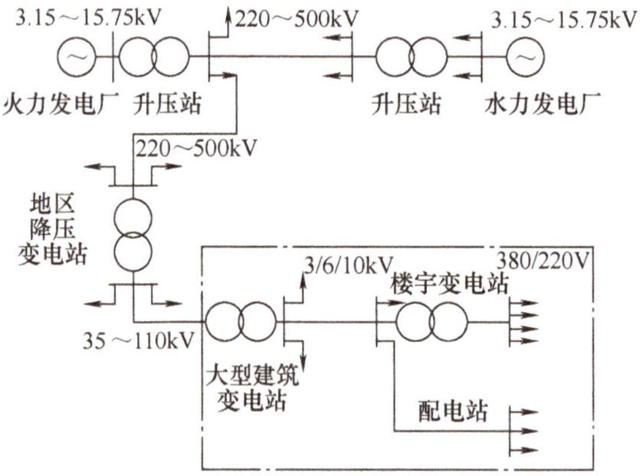

图7-4 电力系统示意图

智能建筑中安装有大量的用电设备，需要消耗大量的电能，是一个电能用户。它为了接受和使用来自电网的电能，需要一个内部的供配电系统，该系统由高压及低压配电线路、变电所（配电所）和用电设备（负荷）组成，图7-5中点画线部分表示建筑供配电系统。大型或特大型建筑设有总降压变电所，把35～110kV电压降为6～10kV，再向各小型变电所供电，小型变电所把6～10kV降为380/220V电压对低压设备供电。中型建筑，一般电源进线为6～10kV，经过高压配电所分配后输出几路高压配电线，以便将电能分别送到各建筑物变电所降为380/220V低压，再供给用电设备。小型建筑物的供电，一般只需一个将6～10kV降为380/220V的变电所。

2. 建筑供配电系统的负荷等级

在供配电系统设计时要考虑的一个重要问题是对供电可靠性的要求，所以要对不同用户负荷进行分析，合理划分不同用电设备的负荷等级，以便合理设计供电系统，使其经济、合理。电力负荷等级划分原则，主要是根据其供电可靠性及中断供电后在政治、经济上所造成的损失或影响程度而定。按照JGJ16—2008《民用建筑电气设计规范》对电力负荷划分为三个等级。一级负荷是指中断供电将造成人身伤亡，将在政治、经济上造成重大损失，造成公共场所的秩序严重混乱。二级负荷是指中断供电将在政治、经济上造成较大损失，影响重要单位正常工作，造成有较多人员集中的公共场所秩序混乱的用电负荷。三级负荷指一般的电力负荷，即所有不属于一级和二级负荷者。

智能建筑的用电设备很多，根据用电设备的功能又可将用电负荷分为三类，即保安型、保障型和一般型。

（1）保安型负荷　保证大楼内人身安全及智能化设备安全、可靠运行的负荷。这类负荷有：消防负荷、通信及监控管理用计算机系统、应急照明等用电负荷。

（2）保障型负荷　保障大楼运行的基本设备负荷。这些负荷有：主要工作区的照明、插座、生活水泵、电梯等。

（3）一般型负荷　除上述负荷以外的负荷，如一般的电力、照明、暖通空调设备、冷水机组、锅炉等。

在智能建筑的用电设备中，保安型负荷属于一级负荷，保障型负荷属于二级负荷，一般型负荷属于三级负荷。

3. 建筑供配电系统主接线方式

智能化建筑具有高标准、多元化功能，内部配套电器设备多、用电负荷大，对供电可靠性及供电质量要求都很高，同时还具有人员密度大、火灾隐患多、对消防保安要求高的特点。因此，变电所内通常设两台电力变压器，采用一路主供、一路备用的方式集中供电。

图 7-5 所示是考虑有应急发电机的智能建筑变电所的典型供配电系统主接线。图中高压侧设有电压互感器和电流互感器，用来测量电压，电流，有功、无功功率。高、低压侧均设置母线联络开关 QFL1、QFL2，并增设了自备发电机和相应的母线联络转换开关 QFL3。一级和重要的二级负荷都集中在与变压器 2T 低压侧相连的低压母线上，在两路供电电源都停电的情况下，起动自备发电机并接通 QFL3，为这些负荷供电。图中虚线连接的两个断路器互相闭锁，即一个闭合另一个必须断开，这是为了避免自备发电机与正常市电同时并联运行而导致自备发电机被损坏。

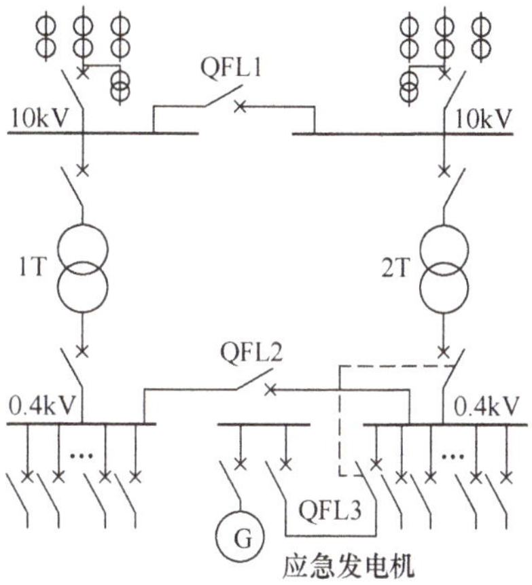

图 7-5　智能建筑变电所主接线方式

自备应急发电机组应始终处于准备起动状态。一旦市电中断时，机组应立即自动起动，并在 15s 内投入正常供电；当市电恢复正常时，机组维持 5min 不卸载运行，之后切断 QFL3，发电机组再空载冷却运行约 10min 停机，彻底退出系统。图 7-6 所示为 BAS 对柴油发电机及巡更和门禁的监测原理图。应急柴油发电机组监测内容包括电压、电流、日用油箱油位、蓄电池电压参数，机组运行状态、故障信号。BAS 对柴油发电机仅起着监测作用，发电机的控制由机组自带的控制系统完成。

4. 供配电系统的监控

建筑物中的供配电系统都有相对完善的、符合电力行业要求的二次仪表测量及保护装置，供电管理部门对各种高低压设备的控制有严格的限制，配有专用的监控设备。它在智能建筑中，作为设备监控系统的一个组成部分，计算机供配电监控系统的主要任务是对供配电系统中各种设备的状态和供配电系统的有关参数进行实时的监视、测量，并通过计算处理，供显示、打印、存储及分析使用，使 BAS 管理中心能够及时了解供配电系统运行的情况，

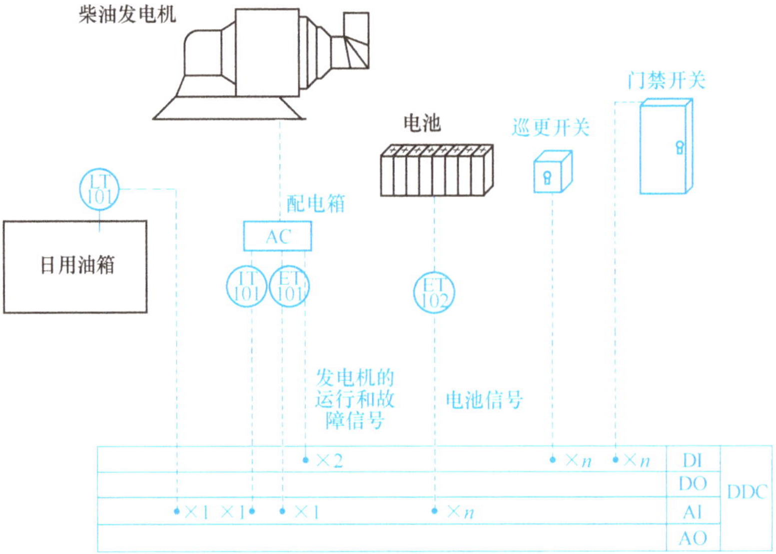

图7-6 BAS对发电机的监控图

完成对各种重要的供配电设备的监测与管理。

(1) 供配电监控系统的监控对象 供配电监控系统的监控对象为高压系统、低压系统、直流系统、变压器、备用发电机系统的有关设备的状态控制，以及系统电流、电压、功率等参数的监测，监测的信号由相应设备上的电压互感器、电流互感器、电能传感器、温度传感器及开关设备辅助触点上获得，经过变送器转换为统一的直流参量，再经过A-D转换送入现场监控器中。由监控站输出的控制信号一般送到相应的操作机构的线圈上，控制某些断路器或开关设备自动接通或分断。高压线路电流、电压的测量方法如图7-7所示（对低压线路电压、电流的测量方法与之类似，只是互感器的变比不同而已）。输出0～5V、0～10V或0～10mA、4～20mA的标准模拟量信号送往DDC的AI端子。有的传感器把被测信号变为占空比可变的开关量信号（脉冲）送往DDC的DI输入端子。电气设备的运行状态通过被测设备的辅助触点转换为ON/OFF（1/0）信号直接送往DDC的DI输入端子。功率因数的检测是通过电压、电流以及两者之间的相位差得到的。有了电压、电流、功率因数，通过运算即可间接得到有功功率和无功功率。当然也可采用专门的变送器实现。目前还广泛使用称为"多参数电力监测仪"的智能化检测装置，该装置只需简单地接入三相电源中，从不同的端子上即可输出各种电力参数，它还提供数据通信接口，可以作为网络的一个节点与其他计算机进行通信。图7-8所示为BAS对低压配电部分DDC监测原理图。

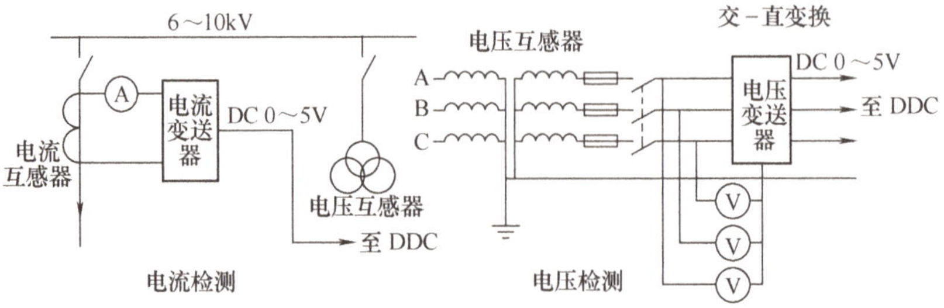

图7-7 高压线路电流、电压的测量方法

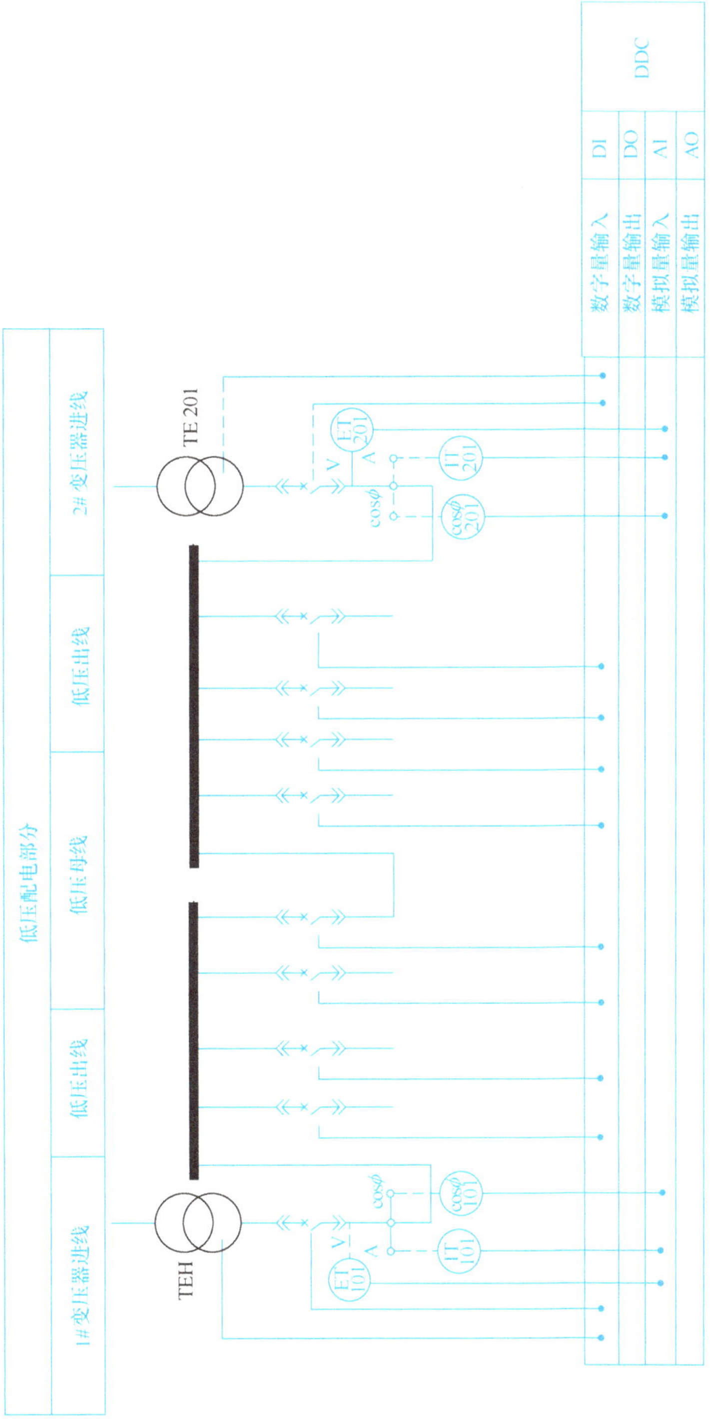

图7-8　BAS对低压配电部分DDC监测原理图

ET—电压变送器　IT—电流变送器　cosφ—功率因数变送器

（2）监控对象的特点　智能建筑与一般的建筑相比，在供电方面具有以下特点：

1）供电可靠性要求高。

2）用电设备多，有电气照明设备、电梯设备、给排水设备、冷热源设备、洗衣房设备、厨房设备、暖通空调设备、消防用电设备及弱电设备等。

3）电气线路多，电气设备用房多。

4）耗电量大。

（3）监测内容　供配电监控系统的监测内容为：

1）线路状态监测与报警。其内容包括高压进线、出线，低压进线、部分重要负荷出线及母线的断路器状态监测，故障报警。

2）高压电源监测。其内容包括电源电压、电流、有功功率、无功功率、功率因数、频率自动监测及供电质量计算。一般高压电源的监测由供电部门完成，即所谓高供、高测。

3）备用电源监测与报警。其内容包括柴油发电机起动及供电断路器工作状态自动监测；供电电压、电流、频率及发电机转速、柴油机油箱油位、水温等参数的自动测量及显示、报警；直流电源输出电压、电流监测，过电压、过电流保护及报警。

4）变压器监测与报警。其内容包括变压器二次电压、电流、功率、温升的自动监测、显示及报警。

5）负荷监测与报警。其内容包括各级负荷的电压、电流、功率自动监测显示与报警。

6）系统电量计量与报警。其内容包括系统有功电能、无功电能、功率因数等测量与系统报警。

7）系统保护监测与报警。系统保护信号有过电流保护、速断保护、重合闸保护、温度保护、差动保护、接地故障保护、过电压保护、欠电压保护、过载保护、电动机保护、变压器保护等，这些保护信号即为故障信号。这些信号在二次回路设计中通过信号继电器来接通仪表作为就地指示，事故信号送入计算机监控系统时，则计算机监控系统也显示与报警。系统保护监测与报警由供配电的专用设备完成。

8）火灾时，切断相关区域的非消防电源。

（4）供配电系统的自动控制　供配电综合自动化系统可对系统的主开关、断路器等设备的工作状态进行自动控制。控制过程为监控装置根据现场监测信号输入到现场控制器中，并与中央监控站进行信息交换，然后由控制器发出控制命令通过接口单元驱动某个断路器或开关设备的操作机构，从而实现供配电回路的接通或分断，这些任务由专用设备完成。供配电系统设备的控制内容如下：

1）高低压断路器、开关设备按顺序自动接通、分断，高、低压母线联络断路器按需要自动接通、分断。

2）柴油发电机组备用电源的开关设备按顺序自动投入或自动脱离，即由开关设备的自动分、合闸实现备用电源与市电供电的转换。

（5）节能管理　现场监控站的监控器根据用电量的统计与分析，通过预先编制的程序对用电高峰和低谷用电状况下变压器投入的台数进行合理的控制，提高变压器的利用率，而且供配电专用监控系统通过软件对用户用电量的监测、分析、预测，对系统负荷做相应的控制与调整，最终达到节约用电的目的。供配电监控系统和其他设备监控子系统一样，可以是集散式系统，也可以是基于现场总线的全分布式系统。在监控中心，从中央计算机的图形界面上可以直观地表示出供配电系统的接线图及各设备的工作状态、电力参数等，也可显示各种历史数据的统计表和各供电回路的负荷曲线等信息。随着现场总线技术的发展，出现了智能化的高低压电器，如智能化断路器、智能化接触器、智能化磁力起动器等。所谓智能化，是指在这类电器中，本身带有以微处理器为核心的监控装置，该装置作为高低压电器的一个组成部分，能够从连接电器的主回路上检测到电源的各种参数（电压、电流、有功功率、无功功率、功率因数、频率等），内部软件根据检测结果决定该电器设备是否跳闸保护，是否发出报警；同时，这种智能化电器都有标准的通信接口，作为智能化现场设备通过现场总线互连形成全分布式系统。这样，不仅把集散系统中 DDC 的功能进一步分散到每一个现场电器设备，增加了系统的可靠性和灵活性，而且节省了大量的传感器、变送器、辅助开关和连接导线，简化了现场施工。智能化电器将在 BAS 的供配电监视系统中发挥越来越重要的作用。图 7-9 所示为典型供配电监测系统图。

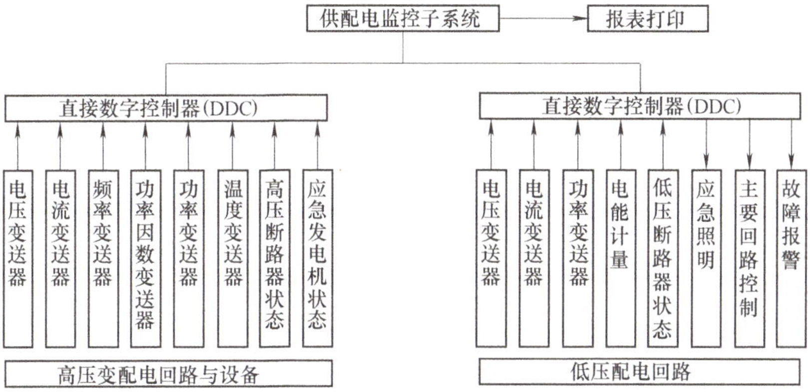

图 7-9　典型供配电监测系统图

（6）BAS 的监测　其内容如下：

1）监测参数：电压、电流、断路器状态、功率因数等。

2）报警：故障状态报警，变压器温升越限报警。

3）电量计量：自动计算有功功率、无功功率，统计动力照明各回路耗电量。

7.2.2　照明设备监控

电气照明是建筑物的重要组成部分之一。在现代化建筑中，照明系统可以烘托建筑造型、美化环境，是营造良好、舒适的光环境的重要手段。在智能建筑中照明用电量很大，一般仅次于空调用电，所以照明控制不仅要按照不同的时间和用途对环境的光照进行控制，提供符合工作、休息或娱乐所需的照明，产生特定的视觉效果，改善工作环境，提高工作效率；而且还要达到良好的节电效果，实现照明节能目标。

1. 照明监控系统的一般概念

（1）照明系统的组成　照明系统由照明装置及其电气设备组成。照明装置主要是指灯具，照明电气设备包括电光源、照明开关、照明线路及照明配电箱等。照明的基本功能是创造一个良好的人工视觉环境，保护视者的视力健康。在一般情况下是以“明视条件”为主的功能性照明；在那些突出建筑艺术效果的场合，照明的装饰功能加强，成为以装饰为主的艺术性照明。

（2）照明设备监控系统的任务 根据预先设定的程序控制各类照明灯具的开启、关闭，监视照明配电系统的工作状态并对系统进行管理，保证其正常工作，达到照明设计的要求，产生满意的视觉效果；并通过对照明系统的有效控制达到节能目的。

（3）照明系统的控制方式 合理的照明控制可以达到舒适照明和节能的双重目的。照明控制一般有以下几种模式：

1）波动开关控制方式。该方式是以波动开关控制一套或几套灯具的控制方式，这是采用得最多的控制方式，它可以配合设计者的要求随意布置，同一房间不同的出入口均需设置开关，单控开关用于在一处启闭照明。双程及多程开关用于楼梯及过道等场所，在上、下层或两端多处启闭照明。该控制方式线路繁琐，维护量大、线路损耗多，很难实现舒适照明。

2）断路器控制方式。该方式是以断路器控制一组灯具的控制方式。此方式控制简单，投资小，但由于控制的灯具较多，造成大量灯具同时开关，在节能方面效果很差，又很难满足特定环境下的照明要求，因此，在智能楼宇中应谨慎采用该方式，尽可能避免使用。

3）定时控制方式。该方式是以定时控制灯具的控制方式，适用于那些按时间规律点亮的灯具的控制。该方式可利用 BAS 接口，通过控制中心实现。灯具按预定的时间开启和关闭，避免其长期点亮带来的电能浪费。但这种方式灵活性较差，不能自动适应天气变化或作息时间临时变化等情况。

还有一类延时开关，特别适合用在一些短暂使用照明或人们容易忘记关灯的场所，使照明点燃后经过预定的延时时间后自动熄灭。

4）光电感应控制方式。光电感应开关通过测定工作面的照度与设定值比较，来控制照明开关，这样可以最大限度地利用自然光，达到更节能的目的；也可提供一个较不受季节与外部气候影响的相对稳定的视觉环境。该方式特别适合一些采光条件好的场所，当检测的照度低于设定值的极限值时开灯，高于极限值时关灯。

5）智能控制方式。智能控制方式除也可进行定时控制外，主要是进行人员活动检测控制和合成照度控制。该方式是采用传感器检测照明区域的人员有无和自然光的强弱，控制照明灯具的开启/关闭以及调节照明的亮度。人员活动检测控制是在照明控制区域内安装声、光、红外传感器，检测该区域内是否有人员活动。当发现人员离开该区域，控制装置按程序中预先设定的时间延时后，自动切断照明电源或控制照度维持在最低限度，达到节省电能的目的。合成照度控制是采用光线传感器检测某区域自然光，将检测信号送到控制器的输入端子，控制器根据这个输入信号的大小控制该区域灯具的亮度。这样既可充分利用自然光，达到节能的目的，又可提供一个基本不受季节与外部环境影响的相对稳定的视觉环境，以满足舒适照明的需要。

2. 照明智能控制的优点

1）提高照明质量，改善视觉环境。如前所述，智能调光控制能改善照明质量，创造一个健康、舒适的工作环境。

2）节省能源，提高管理水平，减少系统运行费用。

3）保护灯具、延长灯具寿命。

4）友好的图形操作界面。智能照明控制系统具有现代控制技术的特点，配置微型计算机和专门的控制管理软件。管理人员可在中央控制室通过计算机监视、控制各照明子系统上各类器件的工作状态，同时可修改或重新设置各类器件的参数，对整个建筑的照明系统进行图形化的管理操作。此外，系统还可通过调制解调器（Modem）连入远程维护中心，可实现对整个系统远程维护。

3. 照明监控系统内容

（1）走廊、楼梯等公共区域照明监控　走廊、楼梯等公共区域的照明控制方法通常采用定时控制或采用定时与声光控制相结合的控制方式。下班后和夜间除保留必要的值班照明、庭院照明外，其他的照明灯应及时关掉，以节约能源。当办公区有员工加班时，楼梯间、走廊等公共区域的灯保持基本的亮度，只有当所有办公区的人走完后，才将灯关掉。因此，可以按照预先设定的时间编制程序进行开关控制，并监视开关的状态。

（2）办公室照明监控　办公室照明应为办公人员提供一个良好、舒适的视觉环境，以提高工作效率。办公室应采用光环境质量高、经济效果好的人工照明系统来自动控制室内的照明。它由射入室内的自然光和人工照明协调配合而成，无论阴天与晴天、清晨与傍晚或夜间自然光发生多大变化，也无论房间朝向与进深尺寸多少，都能保持良好的照明环境，创造舒适的视觉效果。其采用的调光原理是，通过配置自然光传感器检测自然光的强弱来调节人工照明的照度，当自然光较弱时，自动增强人工照明；当自然光较强时，自动减弱人工照明，使人工照明与自然光成反比变化，两者始终能够动态地补偿，以保持室内恒定的亮度。在实际工程中，应测出室内自然光照度分布曲线，根据对照明空间的照明质量要求确定调光方式和控制方案。调光时，依据工作面上所需的照度要求标准及检测到的自然光强弱，调节照明灯具的照度，使其达到理想状态。另外，还应根据作息时间表预先编制时间控制程序，按照工作、休息、就餐等时间段分别进行照明的控制。当每个工作日结束时，系统将自动进入休息工作状态，自动调暗各区域的灯光。同时，系统的动静探测功能将自动生效，让没有人的办公室的灯光自动关掉，保证有员工加班的办公区灯光处于合适的亮度。

（3）障碍照明、建筑物泛光照明监控　航空障碍灯根据当地航空部门要求设定，一般装设在建筑物顶端。障碍照明属于一级负荷，应接入应急照明回路，可根据预先设定的时间程序控制，并进行闪烁，或光电器件根据室外自然光的照度来控制障碍照明的开启与断开。夜晚，对智能建筑可采用投光灯进行泛光照明，当色彩配合协调、明暗搭配合理时，可使大厦夜间看上去更加玲珑剔透、绚丽多彩，增加城市的色彩，给人以美的享受。泛光照明可采用预先编制定时程序的方法进行控制，同时对各组照明开关的状态进行监视。

（4）应急照明及照明设备的联动监控　当建筑内有突发事件发生时，需要照明系统做出相应的联动配合。市电停电后，应启动事故照明；当有火警时，联动正常照明系统关闭，启动事故照明和疏散照明；当有防盗保安报警时，联动相应区域的照明灯开启。照明监控系统结构图如图 7-10 所示。

7.2.3　电梯系统监控

电梯是智能建筑必备的垂直交通工具。智能建筑的电梯包括普通客梯、消防梯、观光梯、货梯及自动扶梯等。电梯由轿厢、曳引机构、导轨、对重、安全装置和控制系统组成。对电梯控制系统的要求是：安全可靠，起、制动平稳，感觉舒适，平层准确，候梯时间短，节约能源。在智能建筑中，对电梯的起动加速、制动减速、正反向运行、调速精度、调速范

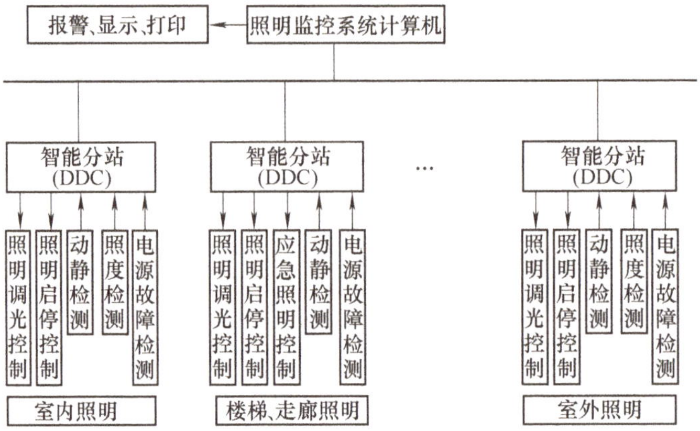

图 7-10 照明监控系统结构图

围和动态响应等都提出了更高的要求。因此，电梯通常都自带计算机控制系统以完成对电梯自身的全部控制，并且应留有与 BAS 的相应通信接口，用于与 BAS 交换需监测的状态、数据信息。

1. 电梯系统监控的内容

1）按设定的运行时间表起/停电梯、监视电梯运行方式、运行状态、故障及紧急状况检测与报警。

① 运行方式监测：包括自动、司机、检修、消防等方式检测。

② 运行状态监测：包括起动/停止状态、运行方向、所处楼层位置、安全、门锁、急停、开门、关门、关门到位、超载等，通过自动检测并将各状态信息通过 DDC 送监控系统主机，动态地显示出各台电梯的实时状态。

③ 故障检测：包括电动机、电磁制动器等各种装置出现故障后，自动报警，并显示故障电梯的地点、发生故障时间、故障状态等。

④ 紧急状况检测：通常包括火灾、地震状况检测、发生故障时是否关人等，一经发现，立即报警。

2）多台电梯群控管理。以装有多部电梯的办公大楼为例，在上、下班和午餐时间的客流十分集中，而其他时间比较空闲。如何在不同客流时期，自动进行调度控制，使之既能减少候梯时间、最大限度地利用现有交通能力，又能避免数台电梯同时响应同一召唤造成空载运行、浪费电力，这就需要设置自动控制系统，自动选择最适合于客流情况的输送方式。群控系统能对运行区域进行自动分配，自动调配电梯在运行区域的各个不同服务区段。服务区域可以随时变化，它的位置与范围均由各台电梯通报的实际工作情况确定，并随时监视，以便随时满足大楼各处不同厅站的召唤。

① 在客流量很小的“空闲状态”，空闲轿厢中有一台在基站待命，其他所有轿厢被分散到整个运行行程上。为使各层站的候梯时间最短，将从所有分布在整体服务区中的最近一站调度发车，不需要运行的轿厢自动关闭，避免空载运行。

② 上班时，几乎没有下行乘客，客流基本上都上行，可转入“上行客流方式”，各区电梯都全力输送上行乘客，乘客走出轿厢后，立即反向运行。

③ 下班时，则可转入“下行客流方式”。

④ 午餐时，上、下行客流量都相当大，可转入“午餐服务方式”，不断地监视各区域的客流、随时向客流量大的区域分派轿厢以缓解载客高峰。

群控管理可大大缩短候梯时间，改善电梯交通的服务质量，最大限度地发挥电梯作用，使之具有理想的适应性和交通应变能力，这是单靠增加台数和梯速所不易做到的。通过控制电梯组的起/停台数，还可节省能源。

3）配合消防系统协同工作。发生火灾或地震灾害时，普通电梯直驶首层、放客，切断电梯电源；消防电梯由应急电源供电，在首层待命。

4）配合安全防范系统协同工作。接到防盗信号时，根据保安要求自动行驶至规定楼层，并对轿厢门实行监控。

2. 电梯监控系统的构成

专用电梯监控系统是以计算机为核心的智能化监控系统，如图 7-11 所示。电梯监控系统由主控计算机、显示装置、打印机、远程操作台、通信网络、现场控制器 DDC 等部分组成。主控计算机负责各种数据的采集和处理，显示器采用大屏幕高分辨率彩色显示器，用于显示监视的各种状态、数据等画面，以及作为实现操作控制的人机界面。电梯的运行状态可由管理人员在监控系统上进行强行干预，以便根据需要随时起动或停止任何一台电梯。当发生火灾等紧急情况时，消防监控系统及时向电梯监控系统发出报警和控制信息，电梯监控系统主机再向相应的电梯现场控制器 DDC 装置发出相应的控制信号，使它们进入预定的工作状态。

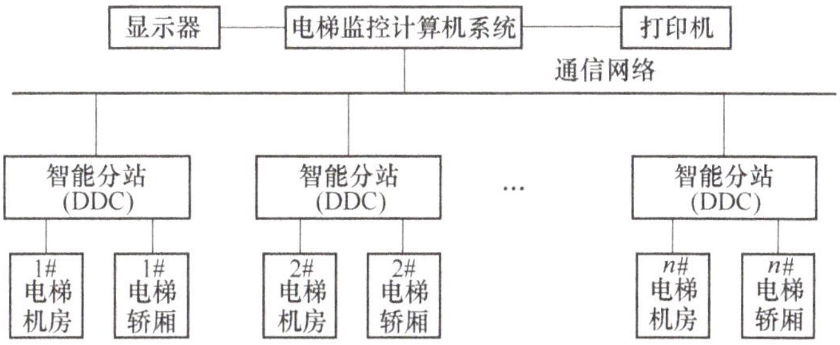

图 7-11　电梯监控系统结构图

电梯监控平台的人机界面由以下部分组成：

1）设定智能建筑中每一部电梯的显示画面。可以看到电梯在智能楼宇中的运动过程和开关门动作，并在每一层都设置三个图形标志，分别表示本层内选、上行外呼和下行外呼。它们的显示和更新与实际电梯的内选、外呼是同步的。

2）第二种画面显示一个实际轿厢内部的面对呼梯盒的画面。呼梯盒上部动态显示的是以箭头形式表示的电梯运行方向，电梯所到达的楼层（数字），它们的显示和实际轿厢中的显示是同步的，完全相同。并且显示轻载、满载、超载、司机、检修、消防、急停、门锁等几个指示灯，实时显示电梯所处的状态，以及实时显示电梯运行的速度、运行次数。

监控人员可以方便地在屏幕上通过以上画面观察到整个电梯的运行状态和几乎全部动、静态信息。

3. BAS对电梯系统的监测

BAS对电梯系统的监测原理图如图7-12所示。监测信号为硬接点方式取得的DI信号。主要监测内容如下：

1）状态检测：电梯的上升、下降以及运行状态。

2）报警：故障、地震以及火灾报警。

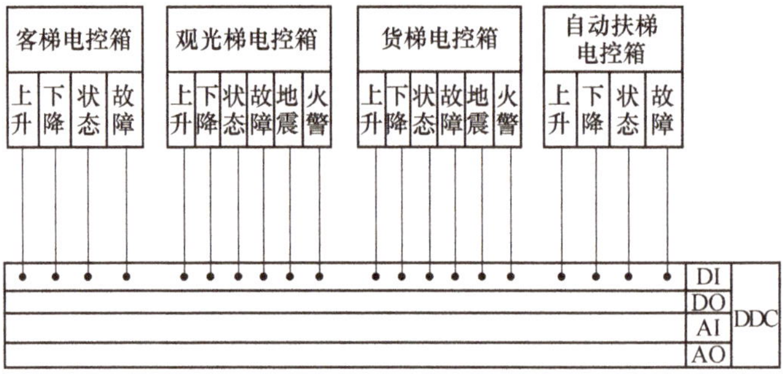

图7-12 BAS对电梯系统的监测原理图

7.3 火灾自动报警与消防联动控制系统

火灾自动报警与消防联动控制系统（FAS）是建筑设备管理自动化系统（BMS）中非常重要的一个子系统，是保障建筑物防火安全的关键所在。火灾报警与消防联动控制系统的宗旨是以防为主，防消结合。其功能是对火灾发生进行早期探测和自动报警，并能根据火情位置，及时对建筑内相关区域的配电、照明、电梯、广播以及消防设备等进行联动控制，灭火、排烟、疏散人员，确保人身安全，最大限度地减少财产损失。火灾报警及消防联动控制系统的技术基础是微电子技术、检测技术、自动控制技术和计算机技术。近年来由于这些先进技术在消防技术领域深入、广泛的应用，大大推动了火灾探测与自动报警技术、消防设备联动控制技术、消防通信技术的进步，扩大了消防自动化系统的功能，增加了系统自检、报警复核、探测器灵敏度自动调节及探测器维修预报等功能，使故障能及时确认及修复，减少误报，形成了具有智能化水平的火灾报警和联动控制系统。

火灾自动报警与消防联动控制系统（FAS）作为BMS的一部分，既可与BMS交换信息，通过BAS完成某些联动功能，又能与城市消防调度指挥系统联网运行，提供建筑物火灾及消防系统状况的有效信息，还可以在完全脱离其他系统或网络的情况下独立工作。

7.3.1 火灾自动报警系统

火灾自动报警系统的类型根据保护对象不同有三种：区域报警系统、集中报警系统和控制中心报警系统。火灾自动报警系统通常由火灾探测装置、火灾报警控制器、火灾警报装置及联动模块等组成。探测器对火灾进行有效探测，控制器进行火灾信息处理和报警控制，联动模块联动消防装置。火灾自动报警系统原理框图如图7-13所示。

1. 火灾报警控制器

火灾报警控制器是火灾自动报警系统的核心组成部分，它为火灾探测器供电、接收、记录和显示火灾报警信号，并对消防联动控制设备发出控制命令。火灾报警控制器有如下功能：

(1) 声光报警功能　当火灾探测器将检测到的火警信号送达火灾报警控制器时，火灾报警控制器应能接收、甄别火灾信号，当确认是火灾时，则应向消防系统及报警装置发出声光报警信号。

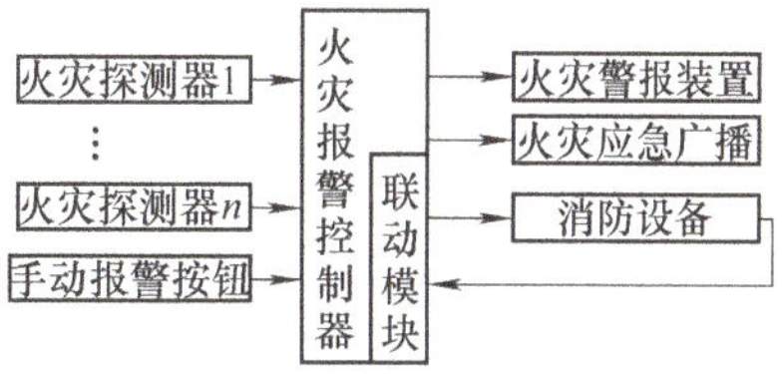

图7-13　火灾自动报警系统原理框图

(2) 故障检测功能　火灾报警控制器能对系统以及指定回路、指定探测器进行自动测试，确保控制器及整个系统正常工作。

(3) 记忆功能　当出现火灾报警或系统故障报警时，火灾报警控制器能记忆火灾或故障的地址与时间，并长期保存，直到人工复位，记忆才会消除。

(4) 联动输出功能　新型的火灾报警及联动控制系统中的火灾报警控制器均已兼有联动控制器很大一部分功能，因此火灾报警控制器在发出火警信号的同时，经过延时，能够输出高低电平或开关触点式的联动灭火信号，对消防水泵、排烟设备、避难诱导设备和火灾事故广播进行控制。

(5) 电源　火灾报警控制器内部均备有浮充电源，除为自身供电外，还要采用信号叠加的方式为火警探测器供电。

(6) 联网功能　智能建筑中的火灾自动报警与联动控制系统既要能独立完成火灾报警信息的采集、处理、判断和确认，实现自动报警与联动控制，同时还应能通过通信方式与建筑物的整个消防系统、建筑管理系统及城市消防中心实现信息共享和联动控制。

(7) 打印输出　一般附有热敏打印机，可打印报警信息、测试结果，有的还可以外接打印机。

火灾报警控制器按适应范围分为两种类型，即区域火灾报警控制器和集中火灾报警控制器，两者无本质区别。

2. 火灾警报装置

在火灾自动报警系统中，用于火灾发生时在报警区域发出声、光报警信号的装置叫火灾警报装置。它除可在火灾发生时发出声、光报警信号外，还可显示出报警位置、层号、类型、回路号等。

7.3.2　消防联动控制系统

1. 消防联动控制的内容

消防联动设备是火灾自动报警系统的重要控制对象。典型的智能防火系统中对消防联动控制的内容有：

1) 火灾报警及广播控制，即疏散广播、警铃控制。

2) 防排烟设施控制，即防火门、防火卷帘的控制，防火水幕控制，排烟控制，正压送风控制。

3) 灭火系统控制，如消防水泵控制、喷淋水泵控制、气体自动灭火控制。

4) 消防电梯控制。

5) 消防通信及其他消防设施的控制。

火灾自动报警及消防联动控制系统（报警控制中心）的原理框图如图7-14所示。控制

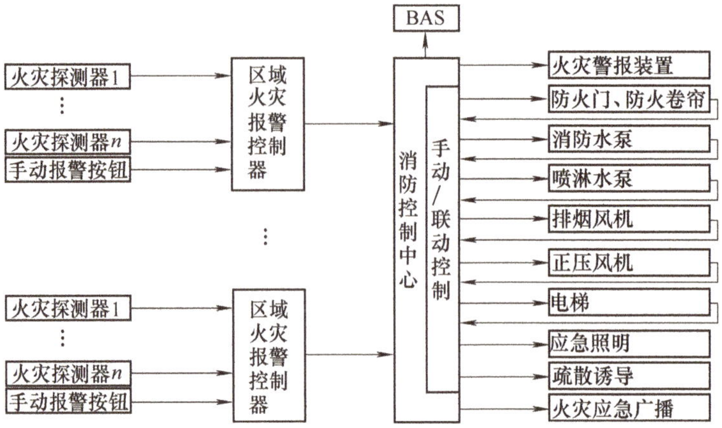

图7-14 火灾自动报警及消防联动控制系统的原理框图

中心设置集中报警控制器、图形显示设备、电源装置和联动控制器，与控制中心相连的受控设备有区域报警控制器和火灾探测器等。控制中心报警系统由至少一台集中报警控制器、一台专用联动消防控制设备、两台以上区域报警控制器和火灾探测器等组成。有的厂家的报警控制器允许一定数量的输入、输出控制模块进入报警控制总线，不用单独设置联动控制器，一般用于规模大，需要集中管理的群体建筑及超高层建筑，为智能型建筑中消防系统的主要类型。其中消防控制设备根据需要可由下列部分或全部控制装置组成：集中报警控制器、室内消火栓系统的控制装置；自动喷水灭火系统的控制装置；泡沫、干粉灭火系统的控制装置；卤代烷、二氧化碳等管网灭火系统的控制装置；电动防火门、防火卷帘的控制装置；通风空调、防烟排烟设备及电动防火阀的控制装置；电梯的控制装置；火灾事故广播设备的控制装置；消防通信设备等。系统应能集中显示火灾报警部位信号和联动控制状态信号，譬如控制消防泵的起、停；显示起、停按钮的状态；控制自动喷水灭火系统的起、停；显示报警阀、闸阀及水流指示器的工作状态；显示消防水泵的工作、故障状态等。

2. 消防联动控制系统的功能

消防联动控制系统在确认火灾后应具有以下功能：

1）系统能切断有关部位的非消防电源，并接通警报装置及火灾应急照明灯和疏散标志灯。

2）系统能控制电梯全部停于首层并接受其反馈信号。

3）消防控制设备对室内消火栓系统应有以下控制和显示功能：控制消防水泵的起、停；显示消防水泵的工作、故障状态；显示起泵按钮的位置。

4）消防控制设备对自动喷水和喷雾灭火系统应有以下控制和显示功能：控制系统的起、停；显示喷洒水泵的工作、故障状态；显示水流指示器、报警阀、安全信号阀的工作状态。

5）消防控制设备对管网气体灭火系统应有以下控制和显示功能：显示系统的手动、自动工作状态；在报警、喷射各阶段，控制室应有相应的声、光警报信号，并能手动切除声响信号；在延时阶段，应自动关闭防火门、窗，停止通风空调系统，关闭有关部位防火阀；显示气体灭火系统防护区的报警、喷放及防火门（防火卷帘）、通风空调等设备的状态。

6）消防控制设备对泡沫灭火系统应有以下控制和显示功能：控制泡沫泵及消防水泵的起、停；显示系统的工作状态。

7）消防控制设备对干粉灭火系统应有以下控制和显示功能：控制系统的起、停；显示系统的工作状态。

8）消防控制设备对常开防火门的控制，应符合以下要求：门的任一侧火灾探测器报警后，防火门应自动关闭；防火门关闭信号应送到消防控制室。

9）消防控制设备对防火卷帘的控制，应符合以下要求：疏散通道上的防火卷帘两侧，应设置火灾探测器组及警报装置，且两侧应设置手动控制按钮；疏散通道上的防火卷帘下降到底（应按下列程序自动控制下降：感烟探测器动作后，卷帘下降至地（楼）面1.8m；感温探测器动作后，卷帘下降到底）；用作防火分隔的防火卷帘，火灾探测器动作后，卷帘应下降到底；感烟、感温火灾探测器的报警信号及防火卷帘的关闭信号应送至消防控制室。

10）火灾报警后，消防控制设备对防烟、排烟设施应有以下控制和显示功能：停止有关部位的空调、送风机，关闭电动防火阀，并接收其反馈信号；起动有关部位的防烟和排烟风机、排烟阀等，并接收其反馈信号，控制挡烟垂壁等挡烟设施。

图7-15所示为传动管起动雨淋自动灭火系统控制接口示意图。图7-16所示为雨淋自动

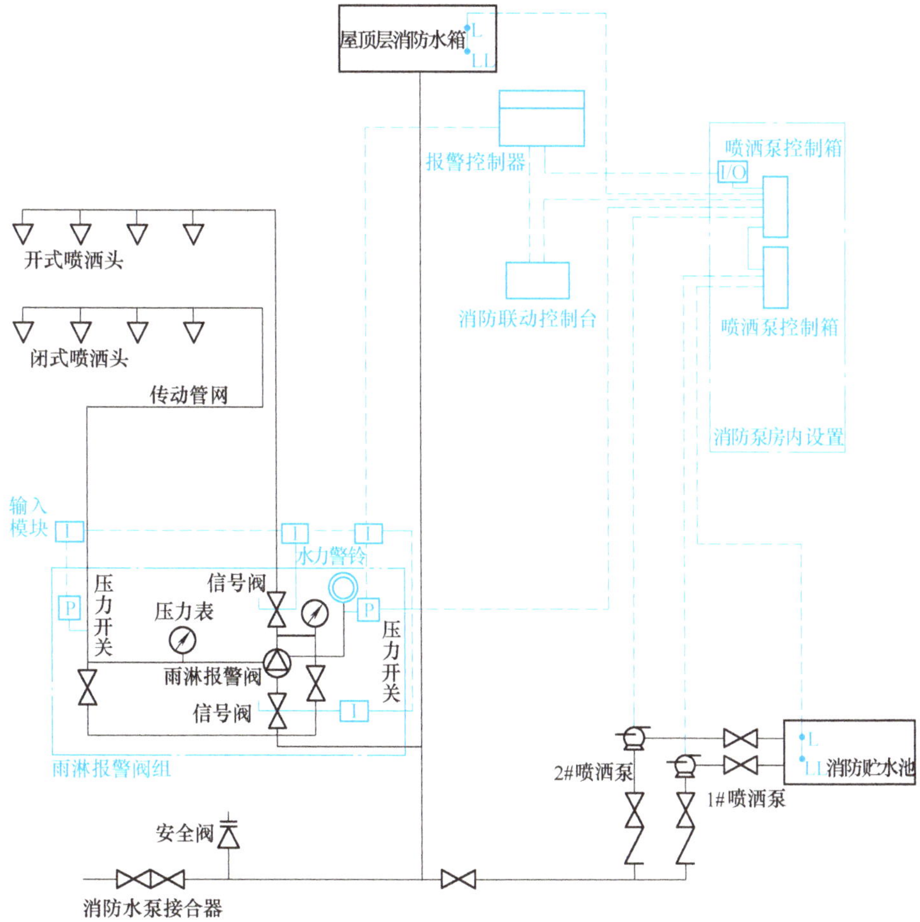

图7-15　传动管起动雨淋自动灭火系统控制接口示意图

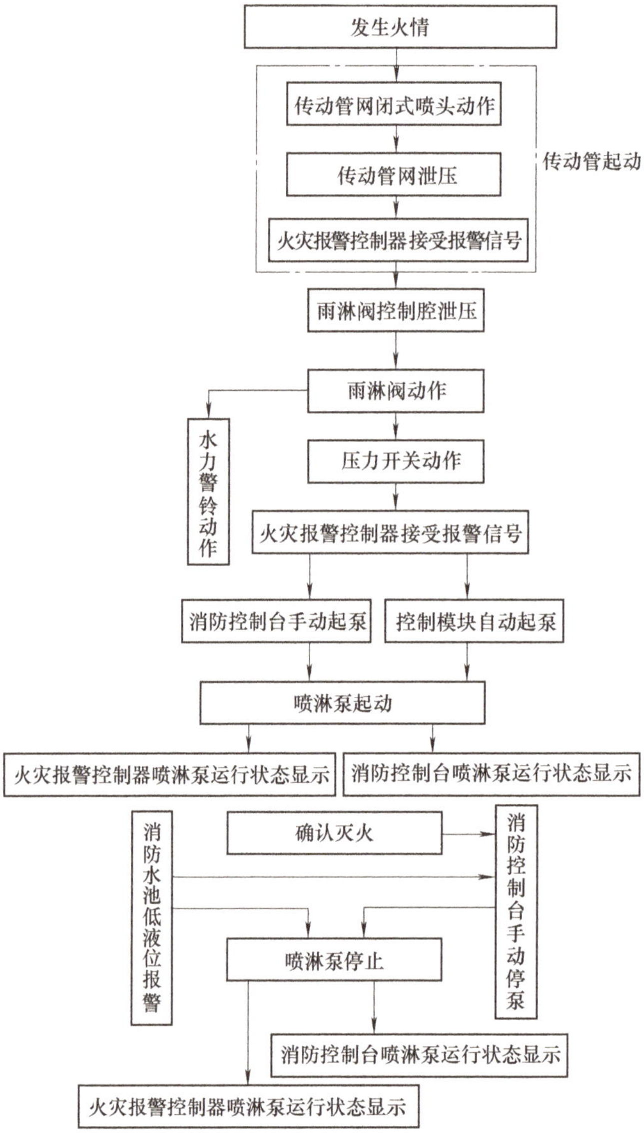

图7-16 雨淋自动灭火系统控制程序框图

灭火系统控制程序框图。图7-17所示为排烟风机、加压送风机系统控制接口示意图。图7-18所示为排烟风机、加压送风机系统控制程序框图。机械防排烟系统中需要控制的设备主要包括：防火阀、排烟阀（口）、加压送风口、排烟风机（包括对应的补风风机）和加压风机。火灾报警后应停止相关部位（一般为失火层及上下层）的风机（含空调机的风机）；关闭需电动关闭的防火阀（通常为切断与防排烟系统共用管路的平时使用系统）；起动失火处的排烟阀（口）并联锁起动对应的排烟风机；起动失火层及其上下层走道的排烟阀（口）并联锁起动对应的排烟风机；起动楼梯间加压风机，起动失火层及其上一层楼梯间前室、消防电梯前室及合用前室的加压送风口，联锁起动对应的加压风机。以上动作均要求接受反馈信号。当烟气温度超过280℃时，排烟阀、排烟风机入口的排烟防火阀将自动关闭，此时还

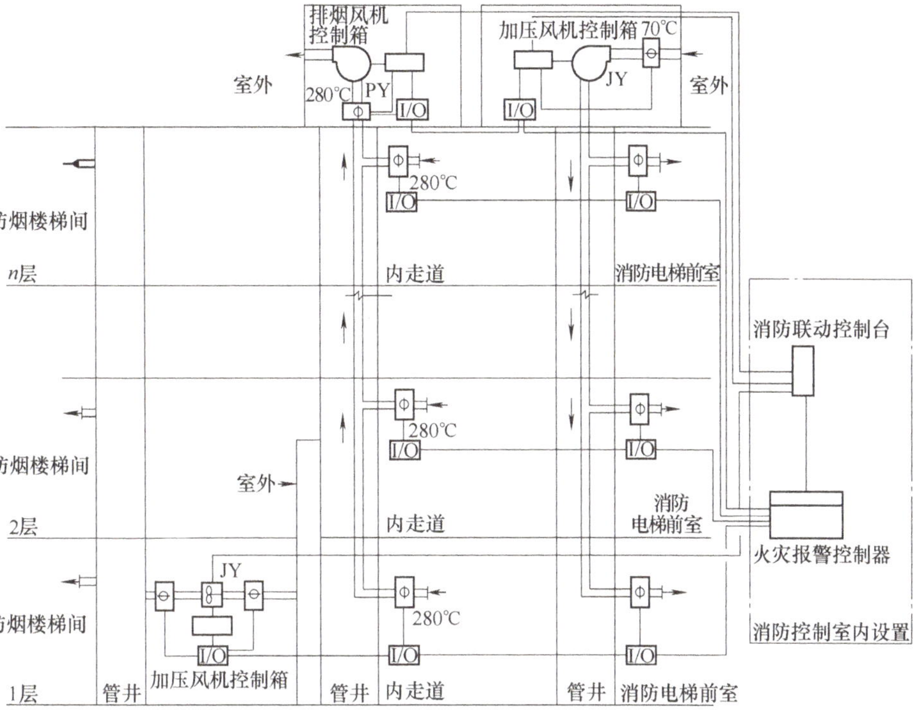

图 7-17　排烟风机、加压送风机系统控制接口示意图

应关停对应的排烟风机。此外，通风系统上的防火阀熔断关闭后应关停对应风机（含空调机的风机）。这项控制可由空调自动控制系统（高层建筑物一般为直接数字控制系统）完成，也可通过空调机及风机所配控制柜中的强电联锁完成，但都应向消防控制中心报警。采用数字式空调自动控制系统时，同一空调通风系统中的防火阀状态信号可合成一个 DI 点送入 DDC 中。火灾时应向防排烟设备提供事故电源，对于平时通风，但在火灾时兼做排烟或排烟补风的风机，则应提供平时和事故时的双路电源，并可及时切换。

图 7-19 所示为空调通风系统控制接口与控制框图。图 7-20 所示为火灾报警及消防控制系统示意图。图 7-20 所示为采用总线报警、总线控制方式；报警与控制总线分开，采用分支型连接方式；气体灭火采用集中控制方式；广播为多线分层控制方式。火灾应急广播是消防联动控制中的一类重要的安全设备。它起着组织火灾区域人员安全、有序地疏散撤离、通告灭火注意事项和指挥灭火的作用。警铃设置的目的是当火灾发生时，相邻防火区及相邻层的警铃将同时鸣响，通知人员进行疏散。

消防专用电话是重要的消防通信工具之一，是为了保证火灾自动报警系统快速反应和可靠报警，同时保证火灾时消防通信指挥系统的可靠、灵活、畅通。

消防电梯管理是指消防控制室对电梯特别是消防电梯的运行管理。火灾时，消防人员可根据需要直接控制电梯或由消防控制对电梯控制屏发出信号，强制电梯降至底层，并切断其电源，但应急消防电梯除外，应急消防电梯只供给消防人员使用。

火灾发生时还应启动火灾应急照明，其包括备用照明、疏散照明和安全照明。备用照明

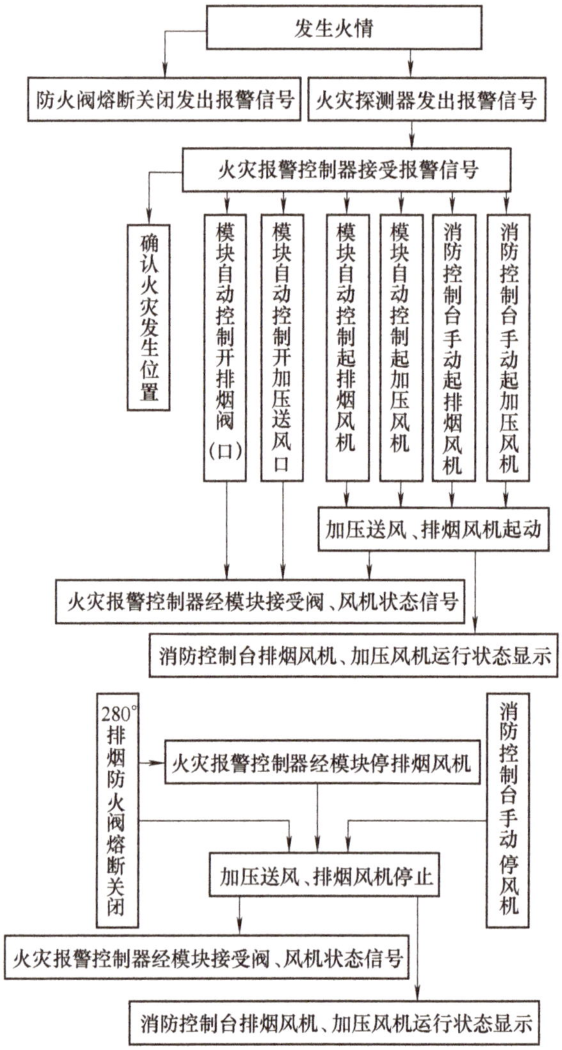

图7-18 排烟风机、加压送风机系统控制程序框图

应用于正常照明失效时，仍需继续工作或暂时继续工作的场合；疏散照明是在火灾情况下，保证人员能从室内安全疏散至室外或某一安全地区而设置的照明；安全照明应用于火灾时因正常电源突然中断可能导致人员伤亡的潜在危险的场所。

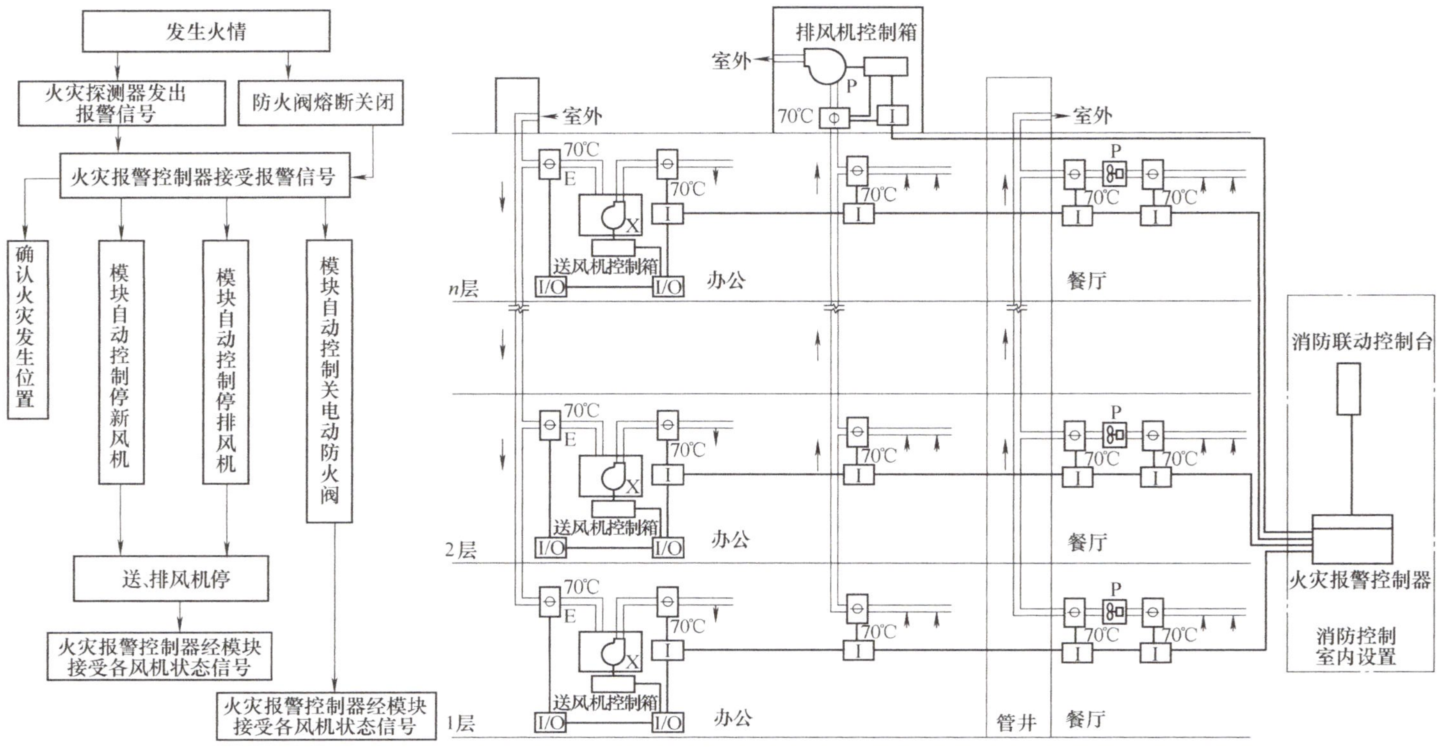

图 7-19 空调通风系统控制接口与控制框图

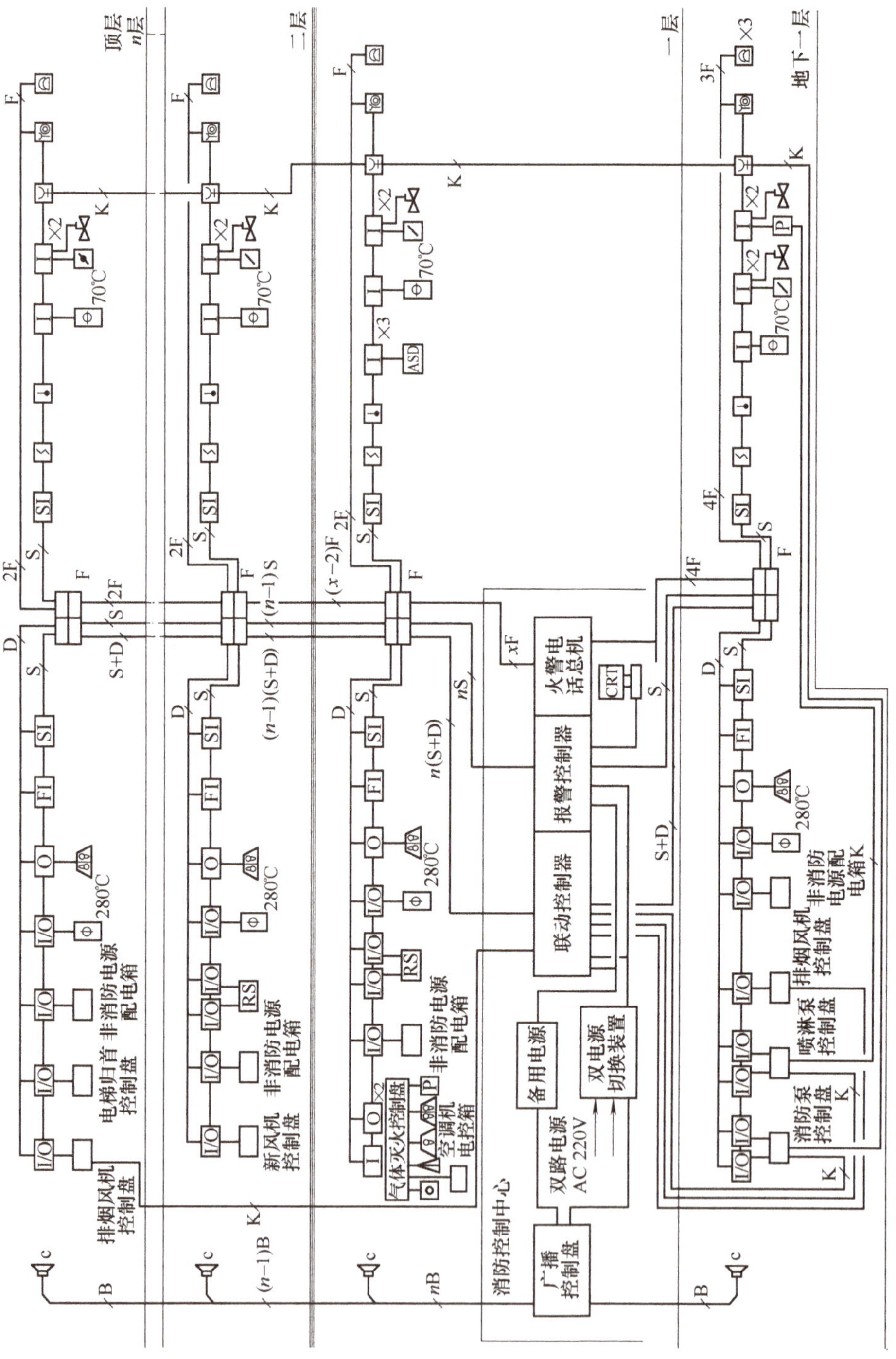

图 7-20 火灾报警及消防控制系统示意图

7.4　安全防范系统

“安全防范”原本是公安保卫系统的专用术语，是指以维护社会公共安全为目的，采取一系列安全措施，达到防入侵、防盗、防破坏、防火、防爆等目的，避免人员和财产受到伤害或损失。对于智能建筑来讲，安全防范也是运营与管理不可缺少的部分。

建筑物的安全防范系统（SAS）是建筑设备管理系统（BMS）的一个重要的子系统。它在为人们提供安全保障的同时，也在很大程度上提升了物业管理及其服务的水准。

7.4.1　安全防范系统的任务

1. 防范

防范是安全保卫的核心。系统应对防区提供多层次、立体化和完善的安全防范措施，使罪犯不能进入防区或在企图作案时能被及时察觉，进而采取措施，使防区内的人身、财物或重要情报等得到有效的保护。

2. 报警

当发现安全受到威胁或破坏时，系统应能在相关地点和安防中心发出特定的声、光报警信号，并把报警信号通过网络送到有关保安部门。

3. 监视与记录

在发出警报的同时，安防中心应能对事发地点的现场图像和声音进行监视与记录。此外，系统应有自检和防破坏功能。一旦线路遭到破坏，系统应能触发报警信号。

7.4.2　安全防范系统的构成

根据建筑物安全保卫和管理的需要，安全防范系统一般由入侵报警系统、电视监控系统、出入口控制系统、巡更系统、停车场管理系统等组成。安全防范系统框图如图 7-21 所示。

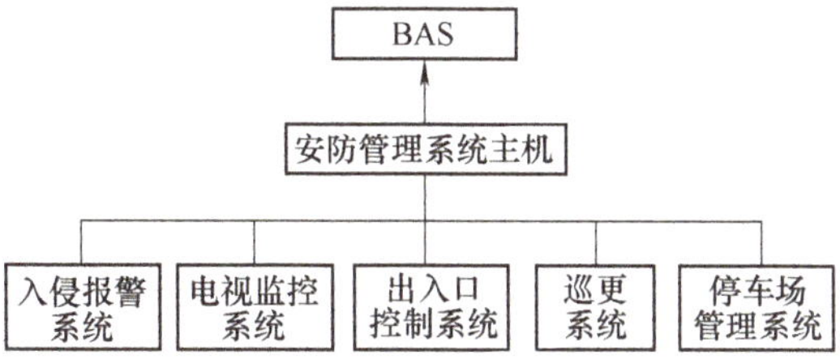

图 7-21　安全防范系统框图

1. 入侵报警系统

入侵报警系统采用现代高科技的电子、红外、微波、超声波、光电成像、精密机械等技术手段，实现对布防监测区域内的入侵行为进行自动探测和报警。

发生突发事件时，入侵报警系统能通过报警信号在控制中心准确地显示事发地点，提示可能采取的对策，以便迅速采取应对措施。

（1）基本要求　入侵报警系统的基本要求如下：

1）实现对设防区域中重要出入口、周界及建筑物内区域、空间的非法入侵进行实时监控，能正确无误地报警。

2）系统应能按时间、部位、区域任意进行设防或撤防。

3）系统能显示、打印、记录报警的部位、区域和时间，存档备查，能提供与报警联动的电视监控、灯光照明等控制信号，并能实时显示现场报警及有关联动报警的位置图形。

4）必须留有与外部公安110报警中心联网的接口。

（2）系统结构与组成　入侵报警系统负责对建筑物内外各规定点、线、面和区域的巡查报警任务，一般由探测器、区域报警控制器和报警控制中心三部分组成，如图7-22所示。由图可见，入侵报警系统分为三个层次，最下层是探测器和执行设备，探测器负责探测人员的非法侵入，探测信息送区域报警控制器；声光报警器作为执行设备接收报警控制器发出的报警信号。中间层的区域报警控制器可接收来自探测器的多路检测信号，经其内部的微处理器识别处理后，对接收到的异常信号，除向下层执行设备发送报警信号外，同时向上层的入侵报警控制中心传送辖区的报警信息。通常一个区域报警控制器加上探测器和声光报警设备就可以构成一个简单的报警系统。但对于整个建筑来说，还必须设置报警控制中心，以便对整个入侵报警系统的管理和系统集成。最上层的报警控制中心接到来自控制器的报警时，在指定CRT终端上显示报警信息，如时间、地址代码、报警性质等，或在CRT上显示报警平面位置图，并指示出报警点位置，还可显示处理操作对策等提示信息。

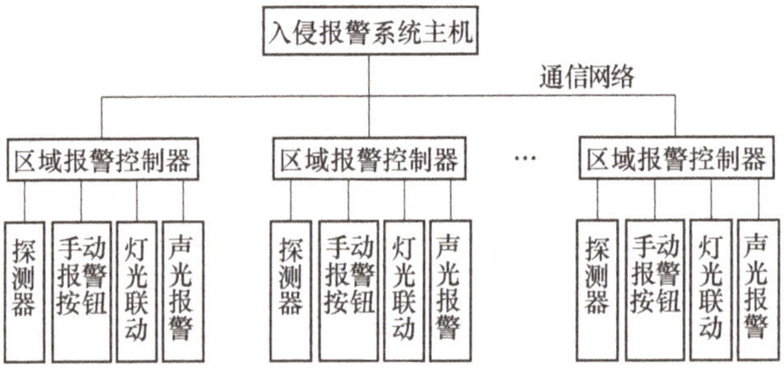

图7-22　入侵报警系统框图

1）入侵探测器。入侵探测器用于探测非法入侵行为。目前，入侵探测器种类繁多，它们的警戒范围各不相同，有点控制型、线控制型、面控制型、空间控制型之分，其种类见表7-1。

表7-1　入侵探测器种类

警戒范围	探测器种类
点控制型	开关式探测器
线控制型	主动式红外探测器、激光探测器
面控制型	玻璃破碎探测器、振动式探测器
空间控制型	微波探测器、超声波探测器、被动红外探测器、声控探测器、视频探测器、周界探测器

一个优秀的安防系统，需要有各种探测器配合使用，相互扬长避短，使之达到周密而有效的防护。常用探测器有：门磁开关、主动红外探测器、被动式红外探测器、物体移动探测

器（有微波、视频和超声波之分）、玻璃破碎探测器、双鉴探测器，还有振动式报警器、泄漏电缆传感器及不断开发出的许多更高性能的探测器产品。探测器选择是否恰当，布置是否合理，将直接影响报警系统的质量。在设计入侵报警系统时，要对现场进行认真分析，合理确定探测器选型。

2）入侵报警控制器。入侵报警控制器接收来自入侵探测器发出的报警信号，一旦有警情发生，可发出声光报警并在控制器上指示出入侵发生的部位和时间。报警控制器可将探测器组合在一起形成一个监控区域，按监控区域的大小，报警控制器又分为小型报警控制器、区域报警控制器和集中报警控制器。报警控制器除接收报警信号外还应具备：①布防与撤防功能；②防破坏功能（如果有人对线路和设备进行破坏，报警控制器应发出报警）；③联网通信功能（把本区域的报警信息送入侵报警控制中心）。

3）报警控制中心。报警控制中心接收各区域报警器送来的报警信息。可以在报警发生时按照预定程序进行处理。譬如自动拨通公安部门电话、自动切换到报警部位的图像画面，自动启动保安设备并联动相关区域的照明灯、电视监控系统；自动录音录像；自动记录报警的时间、地点、报警类型或状态，提交相关报告。其联网通信功能可与其他安全防范系统或建筑设备自动化系统协调工作。

2. 电视监控系统

电视监控系统是安全防范系统中的一个重要组成部分，它可以通过遥控摄像机及其辅助设备（云台、镜头等）直接将被监视场所的图像、声音传到监控中心，使被监视场所情况一目了然。同时还可以把监视场所的图像和声音全部或部分记录下来，为日后某些事件的处理提供依据和方便。电视监控系统还可以与消防系统、入侵报警系统等安全防范体系联动运行，使防范能力得到互补和加强。

电视监控系统主要由摄像、传输、显示与记录和控制四个部分构成，其系统组成如图7-23所示。

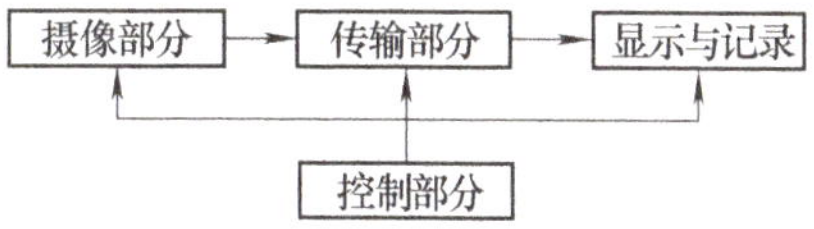

图7-23 电视监控系统结构框图

(1) 摄像部分　包括安装在现场的摄像机、支架和电动云台等设备，完成对景物的摄像并将其转换成电信号。

(2) 传输部分　传输系统包括摄像机输出的视频信号传输和控制中心发出的控制信号传输两大部分。传输部分一般包括线缆、调制和解调设备、线路驱动设备等。

(3) 显示与记录部分　显示与记录设备安装在控制室内，主要由监视器、录像机（或硬盘录像系统）和一些视频处理设备构成。用于把现场传来的图像信号进行显示，并在需要时进行记录。

(4) 控制设备　控制设备包括：视频切换器、画面分割器、视频分配器、矩阵切换器等。负责对所有设备的控制和图像的处理。

3. 出入口控制系统

出入口控制系统也称门禁系统，它对建筑物关键出入通道进行监控和管理。其功能是事先对出入人员允许出入的区域和时间等进行设置（授权），之后对出入门人员根据授权进行管理，通过门的开启和关闭保证授权人员的自由出入，对出入门人员的代码和出入时间等信息进行实时登录与存储。限制未授权人员的进入，对暴力强行出入门发出报警。

出入口控制常采用以下三种方式：一种是在被监视的门上安装门磁开关。当被监视门开/关时，安装在门上的门磁开关，会向系统控制中心发出该门开/关的状态信号，同时，控制中心将该门开/关的时间、状态、门号等记录在计算机中。另一种方式是在需要监视和控制的门（如楼梯间通道门、防火门等）上，除了安装门磁开关以外，还要安装电子门锁。系统控制中心除了可以监视这些门的状态外，还可以直接控制这些门的开启和关闭。第三种方式是对要求较高的需要监视、控制和身份识别的保安区通道门（如金库门、主要设备控制中心、机房、配电房等)，除了安装门磁开关、电控锁之外，还要安装身份识别器或密码键盘等出入口控制装置，由中心控制室监控，对各通道的状态、通行对象及通行时间等进行实时监控或设定程序控制，并将全部信息用计算机或打印机记录，为管理人员提供系统运行的详细记录。这种出入口控制系统框图如图7-24所示。由图7-24可见，一个完整的出入口控制系统由控制系统主机、出入口控制器和进行身份识别的读卡器及电子门锁等一系列检测与执行元件等组成。控制系统主机是出入口控制系统的神经中枢，根据授权承担发卡与写卡的任务，协调监控整个出入口控制系统的运行。控制器根据读卡器的信息，向执行机构发出指令，控制门的开启或关闭，同时将出入事件信息发送到系统主机。身份识别器利用磁卡或其他介质来识别出入人员的身份和被授权出入的区域。当符合出入权限时，控制器发出开门指令，否则不予开门。目前最佳的身份识别方法是采用人体生物特征，如指纹、掌纹、视网膜花纹等进行身份鉴别，避免了磁卡、IC卡的伪造和密码破译与盗用，安全性很高，是今后发展的方向。执行机构是实现门禁功能的最后一个关键部件，利用电信号控制电子门锁来实现门的开关动作。

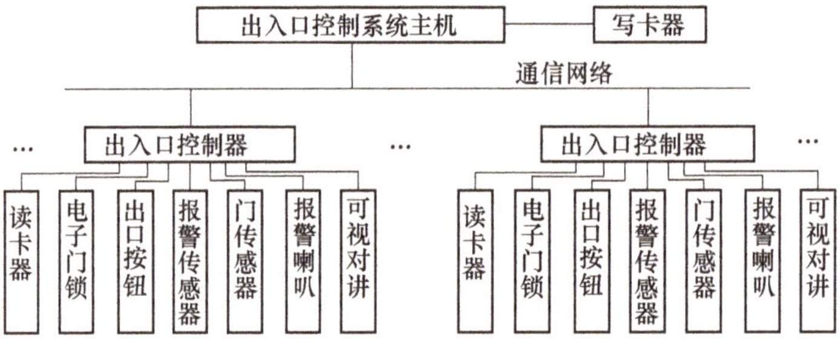

图7-24 出入口控制系统框图

4. 巡更系统

巡更系统也是安全防范系统的一个重要部分，在防区的主要通道和重要场所设置巡更点，保安人员按规定的巡逻路线和时间到达指定巡更点进行巡查，并向安防控制中心发回巡更到位信号。若巡更人员未能在规定的时间与地点发回巡更信号，则认为在相关路段发生了异常情况，巡更系统应及时做出响应，进行报警处理。如发出声光报警、自动显示相应区域的布防图、地点等，以便值班人员分析现场情况，并立即采取应急防范措施。

（1）巡更系统的要求

1）保证巡更值班人员按规定的巡更路线、顺序与时间到达指定的巡更点巡视，不能迟到和绕道。

2）对巡更人员自身安全要充分保护。通常在巡更路线上安装巡更开关或巡更信号箱。巡更人员在规定的时间内到达指定的巡更点，使用专门的钥匙开启巡更开关，向系统监控中心发出“巡更到位”的信号，系统监控中心同时记录下巡更到位的时间、巡更点编号等信息。如果在规定时间内，指定巡更点未发出或未按顺序发出“到位”信号，该巡更点将发出报警信号，并记录在巡更管理中心。此时，管理中心应立即派人前去处理。

(2) 巡更系统的构成　巡更系统主要由巡更开关、控制器、传输通道和巡更管理中心四部分组成，如图 7-25 所示。

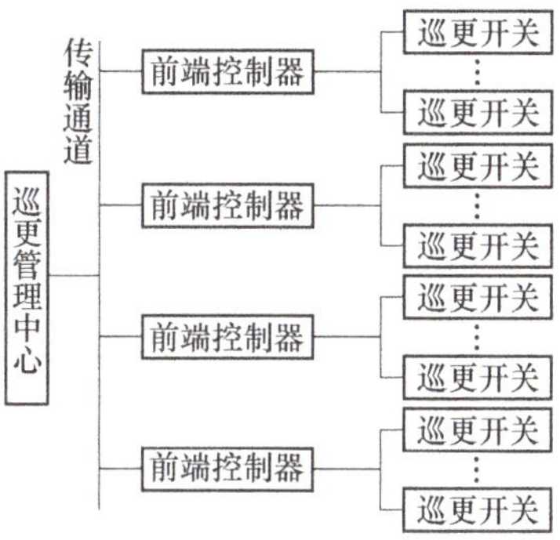

图 7-25　巡更系统组成示意图

5. 停车场管理系统

随着城市机动车数量的不断增长，停车场设施及管理系统已经是促进智能楼宇或智能住宅小区良好运营的必要选择。

停车场管理系统主要是停车与收费（即泊车与管理）两大功能。通常是采用高度自动化的机电设备对停车场进行安全、快捷、高效的管理。

停车场管理系统由车辆自动识别子系统、收费子系统、保安监视子系统组成。一般包括中央控制计算机、自动识别装置、临时车票发放及检验装置、挡车器、车辆探测器、监控摄像机、车位指示与引导牌等设备。停车场管理系统框图如图 7-26 所示。

在停车场的入口处设有停车场信息显示牌，显示入口方向与车场内空余车位情况。在有空余车位的情况下，驾车人持专用停车卡或购停车票经入口票据验读机认可后，电动栏杆升起放行，车辆驶过栏杆后，栏杆自动放下。进场车辆由车牌摄像机摄下车牌影像进行识别，并与停车凭证数据一同存入管理计算机中。进场车辆在引导牌的引导下停到指定车位。车辆出库时，车辆驶近出口电动栏杆前，出示停车凭证，经验读机识别，并与由出口摄像机识别的车牌数据一同送入管理计算机进行身份核对和计费，由出口收费机收费后，出口电动栏杆抬起放行。放行后车位指示屏刷新，车场停车总数减一。

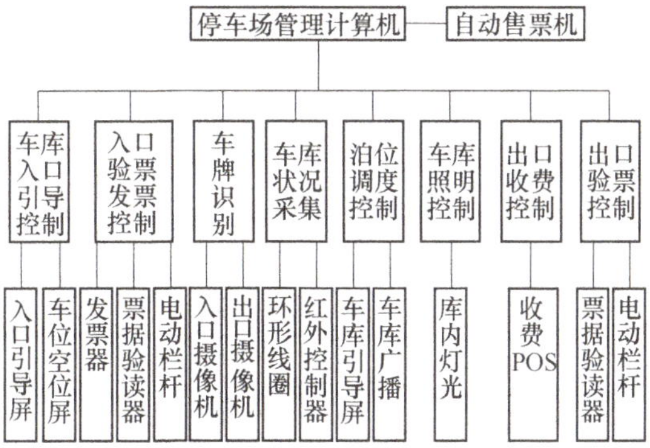

图 7-26　停车场管理系统框图

复习思考题

7-1　简述恒压供水系统的原理。

7-2　建筑供配电系统常用的主接线形式有哪些？

7-3 建筑供配电监测的内容有哪些?

7-4 简述照明控制的方式。

7-5 简述照明监控的内容及控制方式。

7-6 简述电梯监控系统的功能及监控的内容。

7-7 简述火灾报警系统的组成及各部分的功能。火灾联动控制系统的主要功能有哪些?

7-8 建筑物安全防范系统组成分为哪几个部分?

7-9 防盗入侵报警系统由哪些部分组成?

7-10 入侵报警探测器有哪几种类型?

7-11 电视监控系统主要由哪几个部分组成?其作用是什么?

7-12 简述出入口控制系统的组成形式。

7-13 简述停车场管理系统的组成。

7-14 简述巡更系统的构成及对巡更系统的要求。

第 8 章 住宅小区智能化系统

智能社区是在智能建筑的基础上进行升化而成的。由于智能社区是人们生活、休闲、娱乐的场所，因此除了具有和智能大厦同样的要求之外，更加强调的是通过智能化系统，实现对其住户更加周到和及时的服务，以及对整个社区更加人性化的管理。

8.1 概述

20 世纪 80 年代末，由于通信与信息技术的发展，出现了对住宅中各种通信、家电、安保设备通过现场总线技术进行监视、控制与管理的商用系统，这在美国称为“智慧屋”，在欧洲称为“时髦屋”。1990 年，日本在幕张建立了一个高水平示范性的智能住宅区，美国、新加坡也都相继建设基于现场总线的智能化住宅。

住宅小区智能化是指通过利用现代通信网络技术、计算机技术、自动控制技术、IC 卡技术，通过有效的传输网络，建立一个由住宅小区综合物业管理中心与安防系统、信息服务系统、物业管理系统及家居智能化组成的“三位一体”住宅小区服务和管理集成系统，使小区与每个家庭能达到安全、舒适、温馨和便利的生活环境，最终目的是使每个住户得到满足其需求的最佳方案。我国从 1997 年初开始制定《小康住宅电气设计（标准）导则》，2000 年制定了 GB 50314《智能化建筑设计标准》，2006 年和 2015 年进行了修正，“标准”中规定了住宅建筑智能化在总体上应达到：适应环境、健康、绿色建筑的家居要求，满足家居环境体现以人为本，安全、舒适和便利的综合保障，符合对住宅建筑的规范化管理。明确规定住宅建筑应设置下列系统：

1）应设置满足各类住宅建筑的用户对外语音、数据等通信及园区内信息化管理应用信息的网络系统。

2）在住宅小区应设置物业运营管理系统、公共服务系统、智能卡应用系统，宜设置信息网络安全管理系统。

3）住宅小区宜设置建筑设备管理系统、能耗计量及数据远传系统。

4）应设置安全防范综合管理系统、入侵报警系统、视频安防监控系统；住宅小区应设置电子巡查管理系统、汽车库（场）管理系统。

5）应设置火灾自动报警系统。

同时还明确规定，用户电话交换系统宜根据住宅建筑的规模及管理确定设置；有线电视及卫星电视接收系统应向每户住户提供本地公共有线电视的节目。

住宅智能化系统分为三层结构：管理中心、网络布线和家庭智能化系统，三者有机、紧密地结合为一个统一的智能网络。住宅小区智能化系统具有以下特点：

1）高度的安全性。

2）舒适的人性化居住环境。

3）宽带数字化通信方式。

4）便利的综合社区信息服务。

5）家居智能化。

6）物业管理智能信息化。

在智能化社区中，还可以足不出户就可以去网上图书馆看书、去网上大学受教育、去网上医院医疗、去网上游戏室娱乐，而且这样种种的便利还将随着技术的发展而进步，将使人们有更多的时间来进行工作和休息，大大提高生活的质量。

8.2 住宅（小区）集成管理系统

图8-1所示为住宅（小区）集成管理系统（Integrated Home Management System，IHMS）的基本内容。住宅（小区）集成管理系统（IHMS）是一个先进的综合性系统。该系统涉及监控与管理系统（CMS）、安全防范系统（SAS）、火灾自动报警系统（FAS）、家庭控制器（Home Controller，HC）、信息网络系统（INS）与通信网络系统（CNS）等各个子系统的集成和信息共享，达到由软件平台、硬件平台、数据平台、网络平台等组成一个完整协调的集成系统，做到优化管理、控制、运行，便于维护，创造节能、高效的环境，为居住者提供安全、舒适、便利的生活环境。其中，监控与管理系统、安全防范系统、火灾自动报警系统与家庭控制器组成住宅管理系统（HMS），通过家居布线、住宅（小区）布线对各类信息进行汇总、处理，并保存于住宅管理中心单元数据库或家庭数据库，实现信息共享。图8-2所示为住宅（小区）集成管理系统（IHMS）的连接图。其中，小框内为HMS，大框内为IHMS。如果家庭控制器与小区管理系统没有联系，采用虚线方式接入公共通信网。HFC为混合光纤同轴电缆网，PSTN为公用电话交换网，ISDN为综合业务数字网，DDN为数字数据网，X.25为数据终端设备与数据电路终端设备间的接口协议，FR为帧中继。

8.2.1 住宅（小区）安全防范系统（SAS）

住宅（小区）的安全防范系统是住户最关心的大事。因此，住宅（小区）内的防范措施，包括技术防范与人力防范、家庭保安及防灾能力（含火灾防范）。

住宅（小区）安全防范系统如图8-3所示。

（1）周界防越系统　周界防卫手段可以采用红外对射报警器、低压电网，也可以用振动电极，但住宅小区不是军事禁区和重要禁地，因此，采用红外对射报警器比较合适，一般应选取双射束或四射束红外对射报警器，也可以采用先进的回绕电子技术，使得一根普通电缆可以完成一根传感电缆的功能。系统由传感电缆、收/发单元（TRU）、控制器、探测单元（DU）、数据电缆和中心控制单元组成。TRU和DU连在传感电缆的两端，传感电缆被固定在围栏上，任何想要越过围栏的企图，都会在传感电缆上产生力学应力。这个力学应力被转化为电信号，并由系统的微处理器进行分析处理，以确定信号来源处是否真有入侵企图。不同压力通过传感电缆探测后，得到的电信号特征不同，由环境引起的干扰信号及其他可能产生误报的信号有别于人的入侵信号。该系统是一套完整的被动式探测系统。

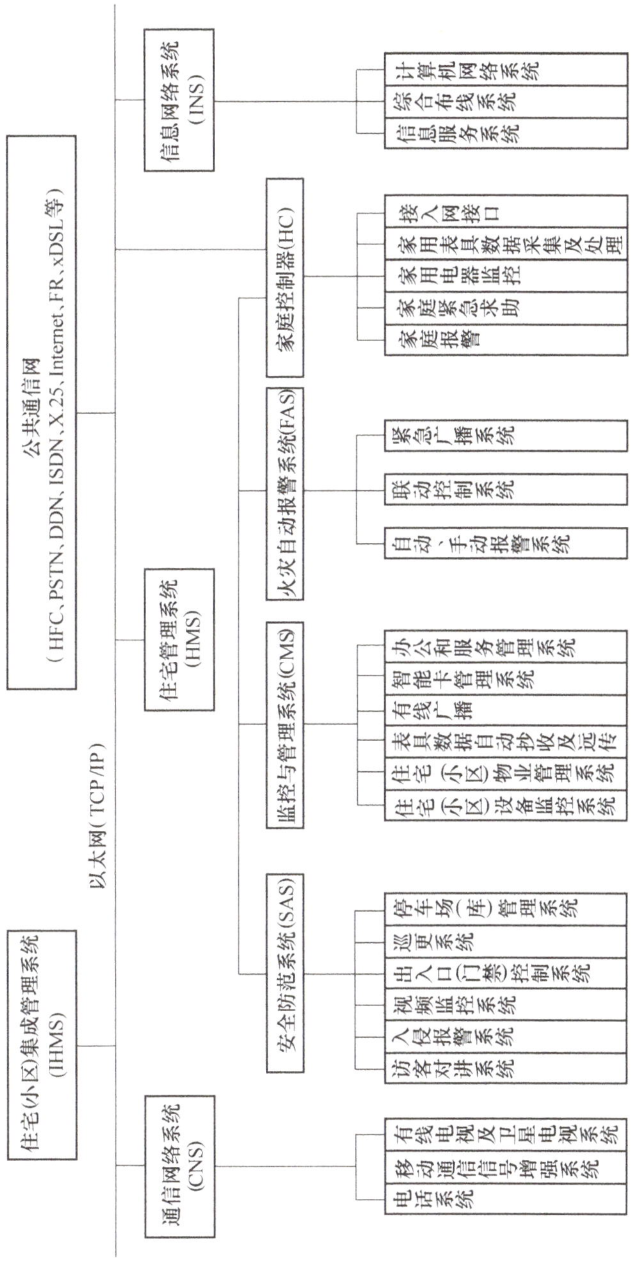

图 8-1 住宅(小区)集成管理系统的基本内容

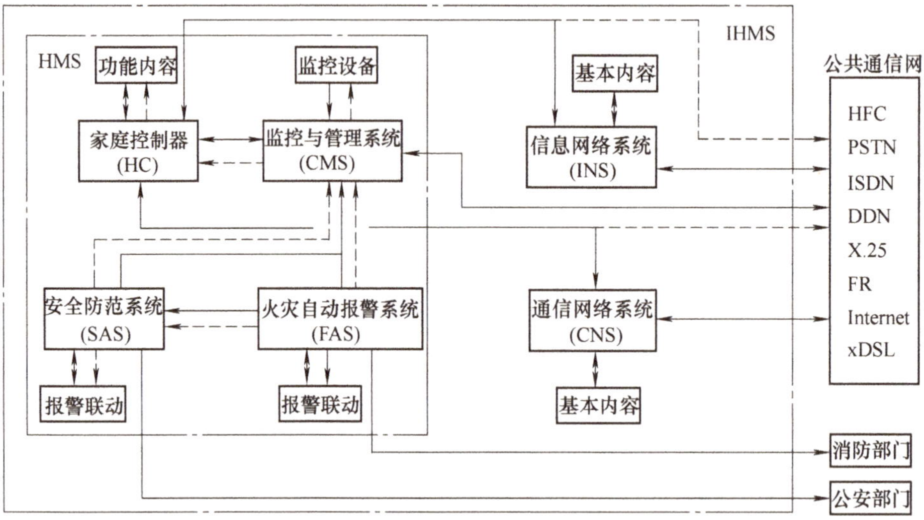

图 8-2 住宅（小区）集成管理系统（IHMS）的连接图

（2）CCTV 系统 在小区的大门处、主干道、小区周界、公共场所、停车处、公寓楼入口门厅安装闭路电视（CCTV）监控系统，实时监视并能与报警系统联动、实时录像或事件录像。可以采用摄像机、矩阵切换器、分割器、监视器、录像机等系统，也可另选更先进的计算机、数字化设备，更有利于综合保安系统进入小区管理的计算机局域网，实现各智能化系统的集成。

（3）巡更系统 在小区各主要出入口通道和公寓楼入口处设置巡更点，点的布局应覆盖全区，尤其应考虑重要通道的交汇点、死角，强化保安值勤人员的防盗与安全巡视的责任感，同时提供巡查保安人员的人身安全措施。巡更系统可配置卡系统，利于随时掌握巡更点及巡更情况，也利于全区内的一卡通系统的实施。如果单元门没有读卡设置，则可采用无线巡更系统巡更。

（4）访客对讲系统 在每幢公寓楼入口处安装访客对讲系统，访客需经主人确认后方可进入公寓内，有条件时最好使用彩色可视分机。

（5）小区门禁系统 小区门禁系统由控制器、进出门读卡器、报警传感器、警报器、电磁锁、出门按钮、门传感器组成。该系统的最大特点是为监视及控制人员进出第一区域提供了完备的功能。小区门禁系统管理小区的出入口。管理方法分为小区常住人员出入和临时来访人员出入两种情况。对于小区常住人员应配置磁卡（IC 卡）用来识别身份；对于外来人员则需将整个小区的楼宇对讲系统连网到小区出入口统一管理，外来人员经过允许方可进入小区。

（6）停车场管理系统 停车场管理系统主要由车辆自动识别子系统、收费子系统、保安监控系统组成。它的控制中枢是中央控制计算机，负责整个系统的协调与管理，包括软硬件参数控制。信息交流与分析、命令发布等，将管理、保安、统计及商业报表于一体，既可以独立工作构成停车场管理系统，也可以与其他计算机网相连，组成一个更大的自控装置。

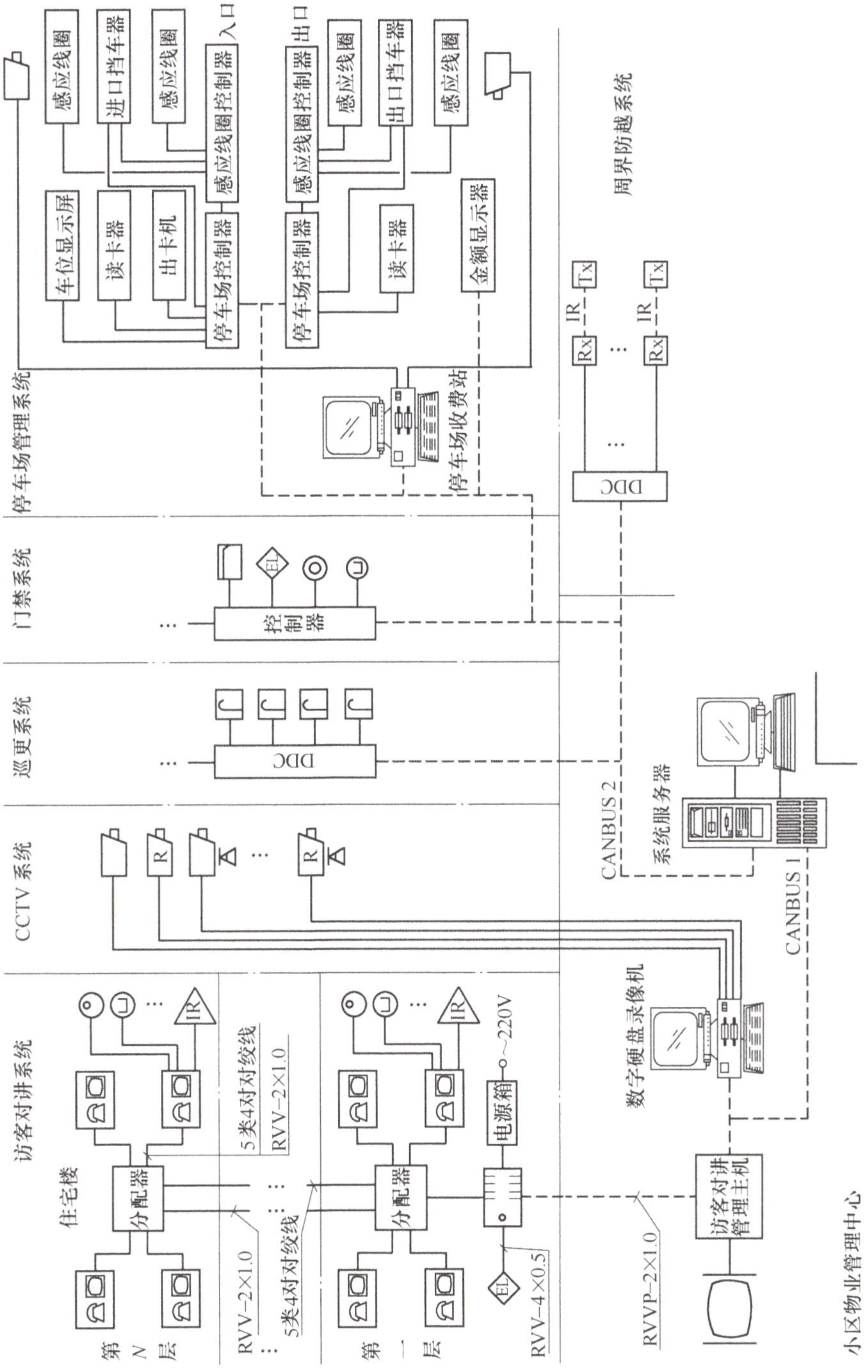

图 8-3　住宅（小区）安全防范系统

1）车辆自动识别装置。停车场自动管理的核心技术是车辆自动识别。车辆自动识别装置可采用磁卡、条码卡、IC 卡、远距离识别卡等。目前较先进的技术是采用非接触式的远距离识别卡。

2）临时车票发放及检验装置。此装置放在停车场出入口处，对临时停放的车辆自动发放临时车票。车票可采用简单便宜的热敏票据打印机打印条码信息，记录车辆进入的时间、日期等信息，再在出口处或其他适当地方收费。

3）挡车器（道闸机）。在每个停车场的出入口都安装电动挡车器，它受系统的控制升起或落下，只对合法车辆放行，防止非法车辆进出停车场。挡车器有起落式栏杆、升降式车挡（柱式、椎式、链式等）。

4）车辆探测器和车位提示牌。车辆探测器一般设在出入口处，对进出车辆的每辆车进行检测、统计，将车辆进出车场数量传送给中央控制计算机，通过车位提示牌显示车场中车位状况，并在车辆通过检测器时控制车挡杆（闸杆）落下。图 8-4 所示为智能停车场的进场过程。图 8-5 所示为智能停车场的出场过程。

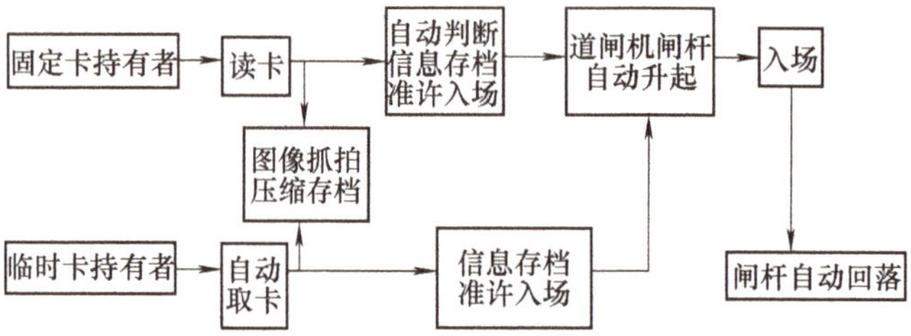

图 8-4 智能停车场的进场过程

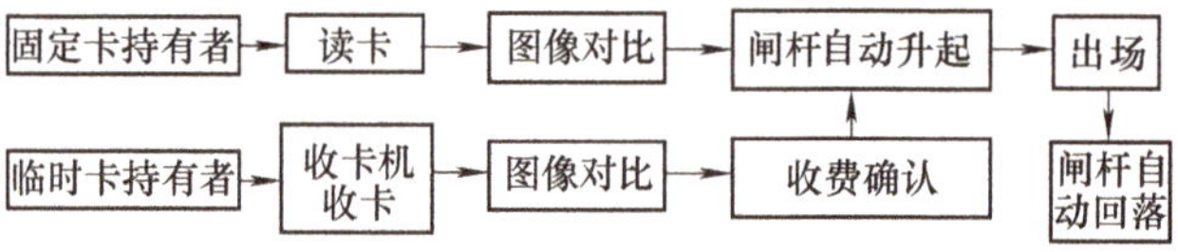

图 8-5 智能停车场的出场过程

5）监控摄像机。在车场进出口等处设置监控摄像机，将进入车场的车辆输入计算机。当车辆驶出出口处时，验车装置将车卡与该车进入时的照片同时调出检查无误后放行，以避免车辆的丢失。

8.2.2 家庭中心控制器

家庭中心控制器是将防盗报警、三表（或四表）远传、家电控制、紧急求救、火灾报警等一系列功能通过“智能控制箱”来实现，提高了设备的利用率，造价低，同时操作起来也相对简单，满足了住宅智能化系统的要求。同时，住宅智能化系统的无线接口能够很方便地、随时将无线煤气泄漏探头、无线烟感探头接入系统，并在险情发生时将报警信息传出。常用控制功能一般有以下几种。

（1）家庭报警 家庭报警由下面两部分组成：

1）门禁系统。该系统采用非接触 IC 卡技术，实现出入识别、出入登记与多种系统联动，可以实现远程控制。在住户的入室门上安装门禁系统，住户可用钥匙或 IC 卡正常打开大门。当户主将系统处于设防状态时，如果发生撬门，则会发出报警信号，同时通过家庭中心控制器将报警信号传到物业管理中心，管理中心显示报警房间号码，并派保安人员及时处理。

2）红外线报警系统。在窗口、阳台等处设红外线报警探测器。当其处于设防状态时，如果有人越窗，就会发生报警信号，提醒户主有异常情况，同时也可通过家庭中心控制器向管理中心报警。在每户中都安装报警探头，根据住户位置安装门窗报警磁控开关，若有非法闯入者，报警信息立即传送到小区物业管理中心。

把家庭保安纳入到家庭自动化系统中是因为家庭电器自动化系统集成平台可以将家庭的保安纳入到这个集成平台中，简化了系统。

（2）对讲防盗门　对讲防盗门是实现住户与管理中心、住户与住户来访者直接通话的一种快捷方式，方便小区内住户之间的信息交流及来客、朋友的访问。楼内居民可以用钥匙或 IC 卡自由进入，而来访客人必须通过对讲主机与住户通话，得到允许后，由住户遥控开启防盗门才能进入。单元门口主机也可以通过网络与管理中心主机相连，将来访者输入的信号同时传到管理主机上，便于值班人员掌握客人来访的情况，这样有效地防止了陌生人员进入单元内，当有人非法打开门时，及时报警，并触发摄像机追踪摄像，同时信号传到管理中心，达到防盗的目的。

（3）家庭紧急求助　在每户中安装紧急求助按钮。当家中发生突发事件（如疾病求助）时，主人可按动紧急求助按钮，将求助信息送到小区物业管理中心。

（4）火灾与煤气泄漏报警　在每户中都安装火灾报警探头和煤气泄漏报警传感器，当发生安全报警时，报警信息将立即传送到小区物业管理中心。

（5）家电设备及环境调控自动化管理　随着人们物质生活水平的不断提高，家电设备的普及率也不断上升，每家每户所拥有的家用电器总数超过五六台已是非常普遍的现象。每户所拥有的遥控器总数超过四五个已属正常。由于家电的品种和品牌的不同，遥控器只能各用各的，无法通用，这就给使用者带来许多不便。因此，使用“万用遥控器”，并可实现用户异地远程遥控就成了人们的理想，如远程开关空调、电饭煲等。家电设备自动化管理就是要解决这些问题，同时还可实现家庭照明自动控制，家庭窗帘自动开、闭控制，以及其他联动控制（如煤气开关阀门、排气扇）等功能。

（6）物业管理及三表远程抄送　家庭智能化的根本目的就是要为居民提供安全、方便、舒适、温馨、有趣的家居环境，消除住户的生活麻烦，同时也能为物业管理公司尽可能提供现代化的技术手段。在每户中设置四表（水、电、气、空调计量）或三表（水、电、气）自动数据采集和远程传输设备，实现远程自动抄表计费。在“三表”或“四表”远传系统中要特别注意计量表的选择，要注意计量表的可靠性与计量读数的一致性（即用户家中显示数与物业管理中心的远传计量数应一致）。对于空调或供热耗能的计量应取消按面积分摊的不合理收费办法，而应按实际用冷（热）量的办法对各户计费，当然这会增加业主的投资，但这种投资完全可以在房价中收回。三表输出的脉冲信息由计数器读出，储存于 EPROM 中，再通过网络传输到管理中心主机，管理中心计算脉冲数量读出三表读数，并打印出来，同时还可以和银行联网，定期通过银行系统托收，从而实现远程抄表与自动收费。

另外，通过家庭智能化系统，物业管理公司和居民间能实现信息交互，如：物业管理公司的信息广播式发布和对每户的通知、居民对物业公司的服务请求等。

以上所讨论的功能，可以通过网络控制器、防盗用的探测器、煤气（CO）探测器、烟感探测器、紧急按钮以及通信网络系统（在每户中提供电话、电视以及计算机数据的通信与接口），对家庭内计算机、通信、安防报警、家电设备及环境控制、三表抄送及物业管理等功能实现统一的智能控制管理。图8-6所示为家庭智能化系统构成示意图。

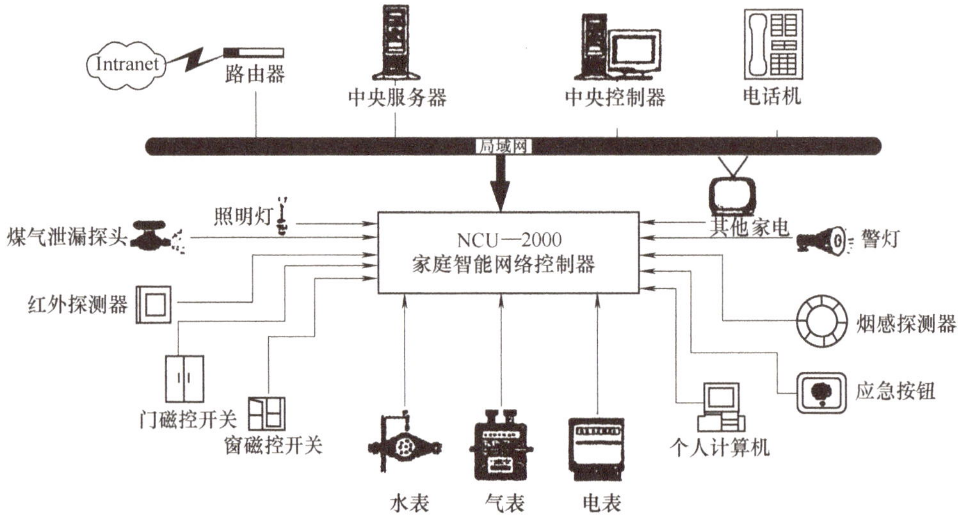

图8-6 家庭智能化系统构成示意图

8.2.3 信息网络系统

1. 计算机网络系统

图8-7所示为住宅（小区）计算机网络构成示意图。该系统采用光纤同轴电缆网（HFC）接入方式，有线电视网为双向传输网。光纤同轴电缆网（HFC）是以模拟频分复用技术为基础，综合模拟和数字、光纤和电缆传输技术的射频宽带网络。它采用频率分割、数字压缩、调制解调等技术，在HFC上除传送常规的广播电视信号外，还可以有机地结合在一起，实现数据、语音、图像信号的“三网合一”、共同传输的目的。

规摸较大的小区应建立计算机局域网（LAN），它的作用不仅仅是为用户提供高速Internet接入服务，而是建立小区自己的网站。小区网络系统是小区综合信息服务中心的基础平台和信息交换中转站，住户通过这一系统与小区内的其他住户在网上交流、娱乐，还可在管理中心查询数据。小区计算机网络系统向住户开放公共信息网、社会服务网，提供国际互联网等服务，可实现家庭办公的现代工作模式，即SOHO。同时，住户还可通过网络系统实现各种家用电器智能化管理。因此，小区计算机网络系统设置应充分考虑小区信息交换，满足21世纪信息时代宽带多媒体信息交流的要求。在对系统性能、价格比较前提下，更应注重其系统的可扩展性和可管理维护性，为今后的系统扩展打下良好基础。

2. 小区综合布线系统

智能化小区综合布线系统是小区管理、生活、通信智能化的“神经系统”。它将小区中计算机、电话、有线电视、设备自控、安防、电力等系统集中在一个系统下，形成设备接口，

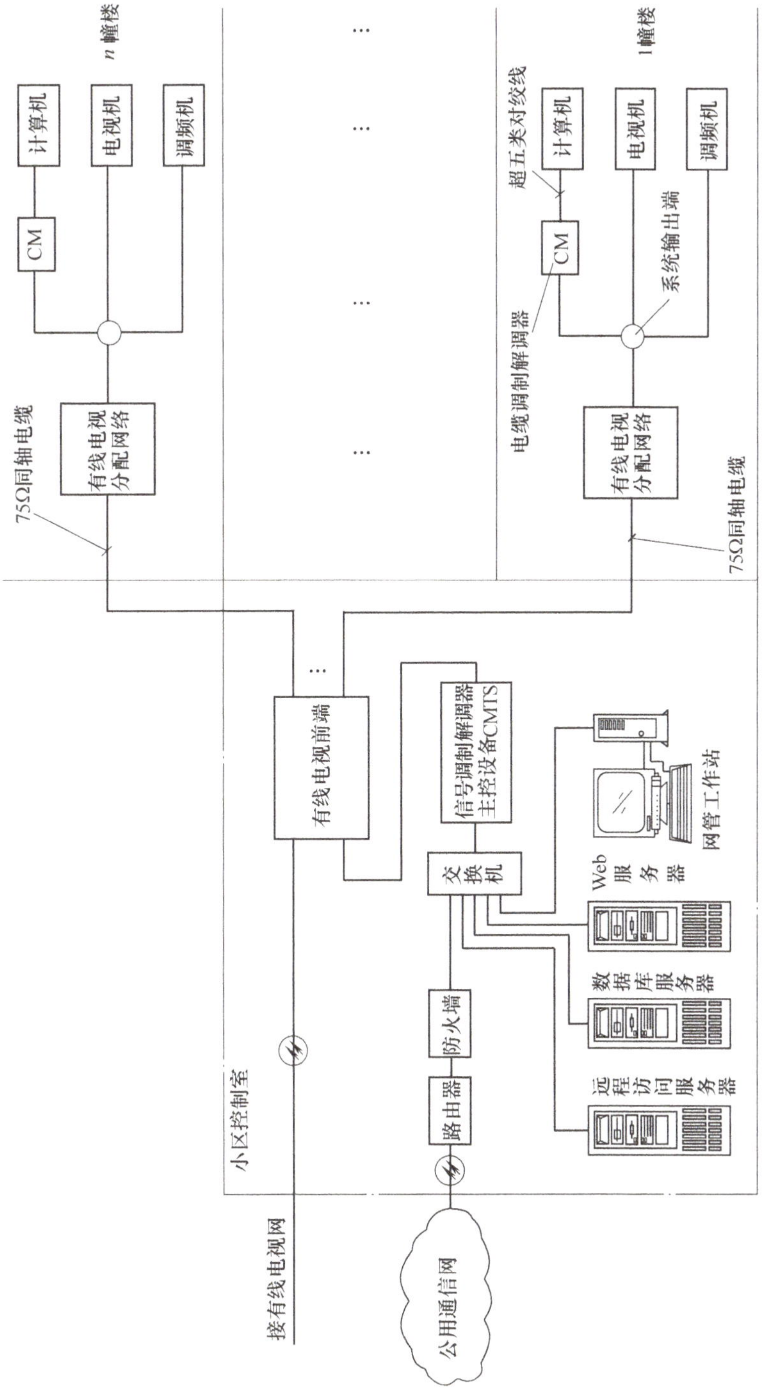

图 8-7　住宅（小区）计算机网络构成示意图

充分灵活地利用每根“神经”，使系统集中管理水平达到最合理的利用状态，实现控制管理智能化。综合布线系统实施方案直接关系到投资费用和小区今后通信网络的现代化程度。

3. 信息服务系统

1）建立小区内综合信息服务数据库，实现综合信息服务，如交通、旅馆查询、财务指南、影视查询、网络游戏、信息资料库等。

2）建立小区内网与 Internet 的 Web 服务器（ISP），实现信息下载、与 Internet 代理服务、综合信息查询与 Web 发布、电子邮件服务（E－mail）、电子新闻与报刊服务。

3）提供“三网合一”的 HFC 综合接入网平台，可实现电话服务、交互式电视电影服务（如视频点播）、提供宽带接入，实现可视电话、电视会议以及家庭办公等多媒体综合业务服务。

8.2.4 通信网络系统（CNS）

信息网络系统其核心内容是高速 Internet 的接入，使住户在闲暇之余通过网络获取国内外最新信息，与异地亲友及时进行信息交换，并能方便地处理各类事务，做到“秀才不出门，而知天下事”。信息网络系统应包括数字程控交换服务子系统、有线电视网 HFC 子系统、高速宽带数据网子系统。信息网络子系统是提供小区的信息传输通道，也是目前发展最为迅速的高科技领域之一。

1. 接入网系统

（1）常规的 Internet 接入方式　对于家庭用户，常规的 Internet 接入方式有以下两种：

1）通过普通电话线，用 Modem 拨号接入，用户终端可以是 PC 或电视机配“机顶盒”。

2）通过普通电话线，用 B－ISDN 适配器拨号接入，用户终端可以是 PC 或电视机配“机顶盒”。这两种接入方式理论上最高传输速率仅为 56kbit/s/128kbit/s，存在速率慢、需拨号、易断线、常因线路忙不能接入等缺陷。对于“智能小区”而言，显然不能满足用户对高速数字通信的需求，也不能适应社会信息化的需要。

（2）宽带 Internet 接入方式的选择　“宽带”是指每一用户可独享 1Mbit/s 以上的传输频带。目前住宅区“宽带”接入的方式主要有以下三种：

1）计算机局域网接入。小区计算机局域网是以综合布线系统（Premises Distributed System，PDS）为传输介质。PDS 采用层层星形结构，具有高速、灵活、易升级和适用性强等特点，是一个新建小区数据传输较理想的媒介。LAN 外接城市骨干网，家庭用户终端加设网卡组成局域网（多采用 100Base－T 交换式以太网）。

2）非对称数字用户线路（ADSL）接入。ADSL 是电信部门最近推出的一项新的 Internet 高速接入技术，具有不需拨号、专线上网、无需缴付电话费、高速上网的优势。理论上，其下行传输速率高达 9 Mbit/s，上行传输速率为 1Mbit/s。

3）HFC 网接入。HFC 为光纤同轴电缆混合网（视讯宽带网），是对原有的有线电视网进行双向改造后，可提供电信增值业务的 CATV 网，理论上，其下行传输速率高达 34Mbit/s，上行传输速率达 10Mbit/s。

2. 电话通信系统

利用电信网络作为传输网络通信，自动化系统有赖于外部网络的建设，如小区综合楼、邮电局设有商业网，光纤直通，传输速度快，传输效果好，并可提供 ISDN（综合业务数字网）业务。它的最大优点是：能在一对普通电话线上为用户同时提供电话、传真和会议电视服务，并有较高的接入速度，能以128kbit/s的高速度接入Internet，真正实现网上冲浪。这样借助于邮电的商业网ISDN业务而建立了家庭网络，如果喜欢在家工作，可以把家庭计算机网络连接到办公室的计算机网络上。

3. 电视接收系统

电视接收系统包括城市有线电视系统及小区自办电视系统。有线电视系统（CATV）包括卫星电视接收系统、共用天线电视系统、自办闭路电视系统等。有线电视网络已由单向、模拟、隔频传输向双向、数字、邻频宽带传输发展，加之视频技术的出现，使得影视点播、电视购物、电视电话、计算机联网等得以实现。小区住户都设置有线电视系统，利用有线电视网络构建宽带城域网，接入网的构建采用10Mbit/s/100Mbit/s/1000Mbit/s专线、Cable Modem接入方式及应用光纤到楼的高速局域网专线接入方式。借助现有的入户同轴电缆作为统一的传输介质，实现用户视频、通信、数据的多媒体交互式服务，为用户提供一个宽带按需分配的、完全无阻塞的、可扩展的双向宽带接入环境，不仅满足人们对新增多媒体业务的需求，还能在同一平台上实现家庭保安、家电控制、三表数据采集等家庭智能化的功能。

8.2.5 建筑设备监控系统（BAS）

住宅（小区）主要对给排水设备、变配电设备、电梯设备的运行状态显示、控制、查询、故障报警及停电时的紧急状况进行处理，实现公共设备的最优化管理，降低故障率。利用传感器技术和网络通信控制技术，采用智能开关对公共照明开启、关闭进行自动控制。小区内公用设施的监控与智能大厦内设备的监控要求基本上是一致的，因此本节对小区公用设施的监控系统不再做重复叙述。

1. 小区设备监控系统的主要内容

（1）小区给排水监控系统　小区给排水系统是小区的重要生活设施，担负着为小区居民提供生活用水和及时排放小区雨、污水的任务。特别是小区高层建筑的楼顶生活水箱，既要为楼内居民提供生活用水，又要有提供消防用水的职能。小区给排水监控系统将对小区的楼顶生活水箱、地下生活水池、污水池的水位进行监测，对给排水水泵实施分布式监控和集中管理。根据水箱、水池水位的高低控制水泵的起停、主备切换、自动轮换及水位异常报警和设备故障报警等。

（2）小区变配电监控系统　随着人们居住和生活水平的不断提高，小区内的机电设施越来越多，系统也越来越复杂，家庭的电器设备也日益增多，于是对小区的供电质量也提出了更高的要求。因此，有必要对小区供电系统的运行状态、供电质量进行自动化的监控。考虑到目前国内变配电设备实际情况，小区变配电监控系统一般以自动监测为主。监测的主要内容包括：各系统开关状态，供电电流、电压、频率、功率、功率因数等电量参数，并对异常情况进行报警和记录，以实现对小区变配电系统的远程监测和集中管理。

（3）小区灯光照明监控系统　小区公共照明系统主要包括生活照明（小区周界、道路、门厅等）和景观照明两个部分。生活照明主要保证小区居民生活的安全、方便和舒适，景观照明则用于美化小区，为居民创造更加美好的生活环境。小区灯光照明监控系统，是对小区的公共照明系统进行集中控制和管理，以提高系统的可靠性，并实现节能和降低管理人员的劳动强度。

（4）小区电梯运行监控系统 电梯是小区高层建筑必备的楼内交通工具，电梯是否处于正常运行状态，直接关系到居民上下楼是否便利和安全。电梯运行监控系统通过对小区建筑物内电梯运行情况的远程监控和集中管理，使小区的管理人员能够及时掌握电梯的运行情况，保障电梯的正常运行。

（5）其他设备监控系统 地下车库、地下人防工程等建筑，一般都配有通风设备。对这些设备进行智能化的控制和管理，是保证正常运行的手段。

2. 社区广播与背景音乐

在小区广场、中心绿地、组团绿地、道路交汇处设置音箱、音柱等放音设备，由管理中心集中控制，可在节假日、早晚、体育活动时间播放不同风格的音乐，也可通过遍布于小区内的音箱播放一些公共通知、科普知识、娱乐节目等。同时，在发生紧急事件时，可作为紧急广播强制切入使用。

3. 电子公告及物业管理

通过小区局域网，协调住户、物业管理人员、物业服务人员之间的关系，实现信息共享，方便物业公司与住户的信息沟通，主要包括：住户信息查询、住户报修、住户投诉、公共设施管理、维修管理、保安管理、收费管理等，还可以在网上发布社区活动、新闻、天气、股票等居民关心的信息公告，加强小区的凝聚力。另外，还可为住户提供网络教育、网络游戏、网上图书馆、生活资讯、小区内计算机购物以及视频点播（VOD）等。

4. 一卡通收费

通过智能化系统，物管中心对小区内各种收费进行收集、统计，实现IC卡自动收费。这些费用包括水费、电费、煤气费、物业管理费、计算机购物、停车费等，住户可随时查询，可靠、方便。

8.2.6 火灾自动报警系统（FAS）

通常为了方便管理，小区消防中心应建在物业管理中心，各组高层建筑物一层设消防值班室，小区内各消防值班室火灾自动报警控制器（区域机或下位机）与消防中心的控制主机（集中机或上位机），通过小区网络连接成一个整体，整个系统应考虑采用分散控制、集中管理的结构布局。通过工程设计，火灾自动报警系统可达到以下功能：

1. 建筑物火灾报警系统的功能

按照消防规范，在地下车库设感温探测器、手动报警器及火警紧急广播；在裙房商场、银行、娱乐场所等处设感烟探测器、手动报警器，并设置扬声器用于平时背景音乐、火灾时紧急广播；在高层的电梯前室、公共走廊等公众场所布置感烟探测器、手动报警器、紧急广播装置，在各层楼梯间门上设报警闪灯（或声光报警）；在住宅的卧室、书房及客厅等处设感烟探测器；在所有公共场所的消火栓箱内均设有消火栓紧急起泵按钮。消防自动报警系统的联动控制主要有以下内容：

（1）水灭火系统 消火栓按钮动作时，系统可自动/手动起、停消火栓泵，并监控其运行状态。水喷淋干管上压力开关动作，系统可自动起动喷淋泵，并监控其运行状态。

在地下燃气锅炉房设水喷雾灭火系统，水喷头采用开式喷头，房间内设几组感烟、感温探测器。当感烟、感温探测器同时报警时，系统可通过自动、手动和应急操作三种方式，开启雨淋电磁阀。压力开关动作后系统起动喷淋泵，并监控其运行状态。

在地下车库设水喷淋预作用系统，水喷头采用闭式喷头，水管中充满空气，当感温探测器报警时，系统自动/手动开启水管上的电磁阀充水，当喷头破碎后水管放气，干管压力开关动作，信号返回消防值班室自动/手动起动喷淋泵，并监控其运行状态。

（2）防排烟系统　当系统确认发生火灾后，立即开启着火层及其上、下层的正压送风阀（口），同时自动起动顶层相应的加压风机，使楼梯前室通道为正压，防止烟气侵入，保证人员疏散逃生时的环境安全。在各层走廊、地下室及无窗房间设有常闭防火排烟阀（口），火灾时，可自动或手动打开火灾区域的防火排烟阀（口），同时联动相应的排烟风机起动，当顶层排烟风机前的防火排烟口温度达到 280℃时，阀门关闭，联动排风机也同时停转。

（3）火灾事故广播系统　当系统确认发生火灾后，系统可自动切断背景音乐广播，或在消防值班室控制柜上手动控制，接通着火层及其上、下层的扬声器进行紧急广播，指导楼内人员疏散。

（4）电梯迫降系统　当确认发生火灾后，系统立即迫降所有电梯至首层，并自动切断客、货电梯的电源，仅保留消防电梯供消防人员使用。

（5）卷帘门控制　当防火通道上的卷帘门两边的感烟探测器报警时，系统控制卷帘门下降到距地面 1.8m 处，挡烟并让人员疏散。当卷帘门两边的感温探测器报警时，则系统控制卷帘门下降到地面，以完成防火区的分隔。卷帘门两边还设有卷帘门控制升降的按钮，并设有保持延时（1～30s 可调）后卷帘门自动放下的功能。

（6）其他联动控制　当确认发生火灾后，系统会手动/自动将着火层及其上、下层的报警闪灯或声光报警器启动，提醒楼内人员及时疏散，并由消防值班室手动切断着火层及其上、下层的非消防电源。

2. 小区火警系统网络功能

小区火警系统网络化的目的，是使管理信息和控制信息一体化，以适应小区火警系统分散控制、集中管理的需求。消防中心设有大型社区消防模拟盘，显示各建筑物探测器报警情况、各消防设施的运行状态，以及执行报警控制工作。

火警网络系统，在各建筑消防值班室设分站（火灾报警控制器），可视为网络区域机（下位机），火警控制器除具有接收本建筑火灾报警信号、手动/自动输出控制程序、起动各消防设施的联动装置功能外，还要具有性能超群的联网功能，即使与中央站（集中机或上位机）失去联系，也能独立完成全部工作，因为各建筑物的火警控制器均采用先进的计算机多路 CPU 处理技术，根据各建筑物自身的特点，组成自己的报警、控制子系统。

中央站设在小区消防中心，能显示全系统中各火灾探测器、联控装置和各分站的工作状态。中央站主要功能如下：

1）可以访问系统中每个分站的监控点。

2）可以完成报警及报警处理。

3）可以监视网上所有设备的运行状态。

4）按设定的程序完成联动控制。

5）时间和日期自动变换。

6）报警事件分析及处理记录。

7）文件及报表。

8）火警建筑物图形显示操作。

9）具有保安巡更的功能。

10）建筑耗能采集及能效监管系统。

8.2.7 系统硬件与软件

1. 智能化系统的硬件

住宅小区智能化系统的硬件内容较多，主要包括信息网络、计算机系统、公共设备、门禁、IC卡、计量仪表和电子器材等。

2. 系统软件

系统软件是住宅小区智能化系统中的核心。它的功能好坏直接关系到整个系统的运行。住宅小区智能化系统软件主要是指应用软件、实时监控软件、网络与单片机操作系统等，其中最为关注的是住宅小区物业管理软件。对软件的要求为：

1）软件应具有高的可靠性和安全性。

2）软件人机界面图形化，采用多媒体技术，使系统具有处理声音及图像的功能。

3）软件应符合标准，便于升级和更多地支持硬件产品。

4）软件应具有可扩充性。

8.2.8 智能化住宅小区各智能系统集成

IB中的系统集成是将与建筑管理有关的信息从智能化各子系统中提取出来，以组合成更高层次上的一个信息系统，使得该建筑的智能化系统充分发挥作用，获得明显的增值效应，如管理更为有效、同样舒适而更节能、服务更及时周到、安全性更高等。另一方面，在现有各子系统运行的基础上，深刻了解确实掌握现在各子系统可以提供的信息与集成需求的符合程度。确认现有子系统已无法满足，必须综合集成才能满足这些需求，此时进行系统集成则水到渠成。因此，各子系统运行稳定可靠是综合集成的可靠技术基础。“统一规划，分步实施”是系统集成的指导方针。此外，当系统集成时，不仅要注意技术层面的横向综合，而且要注意实施过程中纵向时间流上的质量保证。住宅（小区）集成管理系统（IHMS）如图8-7所示。

园区智能化系统集成应该采取分布控制方式。其系统网络拓扑结构可以是任意的，系统可采用不同的传输媒介实现不同介质的不同拓扑结构连接。但全区内的资源应该共享，以利于管理和引用。因此，对于住宅小区的智能化系统应该是统一设计、统一实施、统一管理，不是形式上的统一，而是实质上的统一，各系统都应归向小区物业管理中心受其监控。在选择小区智能化管理系统时应选择智能化全分布控制，它是一种灵活、可靠和高性价比的现代小区设备管理系统。多数成功的小区智能化系统都采用每户一个模块，智能节点控制器之间可实现点对点通信的设计思路，这样既方便了施工和管理，也方便系统功能扩充和升级，可靠性好。一定要防止智能大楼出现过的各系统独立、各自为政的分散管理情况在小区智能化上重现。

系统工程整体构架应满足建筑智能化应用需求，适应多类别建筑的功能组合和运营管理模式。智能化信息集成应用平台应提供多业务应用系统间的相关信息处理和集成功能，支撑建筑综合管理和业务应用。

国内开发的一些小区智能化系统采用 LonWorks 技术（或称 LonWorks 总线技术），对小型园区可组成以 LonTalk 通信协议为骨架的网络系统。对于大型园区采用基于 TCP/IP 的网络系统，控制节点之间采用由 78kbit/s 或 1.25Mbit/s 自由拓扑结构的 LonTalk 链路相连，通过路由器实现 LonTalk 到 TCP/IP 的无缝连接。它们支持自由拓扑结构，这是一种较理想的网络平台，但它的核心问题是神经元芯片，这种芯片具有垄断性。要特别指出的是，“集成”中的难点在视频部分受数字化技术发展的制约。

复习思考题

8-1 讨论住宅小区智能化系统与公共建筑智能化系统的异同点。

8-2 参观典型住宅小区智能化系统。

第 9 章 建筑设备自动化系统的故障诊断

随着智能建筑的兴起和迅猛发展，建筑设备及其自控系统的规模日益庞大，设备种类及数量日益繁多，系统复杂程度越来越高。系统运行过程中，不可避免地会出现各种故障。这些故障如果得不到及时的排除，势必导致系统运行参数严重偏离设定值，给室内工作人员带来不舒适感，影响其工作效率和工作质量，同时也增加了系统能耗，缩短设备使用寿命。例如在合成纤维、精密机械、电子仪表等产品的生产中，空气温湿等参数制约着产品质量。

如何提高系统的安全性、可靠性，防止和杜绝影响系统正常运行的故障的发生和传播蔓延就成为一个有待解决的问题。

控制系统是由被控对象、控制器、传感器和执行器组成的复杂系统，而各个部件又是电子、机械、软件及其他因素的复合体。组成控制系统的各个基本环节都有可能发生故障，具体而言，故障可划分为以下四种类型：

1）被控对象故障，指对象的某一子设备不能完成原有功能。

2）仪表故障，包括传感器、执行器、模拟控制器和计算机接口的故障。

3）计算机软件故障，包括计算机诊断程序和控制算法程序的故障。

4）计算机硬件的故障。

本章主要讨论被控对象电气部分及控制部分的故障。故障按产生的原因划分，又可以分为：

1）由于设计、设备选型不正确引起的故障。

2）由于安装调试、设备操作方法不正确引起的故障。

3）控制设备内部及网络故障。

9.1 控制设备内部故障

引起控制设备内部故障的原因一般有两个方面：系统运行的外界环境条件通过控制设备内部反映出来的故障；控制设备内部自身产生的故障。由外界环境条件引起故障的因素主要有工作电源异常、环境温度变化、电磁干扰、机械的冲击和振动等。其中，许多干扰对于 BAS 中分站使用的 DDC 及中央站的计算机等设备的影响尤为重要。控制设备内部自身产生的故障包括硬件设备的故障（元器件的失效、焊接点的虚焊脱焊、接插件的导电接触面氧化或腐蚀及接触松动、线路连接的开路和短路等因素）和软件故障。这些故障靠人力很难做到及时、准确、有效地发现和修复。更为实际的方法是：根据控制系统本身可以测量得到的信号，应用理论分析的方法和计算机快速、集中处理能力相结合，建立基于软件计算的实时故障诊断系统。

9.1.1　故障诊断（Fault Detection and Diagnosis，FDD）的任务与方法

1. 故障诊断的任务

完善的控制设备故障诊断系统应该能够完成以下故障诊断的任务：

（1）故障检测　从可测或不可测的估计变量中，判断运行的系统是否发生故障，一旦系统发生意外变化，应发出报警。

（2）故障的诊断　如果系统发生了故障，给出故障源的位置，区别产生故障的设备。故障估计是在弄清故障性质的同时，计算故障的程度及故障发生的时间等参数。

（3）故障修复　判断故障的严重程度及对系统的影响和发展趋势，针对不同情况采取不同措施，其中包括保护系统的启动。

2. 故障诊断方法

（1）按诊断故障的设备分类　按诊断故障的设备分类，目前所采用的故障诊断方法可以概括为三类：

1）以检测仪表为主体的监视装置。

2）检测仪表配备软硬件分析装置。

3）计算机辅助监视与诊断系统。

而最有发展潜力的是第三种技术。这种系统的主要结构由传感器、接口装置及计算机组成。其中接口装置具有电平转换、采样、存储等功能，它可以实时监视和自动诊断，对防止突发性故障有利，是工况监视与故障诊断技术的主要发展领域。目前的水平处于计算机辅助监视与诊断系统阶段，还不能真正做到完全自动诊断。国内外都有这种系统的开发与应用，但尚无商品，除了技术成熟性不足以外，主要原因还是由于大型控制系统的故障诊断的针对性很强，且领域专家知识仍然是故障诊断不可缺少的一部分，而商品型诊断系统必须充分考虑其通用性。

（2）按依据的理论分类　目前，故障诊断所依据的理论一般是指基于解析冗余的故障诊断技术，按“解析冗余”的理论分类，所采用的故障诊断方法有硬件冗余法和软件冗余法两种。

1）硬件冗余法。硬件冗余法是用两个或三个传感器测量同一个量，对所测的量进行比较，判断传感器是否出现故障。此法简单明了，但成本太高。

2）软件冗余法。软件冗余法又可以分为基于知识的方法、基于信号处理的方法和基于解析模型的方法三类，如图 9-1 所示。

① 基于知识的方法。所谓“知识”，即专家的操作经验，以专家和操作者的先验知识为核心，通过推理获取故障诊断结构，形成故障 - 征兆模式集合，使之能对某一给定的征兆产生的原因做出解释，并给出因果关系成立程度的数值性关系，构成知识库。在工程实践中，系统或对象的精确数学模型往往无法得到，而基于知识的 FDD 方法恰恰不需要精确的数学模型，因而得到了高度重视，其中基于症状的方法相对成熟并得到了较多成功的应用。基于定性模型的方法近年来在欧洲得到了迅猛发展。

② 基于解析模型的方法。对于没有运行操作及维修经验的新系统，系统先验知识难以获取。另外，专家的知识也有局限性，如对于源于计算机软件的故障、对室内环境（如室温等）无立即或直接影响的元器件故障等，专家的先验知识就难以做出判断，这些因素造

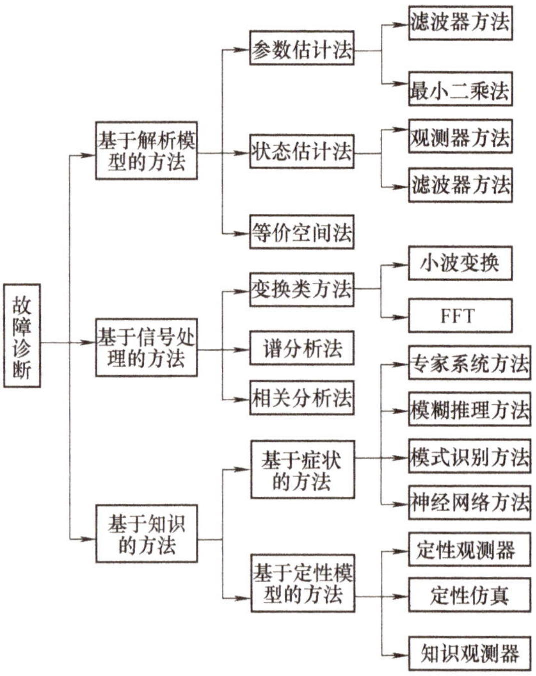

图9-1 故障诊断方法

成诊断知识库不完备。当遇到一个没有相关规则与之对应的新故障时，基于知识的方法就会显得无能为力，而基于解析模型的方法因其简单，是发展最早、研究最多的一种故障诊断方法。这种方法的原理是将被诊断过程的可测信息与由系统动态模型计算得到的信息进行比较，产生残差，并对残差进行分析处理而得到故障的信息。该方法的优点是能深入系统本质的动态性质和实时诊断，且方法简单。其缺点是通常难以获得系统模型，由于建模误差、扰动及噪声的存在，使得鲁棒性问题日益突出。图9-2所示为基于模型的故障诊断框图。

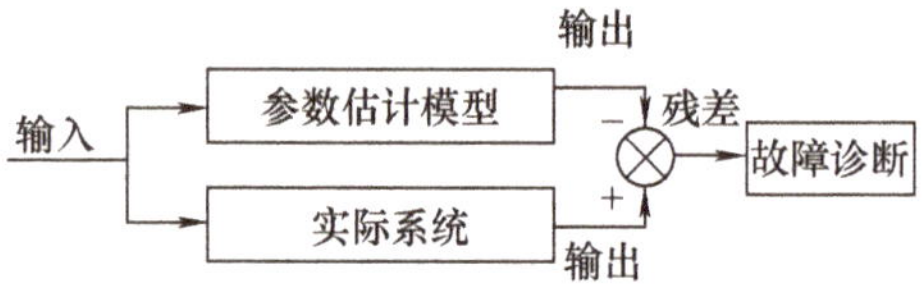

图9-2 基于模型的故障诊断框图

③ 基于信号处理的办法。基于信号的故障诊断是直接利用信号模型，如相关函数、高阶统计量、频谱、自回归滑动平均、小波技术等，提取幅值、相位、频谱等特征值，可用这些特征值分析、判断和处理故障。例如，基于小波变换的故障诊断方法是一种新的信号处理方法，是一种时间-尺度分析方法，具有多分辨率分析的特点。连续小波变换可区分信号突变和噪声，离散小波变换可检测随机信号频率结构的突变。一般来说，有三种基于小波变换的故障诊断方法：利用观测信号的奇异性进行故障诊断；利用观测信号频率结构的变换进行故障诊断；利用脉冲响应函数的小波变换进行故障诊断。小波变换不需要系统的数学模型，对噪声的抑制能力强，有较高的灵敏度，运算量也不大，是一种很有前途的故障诊断方法。

故障诊断是一个新兴的研究领域，尽管经过了多年的发展，理论体系已逐步得到完善，内容不断充实，但其在工程实践中的应用还远远跟不上理论研究的步伐。

图 9-3 所示是基于 BAS 的空调系统过程监控与故障诊断的模式。该系统分为三个部分：空调系统的监控系统、空调系统的故障检测与诊断系统、中央管理系统。空调系统的监控系统和中央管理系统是 BAS 的组成部分。空调监控系统直接与空调系统相连接。空调系统的各种传感器采集空调系统的各种运行参数，经 A－D 转换后，被读入到监控计算机，经计算机处理之后，根据一定的控制规则，发出相应的控制指令，再经 D－A 转换后变成控制信号，控制空调系统的各种执行机构，实现系统的运行控制。

诊断系统从监控计算机调取系统的各种运行参数，将各运行参数与事先建立的系统模型相比较，分析系统是否出现异常。若系统运行正常，向监控计算机发送系统运行正常信号，控制系统根据控制规则发出控制指令；若系统出现故障，则向中央管理计算机报警。同时，自动对故障进行诊断，找出故障原因，然后对故障进行恢复处理。如果能进行软恢复，则将恢复后的参数传给监控计算机；若不能进行软恢复，则报告中央管理计算机，以便采取必要的措施。每次的测量数据与恢复数据都存于计算机的数据库中，主监控机可随时查询系统的运行情况。

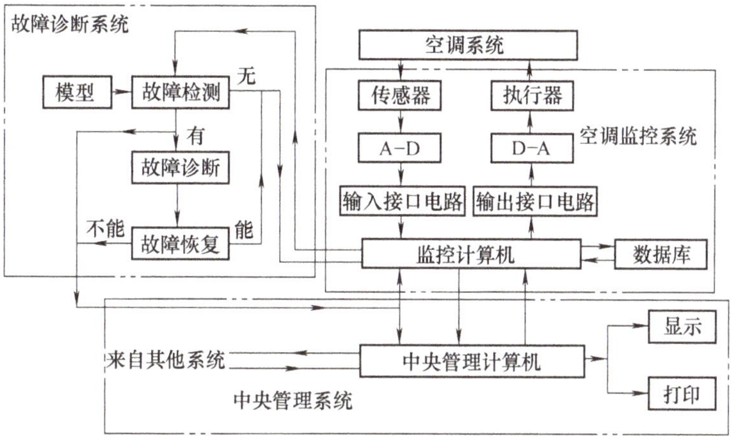

图 9-3　基于 BAS 的空调系统过程监控与故障处理

中央主监控系统负责整个建筑的各个子系统的监控。当收到故障警报后，该系统会及时采取措施，向监控计算机发出相关指令，实施必要的故障应对策略。系统中出现的各种故障随时显示和打印。也可以调取数据库空调子系统的日常运行数据，了解系统的运行情况。

9.1.2　控制设备故障

1. 传感器性能的故障

在空调控制系统中，传感器的准确性是非常关键的，它起到了“眼睛”的作用。传感器的测量信号是控制系统进行控制的基础和依据。如果传感器提供的数据不正确，那么控制系统会向执行器送出错误的命令，使系统不能正常运行，影响系统性能和增加能耗。同时，传感器的可靠性直接影响空调故障诊断系统的可靠性。另外，传感器的故障一般不易察觉。因此，传感器的故障检测是非常重要的。

在现实中，由于传感器本身的特性及运行环境的干扰不同，传感器故障有多种不同的类型，主要分为偏差故障、漂移故障、精度等级下降故障和完全失效故障。前三种故障通常又称为软故障（Soft Fault），后一种又称为硬故障（Hard Failure）。软故障的值相对较小，难以发现。因此，软故障带来的危害比硬故障危害更大。

（1）偏差（Bias）故障　偏差故障主要是指正确测量值与故障测量值相差某一恒定的常数的一类故障，如图9-4a所示。从图中可看出，有故障的测量值与无故障的测量值是平行的，只是两者相差一个常数。

（2）漂移（Drifting）故障　漂移故障是指故障大小随时间发生变化的一类故障，如图9-4b所示。从图中可看出，这类故障不仅存在着滞后，而且逐渐增大。

（3）精度等级下降（Precision Degradation）故障　偏差故障与漂移故障是正确测量值与故障测量值出现了偏差，如果用该类传感器对同一量多次测量时，其测量的平均值也就存在着偏差。而传感器的精度等级下降时，测量的平均值并没有发生变化，而是方差发生了变化，如图9-4c所示。从图中可看出，有故障测量与无故障测量混杂在一起，使得该类故障的判断较其他三种更难。

（4）完全失效故障（Complete Failure）　完全失效故障是指测量信号不随实际信号变化而变化，始终保持零（没有信号）、某一恒定值或者最大值。该类故障的表现形式如图9-4d所示。从图中可看出，故障的测量值大致成一条直线。该类故障是最容易判断的。

对于传感器元件的故障诊断，最简单的方法是采用硬件冗余法和阈值法。

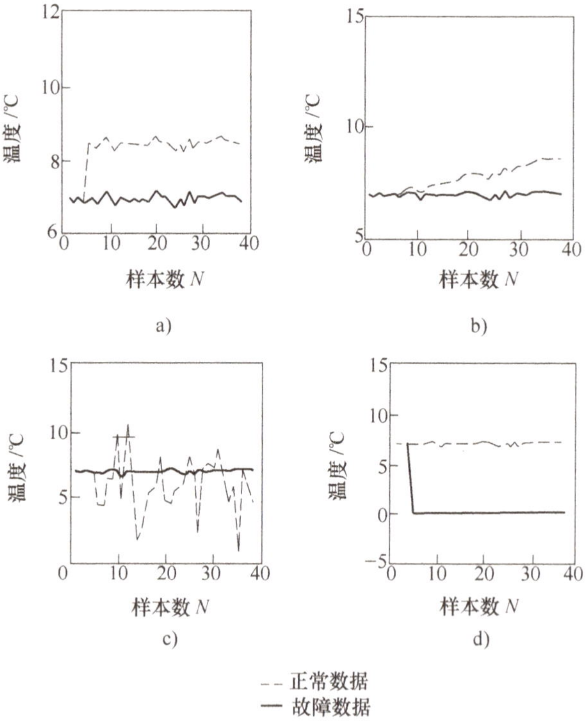

图9-4　传感器故障类型

a）偏差故障　b）漂移故障

c）精度等级下降　d）完全失效故障

阈值法是将测量值与设定值或正常操作状态下该物理量数值进行比较。如超过设定阈值，说明系统出现故障，而后再根据不正常变量的种类进行故障类型判定。下面以两例讨论。

混风温度传感器的漂移故障。当新风温度是15℃和回风温度是25℃时，混风温度的范围就是15~25℃。如果此时混风温度是18℃，而温度传感器有故障，漂移量是5℃，显示的温度就是23℃，其在15~25℃的范围内，这时就无法发现这个故障了。但在实际的系统中，由于各个参数都在一个很大的工况范围内变化，而传感器的漂移量基本不变，所以总有机会发现那些发生了漂移故障的传感器。在上例中，当新风温度和室内温度接近时，就有机会发现混风温度传感器出现了故障。当漂移量是8℃时，显示的温度就是26℃，超出了15~25℃的范围，这时就可以发现这个故障了。该方法虽然能诊断传感器的漂移故障，但准确性还有待进一步提高。

参数的越限检查与报警。参数的越限检查是最基本的，也是目前有效的故障检测方法，这种方法通过对测量参数设置上、下限来实施。当测量信号落在所设置的区间之外时，认为该信号异常，系统据此给出报警信号，提示操作人员注意。该方法用于检测传感器的损坏性故障或检测系统受到的大扰动。温度传感器测量值的上下限为18~28℃，其测量范围为-5~55℃。当测量值超出上下限，但在测量范围内时为越限报警，此时提醒操作人员：监测的参数已越限，需进行处理。当测量值超出测量范围时为越界报警，这种情况下可判定传感器损坏或测量线路故障。依据实际应用情况，软件中将测量范围缩小为：夏季15~35℃，冬季5~30℃。报警级别为“中”。

对于中、大型建筑物，传感器具有分布广、数量大、安装位置往往比较特殊等特点，仅靠以上两种方法很难做到及时、准确、有效地发现和修复传感器故障。因此，在暖通空调领域里正在研究新型的传感器故障诊断技术。目前，处于研究阶段的传感器故障诊断方法还有基于数理统计的传感器故障诊断方法与基于小波变换的故障诊断方法等。

2. 执行器性能的故障

执行器是过程控制中较薄弱的环节，其故障是控制系统中常见的故障之一。执行机构故障实际上是系统的输入型故障，而传感器故障属于系统的输出型故障。在闭环控制系统中，执行器的故障往往被反馈控制作用所掩盖，使得故障表现不明显。另外，执行机构本身往往存在严重的非线性特性，如饱和、死区、滞环等。相比而言，执行器的故障诊断比传感器故障诊断困难。

执行器故障的表现形式主要有：

1）反馈与指令间偏差过大。

2）执行器恒偏差；执行器输出出现突变型或缓变型偏差；增益逐渐衰减；恒增益。

3）执行机构卡死或调节阀芯脱落。例如，对于温度控制系统，在调节系统运行正常之后，突然温度下降，遇此情况，应按下述步骤检查。如果调节阀处于全开或接近全开状态，记录系统也正常，此时应检查热源（热水、蒸汽）系统压力、水温是否正常。如果均属正常，应检查调节阀的阀芯。实际工程中，曾发现调节阀阀芯脱落，将阀关断，此时执行机构已失去对阀芯的控制。

4）执行器振荡故障或黏滞效应等。例如，正常情况下，阀杆运动是平滑的；但当“黏滞-滑动”故障发生时，阀杆的动作是“动-停-动”这样一步一步地对阀门造成损害。这种故障通常发生在极短时间内，时间长短不一，所以很难觉察。通常，引起这种故障的原因一般是：密封部件老化；润滑不够；高温引起阀杆膨胀产生滑动；阀内有残杂物，调节阀较长时间使用而没有清洗，致使调节阀阀杆滞涩，影响控制质量。遇到这种情况，首先将阀门填料松开，进行清洗，可消除阀杆滞涩。如果还不能正常工作，再更换可能引起黏滞效应的部件，使系统正常工作。

气动执行器的故障还有供气压力不正确、气体泄漏和排气孔堵塞。这些都会引起执行器性能的下降，在某些场合，甚至会造成灾害。

目前关于执行器的故障诊断方法也可以采用前面讨论的方法，但执行器的故障诊断方法的研究成果还远没有对传感器的故障诊断那么多，无论是在理论还是在实际应用方面都有很大的研究空间。

9.2 其他故障

9.2.1 传感器的选型与安装位置引起的故障

1. 传感器的性能指标不满足监控要求

（1）传感器的精确度　在多台冷冻机的冷源系统中，冷冻机的运行台数是根据用户侧实际负荷来进行控制的，故而实际冷量的测量准确性非常重要。传感器的误差会导致冷冻机转换的时间过早，制冷机组的低负荷运行；或者转换时间过晚，制冷机组超负荷运行。

例如，当水温传感器的绝对误差为0.4℃时，根据式（5-2）与和差函数的误差传递公式为

$$\Delta t = \pm (|\Delta t_1| + |\Delta t_2|)$$

可得，控制冷量的误差在16%左右。

（2）传感器时间常数过大　以温度传感器为例，由于传感器时间常数过大（热惯性大）使其反映的温度值与真实值有差异。传感器时间常数与传感器的保护套管厚薄及结垢与否有关。当发现系统产生振荡又无其他原因后，可查原型号传感器是否合理及传感器的污染情况。发现后，更换时间常数较小的传感器或清洗传感器，但切记，更换后的分度号要与原分度号一致。

2. 传感器的安装位置

传感器的安装位置应满足所选产品或者工艺的要求，不同的传感器会有不同的要求。为了准确反映被控参数，传感器安装地点应避免局部的干扰，安装在被控参数稳定且有代表性的地点。下面以流量传感器与温度传感器为例讨论。

（1）流量传感器的安装　流量传感器的安装有以下两点基本要求：

1）流量传感器前后所要求的水平管道距离应满足所选的产品要求。例如，转轮流量计一般要求安装于水平管段上，直管段长度在没有变径和弯头的情况下，按水流方向，流量计前方应有10倍管径长度，后方应有5倍管径的长度，目的是保证此处不会出现湍流，同时尚需注意流量计的插入深度、倾斜角度，部件的连接及电器接线等方面的要求。而在实际工程中，常常不能满足上述要求，这是由于在设计阶段，设备工种和自控工种的配合不够，自控部分应由自动化工程师完成，设备部分则应由暖通工程师设计确定。实际工程中，多是控制服从工艺以及受机房面积及管路布置密集等因素影响，没有预留安装所需的条件，导致流

量计测量数据不准，严重的甚至读不出数据来。最终结果是使用“负荷”决定冷机运行台数控制变成一句空话。

2）安装位置能正确反映被测量。如前面讨论的冷量的测量与控制。各传感器的设置位置是非常重要的。设置位置应保证回水流量传感器测量的是用户侧来的总回水流量，不包括旁通流量；回水温度传感器应该是测量用户侧来的总回水温度，不应是回水与旁通水的混合温度。

（2）温度传感器的安装　温度传感器不能安装在有局部冷热源的地点及气流死区。例如，某一实际工程连接温度传感器线缆管的一端与建筑物黑天棚相连接，外界环境温度变化较大，顺着电缆管影响传感器处的温度，致使房间的平均温度受到极大的干扰。当把电缆线管堵死，隔断了局部冷热源的影响，系统工作就正常了。

3. 压差开关

（1）风压差开关　风压差开关在空调机组中用于过滤器阻塞状况和风机运行状态的检测，在工程中用得很普遍，而对于其量程的合理选择、正确的安装及报警值的合理设定等方面认识不足，造成风压差开关的工作状况不理想。

图 9-5 所示为空气压差开关安装示意图。应分别在过滤器前后设置取样口，取样口宜垂直安装，如果水平安装，则动作压力与复位压力相比所显示的标定值偏差为 1 Pa。如果将压

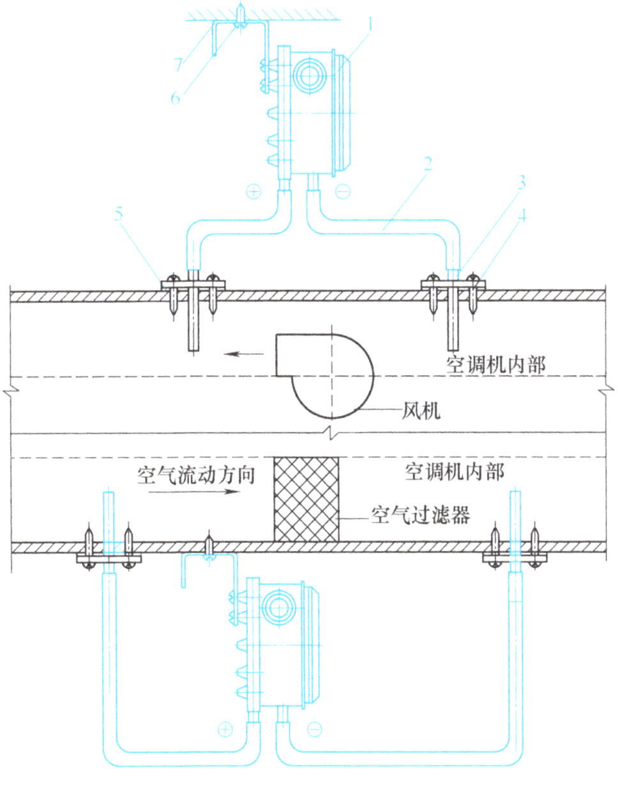

图 9-5　空气压差开关安装示意图

1—空气压差开关　2—导气管　3—管道传感器

4、6—自攻螺钉　5—密封胶　7—安装支架

差开关+、-取样口的任意一端向大气敞开，则可用于监测绝对压力。在实际工程中，当风机出口处静压较小时，如果仅在风机出口处设置采样管，空气压差开关无信号输出，这时，可以将采样管口正对风机出风方向，以获得较大的静压值。图9-6所示为空气压差开关接线图。当压差小于设定的初、终压力之差时，触点1、2闭合；当压差大于或等于设定的初、终压力之差时，触点1、3闭合，发出报警信号（清洗过滤器的信号）或执行风机联锁动作。

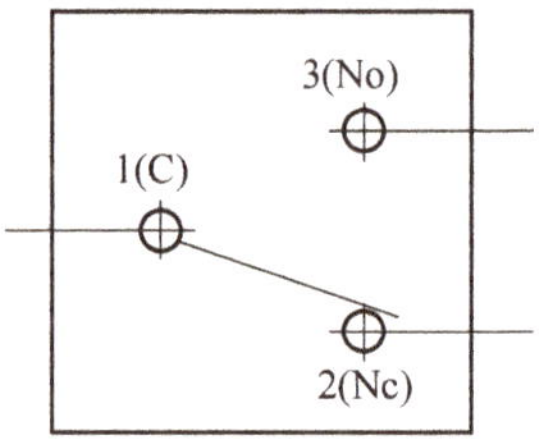

图9-6 空气压差开关接线图

（2）水静压差传感器的安装 具有一级泵的变水量冷机水系统中，当用户侧水流量变化时，将导致通过制冷机蒸发器的水流量变化，从制冷机安全运行角度则不允许这一流量减少很多，因而在系统中通常设压差旁通管压差控制环节，即在制冷机蒸发器进出口设压差传感器，通过DDC控制安装在旁通管阀上的旁通调节阀开度，达到维持制冷机蒸发器进出口压差在设定值范围内，从而达到维持制冷机蒸发器的水流量不变的目的。这一控制环节还可实现另一控制功能，即维持了冷源侧供口水压力稳定，因而减少了带给用户侧的附加压力波动所进行的二次调节，显然在冷机水系统中设该控制环节具有十分重要的意义。实施该控制环节时要注意两个问题：

1）安装位置。应该安装在工艺管道直线段上，离阀门和弯头距离不小于三倍工艺管道直径。如果将取压点设在局部构件边上，使测量值与实际值相差较大，达不到控制效果。

2）辅助阀门。有的水压差变送器在接入高低压管路进行测量时，一定要求安装平衡压力的阀门3，如图9-7所示。例如，冷机系统开机时，先将阀门2、阀门3开启，系统运行稳定后逐步打开高压侧阀门1，再关闭高低压管间的阀门3，以达到保护水压差传感器免受高低压管路间水压力冲击的目的。这一设计方法尽管可以达到保护仪表的目的，但如果是间歇运行的水系统，将会带来管理上的困难，或实际根本无法实现。其原因是冷机系统每天的开停机是按程序自动进行的，不可能设专人启闭平衡阀门组，如果要将电磁平衡阀门组纳入控制程序，将会增加很多费用，因此建议选用不需要平衡阀门3的仪表，它的特点是具有抗冲击、抗水锤及抗干扰的能力。这在现有的产品中容易实现。

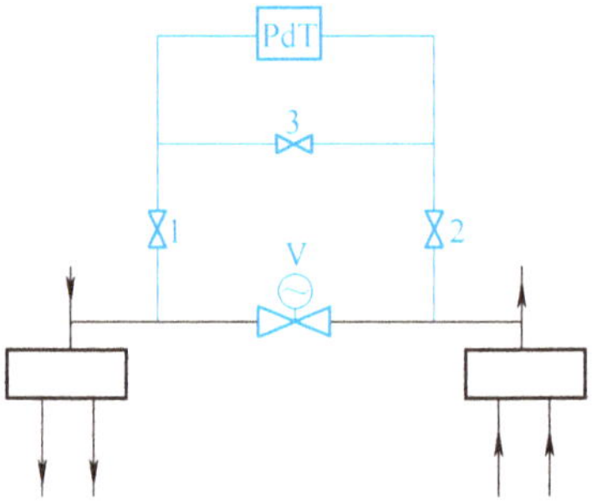

图9-7 水压差变送器

4. 水流开关

水流开关是用来监控水流状态的。水流开关是冷源水系统完成联锁控制的一个关键部件，水流开关不动作，表示DDC收不到泵运行状态信号，冷机系统的联锁控制则无法实现。一些工程布管时，认为水流开关很小而不注意其安装位置，有的将水流开关安装在水泵出口的止回阀后，由于受起动水泵时水锤冲击而将水流开关中叶片打坏；有的将它安装在水泵吸入口管段上，但离开局部构件太短使它不能正常工作。水流开关应该安装在水泵出口和止回阀之间，且应装在水平管段，安装位置点前后应有5倍管径的水平管段。水流开关的安装示意图如图9-8所示。

机器运行过程中自动停机，显示故障代码（水流开关断开）。水流开关元件故障主要是弹簧杠杆机构动作失效或微动开关失灵，一般以杠杆机构动作失效居多。这种情况大多发生在夏季制冷时，水流开关中易产生结露，日久可使金属构件生锈而失灵，这时可擦干露水并用电吹风干燥，最好在运动部位加一些润滑油防锈、润滑，然后微调一下弹簧即可解决，对损坏严重者可换新件。

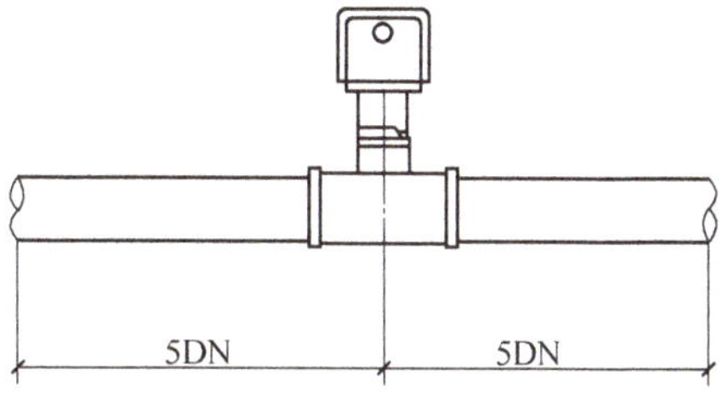

图 9-8 水流开关安装示意图

9.2.2 执行器故障

1. 调节阀

（1）阀门口径 在国内许多工程中发现设计者在调节阀的选择中，特别是选择阀门口径时随意性较为严重。有些设计者直接选择调节阀口径与管径一致，有些简单地相对管径缩小一号。这些随意性的设计不仅造成投资浪费，同时降低了系统的调节品质，影响系统的寿命，应引起设计者高度重视。就阀门的选择而言，过小的阀门一方面达不到系统的容量要求，另一方面阀门将需要通过系统提供较大的压差以维持足够的流量，加重泵的负荷，阀门易受损害；阀门口径过大，导致阀权度变小，会使控制性能变差，易使系统受冲击和振荡，而且投资也会增加。阀门过大过小都会带来控制阀寿命缩短和维护不便的后果。因此，选择适当的控制阀口径，对系统的正常运转是非常重要的。

（2）流量特性 调节阀的特性应根据使用场合来选择。例如，根据第 3 章的讨论，冷热源供、回水压差旁通阀应选择线性调节阀。而热水加热器对象应选用对数特性调节阀，如果误选了线性特性调节阀，在低负荷时，需要的热水流量减少，阀门处于小开度情况下，流量相对值变化较大，系统不稳定，易产生振荡。为了减少振荡，可以将控制器的比例带放大；但当负荷增大时又要减小比例带，这样处理并非合理。较好的办法还是应用等百分比特性调节阀替换直线特性调节阀。实际工程中曾有过这种情况，当采用合理特性的调节阀后，调节系统平稳可靠，而且当负荷变化时，无需改变控制器的比例带。当热水流量减少而加热器放大系数增大时，调节阀流量特性会自动地将放大系数减小，从而使整个放大系数（系统总放大系数）保持不变。实际上，这是一种初级的自适应控制形式。

（3）阀权度 设计时要使阀的阀权度有足够的数值。但由于长期运行，加热器盘管内壁结垢严重，致使加热器阻力加大，使管网整个压力大部分降在加热器上，调节阀压力降太小，即阀权度值过小，阀门的工作特性近似快开特性，从而使系统不稳定。

如遇到上述情况，对加热系统来说，应清除加热器盘管内的结垢，使阀门具有一定的阀权度。如果由于阀口径过大，则应更换合适的口径阀门。

（4）辅助阀门 空调机组中设置冷热水调节阀的应安装相应的辅助阀门，如图 9-9 所示。调节阀前后需安装手动截止阀和旁通阀（安在电动调节阀下方），其作用有两个：

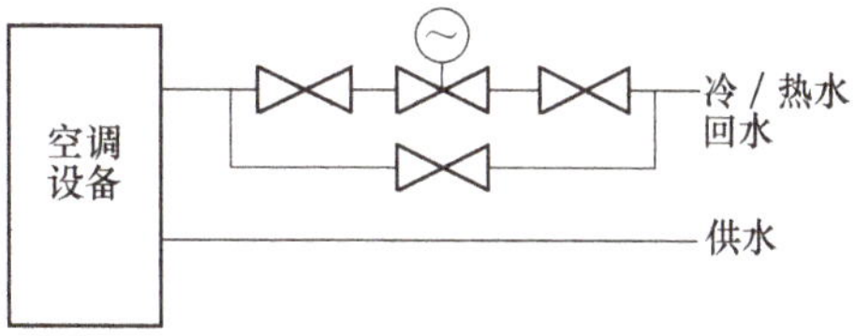

图 9-9 调节阀配管图

1）可保证机组在自控系统未投入使用前进行手动操作，以便使风、水、电系统可进行调试及试运行。

2）便于检修。在实际工程中常常不设调节阀的旁通管，当调节阀的执行器不设手动开关时，为调试通水只好将执行器从阀体上取下来，待自控系统调试时再装上去，当机组设在吊顶内时就很难操作。或者当电动调节阀（或蝶阀）损坏后，只能大面积空调停机。

2. 调节风阀

（1）新风量的控制　在空调系统中，新回风管均设有电动风阀，根据季节对其进行不同方式的控制，以达到舒适度和节能的要求。在冬/夏季，新风阀开度小，回风阀开度大，保证设计的最小新风量，充分利用回风。在过渡季节无冷热源，根据室内外焓值控制新回风比，满足室内温度要求。但在实际工程中，此类系统的回风管上有的没给电动风阀预留位置；有的系统没有回风管道，仅在机组上开一个回风口，这样，机组便无法按上述方式运行，也无法保证系统运行效果。例如，在过渡季，即便新风阀全开，新风量也小于回风量。有时新风口甚至成为排风口。故在进行空调设计时，应同时考虑到系统的控制和运行的需要，预留控制条件。

（2）风阀流量特性　常用的风阀有对开型和顺开百叶型，对开型风阀的特性类似等百分比阀，顺开百叶型风阀近似线性特性阀。而在工程应用时，其工作特性与阀权有关，实际工作特性根据系统不同有较大的差异，一般希望通过风阀的风量和其开度成正比，即其工作特性为线性特性。

（3）执行机构的选择　根据风阀尺寸选择合适转矩的风阀执行机构，执行器通常按照其转矩 1N · m 控制 0.2m^2 风阀面积计算。但在设计时，设计者可能从安全的角度考虑，选用较大的转矩，既加大了投资，又浪费了能源。

9.3 计算机控制网络的故障

9.3.1 故障种类及预防

计算机控制系统的失效原因多种多样，有硬件失效、软件失效、环境影响、人为差错等，其原因及后果具体如下：

（1）任何断电、电源冲击和电源失效　由于在同一供电电网中的负载的变化，电容性负载和电感性负载的突然接入和切除，均会造成网络电压的波动和冲击；有时由于网络局部故障或其他原因还会造成短时停电，一旦电源供电恢复正常，则控制系统的工作应能正常运行，这是一种可恢复的故障。但在发生故障期间，可能会使计算机程序执行出错、内存数据丢失/报警装置失灵或误报警，最终导致过程控制失效。电源急剧下降和强烈电源冲击还会严重影响电子部件寿命。为了解决这一问题，目前，对电源电压异常常采取如下解决办法：

1）利用交流稳压电源供电。

2）采用不间断供电电源 UPS。

3）在计算机硬件方面采用内存掉电保护电路等。

（2）外围设备失效　其失效虽然一般不会引起系统停止工作，但也可能引起其他严重问题。

（3）网络或机内通信失效　有些通信错误会带来终端线路停止工作。

（4）软件失效　软件失效是指软件在运行中出现了为设计要求不可接受的偏离或缺陷，或者计算机病毒干扰，导致系统的紊乱或瘫痪等严重后果。

（5）环境影响　如空调失效、电磁干扰、温湿度等环境因素都能导致计算机工作失效。

由于楼宇控制系统是在空间电磁场的包围中工作的。电磁干扰除来源于变配电系统的变压器、输配电线路、驱动各种机械的电动机、电焊机、运载设备发动机的点火系统外，还有各种有线无线的通信装置，它们都会在一定范围内产生一定强度的电磁波。现场使用的传感器、变送器，经传送线将信号送入 DDC。在信号传送过程中，有可能叠加上由电磁场形成的干扰信号，一起沿通道进入 DDC。如果信号有一定强度，就会影响测量精度，严重时会造成控制的失误，所以必须抑制电磁干扰。工程上常用的抑制干扰方法有：

1）在电源系统抑制干扰。①同一电源网路上有较多大功率设备时，在控制系统与供电电源之间加入三相隔离变压器；②采用 LC 组成的交流电源滤波器，用于抑制由交流电源线引入的高频干扰。采用分组供电电源，例如每个 DDC 均由独立变压器供电，可防止各控制器之间的干扰。执行机构（ AC 24V）也使用独立变压器对执行机构供电。

2）模拟量输入通道干扰的抑制。①合理的一点接地。如果系统各部分不是在同一点接地，则任意两个接地点之间便有可能出现电位差，这个电位差可能通过各种方式叠加到其他部分电路的信号上，成为对这些电路上信号的干扰。②屏蔽信号传送线路。为防止空间电磁场以感应方式对传送线中信号产生干扰，在敷设信号线时，首先要使它远离高压输电线路和大功率的用电设备。其次，应采用带金属屏蔽层的导线作为信号传送线，也可以把信号线穿入铁管或置入铁质的线槽内，利用金属屏蔽层、铁管或铁质线槽把信号线与外界电磁场隔离开。③设置通道的隔离电路。为避免信号源接地点存在电位差形成的干扰，通常采用光耦合器件隔离等。④采用无屏蔽双绞线。利用双绞线的平衡特性抑制干扰。

（6）人为错误　如操作人员对特殊的错误反映会引起错误操作，会导致系统失效或损坏。

9.3.2　故障诊断

网络故障管理又称失效管理，是指网络中某个组成失效时，网络管理系统能迅速找到故障并及时排除的能力。它是网络管理中最基本的功能之一。网络故障管理如同前面讨论的一样，包括故障检测、故障诊断和故障修复三个方面。其中故障诊断是故障管理的核心部分。网络故障管理的流程如图 9-10 所示。首先通过网络状态监视收集各种告警信息，并采取相应动作对故障进行隔离；接着对收集到的告警进行筛选与关联，去掉冗余和虚假告警；然后将筛选与关联后的告警事件格式化为某种表达方式，利用前面讨论的诊断技术即可实现故障的诊断与修复。如果执行修复后故障征兆仍然存在，系统就会收到更多的分析数据，诊断过程重新进行。

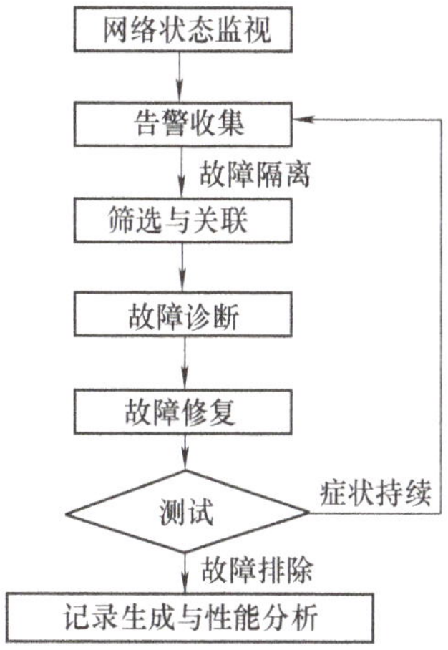

图 9-10　网络故障管理流程图

9.4 冷热源设备电气部分故障

9.4.1 锅炉系统应用的电气与控制设备故障

1. 燃油锅炉常见电气设备问题和故障的分析与解决方法

1）接通总电源开关后，控制红灯不亮，炉头红灯不亮，炉头无任何操作迹象，无电源供应至炉头。故障原因和检修方法一般为：①检查电源熔丝、电线、电源开关等，对症处理；②检查电源是否接到炉头接线箱的正确位置，加以修复；③如安装有其他恒温器等，应检查是否恒温器的影响加以处理；④检查控制器与接线箱是否接触不良，加以调整处理。

2）接通电源后，炉头电动机能动，稍后故障红灯亮起。故障原因和检修方法一般为：①电动机线圈短路，可通过拆修或更换加以解决；②电动机电容器损坏，可直接更换电容器；③控制器损坏，可通过修理或更换加以解决。

3）接通电源后，炉头电动机能动，吹风程序过后，无油雾从喷嘴喷出，稍后炉头停止所有操作，亮起故障红灯。故障原因和检修方法一般为：①电磁阀线圈短路，可更换电磁阀线圈；②控制器或电源损坏，可通过拆修或更换加以解决。

4）接通电源后，炉头电动机转动，吹风程序过后，油雾从喷嘴喷出，但不能被点燃，稍后炉头停止操作，故障红灯亮起。故障原因和检修方法一般为：①点火用变压器故障，可通过修理或更换加以解决；②接触变压器到引火线损坏或松脱，可通过修理或更换加以解决；③引火线的绝缘瓷棒破裂，可直接更换绝缘瓷棒。

5）时间控制器停止不动。故障原因和检修方法一般为：①本身熔丝熔断，可更换熔丝；②控制电源未加入，接上电源即可；③联锁线路不通，可查明原因加以排除。

6）燃油加热太慢或根本没被加热。故障原因和检修方法一般为：①电加热器的电压偏低，可查明原因，提高电压加以解决；②加热器选配不当，可改造或更换合适的加热器加以解决；③加热器故障，可查明原因，排除故障。

2. 锅炉燃烧器常见电气设备问题和故障的分析与解决方法

1）燃烧器不起动。燃烧器不起动原因和检修方法一般为：①进线无电，可检查熔丝或电源加以解决；②恒温器接线不正确或接触不良或恒温器没有闭合，可检查接线柱和恒温器，找出问题所在加以解决；③控制箱故障或熔丝熔断，可检查控制箱或更换熔丝加以解决。

2）燃烧器起动点火电极间有火花并喷油，但无火焰出现（故障红灯亮）。故障原因和检修方法一般为：①点火电路中断，检查整个电路，找出问题所在加以解决；②点火变压器的导线由于时间长而失效，可更换导线加以解决；③点火变压器导线接触不良，需重新接线加以解决；④点火变压器坏了，需更换变压器；⑤点火电极间距不正确，可通过调整间距加以解决；⑥电极向地放电，没有在两极头间放火花，是由于点火电极绝缘陶瓷裂损或脏了，结炭渣，需清洗或更换。

3）燃烧器起动有点火火花，但不喷油（故障红灯亮）。故障原因和检修方法一般为：①电动机转向相反，可通过调换任意两根接线加以解决；②电磁阀故障，可通过修理或更换加以解决；③雾化装置故障，可通过修理或更换加以解决；④光敏电阻受潮或外界光线过亮

（光敏电阻阻值过小），可通过吹干或减弱光线加以解决。

4）燃烧器点燃约几秒后又自动熄灭（故障红灯亮）。故障原因和检修方法一般为：①光敏电阻不通或油烟污染，可通过清洗或更换加以解决；②光敏电阻回路中断，一般需更换回路电线加以解决。

5）当燃油达到最低预热温度时，燃烧器不起动。故障原因和检修方法一般为：①恒温器或压力开关没闭合，可提高设定值，直到由于温度和压力自然减小后它们闭合为止；②光敏电阻短路，需通过更换加以解决。

9.4.2 制冷机组所应用的电气与控制设备故障

电器是用来控制和保护制冷系统和风机系统的器件。它除了电气线路本身故障外，有相当一部分是发生在制冷系统和风机系统上，但其症状却在电气控制线路上反映出来。因此在分析空调、制冷所应用的电气控制设备故障时，不可避免地要涉及制冷系统和风机系统的故障问题。下面对制冷机组工作过程中以分析电器故障为中心进行阐述。

1. 故障诊断和排除的一般方法

正确的故障修理是电气与控制设备发生故障时，更换损坏元件，使设备恢复正常工作。这是电气与控制设备需要的正常检修活动，它包括故障检测、故障定位和故障修复三个任务。为了完成这三个任务，必须熟悉整个系统，各个子系统和各个模块的电路及工作原理。

（1）故障检测　用万用表、示波器或专用仪器遵循一定的方法，如框图分析法、故障树法、模糊诊断法等，对照技术规范，测试系统的实际功能，以获得故障尽可能多的信息，精确确定是某种故障而非误操作造成的或是一种误解。

（2）故障定位　根据故障症状及系统工作原理分析、搜索故障的起因，即首先确定哪个子系统出了问题，再确定子系统中哪个模块出了故障，最后确定模块中损坏的元件。

（3）故障修复　即更换修复故障元件，然后测试整个系统功能。

现代电子技术的发展，使系统模块构成非常复杂，故障修理若遵从上述三个步骤，最后修复或更换模块中损坏的元件，在现场往往是不可能的；在生产停滞中，常有这样的快速作法：确定发生故障的模块，整个进行调换，然后测试整个系统功能。

2. 螺杆式制冷机组常见电气故障分析

（1）螺杆式制冷机组起动困难或不能起动　故障原因和检修方法一般为：

1）油加热器不工作，油加热器故障或供油保护温控器故障。需检查原因加以修复或更换。

2）压力控制器调整不当或有故障，可按规定调整、检修或更换。

3）能量调节装置未卸到零位，可通过卸载到0来处理。

（2）压缩机无故停机　故障原因和检修方法一般为：

1）高压、油温、精滤器压差、油压差等保护控制器任一个的触头动作。可能是自动保护和控制元件调定值不当或控制电路有故障。处理方法是检修电路，调整调定值。

2）压缩机过载，需查明原因，对症处理。

3）控制电路有脱线、器件损坏等故障。可通过检修或更换加以解决。

（3）能量调节装置不动作或不灵活　故障原因一般为：故障原因包括油压不足，指示器失灵，油路不通，油活塞和滑阀卡住或漏油，以及控制回路有故障等。可通过调整油压，检修指示器，通畅油路，检修滑阀或油活塞，检查控制回路来处理。

3. 离心式压缩机

（1）压缩机不能起动 故障原因一般为：电源故障，如过载继电器动作或熔断器断线；导叶不能全关而带载荷起动引起这种故障。可通过检查继电器和熔断器，手动全关导叶来排除。

（2）电动机过负荷 故障原因一般为：热负荷过大，吸入液体制冷剂和排气压力过高等将会引起这种故障。处理方法是降低冷凝压力，提高蒸发压力，调整导叶开度。

9.4.3 电气与控制设备故障案例分析

1. 螺杆式制冷压缩机故障短路排除法

短路法是在系统故障不明显的情况下，简捷、快速地发现故障原因及部位的有效手段。螺杆式制冷机组控制器系统由高低压控制器、油压差控制器、过滤器、前后压差控制器、水温控制器等多个控制器串联而成。若机组在未报警的情况下突然停车，便可采用此法，如图9-11所示。用短路一半控制器重新起动机组，若机组正常运转，则被短路的控制器有问题，再逐一短路其中一个，直至找到出问题的控制器。

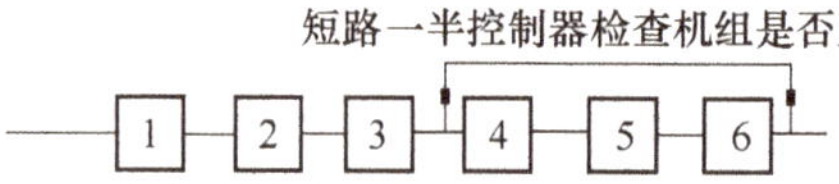

图9-11 短路排除法示意图
1—高低压控制器 2—油压差控制器
3—过滤器、前后压差控制器
4—水温控制器 5—高油温控制器
6—低油温控制器

2. 空调室温自控系统故障

空调自动控制系统在投入运行一段时间以后，一些参数经过调整就可以正常工作了，并使室温稳定在一定的范围之内。根据空调精度的不同，室温的稳定范围可以有很大不同。高精度的空调系统，室温稳定偏差可能只有±0.1℃，而一般的舒适性空调稳定的范围有可能达到±2℃，也有一些空调系统只提出降温要求，对控制精度没有具体要求。

如果排除供冷（热）量不足因素，被调房间的温度出现过高或过低情况，则是空调自动控制系统本身出现了问题，如调节作用失效，无法把偏离了设定值的室温调回正常值。

以一个采用一次回风形式的集中式空调系统为例，说明因自动控制系统原因使室温偏高的一般检查步骤：

1）检查室内温度传感器。检查室内温度传感器附近是否有发热体存在，室内温度传感器是否被人碰过，室内传感器安装位置是否正确。如果没有则可以判断室内温度传感器工作正常，室内温度传感器提供的温度数值正确。

2）检查调节器是否有正常输出。在出现室内温度超高的情况下，调节如果正常，就会有一正常的输出信号，如果没有输出或输出不正常，就证明调节器工作不正常。调节器工作不正常又有两种情况：①调节器本身出现了问题，致使其内部逻辑电路工作不正常，判断失误，无法给出输出信号或给出极性相反的输出信号；②可能是输入调节器的给定值发生了变化，如被人不经意修改等，这时调节器会按修改过的给定值去调节输出信号，产生输出错误。

3）查执行器的工作情况。执行器在这里就是表冷器冷水管路上的阀门驱动器，检查驱动器是否已将阀门向打开的方向开大，如果确实是向开大的方向转动（时间足够长的话会全部打开），说明执行器工作也是正常的。如果阀门驱动器不动作，或者动作到一定程度 就不动了，说明阀门驱动器有问题。也有可能是调节阀的阀芯卡死，产生过大的阻力致使阀门驱动器不工作。

复习思考题

9-1　简述故障诊断的任务。

9-2　故障按控制系统的结构划分，可以分为哪几类？试举一两例说明。

9-3　故障按产生的原因划分，可以分为哪几类？

9-4　按“解析冗余”的理论分类，故障诊断有哪几种方法？

9-5　何谓基于知识的诊断方法？请参考有关文献，撰写3000字论文。

9-6　何谓基于解析模型的诊断方法？请参考有关文献，撰写3000字论文。

9-7　何谓基于信号处理的诊断方法？请参考有关文献，撰写3000字论文。

9-8　绘制基于BAS的空调系统过程监控与故障处理框图。

9-9　传感器本身一般会产生哪些故障？哪类故障最难处理？

9-10　目前，最简单的传感器故障诊断方法有哪几种？试举例说明。

9-11　执行器本身一般会产生哪些故障？哪类故障最难处理？

9-12　由设计引起的传感器故障一般有哪几类？如何避免？

9-13　由设计引起的执行器故障一般有哪几类？如何避免？

9-14　空气压差开关有何作用？一般会引起什么故障？

9-15　水流开关有何作用？一般会引起什么故障？

9-16　计算机控制网络一般会产生哪些故障？可以带来哪些危害？

9-17　谈谈计算机控制网络的故障诊断方法有哪几类？请参考有关文献，撰写3000字论文。

9-18　试举一例，讨论计算机控制网络的故障处理方法。

9-19　燃油锅炉主要的电气设备故障有哪些？如何排除？

9-20　燃烧器主要的电气设备故障有哪些？

10

第 10 章 建筑设备自动化系统的设计、施工与管理

建设建筑设备自动化系统（BAS）的目的是为了给使用者创造一个安全、舒适、高效和节能的建筑环境空间。它涉及的专业知识面广，设备众多，监控点数量大，对于设计、施工、运行和管理的要求都很高，是智能建筑中比较复杂的子系统。所以，应根据建筑物的使用功能和业主的需求，基于系统工程的理念，严格按照我国 GB 50314—2015《智能建筑设计标准》、GB 50606—2010《智能建筑工程施工规范》、GB 50339—2013《智能建筑工程质量验收规范》、JGJ/T 334—2014《建筑设备监控系统工程技术规范》等规范进行 BAS 的建设和科学化管理，确保 BAS 能够如期投入使用和正常运行，取得预期的投资回报。

10.1 建筑设备自动化系统的设计

所谓的“BAS 设计”是指基于 BAS 的规划和 BAS 产品的技术性能，提供施工与调试的图样和技术文件，并进行系统组态的过程。BAS 的设计内容主要包括监控总表的编制、中央站软/硬件配置的设计、分站的型式、数量及软/硬件配置的设计、电源系统的设计和管线系统及其敷设方式的设计。BAS 的规模按照监控点的数量可划分为小型、较小型、中型、较大型和大型五大类，见表 10-1。

表 10-1　BAS 规模的划分

系统规模	监控点数/个
小型系统	≤40
较小型系统	41～160
中型系统	161～650
较大型系统	651～2500
大型系统	>2500

10.1.1 BAS 建设的可行性论证

鉴于 BAS 造价昂贵和总结已经运行的 BAS 的情况，建设单位应根据投资水平，进行可行性的科学论证，做出分阶段实施的方案。避免由于盲目建设、运行管理技术水平低、系统集成不好及缺少基本的使用和开发能力等原因，使得 BAS 不能有效地运行，投资回报率低。BAS 建设的可行性论证内容包括：

（1）技术上的可行性分析　技术上的可行性分析着重于设计单位及其人员和 BAS 产品生产厂家。应根据建筑物的特点、业主的需求和 BAS 产品的性能（尤其是一些特殊型号规

格的智能型仪表)，精心设计、合理规划 BAS 的技术性能。

（2）经济上的可行性分析　经济上的可行性分析取决于建设单位。基于设计单位和人员精心设计的 BAS 方案和准确提供的概算，增强建设单位的实施 BAS 项目的决心。

（3）管理体制上的可行性分析　管理体制上的可行性分析主要由电力、消防等主管职能部门决定，如可能遇到电力系统的负荷投切是在高压侧还是低压侧、电气参数的监测方式、消防系统的入网及如何入网等问题。在 BAS 规划设计的开始阶段，有关各方进行充分地沟通，统一认识，避免导致当 BAS 设计完成、甚至施工完成后进行验收时发生争执，给建设单位造成不必要的经济损失。

10.1.2　BAS 组建的一般原则

1）确定 BAS 的服务功能（或称应用功能），并且确保其能够实现。从技术实现的角度出发，BAS 的服务功能包括实现建筑设备的全面集中监控、硬件设备的资源共享，便于管理和维护；统筹正常/异常运行工况下建筑设备的控制方案，使其协调地工作，满足控制方案的目标要求。基于上述的服务功能，BAS 可划分为两个子系统，每个子系统又包括相应的被监控设备系统，如图 10-1 所示。

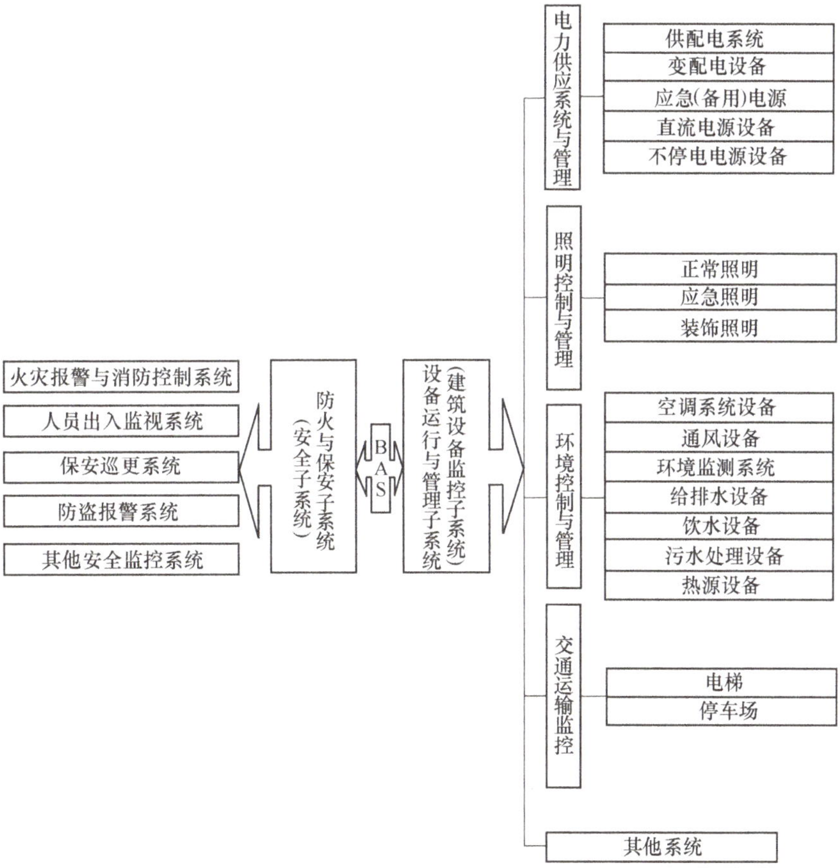

图 10-1　BAS 的划分

2）分散控制、集中监控与管理，实现一体化控制和管理。目前使用的BAS，基于分解原理，绝大多数均采用了分层结构。分站（设在现场）与现场被控对象系统相连接，构成现场控制级；中央站（设在中央控制室）接受分站传送的信息，进行集中管理和传送新的控制信息，形成中央管理控制级。它们之间的信息传送是借助计算机通信网络来进行的。现在BAS采用DCS或FCS的结构形式，其优点在于分散控制，当分站发生故障时，仅影响该分站所监控的小范围，即"危险分散"。如果中央站发生故障，只要分站无故障，正常的监控功能仍然能够执行。如果中央站和分站同时发生故障，此时BAS就只能降级使用了。针对性地设置中央站双机的热备份系统，一机工作，一机备份，可以解决BAS的降级问题。当然，设置中央站双机的热备份系统并不是最好的解决办法，从提高系统的可靠性入手，如进行系统的可靠性设计，使其平均无故障时间（MTBF）达到较高水平。

3）BAS具有一定的可变性。对于已建成的BAS而言，随着时间的推移，其使用功能会发生相应的变化，新设备的增添和技术性能的更新是无法避免的。因此，相应地要求BAS在控制与管理功能上与之适应。它包括以下主要的内容：①系统功能扩展的可能性和适应性；②控制与管理功能扩展的易行性；③硬件与软件进入/退出系统的方便性。

为了保证系统扩展的可能性和适应性，所选的控制网络应具有拓展局域网的条件；可挂接的分站应留有裕量；分站的安装模块和通道数量应留有裕量；BA设备与控制网络相匹配（如通信接口、总线形式等约束）。控制与管理功能扩展的易行性和硬件与软件进入/退出系统的方便性则综合考虑所选BA设备产品的技术性能，满足BAS的设计功能要求。

10.1.3 分站的设计

1. 分站的划分

目前使用的BAS大多采用DCS或FCS的结构形式。分站划分得相对合理，则有利于安装、调试与维护，可以充分发挥效益和节省投资。分站的划分是一个灵活的问题，分站的划分一般满足以下的规定。

1）集中布置的设备群应划为一个分站（如暖通空调系统的冷热源、变配电站等）。

2）一个分站实际所管理的监控点数不宜超过其最大容量的80%。如果其监控点数全部用完，虽然可以充分利用设备资源，但安全性下降。同时，还要考虑冗余和扩展的技术要求。

3）分站对现场被控对象实施DDC控制，其实时性必须得到满足。应综合考虑数据采集时间、滤波时间、PID算法程序运行时间和控制命令输出时间等，避免失控。

4）分站到监控点的最大距离应根据选定的波特率、物理传输介质及产品的技术性能指标，不得超过相应的规定。监控范围可不受楼层的限制，按照平均距离最短的原则布置在监控点附近（一般不超过50m）。

5）出入口监控子系统和巡更联络与保安监视系统应单独设置分站。

2. 分站的位置

分站的位置一般选择在环境相对平静、噪声低、通风良好、干扰少和24h便于进行操作、检修的地方。如果分站场所比较潮湿，应采取防潮、防结露的措施。分站场所宜远离电动机、强电线缆，避免电磁干扰，否则应采取可靠的屏蔽和接地措施。

3. 分站的布置

分站的布置一般选择箱式结构（挂墙的），其安装高度、盘前操作空间可参照动力或照明配电箱的要求。当分站的控制模块较多时，也可以选择柜式结构（落地的）。

4. 分站的电源

如果分站的数量多而且分散，可采用树干式配电方式供电。对于大型 BAS 而言，分站宜采用放射式配电方式供电。同时，需设置备用电池组，支持分站全部负荷运行不小于 72h。

5. 分站的接地

分站宜单独接地或就近与弱电系统的接地装置相连接接地。如果监控中心设有 UPS，分站接地应沿 PE 线汇集至 UPS 盘，统一接地。

分站的控制接线。按照 AI、DI、AO、DO 及相应的输入/输出接线方案进行。

10.1.4 中央站的设计

中央站设在中央控制室，接受分站传送的信息，进行集中管理和传送新的控制信息，形成中央管理控制级。其设计内容主要包括中央站的软硬件组态。

1. 中央站的硬件及其组态

硬件包括中央处理单元（CPU）、存储器（ROM/RAM）、通信接口单元、键盘、监视器（CRT）、打印机（PRT）、电源等。为了提高系统的可靠性，采用冗余技术，如设双 CPU，备用 CPU 处于热备用状态。当主 CPU 发生故障时，备用 CPU 能够自动投入运行。同时，系统提供操作显示和报警状态两种指示方式，文字、表格为主，图形为辅。

2. 中央站的软件及其组态

软件包括系统软件、应用软件，主要有故障自诊断软件，语言处理软件，数据库生成和管理软件，通信软件，A－D、D－A 程序软件，控制算法软件以及系统调试与维护软件等。

总之，建筑设备自动化的设计必须根据建筑物的使用功能和业主的具体需求进行，给使用者创造一个安全、舒适、高效和节能的建筑环境空间。

10.2 建筑设备自动化系统的施工

10.2.1 施工模式

BAS 的建设是一项技术先进、涉及领域广、投资高和建设规模大的系统工程。其施工模式目前主要包括下列内容：

（1）工程总承包模式　工程总承包商负责所有系统的设计、BA 设备的供应和安装、系统的调试和集成、工程管理等工作，最终提供整个系统的移交与验收。

（2）系统总承包、安装分承包模式　工程总承包商负责所有系统的设计、BA 设备的供应、系统的调试和集成、工程管理等工作，最终提供整个系统的移交与验收。但是其中 BA 设备、相应管线的安装则由专业的安装公司承担。该模式便于施工阶段的工程管理和横向协调，但增加了 BA 设备、相应管线的安装与系统调试之间的环节，需要业主和监理按照合同要求、安装规范予以监管和协调。

（3）总包管理、分包实施模式　工程总承包商负责系统的设计和工程管理，最终完成系统的集成。而各个子系统 BA 设备的供应、相应管线的安装、施工及其调试则由业主直接与分包商签订合同，分别实施。该模式能够有效地节省成本，但是关系复杂，对业主和监理的工程管理水平有很高的要求。

（4）全分包实施模式 业主按照设计院提供的各个子系统的设计功能要求，直接与各分包商签订工程承包合同，业主和监理负责整个工程的实施、管理与协调。该模式能够有效地降低系统造价，适用于规模较小的BAS项目。

10.2.2 施工的全过程

BAS工程施工的全过程可分为施工准备、施工、调试和竣工验收四个阶段。

BAS工程施工应具备以下条件：

1）工程实施单位必须持有国家或省级建设行政主管部门颁发的相关工程实施资质证书。

2）经过会审批准的设计文件、施工图样齐全。实施人员应熟悉有关的技术资料，了解工程情况、实施方案、工艺要求和所实施的质量标准等。

3）具备工程实施所必需的设备、器材、仪器、主要材料、辅助材料、施工机械等且能满足连续实施和阶段实施的要求。

4）BAS工程实施应与相关专业的工程施工（如土建工程施工、装饰工程施工）协调进行。

学习和理解有关的标准和规范。BAS工程的施工应严格遵守建筑物弱电安装工程施工及验收规范、所在地区的建筑设备安装工艺标准及当地有关部门的各项规定。与BAS工程施工有关的国家和地方规范主要有：

GB/T 50314—2015《智能建筑设计标准》

GB 50339—2013《智能建筑工程质量验收规范》

JGJ 16—2008《民用建筑电气设计规范》

GB 50303—2002《建筑电气工程施工质量验收规范》

GB 50339—2013《智能建筑工程质量验收规范》

GB 50606—2013《智能建筑工程施工规范》

GB 50314—2015《智能建筑设计标准》

GB 50168—2006《电气装置安装工程电缆线路施工及验收规范》

GB 50169—2006《电气装置安装工程接地装置施工及验收规范》

GB 50311—2007《综合布线系统工程设计规范》

GB 50312—2007《综合布线系统工程验收规范》

熟悉、审核图样。BAS的建设涉及专业、工种较多，所以在施工开始前应做好对BAS技术和设计、施工环节的审核，及时发现问题和采取必要的处理措施，以确保建设质量和工期，减少返工。校核施工图、工程合同中的设备清单、监控点表三者的实际情况是否一致，设备型号、数量、技术参数是否匹配等，确保BAS在硬件设备上的完整性。

确定BAS的工程界面，根据工程的具体实施情况做相应调整。所谓工程界面就是系统之间、设备之间的接口与界面，使得不同系统和产品之间的接口、通信标准化，能够进行相互“对话”，即具有互操作性。工程实施的内容主要包括：

1）确定设计界面。BAS与暖通空调、给排水、供配电、照明、火灾与安保系统设计界面的划分和相应功能的确定等。

2）确定技术接口界面。BAS与被控设备之间进行信息交换方式的确定，如通信协议、传输速率、数据格式、监控信号的量程、监控点容量方面的匹配等。BAS 的“眼睛”（传感器）和“手脚”（执行器）与分站之间的信号、逻辑匹配等。

3）确定设备、材料、软件接口界面。材料的接口界面主要指各种通信线缆和数据传输介质等；设备接口界面主要包括各种型号的传感器、执行器、通信接口板、电气控制箱（柜）等。软件接口界面主要指与 BAS 各个子系统相连的接口软件和应用软件等。

4）确定各类传感器和执行器的安装位置。由于这类设备对 BAS 而言，起着“眼睛”和“手脚”的作用，其工作情况的好坏直接影响 BAS 的监控精度和运行的可靠性。因此，必须在专业设计人员、专业工程师和 BA 产品制造/供应商的指导下进行安装和调试，确保系统正常地起动与运行。

10.2.3　施工组织

1. 施工组织简介

施工组织是指在总的施工设计、组织、指导下，将某个单位工程作为对象，按照施工图样进行编制施工组织程序与施工工艺流程、管理施工项目、控制工程质量和工程技术的管理等工作过程，如图 10-2 所示。

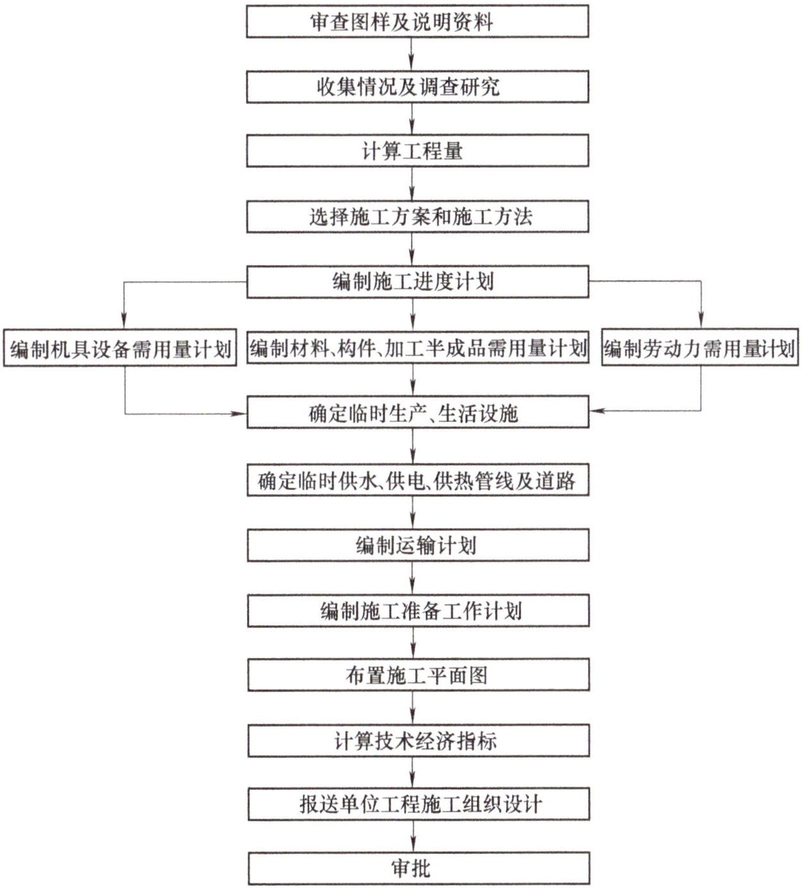

图 10-2　单位工程施工组织程序

2. 施工总体布置

施工总体布置分为四个阶段：第一阶段，进行 BAS 安装工程施工准备工作，采购材料和准备机械、工具；第二阶段，进行楼宇各层的配管、穿线施工；第三阶段，进行系统设备的安装；第四阶段，进行系统的调试工作。BAS 施工工艺流程图如图 10-3 所示。

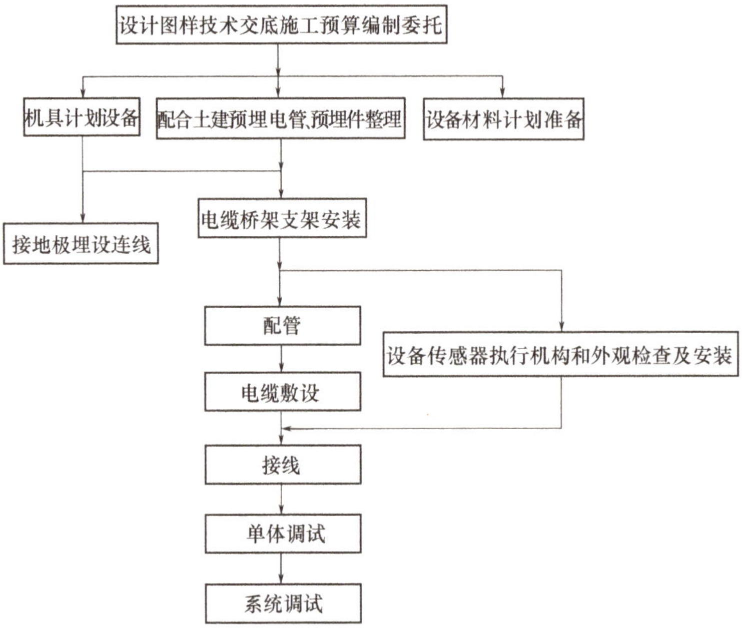

图 10-3 BAS 施工工艺流程图

3. BAS 工程质量的控制

BAS 工程质量的控制是确保工程成功的关键，即在工程中确定质量方针、目标和职责，实施质量策划、控制和保证等全部管理职能活动，满足质量体系的要求。它包括工程公司的质量管理、设计与采购过程的质量控制和在工程实施过程中执行 ISO9001 系统工程质量体系的相关要求。

4. BAS 工程技术的管理

在 BAS 工程施工的过程中，应严格按照 BAS 工程的设计、施工要求，执行国家、行业的技术标准和规范，对 BA 设备、线缆等的供应、安装，系统调试和验收标准等方面进行技术监督和有效管理。

5. BAS 施工方案的实施

根据工程不同的承包方式，对 BA 设备的安装，线槽及其管线的敷设，穿线、接线和系统调试等主要工序的施工、指导工作，事先予以明确。

6. BAS 施工项目的管理

它包括施工进度管理、施工界面管理、施工组织管理三个方面。涉及整个施工阶段施工人员的组织，设备的供应，弱电工程与土建、装饰工程的配合及其施工内容的划分，合理安排工程管理人员、技术人员、安装人员和调试人员的人数和进入施工现场的时间，避免造成不必要的劳动力浪费和人员成本的增加，保质保量地按时完成施工任务。

10.2.4　BAS 的工程调试

BAS 的工程调试应根据设计规范、施工标准和工程合同规定，编制调试大纲，按照调试大纲的内容（包括调试程序、方法、测试项目、手段、仪器设备和测试技术要求或标准）进行调试工作，并且根据施工监理记录、技术测试报告按照施工验收规范进行验收。调试程序如图 10-4 所示。基于上述要求进行系统验收，并且在运行一段时间后进行系统的评估。具体工作内容包括空调监控系统单体设备的调试（如新风机、空气处理机、送/排风机和冷/热源设备监控系统等）、给排水监控系统单体设备的调试（如给水泵、污水泵监控等）、变配电系统单体设备的调试、照明系统单体设备的调试和电梯监测系统单体设备的调试。

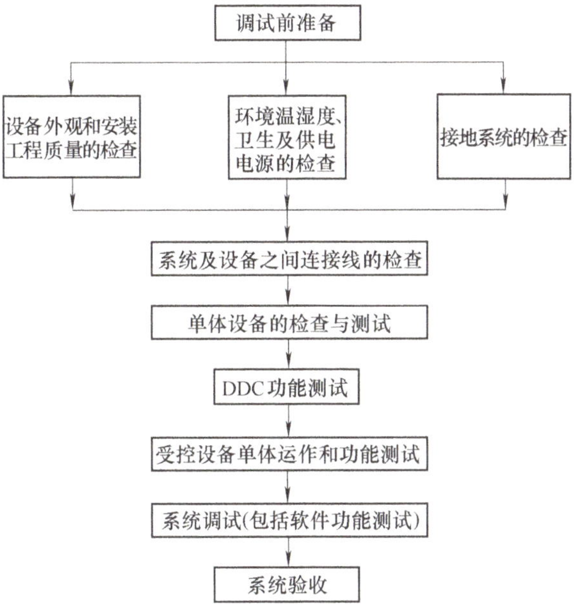

图 10-4　BAS 调试程序

10.2.5　BAS 的工程检测

在 BAS 进行工程验收之前，必须对其进行工程检测，目的在于综合评价 BAS 的安全性、可靠性、实时性、操作性、维护性、控制精度和安装质量等重要性能指标。针对检测过程中发现的问题，提出合理的整改措施，使得 BAS 能够安全、节能地运行，满足设计目的和业主的需求。BAS 工程检测的基本原则如下：

1）BAS 的工程检测应由经过行业主管部门审定的、具有资质的机构接受建设单位（业主）的委托，进行组织和实施。

2）BAS 的工程检测不同于实验室检测，属于工程检测，必须基于 BAS 的工程验收标准和结合 BA 设备现场实际情况，制定合理可行的检测方案。

3）BAS 的工程检测是否合格，一般以设计的 BA 设备的功能点数为基数，如果经检测，不合格的点数超过基数的 1%，则 BAS 应该判为不合格。

BAS 工程检测的技术基础资料主要包括 BAS 工程设计文件、合同技术文件、BAS 投运后3个月的运行记录和验收标准等。须全面地了解整个系统的功能和技术性能指标，确定一套合理的BAS检测方案。如果上述工程技术资料不齐全，则应补充和整改，否则不予检测。BAS的检测方式应采取现场检查和在线测试进行，测试的结论按照国家相关规范、BA设备厂家的技术标准和业主的需求进行评估。

BAS各个子系统工程的检测项目、内容与要求，均以BA设备工程（如暖通空调与制冷、给排水等）的设计工艺要求、工程设计文件、技术合同文件等作为依据来确定。如有变更，需要提供相关的变更说明文件。

1. 暖通空调与制冷监控系统功能的检测内容

暖通空调与制冷系统功能的检测内容：BAS应对系统的温湿度、风速、风量、风压等参数的自动监控、设备的自动起动/停车、联锁保护控制、节能及优化控制等功能进行测试，检查其运行工况，重点测定自动控制系统的实时性和控制精度。

暖通空调与制冷监控系统检测方式为抽检。按照不低于20%的检测数量比例对每个系统进行抽检，若系统的检测数量少于5个时，则全部检测。只有被抽检的部分达到100%全部合格时，方可确定为合格。

2. 给排水监控系统功能的检测

BAS应对给排水、中水系统的液位、压力、流量的参数的自动监控、给水泵、污水泵的自动起动/停止及变频调速等功能进行测试，检查其运行工况，重点测定自动控制系统监控精度和报警功能。检测方式为抽检。抽检数量应不低于20%，抽检率达到100%时方可确定为合格。

3. 照明监控系统功能的检测

BAS应对照明系统光照度参数的自动检测、时间控制等功能进行测试，检查程控灯组的开关、声控/光控开关和调光模块等的运行情况，并且手动检查开关的动作正确性。检测方式为抽检，抽检数量应不低于20%，抽检率达到100%时方可确定为合格。

4. 冷/热源、冷冻水系统、冷却水系统、热交换系统和热水监控系统功能的检测

BAS应对冷水机组、冷冻水系统、冷却水系统的冷负荷参数调节、供回水温度、压力（压差）、流量等参数自动检测、预定时间表自动起动/停止、节能和优化控制等功能进行测试，检查设备运行的联锁保护情况，核实能耗与计量，确认节能效果。重点检查供水温度、供回水压差的控制情况。检测方式为抽检。抽检数量应不低于50%，抽检率达到100%时方可确定为合格。

BAS应对热源（如锅炉或换热器）、热水系统的热负荷参数的调节、供回水温度、压力（压差）、流量等参数自动检测、预定时间表自动起动/停止、节能和优化控制等功能进行测试，检查设备运行的联锁保护情况，核实能耗与热计量，确认节能效果。重点检查供水温度的控制情况。检测方式为抽检。抽检数量应不低于20%，抽检率达到100%时方可确定为合格。

5. 中央管理工作站与操作分站功能的检测

BAS应对中央管理工作站与操作分站功能的监控和管理功能进行检测。检测重点在中央管理站，检测内容包括：各种测量数据信息、故障报警信息、运行状态信息的实时性和准确性；对被控设备进行远程控制和管理的功能；数据的存储和统计、历史数据趋势图显示、数据报表生成及打印、故障报警打印的功能；操作的方便性和人-机界面的友好、汉化要

求；操作权限的划分，确保系统操作的安全性。

对于操作分站而言，主要检测其监控和管理权限以及数据信息与中央管理工作站的一致性。上述功能全部满足设计要求时，检测结果为合格。

6. BAS 与各子系统（BA 设备）之间的数据通信接口功能的检测

BAS 与具备通信接口的各子系统、BA 设备采用数据通信方式互联时，应确保实时性和准确性。可将在工作站观测到的各种参数信息（如运行参数、状态参数和报警信息等）与实际情况进行核实。数据通信接口要全部检测，检测合格率达到 100% 时为全部合格。

7. 现场设备安装质量的检查

现场设备安装质量的检查应符合国家现行的标准及规范。

8. 实时性能的检测

实时性能的检测主要包括参数巡检速度、开关信号的反应速度和报警信号反应速度等，应满足设备工艺性能指标和技术合同文件的要求。其中，参数巡检速度、开关信号的反应速度抽检 10%，抽检合格率达到 100% 时为全部合格。报警信号反应速度抽检 20%，抽检合格率达到 100% 时为全部合格。

9. 可靠性能的检测

当 BAS 运行时，人为地或计算机起动/停止现场设备，不应出现数据显示错误或其他干扰影响整个系统的正常工作。如果工作正常的为合格，否则为不合格。

电力供应中断转为 UPS 供电时，系统数据不应发生丢失或混乱。电源切换时，系统工作正常的为合格，否则为不合格。

10. 维护性能的检测

设备、网络通信故障的自诊断、报警功能。在现场人为地设置设备故障和网络故障，能够准确指示出相应设备的名称、位置和故障原因的为合格，否则为不合格。

11. 其他项目的评判

其他项目的评判主要包括监控网络的标准化、开放性；系统的可升级、扩充性；系统冗余配置；节能情况的评价等。

10.2.6 BAS 的工程验收

BAS 工程验收的基本条件：

1）BAS 工程按照相关规范进行了系统检测，检测结论合格，或者对其中的不合格项目已经进行了整改，并且有整改复验报告的。

2）系统经安装调试、试投运后，正常运行时间不少于 3 个月的。

3）各子系统已经进行了相关管理人员和操作人员的技术培训，有培训记录，系统的管理人员和操作人员均可独立地工作。

BAS 工程验收应由建设单位、施工单位、监理公司等多方联合实施，并且将其纳入整个智能建筑整体验收的系统工程中，分为初验和复验。验收的标准是建设单位、施工单位、监理公司等多方共同遵守的标尺，是衡量智能建筑建设质量的客观依据。

BAS 在通过工程验收后方可正式交付使用，未经工程竣工验收的 BAS 不能投入运行。如果工程验收不合格，应由工程承建单位进行返工、整修，直至自检合格后再申请组织验收。

10.3 建筑设备自动化系统的管理

为了给使用者创造一个安全、舒适、高效和节能的建筑环境空间，必须保证BAS安全、正常地运行。对BA设备进行管理的目的就是要提高设备的运行效率，节能降耗，实现提升整个智能建筑的工作效率，满足建设目标，使业主获取预期的经济效益。

由于BA设备的运行、维护和管理水平的高低直接影响BAS能否达到预期的设计性能和服务年限，与智能建筑的总能耗密切相关，关系到能否为使用者提供一个安全、舒适、高效和节能的建筑环境空间。所以，在BAS进行设计和选型的时候，就应充分考虑BAS在今后运行的管理、维护保养问题，避免因为设计、选型时考虑不周，导致BAS的作用不能充分发挥而造成浪费，投资收益下降。同时，选购BA设备时应考虑操作人员的培训问题，要求BA产品供应商提供足够的培训和相关技术材料，方便日后的正常运行。

10.3.1 BA设备的运行管理

BA设备运行管理的目的在于确保设备的安全、正常运行，及时发现并有效地排除设备存在的隐患，节能降耗。

当BAS投运后，它能够对建筑设备（如暖通空调与制冷、给排水、火灾报警与消防控制等）的运行状态进行自动监控，显示实时运行数据和状态信息，并且对各种参数的变化趋势进行分析，提供操作信息。如果运行参数超越工艺设定的正常区域，则自动发出声光报警，及时采取应急处理措施，使得系统停车，避免事故的发生或扩大；如果设备运行出现故障，则自动进行故障状态信息的显示与报警，便于检修。同时使得相应的备用设备自动投运，保证系统运行的连续性；当相关的被控参数受到干扰偏离给定值时，自动控制系统则执行“眼看”、“脑想”、“手动”的工作过程，及时产生调节作用克服干扰对被控参数的影响，使其等于或接近给定值，满足工艺的要求。

此外，还具有节能自动管理功能。如在暖通空调与制冷系统中，能够根据实际冷、热负荷的变化，确定相应的冷源与热源设备、循环水泵、冷却塔和空调机组等运行台数，提高系统的运行效率；针对不同的季节，合理地调整新回风比例和设定室内温、湿度的给定值，充分利用室外天然冷量或热量，减少新风处理的能耗和系统能耗。在照明系统中，广泛使用高效节能灯具、声控/光控开关和调光模块，协调室内自然光和人工照明，既保证室内光照度满足舒适照明的要求，又实现节能的目的。

10.3.2 BA设备的维修管理

为了保证BA设备的运行达到设计性能和运行年限，对其进行维护、保养和管理是非常必需的。BA设备的维修管理工作如何，直接影响到BA设备能否处于良好的运行状态，运行技术参数是否合格等。BA设备的维修管理分为定期维修和紧急维修。

1. 定期维修管理

所谓定期维修管理就是制定一套定期维修保养计划，并且严格遵守和执行，即借助OA系统编制具有预防性的维修、保养和管理的实施程序。其目的是保持BA设备良好的运行状态，延长设备的使用寿命。基于累计的BA设备运行小时数、上次检修的时间和内容以及实施程序，自动安排出 BA 设备的定期检修、保养计划，显示或打印所要进行的检修项目、内容和要求。检修完毕后，将检修情况记录和结果输入计算机，建立 BA 设备维修、保养档案，以备查询。同时考虑到 BA 设备的复杂性和专用性，所以在 BA 设备选型设计时还应考虑厂家或供货商的提供维修服务的能力，制定相应的维修、保养技术服务合同，明确彼此的责任范围、费用和服务质量等。

2. 紧急维修管理

紧急维修管理是指正在运行的、尚未到定期维修时间的 BA 设备突发故障时，针对性地制定临时维修措施，召集相关人员排除故障，修理并且恢复 BA 设备正常运行的工作过程。为了确保紧急维修管理工作能够按期、保质地顺利完成，不影响 BAS 的使用，应做到简单的紧急维修任务在最短的时间内完成；较大的紧急维修工作应按维修计划有效地实施，直至完成结束；对紧急维修的项目、内容进行分类、统计和分析，确定 BA 设备存在故障、隐患及相应的处理措施，并且对紧急维修所发生的耗材、费用等进行监控。

目前，建筑物的物业管理采用“维修工作单”的运作方式进行上述的紧急维修事宜，其特点是简洁、易懂、可操作性强、时效性好。能够通过多种现代手段（如电子邮件的方式）进行维修工作单的传递和维修内容实施情况的反馈、监控。如果维修工作单下达后，实施时间太久而工作未完成，就会报警。维修工作单的分类、统计、分析和归档存储等均可由 OA 系统完成，极大地提高功效，降低成本。定期维修、保养工作做的越好，紧急维修的工作量相应就越少，反之亦然。

10.3.3 BA 设备的改造、扩容管理

随着时间的推移，BAS 的原设计功能、BA 设备的性能等已不能满足日益增长的实际需求，同时，BA 设备的老化不可避免，能耗增大，建筑物的营运模式也会发生改变等，都要求对 BAS 的工作性能、BA 设备进行改造、更新和扩容，满足新功能、新用途和新节能要求等。

进行 BAS 的工作性能、BA 设备的改造、扩容工程时，应明确或处理好下列问题：

1）现有 BAS 的工作性能、BA 设备存在的问题。

2）BAS 的工作性能、BA 设备现存问题可能导致的最坏结果和可行性解决方案的提出。

3）经济性分析。

4）BAS 的工作性能、BA 设备改造、扩容新方案的推出和论证。

10.3.4 BA 设备管理人员的编制

对于 BAS 而言，BA 设备操作管理人员的多少直接影响着运行管理成本的高低。据统计，国内一般情况下，用于 BA 设备的操作、维护管理人员的工薪支出约占设备管理运行成本的一部分。由于 BAS 能够对各类 BA 设备的运行状态进行监控，显示/记录运行参数，参数越限和设备发生故障进行报警，基于实际负荷的变化，自动进行节能控制，使得 BA 设备的运行处在最优状态。因此，不但降低操作人员的劳动强度，改变工作方式（即体力型向脑力型转变），而且减少操作管理人员的数量和运行成本，提高管理效率和质量。

总之，BAS 本身具备完善的自动检测、自动控制、自动诊断、报警联锁等功能，能够极大地减少 BA 设备管理人员的编制，统筹兼顾人力资源，一职多能，降低运行成本，获取

良好的经济效益。

复习思考题

10-1 什么是 BAS 设计？其内容包括哪些？

10-2 简述 BAS 的组建原则。

10-3 简述 BAS 分站和中央站设计应考虑的问题。

10-4 简述 BAS 的施工模式和施工过程。

10-5 简述 BAS 工程检测的目的和基本原则。

10-6 BAS 管理的目的和内容各是什么？

11

第 11 章 基于物联网的建筑能源监控管理系统

物联网（Internet of Things）的核心和基础仍然是互联网，它是在互联网基础上延伸和扩展的一种网络；其用户端延伸和扩展到了任何物品与物品之间，进行信息交换和通信。这里的“物”并不是自然物品，而是要满足一定的条件才能被纳入物联网的范围，例如有相应的信息接收器和发送器、数据传输通路、数据处理芯片、操作系统、存储空间等，遵循物联网的通信协议，在物联网中有可被识别的标志。因此，物联网的定义是通过射频识别（RFID）、传感器、全球定位系统、激光扫描器等信息传感设备，按约定的协议，把任何物品与互联网连接起来，进行信息交换和通信，以实现智能化识别、定位、跟踪、监控和管理的一种网络，通俗地说就是可实现“感知世界”的网络。从定义上来看，物联网是一个更具有广泛意义上的“感知”网络，通过物联网可将“感知”扩展到每台设备、每件商品，甚至每个人，实现对静态物的监控与管理、对动态物的定位与跟踪、对商品的识别，以真正达到“感知中国”“智慧地球”的目标。

11.1 物联网

11.1.1 物联网的发展

物联网始于 1999 年，过去在我国称为传感网。美国 Auto - ID 研究中心最早提出了“物联网”的概念，当时的物联网是以产品电子代码（Electronic Product Code，EPC）为核心，利用射频识别技术（Radio Frequency Identification，RFID）、无线通信技术等，利用互联网建立起来的。

2005 年 11 月 17 日，国际电信联盟（ITU）发布了《ITU 互联网报告 2005：物联网》报告，正式提出了物联网概念，报告指出，无所不在的“物联网”通信时代即将来临，世界上所有的物体从轮胎到牙刷、从房屋到纸巾都可以通过因特网主动进行交换。射频识别技术（RFID）、传感器技术、纳米技术、智能嵌入技术将得到更加广泛的应用。

2009 年 8 月，我国提出了建设“感知中国”中心，目前，物联网的“感知中国”战略正式由中心向全国拓展。物联网等新一代信息技术产业已被列为国家战略性新兴产业。

在世界传感网领域，我国与德国、美国、韩国一起，成为国际标准制定的主导国之一。业内专家表示，掌握“物联网”的世界话语权，不仅仅体现在技术领先，更在于我国是世界上少数能实现产业化的国家之一。

物联网，简而言之就是将各种信息传感设备与互联网结合起来而形成的一个巨大网络，其具有以下三个特征：

1）传感器特征：各种感知技术被广泛应用，部署海量的多种类型传感器，将其采集到的不同格式、不同内容实时数据作为信息源，并按照一定的周期频率更新数据。

2）可靠传递：通过各种电信网络与互联网的融合，将物体的信息实时、准确地传递出去。

3）智能化特征：利用云计算、数据库、模式识别等各种智能技术，扩充应用领域，实现自动化、自反馈和智能控制。狭义的云计算是指IT基础设施的交付和使用模式，指通过网络以按需、易扩展的方式获得所需的资源（硬件、平台、软件）。提供资源的网络被称为“云”。“云”中的资源在使用者看来是可以无限扩展的，并且可以随时获取，按需使用，随时扩展，按使用付费。这种特性经常被称为像水电一样使用IT基础设施。广义的云计算是指服务的交付和使用模式，指通过网络以按需、易扩展的方式获得所需的服务。这种服务可以是IT和软件、互联网相关的，也可以是任意其他的服务。

图11-1所示为物联网概念示意图。

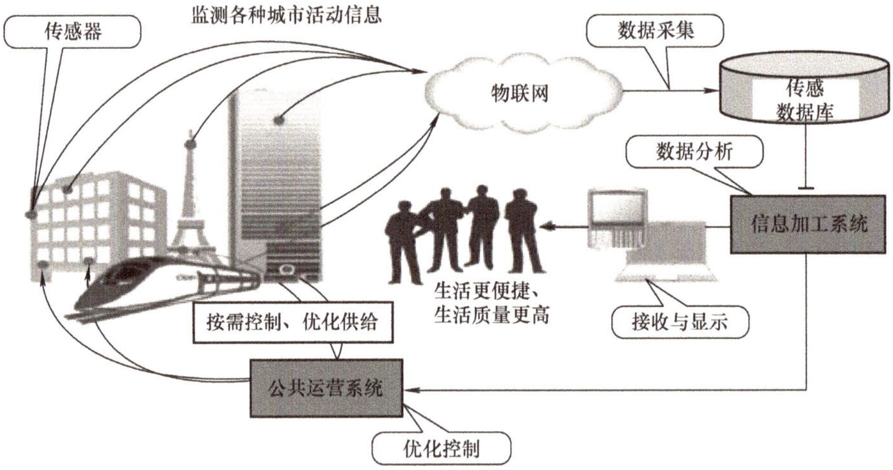

图11-1　物联网概念示意图

11.1.2　物联网的应用架构

1. 分类

物联网是把新一代IT技术充分运用于各行各业中，使物理世界与信息世界相连接。物联网应用有三种架构。

（1）RFID（Radio Frequency Identification）RFID即射频识别，常称为感应式电子晶片或近接卡、感应卡、非接触卡、电子标签、电子条码等。该应用架构电子标签可能是三类技术体系中能够最灵活地把“物”改变成为智能物件的，其主要应用是把移动和非移动资产贴上电子标签，实现各种跟踪和管理。基于RFID技术的电子标签是关键技术之一，电子标签是一种提高识别效率和准确性的工具，该技术将完全替代条形码，通过电子标签能精准地识别出人们所需要的物体。

（2）基于传感网络的物联网应用架构　基于传感网络的物联网应用架构主要是指无线传感网络（Wireless Sensor Networks，WSN），此外还有视觉传感网（Visual Sensor Networks，

VSN）及人体传感网（Body Sensor Networks，BSN）等其他传感网。WSN 由分布在自由空间的一组“自治的”无线传感器组成，共同协作完成对特定周边环境状况，包括温度、湿度、化学成分、压力、声音、位移、振动、污染颗粒等的监控。WSN 中的一个节点（或叫 Mote）一般由一个无线收发器、一个微控制器和一个电源组成。WSN 一般是自治重构（Ad－Hoc 或 Self－Configuring）网络，包括无线网状网（MeshNetworks）和移动自重构网（MANET）等。

（3）基于 M2M（Machine－to－Machine）的物联网　基于 M2M 的物联网应用架构包含有线和无线两种通信方式，其应用最为广泛。M2M［机器对机器（Machine to Machine）、人对机器（Man－to－Machine）、机器对人（Machine－to－Man）］是通过通信技术来实现人、机器和系统三者之间的智能化、交互式通信。M2M 是近年来和物联网发展密切相关的通信技术，M2M 设备是能够回答包含在一些设备中的数据的请求或能够自动传送包含在这些设备中的数据的设备。

2. 物联网的逻辑架构

物联网的逻辑架构分三层：感知层、网络层和应用层。在各层之间，信息传递并非单向，可有交互、控制等，所传递的信息也包括位置、质量、颜色等多种静态和动态信息。虽然物联网在建筑、工业、绿色农业、公共安全等领域的具体应用各有特色，但每个应用基本包括感知、网络和应用三个层次，其架构如图 11-2 所示。

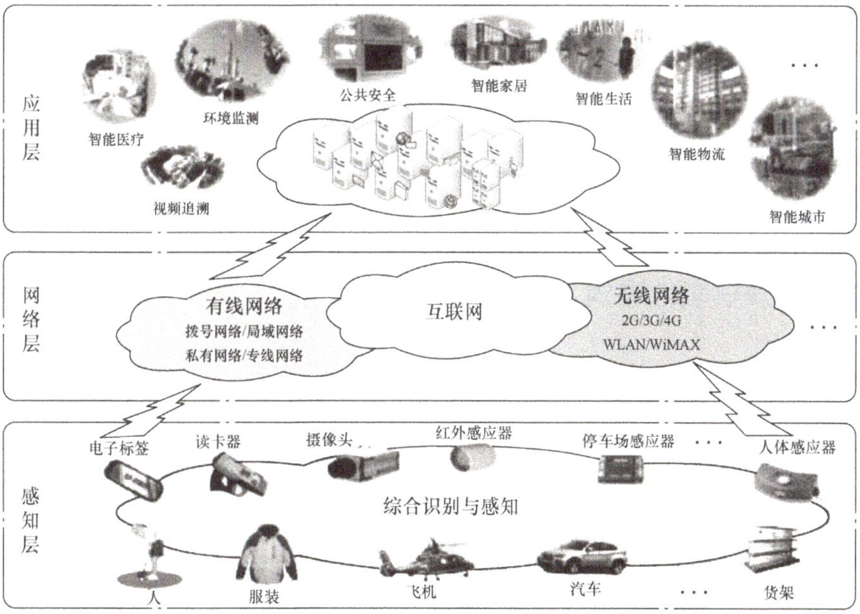

图 11-2　物联网体系架构示意图

（1）感知层　感知层处于三层架构的最底层，是物联网发展和应用的基础，具有物联网全面感知的核心能力。作为物联网的最基本一层，感知层具有十分重要的作用。物联网的感知层主要作用是识别物体、采集信息。感知层一般包括数据采集和数据短距离传输两部分，即包括二维码标签和识读器、RFID 标签和读写器、摄像头、GPS 等，通过蓝牙［一种支持设备短距离通信（一般 10m 内）的无线电技术］、红外、ZigBee（一种短距离、低功耗的无线传输技术）、工业现场总线等短距离有线或无线传输技术进行协同工作或者传递数据到网关设备。也可以只有数据的短距离传输这一部分，特别是在仅传递物品的识别码的情况下。实际上，感知层这两个部分有时很难明确区分开。

（2）网络层 在物联网中，网络层是在现有网络的基础上建立起来的，它与目前主流的移动通信网、国际互联网、企业内部网、各类专网等网络一样，特别是当三网融合后，有线电视网也能承担数据传输的功能。网络层主要承担着数据传输的功能，要求网络层能够把感知层感知到的数据无障碍、高可靠性、高安全性地进行传送，它解决的是感知层所获得的数据在一定范围内，尤其是远距离地传输问题。同时，物联网网络层将承担比现有网络更大的数据量和面临更高的服务质量要求，所以现有网络尚不能满足物联网的需求，这就意味着物联网需要对现有网络进行融合和扩展，利用新技术以实现更加广泛和高效的互联功能。

（3）应用层 应用层是物联网与行业专业技术的深度融合，实现行业智能化。应用层的主要功能是把感知和传输来的信息进行分析和处理，做出正确的控制和决策，实现智能化的管理、应用和服务。这一层解决的是信息处理和人机界面的问题。具体地讲，应用层将网络层传输来的数据通过各类信息系统进行处理，并通过各种设备与人进行交互。这一层也可按形态直观地划分为两个子层：一个是应用程序层；另一个是终端设备层。应用程序层进行数据处理，完成跨行业、跨应用、跨系统之间的信息协同、共享、互通的功能，包括能源管理、建筑、交通、环保、物流、工业、农业、城市管理、家居生活等，这正是物联网作为深度信息化网络的重要体现。而终端设备层主要是提供人机界面，物联网虽然是“物物相连的网”，但最终还是需要人的操作与控制，不过这里的人机界面已远远超出现在人与计算机交互的概念，而是泛指与应用程序相连的各种设备与人的反馈。

物联网的应用可分为监控型（能源监控、物流监控、污染监控），查询型（智能检索、远程抄表），控制性（智能交通、智能建筑、路灯控制），扫描型（手机钱包、高速公路不停车收费）等。

11.2 基于物联网的建筑能源监测管理系统

11.2.1 能源监测管理系统

能源监测管理系统（Energy Management System，EMS），依托计算机网络技术、通信技术、计量控制技术等信息化技术，通过对主要用能单位的能源利用状况进行实时、量化、准确的动态监管，实现能源与节能管理的数字化、网络化和空间可视化，创新能源监督管理模式，支持能源与节能宏观综合决策。能源监测管理系统的基本功能包括：

1）能源系统主设备运行状态的监视。

2）能源系统主设备的集中控制、操作、调整和参数的设定。

3）实现能源系统的综合平衡、合理分配、优化调度。

4）基础能源管理（能耗分户计量和分项计量，能耗考核管理平台，能耗成本核算，能耗分析评价，能耗信息发布，能耗超标提醒报警）。

5）能源运行数据的实时、短时归档、数据库归档和即时查询。

6）异常、故障和事故处理。

能源监测管理系统一般分为企业能源管理系统与民用建筑能源管理系统，不同产业的企业的能源管理系统也有区别。同理，不同建筑功能的民用建筑的能源管理系统也有所区别。例如，办公建筑、商场建筑、宾馆饭店建筑、文化教育建筑、医疗卫生建筑、体育建筑、居住建筑、其他建筑能源监测管理系统等。

11.2.2　建筑能源监测管理系统架构

建筑能源监测管理系统就是将建筑物或者建筑群内的变配电、照明、电梯、空调、供暖、给排水等能源使用状况，实行集中监视、管理和分散控制的管理系统，是实现建筑能耗在线监测和动态分析功能的硬件系统和软件系统的统称。建筑能源监测管理系统的目标是为了对建筑的能耗实现精确的计量，进行能耗分类归总，计算单位平均能耗，并与建筑能耗定额、同行业能源消耗指标比较，查找耗能点和挖掘节能潜力。图 11-3 所示为民用建筑分项计量示意图。从图中可看出，该系统是按能源种类、用能系统计量。

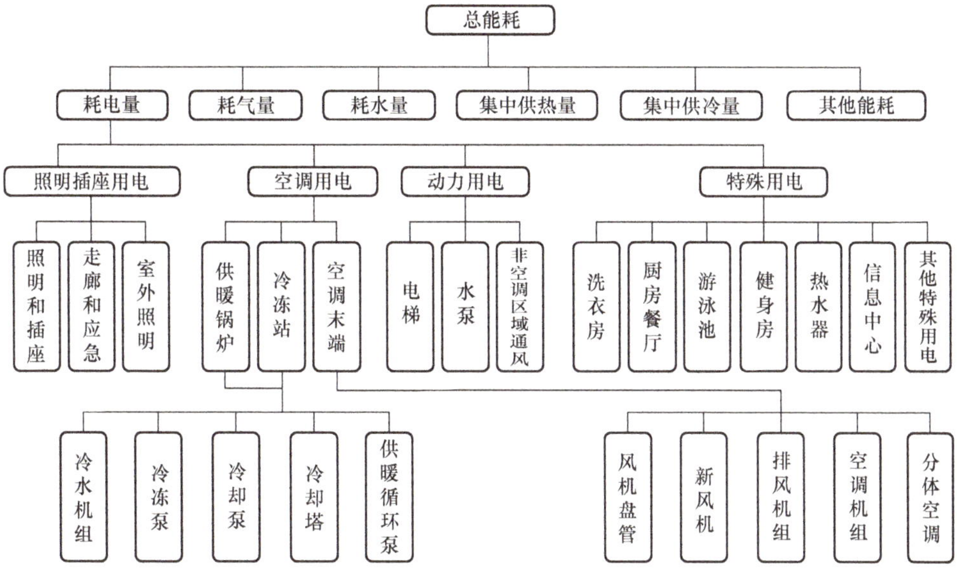

图 11-3　民用建筑分项计量示意图

建筑设备监控系统的目标是对建筑内机电设备及环境信息进行实时的监测和控制，实现节能、舒适、高效、安全的目标。建筑设备监测控制系统与建筑能源监测管理系统都是对建筑机电设施的监测控制与管理。按建筑设备监测控制系统与建筑能源监管系统是否集成，分为独立设置的建筑能源监管系统、建筑设备监控与建筑能源监管集成系统、建筑设备监控与建筑能源监管一体化系统。按是否基于物联网分类，有常规的建筑能源监管系统与基于物联网的建筑能源监管系统。

11.2.3　常规的建筑能源监测管理系统

常规的建筑能源监测管理系统由现场监控层、通信层、站控层三层结构组成。

（1）现场监控层　数据感知层能实现现场数据采集和就地显示功能等。采集设备分为电量采集设备和非电量采集设备两大类。电量采集主要通过网络电力仪表进行，非电量采集主要通过智能水表、智能燃气表等进行。采集设备通过通信接口上传数据到通信层。

(2) 通信层　通信层是系统信息交换的桥梁，它使系统能适应不同的通信网络拓扑结构，主要由数据采集器、以太网交换机、通信介质等组成。通信层实现与数据感知层各种智能设备的通信，收集各智能设备的信息；同时实现与站控层设备通信、向上级能源管理等系统上传各设备的信息等功能。

(3) 站控层　站控层即能耗计量监测管理应用系统，通过软件平台，通过 Web 界面，负责完成对整个能源管理系统数据的采集、处理、显示和监视功能，实现人机交互、数据展现、数据分析功能，搭建能源使用节约化模型并进行效果预测等。也可实现任意地点、任意时间上网查询数据。

1. 独立设置的常规建筑能源监测管理系统

建筑能源监管系统、建筑设备监控系统独立设计，作为并行的两套系统，末端设备独立、通信联网部分独立、软件独立。独立设置的常规建筑能源监测管理系统架构如图 11-4 所示。

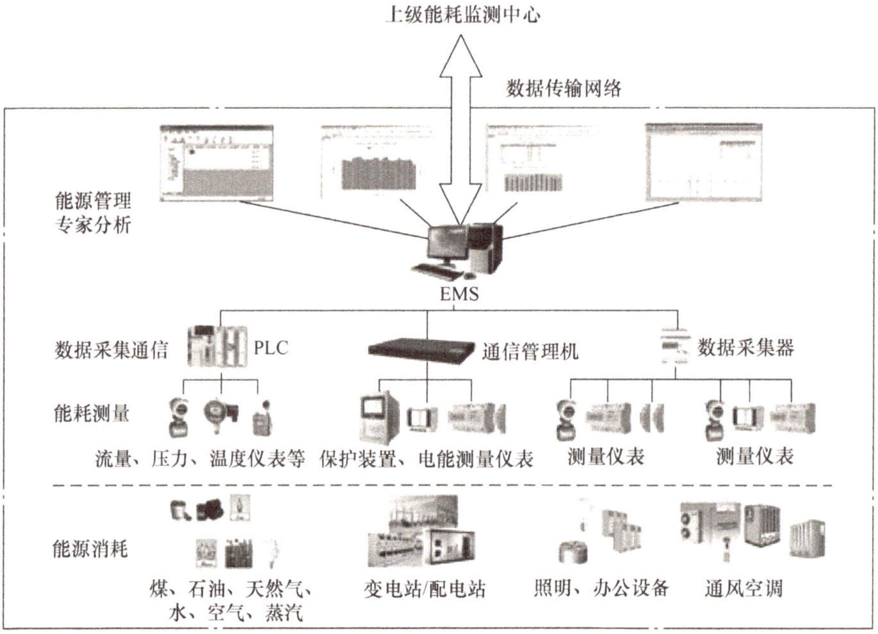

图 11-4　建筑能源监测管理系统架构图

(1) 间隔层　间隔层设备主要包括安装于 0.4kV 低压配电柜的网络电力仪表、水表适配器、燃气表、空调计费终端、智能照明控制模块等。建筑内各区域的电源直接由各区域变电所内的 0.4kV 低压配电柜提供。系统所配置的多功能网络电力仪表完成对低压系统动力、照明、插座、空调等部分的实时监控功能。网络电力仪表需具有丰富的电量测量功能，如电压、电流、功率、电能测量等，能进行需量统计、越限告警等多种数据统计和告警，还具备定时自动抄表以及上次清零后累计电能功能，方便实现大楼的电能统计管理，提高建筑能效，并能提供完整的实时数据。此外，各网络电力仪表还可选配断路器位置采集开入功能以及断路器遥控输出功能，使工作人员能在后台监控计算机上轻松完成对现场 0.4kV 系统运行方式的全面监视与控制。水表及燃气表需带 RS－485 通信接口，方便各分站监控屏的数据采集及上传。空调控制模块通过与能源管理系统通信，实现与其的控制指令和采样数据交互，减少投资。基于 KNX/EIB 的环境控制终端和传感设备完成环境参数的采样以及通断、调光等控制。

（2）通信层　通信层对于分类分项数据采用数据采集器进行采集与传输，对普通数据采用通信管理机进行采集与传输。智能控制模块各总线元件通过 KNX 总线组网；中央控制系统通过以太网连接到总线上的 IP 网关，与 KNX 总线系统进行通信，并通过 Falcon（RS-232、USB、EIBnet/IP）将信息汇总到能源管理平台。

（3）能源管理系统　能源管理系统对建筑内使用的能源（水、电、气、暖等）的数据进行综合管理、分析并给出具体的提高建筑能效的措施，实现“数字化”的能源输配及平衡，避免出现不必要的浪费，使能源计划投入和实际使用相平衡，做到少投入多产出；同时，根据现场运行情况，对运行状态进行跟踪，分析运行能耗数据，寻找最佳工况点，提供最合理、最节能的运行策略。

2. 建筑能源监管与建筑设备监控一体化系统

独立设置建筑能源监管系统存在着重复投资、是否优化控制的问题。无论是能源管理系统还是楼控系统，都是体现建筑内机电设备的特征之一，因此，两者结合才能描述完整的建筑内机电设备状态和环境状态，又可以节省投资。

11.2.4　基于物联网的建筑能源监测管理系统

基于物联网的建筑能源监测管理系统有以下三类：独立的能源管理系统、建筑设备监控与建筑能源监管集成系统、建筑设备监控与建筑能源监管一体化系统。

1. 独立的能源管理系统

目前，智能建筑内 BAS 仅仅作为设备状态监视和自动控制使用，在能耗计量和能源管理方面应用较少，不能满足能源管理的需求，因而对于这类既有的智能建筑，可在智能建筑内部建立一个独立的能源管理系统，如图 11-5 所示。系统结构自下至上可分为感知层、传输层、应用层三部分。

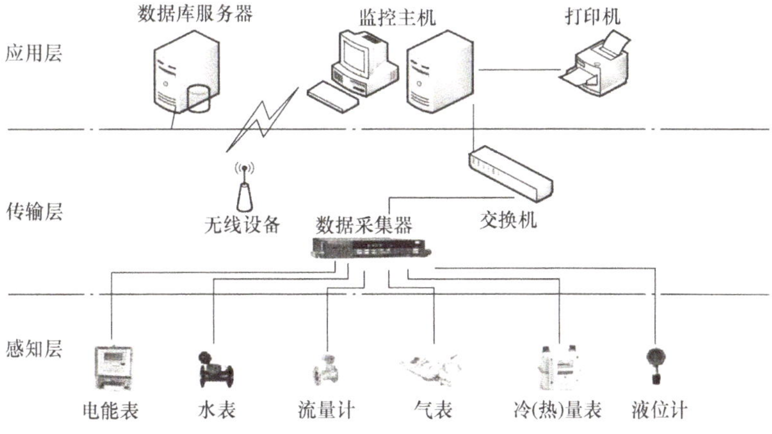

图 11-5　独立的能源管理系统结构

（1）感知层　感知层主要包括各个具有通信功能的计量仪表，有电表、水表、气（煤气或天然气）表、冷（热）表、风量计、液位计、流量计等，这些计量仪表按照能耗分类分项计量的要求设置，具备直接数字输出和传输的接口。感知层将建筑内的不同类型的能耗监测数据上传至数据采集器，通过传输网络转发至上层管理平台，在能源管理系统和各用能设备系统之间建立有效的信息通道。

（2）传输层　采用通信管理机和集成网络技术，完成能源管理系统与感知层的各类装置通信，可以采集各类装置的数据、参数，初步处理后集中打包传输到应用层，同时作为中转单元，接收应用层下发的控制信号，转发给感知层各类装置。在能源管理系统中采集的感知层能耗数据和应用管理平台的控制命令需要通过传输层转发，因此，要求传输层以两级传输网络模式运行。第一级，把感知层现场设备（各类智能仪表）采集到的能耗数据传输到数据采集器。数据采集器在系统中起到了能耗信息汇总整合的作用，一般放置在建筑内部，与各类智能仪表距离不远。所以从现场设备到数据采集器之间传输方式可以采用 RS－485 总线、M－BUS 总线、基于 Zigbee 技术的无线传输方式；第二级，从数据采集器到能源管理系统服务器。传输距离较近的情况下，可以采取上一级的数据传输方式进行通信；当传输距离较远的情况下，数据传输网络可以通过宽带网络传输数据、利用移动通信网络提供多种数据服务，如 GSM、GPRS、CDMAIX 等。

（3）应用层　即能源管理系统服务平台，主要负责将通信间隔层上传的数据解包，实现能耗的计量和数据分析。包括实物量、总能耗量以及能耗指标、分类能耗指标与分项能耗指标。

2. 建筑设备监控与建筑能源监管集成系统

能源管理系统对建筑内的能耗进行统计分析，缺乏对建筑内能耗设备的控制与管理，也就仅仅是停留在统计能耗数据的水平。将能源管理系统集成到 BMS 平台后，通过平台的 Web 技术可以访问智能建筑内的能源管理系统，读取能源管理系统的能耗数据信息，进行分析处理之后，再通过建筑设备监控系统的作用进行设备与系统的控制管理，从而实现各个子系统之间信息资源的共享以及统一控制管理。BMS 可以实现智能建筑内各智能化子系统之间的互操作、联动控制等，可以根据能耗统计分析结果，优化控制耗能设备与系统。

智能建筑能源管理系统和建筑内其他智能化子系统可能使用多种不同的数据通信协议，利用 OPC 技术使用户能够通过一致的接口进行数据访问，集成至统一的 BMS 管理平台进行统一的数据分析与管理。这些系统通常采用的通信协议有 RS－232、RS－485、BACnet、LonWorks、Network API、Modbus、SDK、DDE 等，不管是基于何种协议，都可以利用 OPC 技术接入集成平台。能源管理系统（EMS）集成的总体方案如图 11-6 所示。

3. 建筑设备监控与建筑能源监管一体化系统

建筑设备监控与建筑能源监管一体化系统是利用建筑设备监控中已有的数据，结合新加入的感知硬件的数据，上传至建筑能源管理系统服务器。方案设计框架图如图 11-7 所示。建筑能源监测管理系统作为建筑设备管理系统的子系统，把采集的能耗数据，通过建筑设备管理系统的服务器接入到物联网能源管理平台。建筑能源监测管理系统的电力参数计量仪

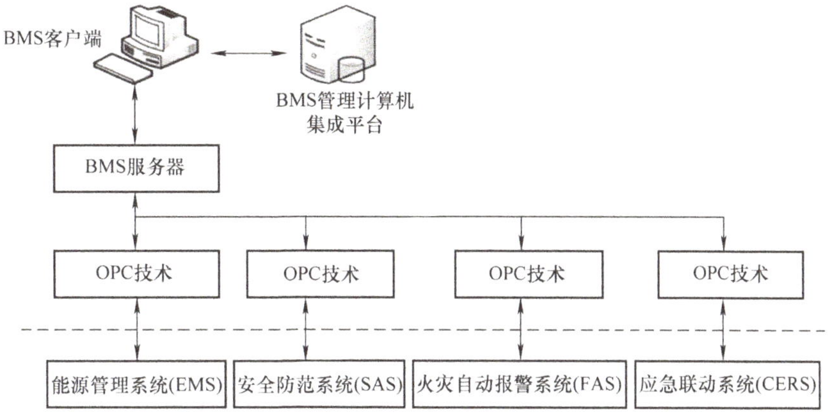

图11-6 能源管理系统（EMS）集成方案

表、燃气计量仪表、冷热量表、水表、温度传感器等仪表都通过有线或无线的方式，连接到感知层EMS服务器，集成到BMS服务器，并实现感知层与物联网能源管理平台的可靠连接。有线通信方式信号稳定且成本较低，但如果全部使用有线连接方式则会因为线缆过长而使信号过渡衰减；无线通信方式易于安装、施工便利，但是信号稳定性不如有线方式，而且成本也较高。所以网络架构的理想方式为有线和无线连接相结合，网络架构图如图11-8所示。

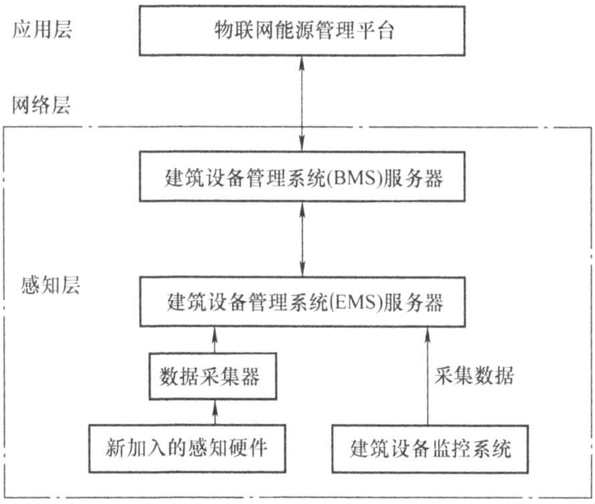

图11-7 方案设计框架图

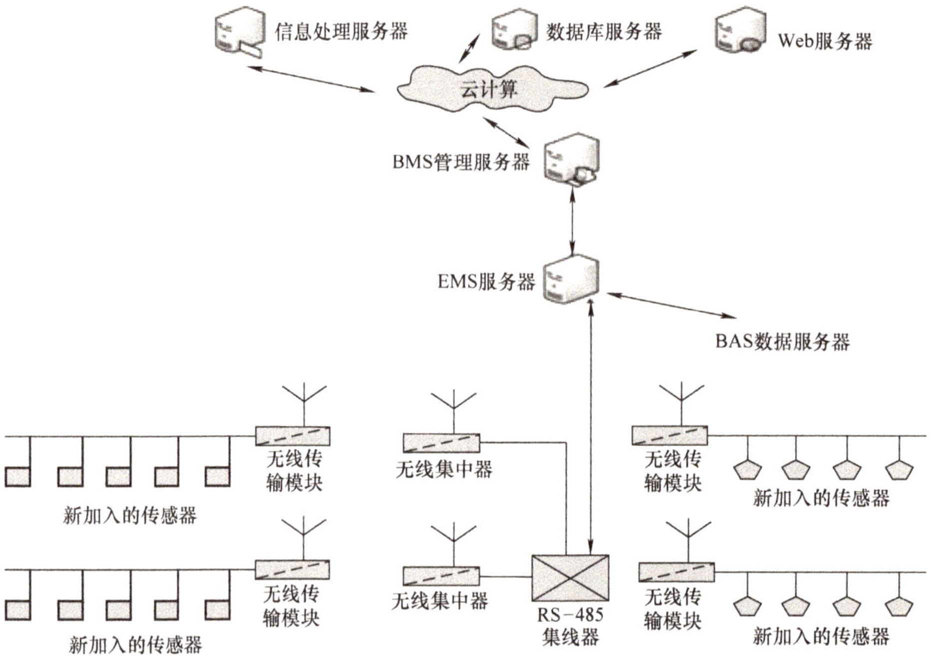

图 11-8 网络架构图

复习思考题

11-1 什么是物联网？物联网与互联网相同吗？

11-2 简述物联网应用架构分类和物联网的特征。

11-3 何谓基于物联网的建筑能源监测管理系统。

11-4 简述建筑能源监测管理系统与建筑设备监控系统的异同点。

11-5 建筑能源监测管理系统一般分为几类？

11-6 简述常规的建筑监测管理系统与基于物联网的能源监测管理系统的异同点。

第 12 章 典型工程案例

12

12.1 案例 1——某饭店 BMS 监控系统

该饭店系一座五星级饭店。整个建筑由主楼及东、西配楼组成。主楼地上 21 层、地下 1 层；西配楼地下 1 层、地上 3 层；东配楼地上 2 层、地下 1 层。

12.1.1 监控范围

控制范围包括：空调系统、通风系统、给排水系统、照明系统、动力电源系统、变配电系统。

1）空调系统包括：冷冻站、热交换站、23 台新风机组、8 台空调机组。

2）通风系统包括：排风排烟机 3 台、送风机 1 台。

3）给排水系统包括：4 台生活给水泵、4 台排污泵、2 个水池、1 台稳压泵。

4）变配电系统包括：高压开关柜 2 台、低压开关柜 3 台、自动切换柜 1 台、变压器 2 台。

12.1.2 控制系统组成及功能

BMS 选用 TF - Desba 分布式控制系统。由 LonWorks 控制网络和 13 台 DDC 及中央管理工作站组成。

1. 中央管理工作站

中央管理工作站由主控计算机、通信接口、打印机和软件组成，设置在 1 层内。在 20 层楼控机房内另设置 1 台图形工作站。软件配置应满足以下功能：

1）定时自动采集运行数据与状态信息并进行储存。

2）以图形方式显示当前或历史上某一时刻的运行参数。

3）以表格形式显示测量参数及设备运行状态，打印格式为日报表，并可在显示器上显示任意曲线和图形。

4）自动和远动控制。

5）事故报警。

2. 冷热源机房

冷热源机房包括：3 台冷水机组、2 台补水泵、6 台空调循环水泵、6 台冷却水泵和 3 台板式换热器。

（1）监测内容

1）检测冷冻水供回水温度、压力、流量（由通信口直接读取）。

2）检测冷却水供回水温度、压力、流量（由通信口直接读取）。

3）检测冷水机组起停状态（由通信口直接读取）。

4）检测板式换热器二次侧供水温度、压力。

5）检测板式换热器二次侧回水温度、流量。

6）检测冷却塔风机状态、故障报警。

7）检测补水泵状态、故障报警。

8）检测空调循环泵状态、故障报警。

9）检测冷却水泵状态、故障报警。

10）自动检测集水器与分水器旁通阀开度。

（2）控制与管理

1）采用主机制造商提供的冷冻站管理系统。负责机组本身的自保护、能量调节与出水温度控制，而且还负责机组群控，冷水机组与冷冻水泵、冷却水泵、冷却塔的联锁控制。BMS系统对冷水机组仅实现监测作用。

2）为满足负荷侧变流量运行和冷源侧定流量运行，根据分集水器之间的压力实施旁通管流量控制。

3）其他控制所需信号由相应设备随带的控制仪表取得，或通过控制网络对设备进行控制。

3. 变配电

变配电监测系统监测的内容如下：

1）检测变压器温度。

2）检测变压器风机运行状态、故障报警。

3）检测高压侧两路进线的开关状态。

4）检测低压侧两路进线的开关状态、电压、电流、功率、功率因数。

5）检测低压侧联络柜的开关状态。

6）检测低压侧自动切换柜的开关状态。

4. 新风机组

（1）新风机组监测内容

1）自动检测送风温度、湿度。

2）自动检测风机起停状态。

3）自动检测新风阀状态。

4）自动检测电动蒸汽阀的开度。

5）自动检测电动水阀的开度。

（2）控制与管理内容

1）当风机起动时，机组自控系统执行开机程序自动投入各设备，根据送风温度控制空气加热器（或空气冷却器）的冷水阀开度。

2）当风机关机时，机组自控系统执行关机程序，电动风阀、电动水阀关闭，实现防冻功能。

3）监视并调整机组的运行情况。

4）提供冬/夏季节能转换、时间控制程序、故障报警与专家诊断功能。

5. 空调机组

（1）空调机组监测内容

1）自动检测回风温度。

2）自动检测风机起停状态。

3）自动检测过滤器压差。

4）自动检测新风阀开度。

5）自动检测回风阀开度。

6）自动检测电动水阀的开度。

（2）控制与管理内容

1）当风机起动时，机组自控系统执行开机程序自动投入各设备，根据回风温度控制空气加热器（或空气冷却器）的水阀开度。

2）根据新、回风温度调节新、回风阀开度。

3）当风机关机时，机组自控系统执行关机程序，电动风阀、电动水阀关闭，实现防冻功能。

4）监测并调整机组的运行情况。

5）提供冬/夏季节能转换、时间控制程序、事故报警、专家诊断等功能。

6. 通风系统

（1）监控内容

1）自动检测送、排风机起停状态。

2）自动检测送、排风机故障状态。

（2）控制与管理内容　送、排风机的起停。

7. 给排水系统

（1）监视内容

1）水泵的起停状态监测。

2）水泵的故障状态监测。

3）水池液位监测报警。

（2）控制与管理内容　水泵的起停。

8. 照明系统

对各区域照明灯状态进行监视，根据时间表对区域照明回路开关进行控制。

9. 电梯

对电梯运行状态、故障进行监测。监测点取自电气断路器辅助触点。

12.1.3 BMS与电气配电箱交接点说明

所有风机、水泵等电气设备及照明系统二次电气回路应满足BMS以下要求：

1）设手/自动转换开关。

2）DDC向电气提供无源常开触点控制信号。

3）电气向DDC提供接触器辅助常开触点反馈信号。

图12-1所示为控制网络图。图12-2所示为控制网络接线图。图12-3所示为新风机组控制原理图。图12-4所示为空调机组控制原理图。图12-5所示为冷站与换热站控制原理图。

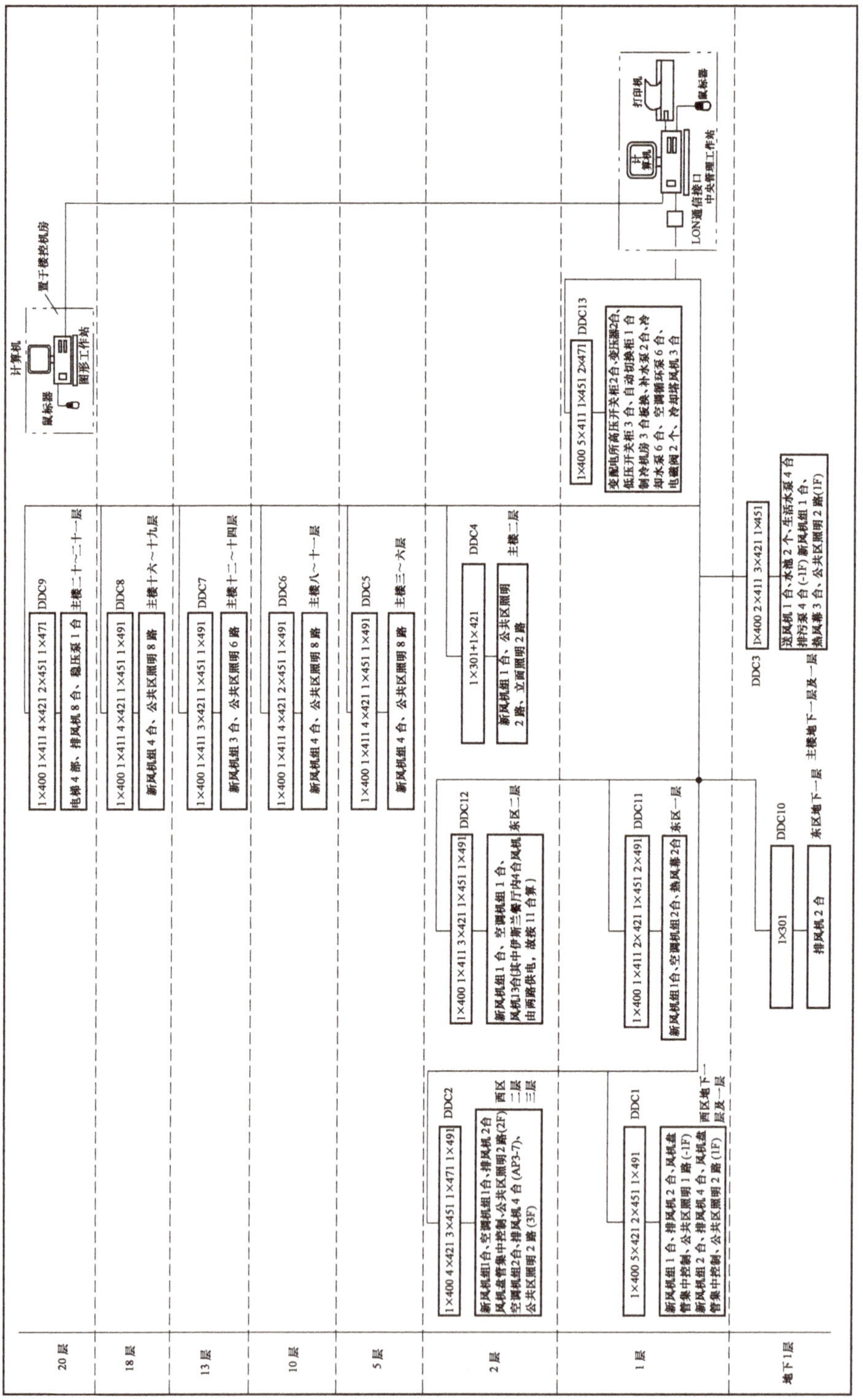
计算机
鼠标器
图形工作站
置于楼控机房
LON通信接口
中央管理工作站
计算机
打印机
鼠标器
20层
18层
13层
10层
5层
2层
1层
地下1层
DDC9
1×400 1×411 4×421 2×451 1×471
电梯4部、排风机8台、稳压泵1台
主楼二十~二十一层
DDC8
1×400 1×411 4×421 1×451 1×491
新风机组4台、公共区照明8路
主楼十六~十九层
DDC7
1×400 1×411 3×421 1×451 1×491
新风机组3台、公共区照明6路
主楼十二~十四层
DDC6
1×400 1×411 4×421 2×451 1×491
新风机组4台、公共区照明8路
主楼八~十一层
DDC5
1×400 1×411 4×421 1×451 1×491
新风机组4台、公共区照明8路
主楼三~六层
DDC4
1×301+1×421
新风机组1台、公共区照明2路、立面照明2路
主楼二层
DDC13
1×400 5×411 1×451 2×471
变配电所高压开关柜2台,变压器2台,低压开关柜3台、自动切换柜1台
制冷机房3台板换、补水泵2台,冷却水泵6台、空调循环泵6台、电磁阀2个、冷却塔风机3台
DDC2
1×400 4×421 3×451 1×471 1×491
新风机组1台,空调机组1台,排风机2台 风机盘管集中控制,公共区照明2路(2F) 空调机组2台,排风机4台(AP3-7)、公共区照明2路(3F)
西区二层 三层
DDC12
1×400 1×411 3×421 1×451 1×491
新风机组1台、空调机组1台、风机13台(其中伊斯兰餐厅内4台风机由两路供电，故按11台算)
东区二层
DDC1
1×400 5×421 2×451 1×491
新风机组1台、排风机2台、风机盘管集中控制、公共区照明1路(-1F) 新风机组2台、排风机4台、风机盘管集中控制、公共区照明2路(1F)
西区地下一层及一层
DDC11
1×400 1×411 2×421 1×451 2×491
新风机组1台、空调机组2台、热风幕2台
东区一层
DDC10
1×301
排风机2台
东区地下一层
DDC3
1×400 2×411 3×421 1×451
送风机1台、水池2个、生活水泵4台 排污泵4台(-1F) 新风机组1台、热风幕3台、公共区照明2路(1F)
主楼地下一层及一层

图12-1 控制网络图

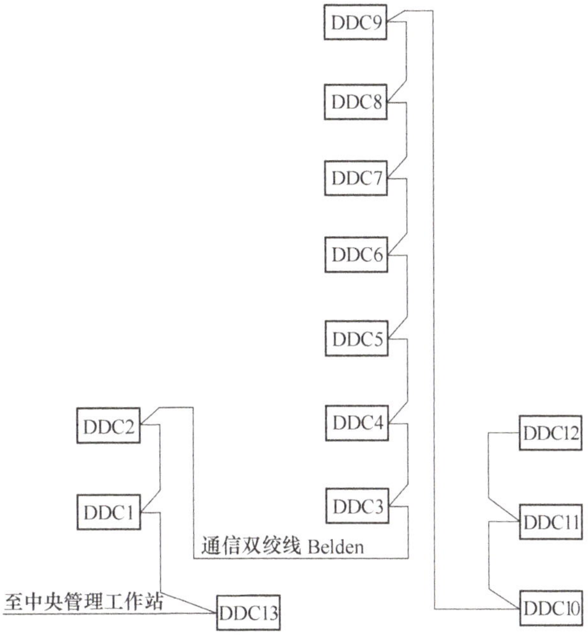

图 12-2　控制网络接线图

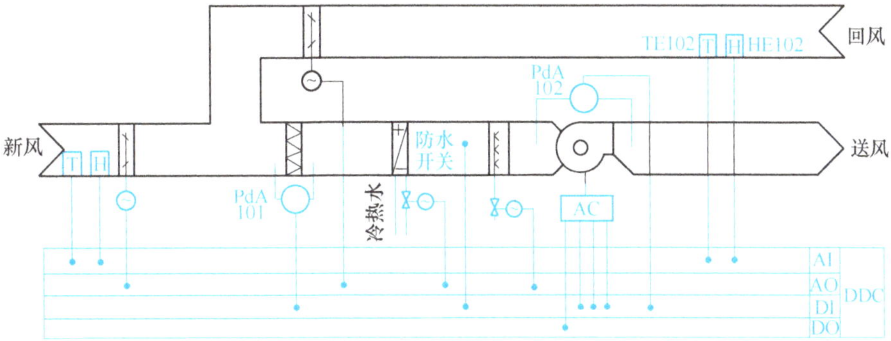

图 12-3　新风机组控制原理图

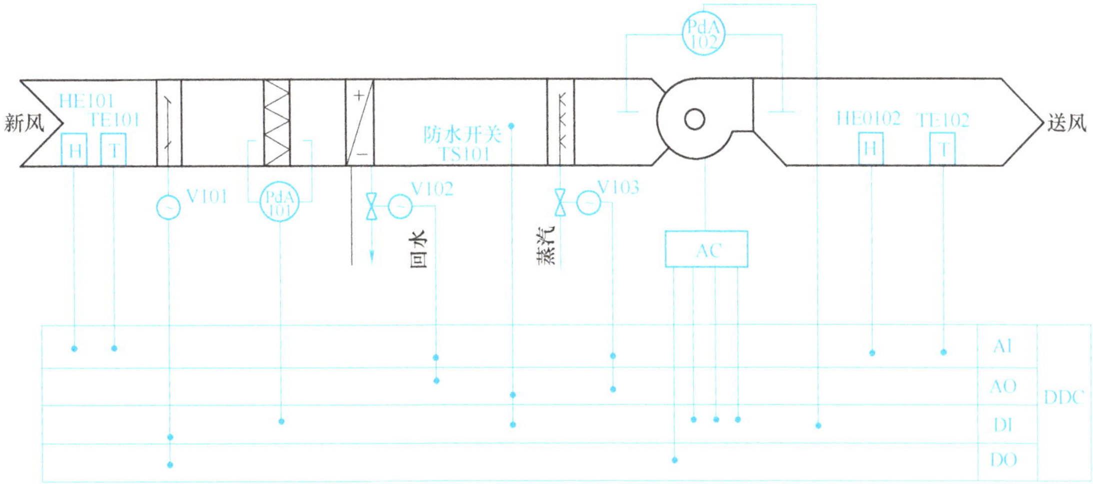

图 12-4　空调机组控制原理图

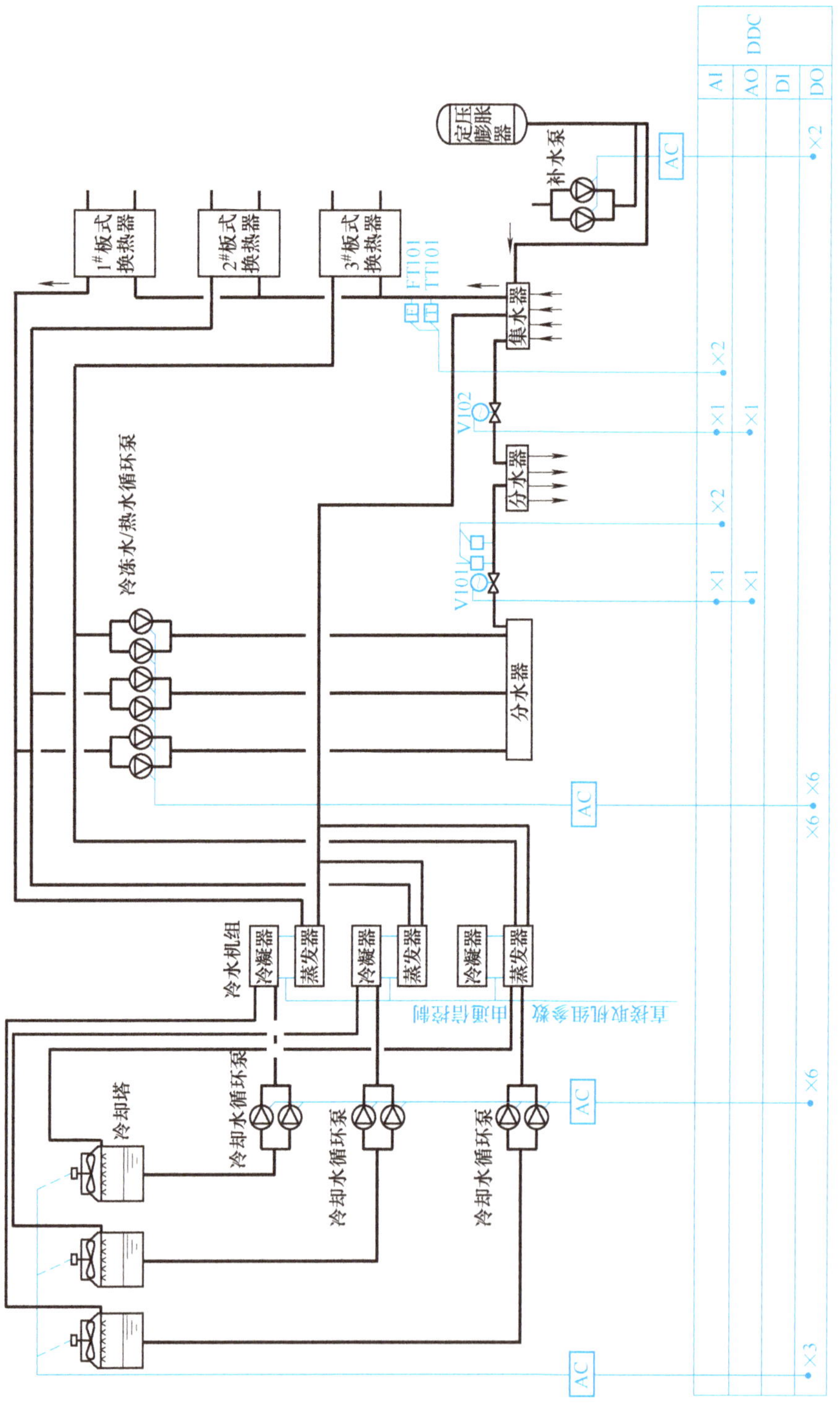

图 12-5 冷站与换热站控制原理图

12.2　案例 2——某办公大楼 BMS 监控系统

某办公大楼为一幢甲级智能化办公楼。建筑面积 3.6 万 m^2，地下 1 层，地上 19 层。业主要求对大楼内所有的机电设备如 HVAC 设备、供配电及照明设备、电梯集中管理，将建筑设备监控系统、火灾报警系统、广播系统、综合保安系统、停车场管理系统、IC 卡系统集成在同一计算机软件平台，实现监测、控制和管理。为业主提供一个安全、高效、便利、舒适的工作环境，达到现代化的物业管理水平。

12.2.1　监控系统概况

1. 监控系统描述

大楼的 HVAC 选用国内目前最先进的“冰蓄冷 + 超低温送风 + 变风量”系统。BMS 监控系统包括变风量空调监控系统、冷站监控系统、送排风监控系统、给排水监控系统、走廊公共照明监控系统，以及变配电系统、安防系统、IC 卡系统和消防报警系统。

大楼的 BMS 采用美国霍尼韦尔公司 Excel5000EBI 企业网完成监控、管理的任务，EBI 系统集成如图 12-6 所示。HVAC 及照明系统结构原理图如图 12-7 所示。中央站设在地下一层，中央站 PC 采用两条 C 总线。第一条 C1 总线负责 1 ~ 8 层的 DDC（分别监控空调机组 K1 ~ K8）和 4 台区域控制器 Q1 ~ Q4（Q7750A）之间以及与中央站 PC 的通信。区域控制器通过 E 总线管理 VAV 末端控制器（XL10 系列中的 W7751D）。大楼每二层楼设一台 Q7750A，它可以管理 60 台 VAV 末端控制器；由于系统每一层有 20 ~ 25 台 VAV 末端，故一台 Q7750A 最多只管理 40 ~ 50 台 VAV 末端，有一定的余量。第二条 C2 总线负责 9 ~ 19 层的 DDC9 ~ DDC19、区域控制器 Q5 ~ Q10（Q7750A）、冷站以及与中央站 PC 的通信。C 总线通信速度 9600bit/s ~ 1Mbit/s，每一条总线可连接 29 台设备；E 总线是 Echelon 总线的简称，是以 78kbit/s 通信速度、LonWorks 通信协议运行的通信总线。一条 E 总线可连接 60 台设备；增加一台 E 总线路由器可增加 60 台设备，最多可连接 120 台。

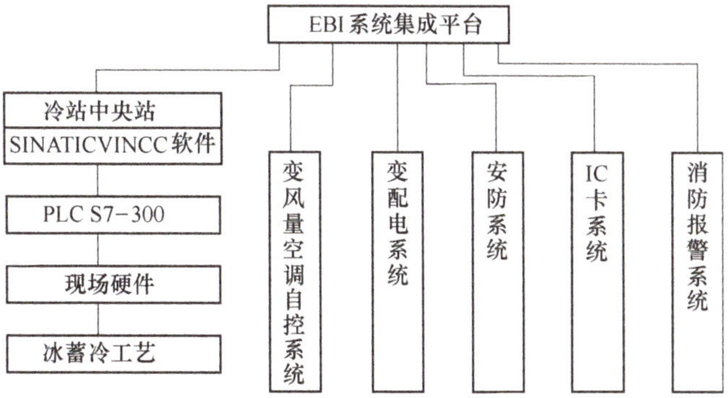

图 12-6　EBI 系统集成平台

2. 监控设备简介

（1）XL100 中型控制器简介　系统中所使用的 DDC 为霍尼韦尔 Excel5000 系统中的 XL100 中型控制器，具有总 I/O 点数 36 点，控制器计算机芯片 16 位的 Intel80C188 微处理

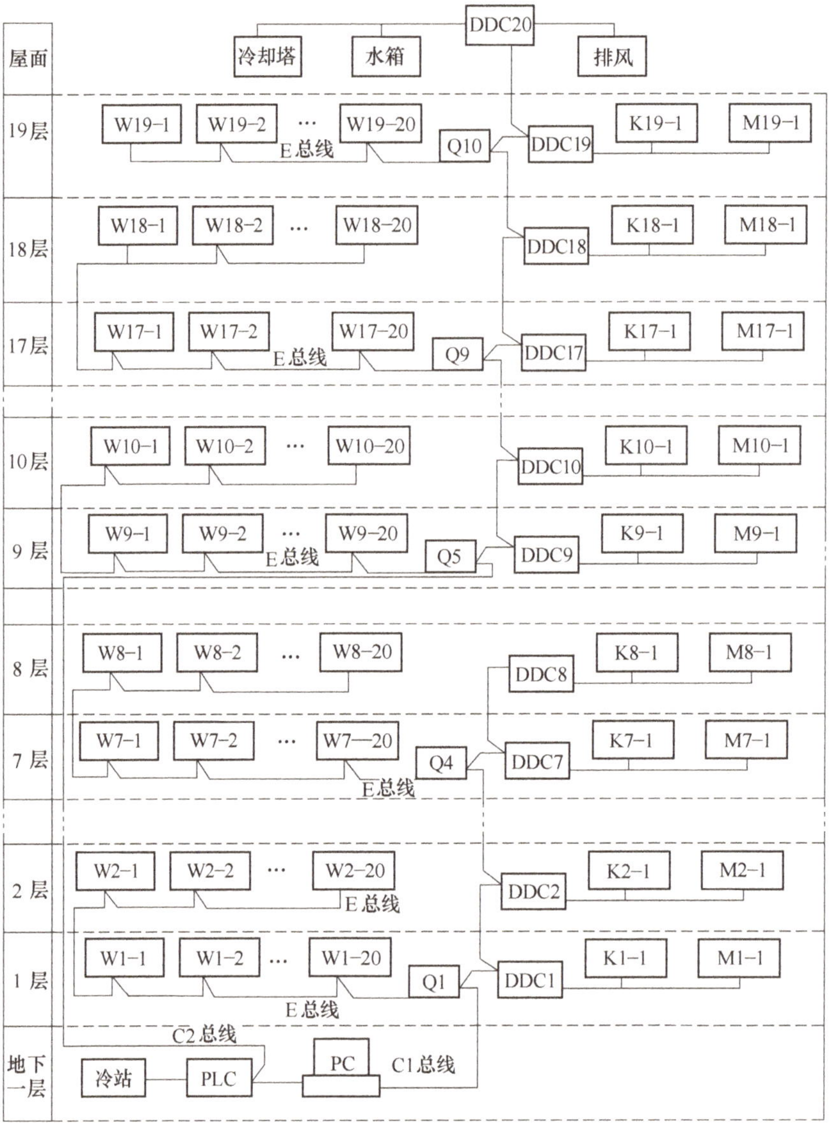

图 12-7 HVAC 及照明系统结构原理图

Q1 ~ Q10—区域控制器（Q7750A） W1 ~ W19—末端控制器（W7751D）

DDC1 ~ DDC19—中型控制器（XL100） M1 ~ M19—照明控制箱

器，XL100 输入、输出点数及信号见表 12-1。XL100 适用于空调机组的监控，利用图形编程很方便地编出应用程序，而且有通信模块，可通过 C 总线通信。

表 12-1 XL100 输入、输出信号

点别	点数	信号
AI	12	NTC20kΩ 热敏电阻、Pt100、DC－0～10V、DC－0～10mA、DC－4～20mA
DI	12	干接点，能处理 DC 或 AC 电压信号，输入 5V 电压以上时，数字量为“1”；当电压跌到 2.5V 以下时，为“0”；中间有 2.5V 滞环
AO	12	模拟输出 DC－0～10V，但只要附加一个继电器 DC－10V 就可以变为数字量

（2）Q7750 区域管理器简介　Q7750 区域管理器是一个可编程序控制器，提供 C 总线与 E 总线通信接口，把 E 总线上连接的子系统数据点映射到 C 总线上。一台区域管理器 Q7750 可以连接 60 台 VAV 末端控制器。

（3）W7751VAV 箱控制器　W7751 是专为变风量箱监控而设计制造的微型控制器，采用 LonMark（E 总线）通信协议，可独立运行，也可以使用 E 总线网络进行。有可靠的单一房间温度控制和空气流量控制，并提供 VAV 再热器的控制。

12.2.2　冷站监控系统

夏天冰蓄冷制冷系统空调的设计尖峰冷负荷为 3484kW（989RT），全日冷负荷约为 31069kW · h（8877RT · h），设计日空调的逐时冷负荷分布如图 12-8 所示。

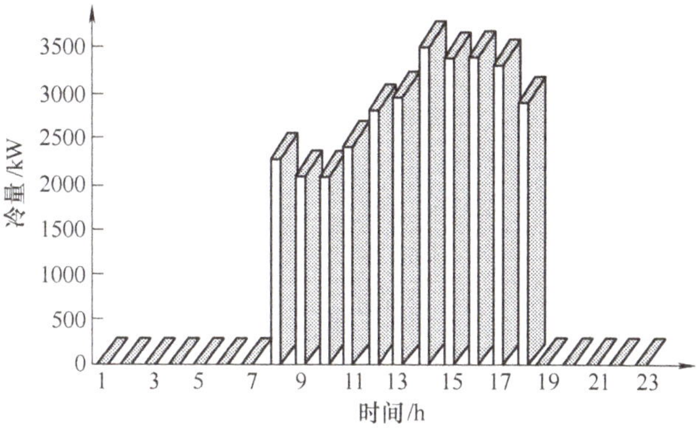

图 12-8　大楼设计日空调逐时冷负荷图

蓄冰系统采用串联式蓄冰（主机位于上游）方式，蓄冰设备选用美国 BAC 公司的盘管式蓄冰槽，主机选用约克双工况螺杆式制冷机组两台，螺杆式制冷机制冷量为 300RT，系统制冰量和蓄冰量之和为 12240kW · h，其中蓄冰量为 8877kW · h。冰蓄冷系统提供 3.5℃/12.7℃空调用水；基载制冷机常规供冷系统提供 7℃/12℃空调用水。图 12-9 所示为冰蓄冷监控原理图。图中有 12 个电动阀门，其中 V101、V102 是电动调节阀，其余为电动蝶阀。在控制系统指令下，进行工况转换调节和保护不同工况下阀门状态见表 12-2。

表 12-2　不同工况下阀门状态表

工 况	V101	V102	V103	V104	V105 - 1　V105 - 2	V106 - 1　V106 - 2
制冷机制冰	开	关	关	开	关	开
单融冰供冷	调节	调节	开	关	开	关
制冷机供冷	关	开	开	关	关	开
融冰 + 冷机供冷	调节	调节	开	关	关	开

1. 运行工况

空调设计日运行工况与非空调设计日运行工况见表 12-3。

2. 监控对象

冷水机组、蓄冰装置、板式换热器、系统循环泵与冷却塔系统。

3. 监测内容

1）水泵的运行状态、故障状态，有关设备热工参数。例如：水温、乙二醇温度、液位、水流量、压力、乙二醇浓度、冷负荷、制冰量、融冰量、融冰速度及落地式膨胀水箱压力、乙二醇水箱水位等。监测系统对一些重要监测点进行常年数据记录，可将常年的负荷情况（包括每天的最大负荷和全日负荷）和设备运转时间以表格和图表的形式记录下来，供使用者掌握。所有监测点和计算的数据均能自动定时打印。

在冰盘管内设置冰量传感器测量制冰量。制冰量的测量是通过测量蓄冰槽内的液位来实现的。水变成冰时，其体积约增加为水体积的9%，故而随冰量的增加，冰槽内的水位也上升。利用此原理，通过间接测量水位即可测量制冰量，将水位信号转换为PLC能接受的信号。水位监测的方法是采用压力式液位变送器，将液位变换成标准信号传送给PLC，可连续监测水位，间接测量冰量。

表12-3 冷站运行工况

工况		设备运行工况	冷机制冰	冷机+冰槽联合供冷	
				冷机投入台数	融冰
空调设计日		23:00～7:00	√	×	×
		7:00～12:30	×	一台冷机	√
		12:30～17:00	×	两台冷机	√
非空调设计日	85%设计日负荷	23:00～7:00	√	×	√
		7:00～12:00	×	一台冷机	√
		12:00～17:00	×	两台冷机	√
	60%设计日负荷	23:00～7:00	√	×	×
		7:00～12:00	×	×	√
		12:00～17:00	×	一台冷机	√
	30%设计日负荷	23:00～7:00	√	×	×
		7:00～17:00	×	×	√

2）报警。机电设备故障报警，低温报警等。

4. 控制与调节

控制与调节包括设备起停控制，工况选择控制与水温、压差调节等。由于空调日负荷随室外气象参数的变化而变化，冰蓄冷系统根据负荷预测结果，自动进行工况转换，按照蓄冰装置优先供冷原则，自动控制每一时段内冰蓄冷装置融冰供冷及主机供冷的相应比例，尽可能把冰用在8:00～12:00电力高峰时段，最大限度地控制主机在电力高峰期间的运行，以节约运行费用。

1）单制冰工况。当冰蓄冷控制时间程序为制冰模式，而且蓄冰量传感器指示需要增加制冰量时，控制程序设定制冷主机为制冰工况，制冷机出口温度为－5℃，阀门与设备运行顺序为：

电动阀V102、V103、V105关，V101、V104、V106开→乙二醇泵开→冷却泵开→冷却塔风机开。

当板式换热器冷冻水侧低于2℃（可设定）时，发出低温报警并采取相应措施。在下列

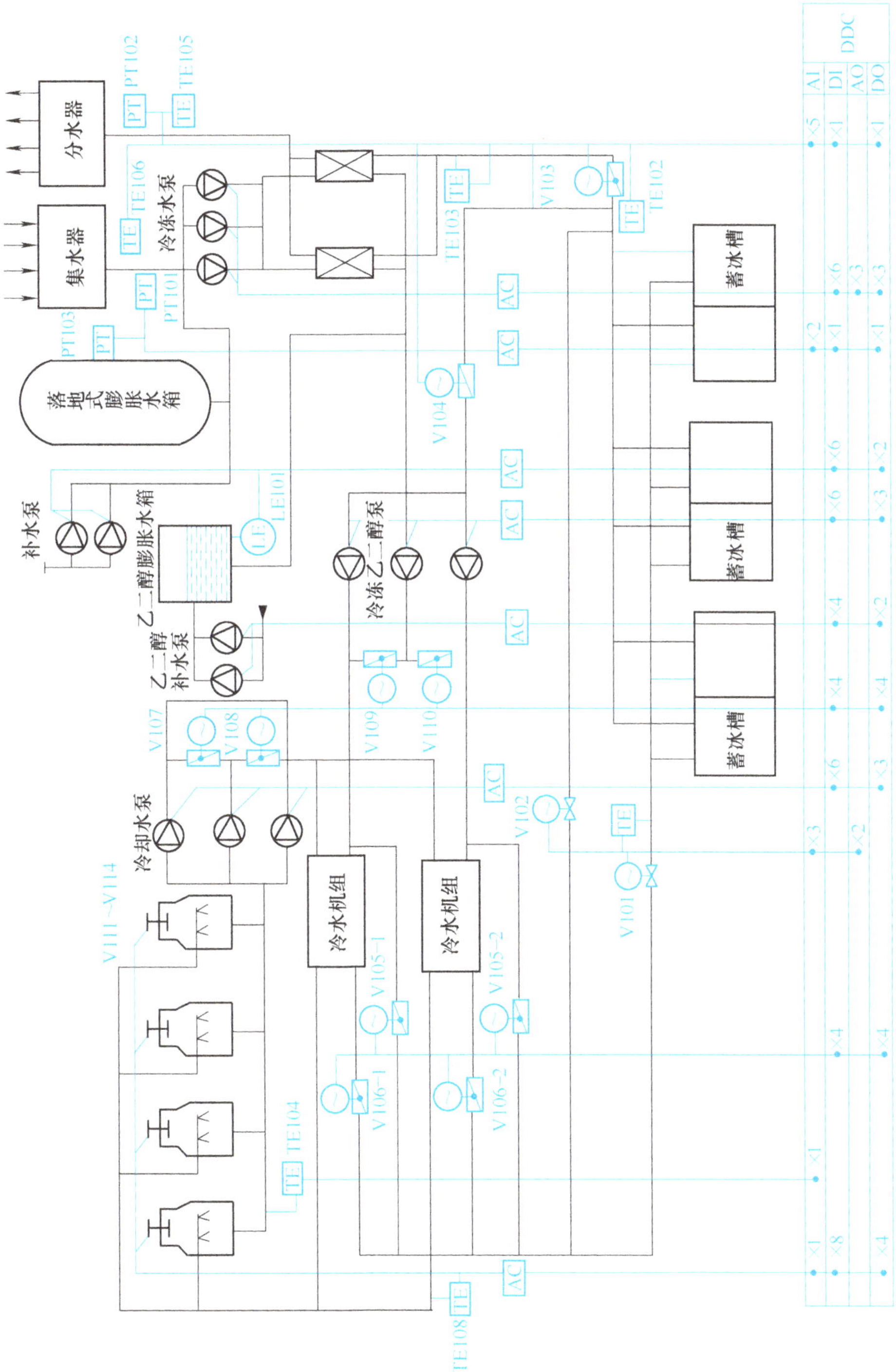

图 12-9 冰蓄冷监控原理图

情况下，停止制冰：①冰槽液位传感器指示已经储存额定冰量；②控制系统时间程序指示为非蓄冰时段；③当制冷机乙二醇的出口温度低于 -6.5℃时或者蓄冰装置乙二醇出口温度降到 -2.8℃（可调）时；④当仅有一台制冷机制冰，停机的制冷主机出口温度低于 -2℃（可调）时报警，直至停机。

2）单融冰工况。当系统指示单融冰供冷时，系统关闭制冷机，由融冰提供全部冷量。运行顺序为：

电动调节阀 V101、V102 处于调节状态，V103、V105 开，V104、V106 关→乙二醇泵开→测量空调冷冻水供水温度→调节 V101、V102 开度→改变乙二醇混合后的温度→维持冷冻水供水温度 3.5℃。

3）冷机与融冰联合供冷工况。当系统指示为冷机与融冰联合制冷模式时，控制程序设定制冷主机出口乙二醇温度为 6.8℃。运行顺序为：

调节阀 V101、V102 处于调节状态，V103、V106 开，V104、V105 关→冷却水泵开→冷却塔开→制冷主机开。

当日负荷为设计日最大负荷时，冷机优先满足负荷运行，不足的冷量通过融冰满足，控制系统将通过空调供水温度传感器 TE105、控制器 PLC（S7 -100）调节 V101、V102 阀门开度，调节乙二醇供液温度，使空调冷冻水供水温度在 3.5℃。

当日负荷为非设计日负荷时，融冰供冷与冷机供冷的比例要做适当调整。例如，在不同时段，接入一台或两台制冷主机。

4）冷机供冷工况。当冰已融完又需要供冷时，系统转换冷机供冷模式。属非标准工况，冷机在空调工况下运行，运行顺序为：

电动阀 V101、V104、V105 关，V102、V103、V106 开→乙二醇泵开→冷却水泵开→冷却塔开→冷机开。

此工况下，乙二醇不经过蓄冰槽，直接流向板式换热器。此时主机乙二醇出口温度 TE101 应由系统按实际需要不断地修改设定值，并根据空调负荷变化控制冷机开启台数与相应冷冻泵、冷却泵、冷却塔投入台数。

负荷侧是变水量的，故冷冻水供回水压差随着负荷水量的变化而变化。为了稳定系统水力工况，工程采用水泵变频调速，改变流量来维持压差恒定。

5. 冷站集散系统与 EBI 系统集成

（1）冰蓄冷集散控制系统　该系统包括中央站和分站，中央站有管理计算机、打印机、不间断电源、通信接口设备及网络操作系统软件。通过通信软件技术与 EBI 系统集成。

本系统中央站和分站都设在地下室设备现场。分站有现场控制器 PLC（S7 -100）及触摸屏（TP27）作为操作面板，可完成取代常规的开关按钮、指示灯器件，使控制柜面板变得整洁。触摸屏在现场可以进行状态显示，系统设置，模式选择，参数设置，故障报警，故障记录，负荷记录，时间、日期、实时数据显示，负荷曲线与报表统计等功能。中文操作界面友好。

（2）通信内容　通信内容如下：

1）监测冷机的运行状态、故障报警及冷冻、冷却水的流动状态。

2）记录冷水机组出水温度。

3）记录系统制冰量与制冰时间。

4）记录系统融冰量与融冰时间。

5）记录蓄冰池液位。

6）白天融冰供冷时，记录蓄冰出液混合温度。

7）夜间制冰时，记录板式换热器乙二醇侧进口温度。

8）记录板换二次侧冷冻水的供水温度，监测回水温度。

9）记录冷却水回水温度，并测量其供水温度。

10）监测有关泵运行状态及故障报警。

11）监视冷却塔及相关设备的起停、运行状态及故障报警。

12）监视冷却水泵的起停、运行状态及故障报警。

13）板换的防冻保护措施。

12.2.3 变风量空调机组监控

变风量空调机组共19台，每台均采用XL100中型控制器进行监控，同时监控本层走廊照明，并通过C总线与其他DDC及中央站通信。这样组配可以做到分散控制与故障分散的要求，并便于中央站集中管理。

由供冷能源中心来的低温3.5℃冷冻水，送入变风量空调机组的冷盘管，自动调节冷盘管电动调节阀的开度，使空调机组出风温度稳定在6.7℃，并向空调区域各变风量末端输送一次超低温送风。变风量末端采用串联型带风机的VAV箱，VAV由室内墙挂、带设定的温度传感器（T7770）模块测量室内温度并与末端的温控器（W7751）设定值比较，控制器依据偏差按照PID控制规律调节一次风量，一次风量与二次风（回风）混合后，由VAV箱送风机送入房间，使房间温度维持在设定值。

这种低温送风可以减少空调机组的送风量，从而减少风机电耗；由于VAV箱是将一、二次风混合后送入房间，因此可解决低温送风中存在的冷凝水、人的冷风感等问题。

1. 空调机组监控内容

（1）监测　回风温湿度、送风温湿度、送风干管静压、送回风量、防冻报警、防火阀开关状态、送回风机起停状态、过滤器阻塞报警、室内CO_2浓度、风机运行累计时间等的测量。

（2）控制　送、回风变频调速以维持送风风管静压恒定，根据CO_2浓度调节送风机转速；冷（热）水盘管水阀开度调节维持送风温度恒定；加湿器调节、维持室内湿度恒定。当送风湿度高于设定值时，发出报警信号；新、回、排风门开度调节，达到节能目的。

（3）起停控制　按时间程序起、停送、回风机或在中央站实现远程控制。

（4）联锁控制　当风机停止运行时，新风阀关闭，水阀、加湿阀关闭；当送风温度低于设定值时，产生联动，同时报警，按程序要求打开热水调节阀，对盘管加热，关闭风机和新风阀门。

（5）风道静压控制　变风量空调系统末端是采用节流型变风量末端装置，在进行风量调节后，系统管道特性产生变化，风机工作点也将移动，相应地管道静压发生变化，静压的改变又对系统产生干扰。当风量减少后，风机动力并不减少，且过量的节流会引起噪声的增加。为了克服节流型产生的这些问题，在风道内设置静压控制系统，即当各末端风量变化引起管道静压变化后，自动调节风机转速，改变风机风量来适应变化的负荷，保持管道静压稳定。

2. 空调机组节能控制

（1）最佳起停　系统根据时间程序或通过最佳起动模式起动空调机组。起动后首先进入预热（或预冷）模式。此时新风、排风阀门仍然关闭，回风阀保持全开。冷（热）水阀调整至最大开度，变频器完成风机软起动后，逐步将风机调整至最高转速；同时，所有 VAV 末端风阀调整至最大开度，VAV 末端起动。此时系统处于封闭式循环状态，使起动时间最短，避免了冰蓄冷系统或加热系统过早投入预冷或预热运行，从而降低成本。起动后，新、回、排风阀处于控制状态。

（2）最佳停止　系统根据时间程序或最佳停止运算，提前关闭空调机组。关闭后根据程序设定或末端设备特性，关闭新、排风门，回风风阀开至最大，关闭水阀、加湿阀。此时，仅靠送风机运行一段时间后关闭，使房间余冷（余热）恰好满足入住者离开前这段时间的环境要求，节约能量消耗。

（3）焓差控制　为了充分、合理地回收回风能量和利用新风自然能量，可根据新、回风焓值比较来控制新风量与回风量的比例，最大限度地减少人工冷量或热量。空气焓值通过其温度和湿度测量进行运算得出。

在过渡季节处于制冷工况下，当新风焓小于回风焓时，可充分利用新风，自动开大新风阀，关小回风阀，同时相应增大排风阀。总之，新、回、排风阀开度，将随着新、回风焓值之差调整，从而达到节能目的。

（4）空调机组送风温度再设定　一般情况下，通过对空调机组送风温度进行测量，对冷（热）水阀进行调节，使送风温度维持在设定值附近。但对于变风量系统，通过各 VAV 末端控制器测到的末端送风量减少至最小风量或风阀开度达到最小值时，如果此时回风温度或室内温度仍然保持继续偏离设定值的趋势，则需要对空调机组的送风温度的设定值进行再设定。空调机组 DDC 监控原理图如图 12-10 所示。

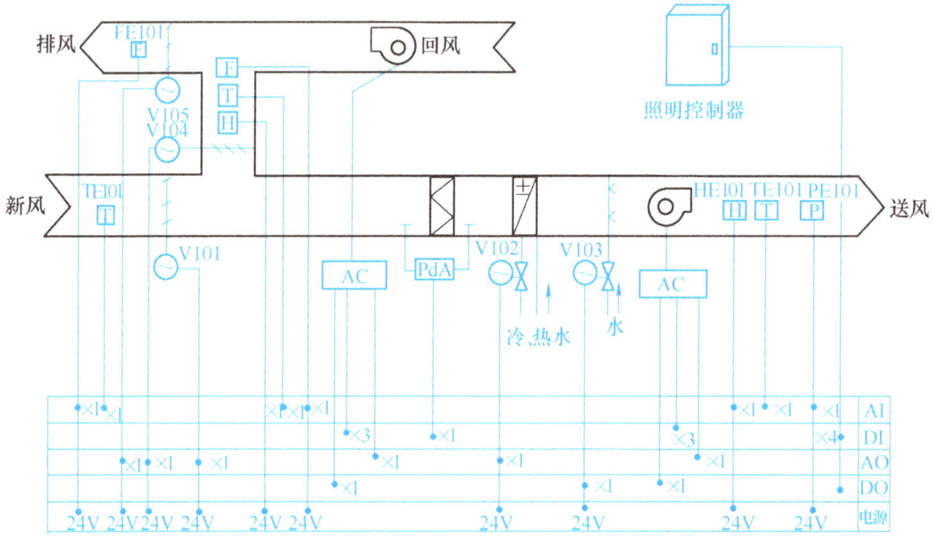

图 12-10　空调机组 DDC 监控原理图

12.2.4 VAV 末端控制系统

1. VAV 末端监控内容

VAV 末端监控原理如图 12-11 所示，串联型带风机 VAV 箱采用美国环境技术公司（ETI）的产品，带有风阀执行机构，可进行三位 PI（浮动）控制，电动机为 AC 24V 供电。风机为两相电容式异步电动机，需 AC 220V 电源。有三绕组、三速档可供选择。VAV 箱内配有电加热器，220V 加热器（≤4.5kW）分为 2 级，380V 加热器（≥7.5kW）分为 3 级。每个电加热器需配单独的启动接触器，可按实际需要加热，由自控系统按级数启动加热器。

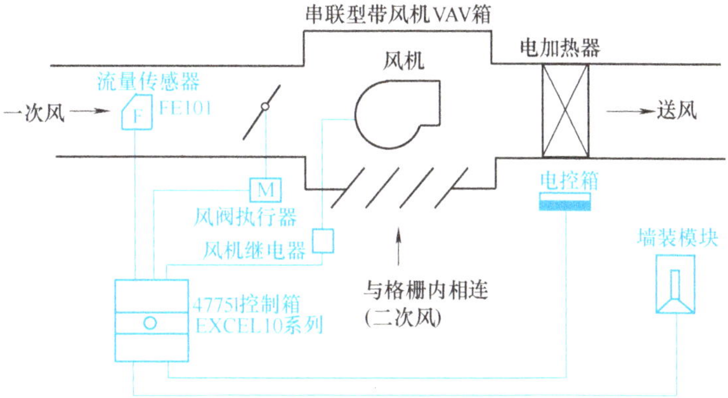

图 12-11　VAV 末端监控原理图

控制器采用 EXCEL10 系列中的 W775ID2008，配用带设定的温度传感器（20KNTC）和监测一次风流量的传感器（EIT），EIT 是十字正交、多点采样、中央平均室式，并符合美国 ASHRAE 规范的专利流量传感器。该传感器能确保精确测量，比普通皮托管式传感器信号放大 2.5～3 倍。由于加入了流量传感器使之成为压力无关型末端装置。

在供冷模式下，末端控制器将测量的房间温度与设定值进行比较，依据三位 PI 调节规律调节一次风量，与回风混合后送入房间，满足房间负荷要求，维持室温在设定值附近。

在冬季采暖工况，自动调节进入房间的一次热风量，调节房间温度。在过渡季节，因不开锅炉无热水供应，故采用电加热器调节房间温度。控制器 W7751D 数字输出接点 D03～D05 控制相应中间继电器（线圈电压 AC 24V），中间继电器再控制相应接触器，从而控制三段电加热器。注意：电加热系统必须加联锁控制，即风机未起动时，电加热器不能通电。

2. VAV 末端控制系统结构

VAV 末端系统结构如图 12-12 所示，区域管理器 Q7750A 是 C 总线到 E 总线的接口设备。T7770 为墙装模块，带有 20KNTC 温度传感器和温度设定值调整器，并带 LED 发光二极管，可以反映控制状态。

12.2.5 变风量控制系统的设计、施工、调试及运行管理的注意事项

变风量控制技术是空调技术、自控技术、计算机技术等多种学科相互渗透、有机结合的一门新技术。在规划、设计、施工过程中，要求自控专业与空调专业密切配合，此事至关重要。

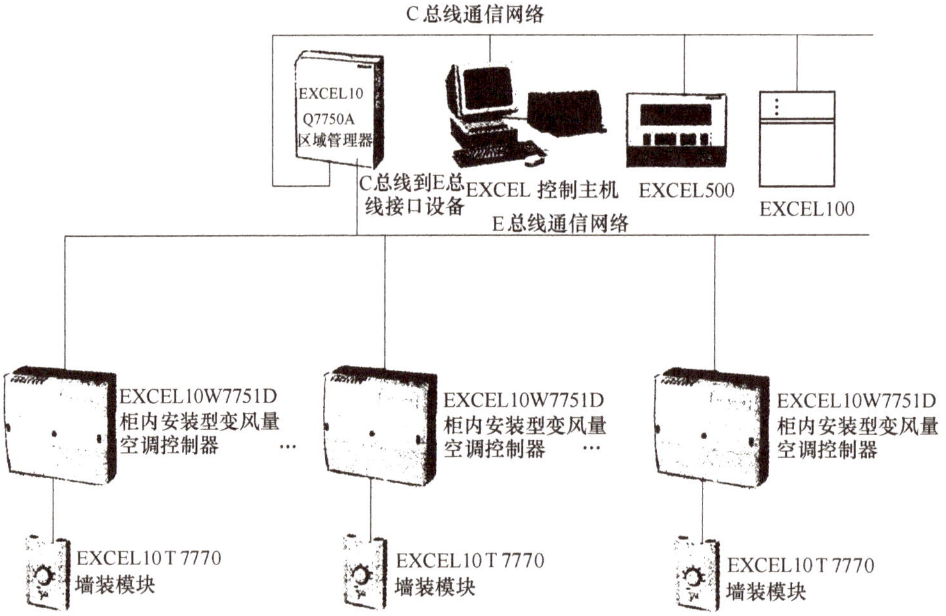

图 12-12 VAV 末端控制系统结构

1. 静压点位置的选择应使系统稳定地工作

从有关文献得知，静压点位置的选择是一个很重要的问题，它关系到系统运行的稳定性、节能效果和控制能力。《采暖通风与空气调节设计规范》中，建议将静压点设在干管末端距末端三分之一的管道上。但在实际工程中能否具备这样的安装条件，需根据具体条件决定。静压控制点位置的选择应使系统容易稳定地运行，不产生振荡，又使风机调节损失小，并增大风量调节范围。

2. 末端负荷动态控制

对 VAV 末端风阀开度或末端一次风量进行累计，从而判断对于一次风的需求量，据此对送、回风机的电源频率进行调节，改变送、回风机的转速，调节风机的风量，使之与负荷相适应，稳定风管静压，稳定系统工况。前面已提到，通过监测 VAV 末端风量参数，修改空调机组送风温度设定值，可以使风阀处于最佳调节范围，有利于系统稳定和减少末端噪声。

3. 装置及系统的选择

变风量末端装置包括 VAV 末端装置和末端监控装置，这两者应采用整体设计和组装，不允许现场组装或拼装不同厂家的部件。配套的末端微控制器应确保末端和控制器之间有良好的匹配性和兼容性。应注意选择可靠性高的设备，因为这些装置都是安装在吊顶里，检修困难，且数量多，故设备的可靠性尤其重要。

还应提到 VAV 箱的选择应特别注意噪声大小。串联型带风机的装置，其风机风量比并联型大，噪声也大。因此，选用时应选择噪声满足要求的 VAV 末端装置，这样才能达到一个综合舒适的效果。

4. 施工技术和施工管理

变风量空调系统技术含量远高于定风量系统，其配套的自控系统也属于新技术的应用。

因此，对施工技术人员技术水平有较高的要求，切不可选用一般无这方面经验的一般机电公司承接。空调系统一定要经过调试，进行风量平衡等工作，才能保证有好的自控效果。

5. 运行技术和运行管理

根据上面的讨论可知，变风量系统及其控制是一个有机整体，其运行、管理直接影响到空调舒适感和节能效果。因此运行管理人员既要掌握空调专业知识，又要有集散控制的知识。而且还要进行技术培训，相对稳定运行管理人员，使技术精益求精。

12.3　案例3——某大厦BAS监控系统

12.3.1　工程概况

某大厦地上46层，地下3层，总高度为230m，总建筑面积为84998.3m^2。该大厦是一座集楼宇自控、消防、安保及诸多子系统于一体的综合性高层智能化大厦，对楼宇自动控制系统有很高的要求，它不仅需要对大楼内的所有机电设备如HVAC设备供配电及照明设备、电梯等进行统一管理，而且这些设备还需与其他的智能化子系统进行通信和必要的联动控制。空调系统采用先进合理的VAV系统。

12.3.2　BAS描述

1. 中央控制站监控功能

中央控制站BAS采用日本山武Savie－netEV系统服务器，配置的矩阵打印机可连续记录报警打印输出，保证报警记录的连续性。由于Savie－netEV系统可以实现与SA、FA的集成，在BA工作站上根据需要也可监测这些相关系统设备的状态，如消防泵及正压风机的状态，也可监测到相关通道门的状态。

2. 冷热源系统的监控

（1）被控设备　离心式冷水机组3台，溴化锂吸收式冷水机组1台，冷冻水泵6台，冷却水泵4台，冷却塔3台，膨胀水箱1个。

（2）冷热源系统的监控内容与控制方法　冷热源系统监控原理图如图12-13所示。

1）冷负荷需求计算。根据冷冻水供、回水温度和供水流量测量值，自动计算建筑空调实际所需冷负荷量。

2）机组台数控制。根据建筑所需冷负荷及差压旁通阀开度，自动调整冷水机组运行台数，达到最佳节能目的。

（3）机组联锁控制　冷却塔风机→冷却水蝶阀→冷却水泵→冷冻水蝶阀→冷冻水泵→制冷机起动；停机过程与开机相反。各动作之间需要考虑延时。

（4）冷冻水差压控制　根据一次冷冻水供回水压差，自动控制调节阀开度，维持供水压差恒定。

（5）冷却水温度控制　根据冷却水温度，自动控制冷却塔风机的起停台数，如果冷却水温度过低，可停止一部分冷却塔风机运转。

（6）水泵保护控制　水泵起动后，水流开关检测水流状态，确认水泵是否起动，如故障则自动停水泵；运行时如发生故障，备用泵自动投入运行，并发出报警信号。

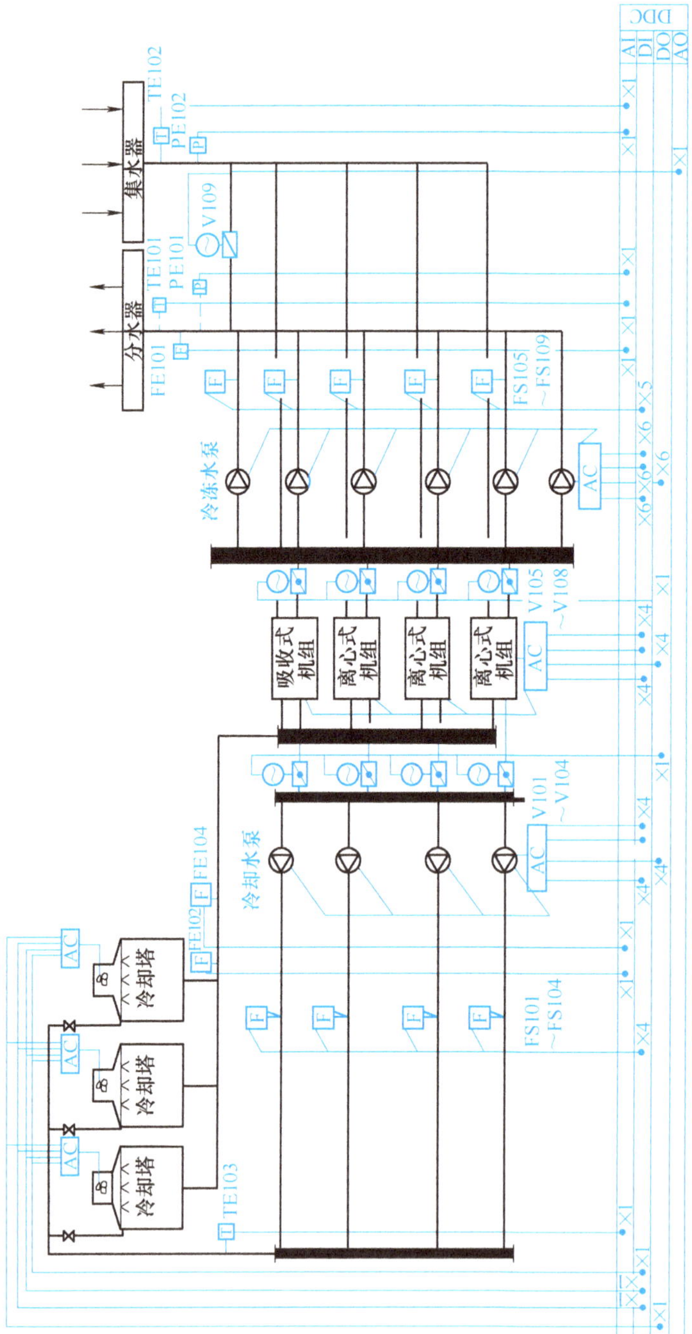

图 12-13 冷热源系统监控系统原理图

(7) 机组定时起停控制 根据事先排定的工作节假日作息时间表，定时起停机组，自动统计机组各水泵的累计工作时间，提示定时维修。

(8) 机组运行参数 监测系统内各检测点的温度、压力、压差、流量等参数，自动显示、定时打印及故障报警。

(9) 水箱补水控制 自动控制进水电磁阀的开启与闭合，使膨胀水箱水位维持在允许范围内，水位超限进行故障报警。

冷水机组监控功能见表 12-4。

表 12-4 冷水机组监控功能

设备名称	数量	控制说明	DI	DO	AI	AO	备注
冷水机组	4	机组起停控制/状态反馈/(手/自动切换)	8	4			
		机组冷冻水出水蝶阀控制		4			
		机组冷却水出水蝶阀控制					
		机组冷冻水进/出水温度			8		未在图上标注
		机组过载报警	4				
一次冷冻水供/回水总管		一次冷冻水供回水压差检测			1		
		冷冻水系统旁通调节控制				1	
		一次冷冻水干管供/回水温度检测			2		
		一次冷冻水干管流量检测			3		
冷冻水循环泵	4 台	起停控制/运行状态/(手/自动切换)	2	2			
		故障报警	2				
		水流状态	2				
膨胀水箱	1 台	水箱水位	3				
冷却水循环泵	4 台	起停控制/运行状态	6	4			
		故障报警	4				
		水流状态	4				
冷却水塔风机	3	起停控制/运行状态	3	3			
		故障报警	3				
冷却水水供/回水总管		冷却水供/回水温度检测			2		

3. 二次冷冻水系统的控制

二次冷冻水控制系统原理如图 12-14 所示。

由于该大厦的二次空调系统分高、中、低区，分别由 2 台水－水换热器和 3 台二次变频循环水泵组成。各分系统的供水压力由二次变频泵自带的控制器控制，BAS 给二次变频泵控制系统提供供水压力参数，同时 BA 系统还负责监测其控制效果，根据大厦的日程安排控制水泵系统的起停。

(1) 二次冷冻水温度自动调节 自动调节水－水换热器一次冷冻水电动调节阀的开度，

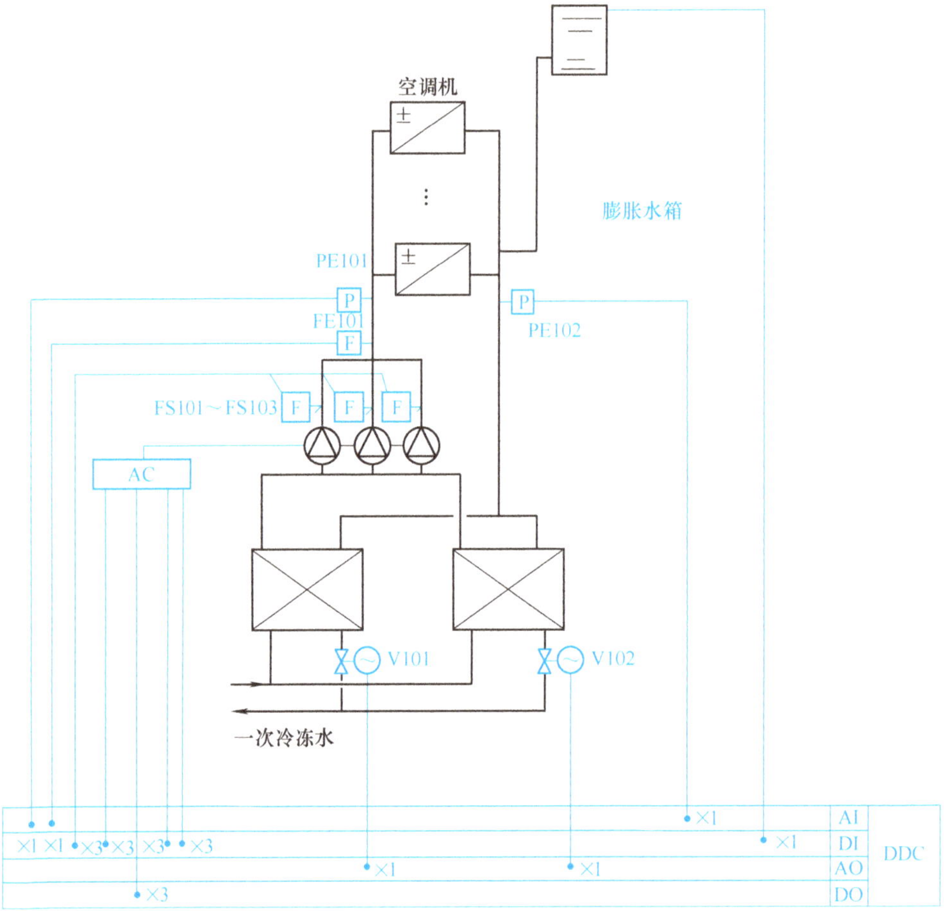

图 12-14 二次冷冻水控制系统原理图

保证二次冷冻水出水温度与设定值保持一致。

（2）机组联锁控制 当二次冷冻水泵起动时，自动调节一次冷冻水电动调节阀；当二次冷冻水泵停止运行时，一次冷冻水电动调节阀应迅速关闭。

（3）机组定时起停控制 根据事先排定的工作节假日作息时间表，定时起停机组，自动统计机组各水泵的累计工作时间，提示定时维修。

（4）运行参数 自动监测系统内各检测点的温度、压差、流量等参数，自动显示、定时打印及故障报警。

二次冷冻水系统监控功能见表12-5。

表 12-5 二次冷冻水系统监控功能

设备	数量	控制说明	DI	DO	AI	AO	备注
水－水换热器	6	二次出水温度					
		一次回水温度					建议方案
		一次侧电动调节控制及阀位反馈			6	6	DN100

（续）

设备	数量	控制说明	DI	DO	AI	AO	备注
二次冷冻水变频泵	9	起停控制/运行状态/频率	9	9		9	
		故障报警	9				
		水流状态	9				
供/回水总管		供水压力检测/流量			3		

4. 变风量监控系统

该项目变风量空调系统内区采用单风道 VAV 空调系统，内区采用单风道 VAV 负责全年的制冷/制热要求；外区采用窗边风机，外区窗边风机负责将夏季的热量及时阻挡在外，将热量及时带到空调回风处，使室内空调维持在舒适状态。

新风系统采用独立的新风系统。空调控制系统采用集散型数字 DDC 控制方式，变风量空调系统采用变静压控制模式。

（1）超声波流量传感器　为确保控制精度，推荐 VAV 末端装置的风量计采用超声波流量传感器。超声波流量传感器检测 VAV 风量与用皮托管检测 VAV 风量有以下优点：

1）测试精度的差别。皮托管测试低风速时困难，风速在 0～5m/s 根本就测不出任何信号或信号微弱，难以辨识，在 10m/s 时的测量误差为 10%，在 20m/s 时的测量误差为 5%。而超声波流量传感器的误差在风速为 1～25m/s 时均控制在 0.3% 以内。

2）输出线性特性的差别。用超声波法测量 VAV 末端的风量输出值几乎是全量程线性精确的，其线性区间可覆盖 0.5%～100% 的量程。而皮托管可线性化的量程充其量也不过 20%～100%，因而控制精度存在着显著差别。

3）舒适效果的差别。在大风量时，皮托管测量的风速在 14～15m/s，风系统产生较大的噪声，即房间静音受影响，而在小风量时因其线性化输出值小于实际风量，房间温度会出现过冷现象。

（2）投票法变静压控制　对于每个变风量末端，可简单地将其所辖空调区域的室温控制热平衡方程式简化为

$$T\frac{\mathrm{d}t}{\mathrm{d}\tau}=Q+Lc(t_s-t) \tag{12-1}$$

式中　T——所辖空调区域的热惰性系数（时间常数）(kJ/K)；

t——所辖空调区域的空气温度（K）；

τ——时间（s）；

Q——所辖空调区域的空调热负荷（kW）；

L——所辖空调区域的变风量末端的要求风量（m^3/s）；

c——空气比热容［$kJ/(m^3\cdot K)$］；

t_s——送风温度（K）。

如果令 L 为一个常数，式（12-1）则为定风量空调系统的室温控制热平衡方程式。如果让 t_s 为一常数，式（12-1）则为变风量空调系统的室温控制热平衡方程式。对于一个空调系统，控制室温 t 的因素不应单是变风量末端的送风量 L，也不应单是送风温度 t，而应是由送风量和送风温度组成的热量 $Lc(t_s-t)$。因此，要想获得更好的空调效果，必须同时改

变风量和送风温度。可见，要想使一个变风量空调系统的室温控制灵敏，不但要求风量变化快，同时也要求送风温度变化快。

由于根据室温偏差或变风量末端装置的风阀开度重新设定送风温度值的方法（以下简称微动法）只在超出了控制范围才动作，因此是一种非常被动的控制方法。另外，每次变动送风温度时因不知变化幅度取多大为好，为了不矫枉过正，送风温度变化幅度不能设得较大，只能微动一下。因此，微动法将造成室温控制不灵敏，换句话说，就是当空调负荷大幅度变化时微动法无法追踪控制。

日本山武公司的投票法是根据各变风量末端装置的共有许可送风温度范围来设定送风温度的，因其使得所需送风温度设定值非常明确，既可以大幅度地变更送风温度设定值，又可以很小幅度地微调送风温度设定值。同时，由于它不是等空调系统超出了控制范围后才重新设定送风温度的，因此使得变风量空调系统的室温控制精度也比再设法要高得多。投票法变静压控制系统如图 12-15 所示。投票结果的可视化和投票法变静压控制效果如图 12-16、图 12-17 所示。

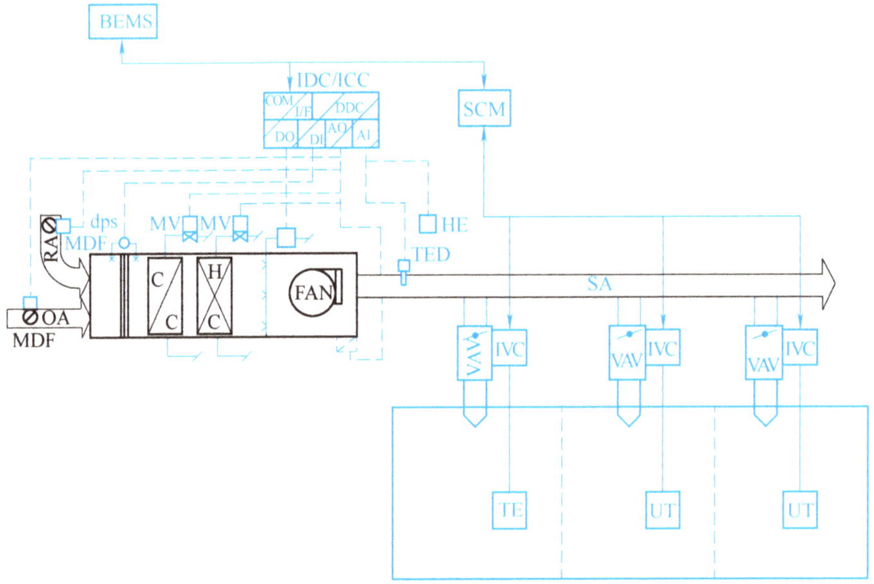

图 12-15　投票法变静压控制系统

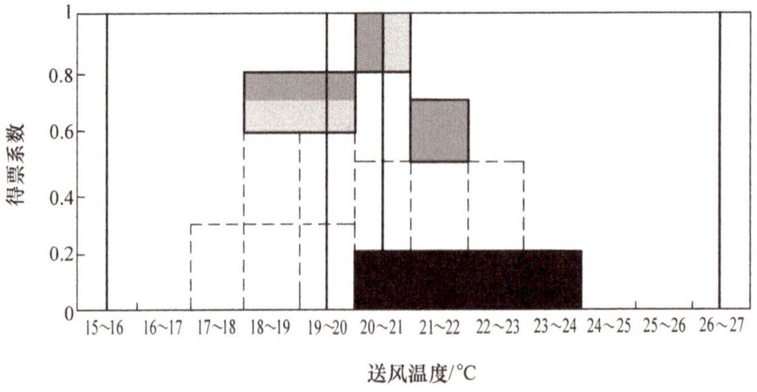

图 12-16　投票结果可视化

（3）一次回风空调机组控制　一次回风空调机组控制可以参考图 12-4。

1）室内温度控制。冬/夏季工况，根据回风温度与设定温度的偏差，对冷/热水阀开度进行 PID 调节，从而控制室内温度。过渡季节工况，根据室内温度调节新风阀开度。

2）预热控制。机组起动时新风阀关闭，进行预冷、预热。

3）联锁控制。新风风阀与回风阀比例调节，并与风机、水阀及加湿器联锁控制，风机停止时自动关闭新风阀、水阀及加湿器，风机起动时，延时自动打开风阀。

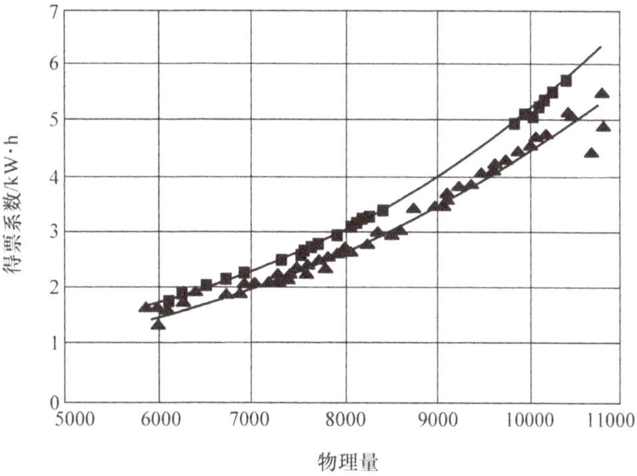

图 12-17　投票法变静压控制效果

4）冬/夏季工况，新风阀根据维持最小新风量及新回风的比例进行开度调节。

5）中央控制站对各种温度、湿度进行监测和设定，根据回风湿度控制蒸汽加湿二通阀。

6）过滤网压差报警，提醒清洗过滤网。

7）运行状态及故障监测，起停控制。

8）编制时间程序自动控制风机起停，并累计运行时间。

9）系统将采集典型室外温湿度参数，供系统做最优起停控制与焓值控制及其他节能控制。各空调机组的参数设定值由中央控制站进行设定，设备由现场 DDC 自动控制。组合式空调机组的控制流程如图 12-18 所示。

5. 新风机组控制

1）过滤网压差报警，提醒清洗过滤网。

2）运行状态及故障监测，起停控制。

3）编制时间程序自动控制风机起停，并累计运行时间。

4）各空调机组的参数设定值由中央控制站进行设定，机组由现场 DDC 自动控制。新风机组的控制流程如图 12-19 所示。

6. 送排风系统控制

（1）自动控制机组起停　按预先编排的程序，自动控制机组的起停，并对风机的工况进行监视：

1）起停运行时间的累计。

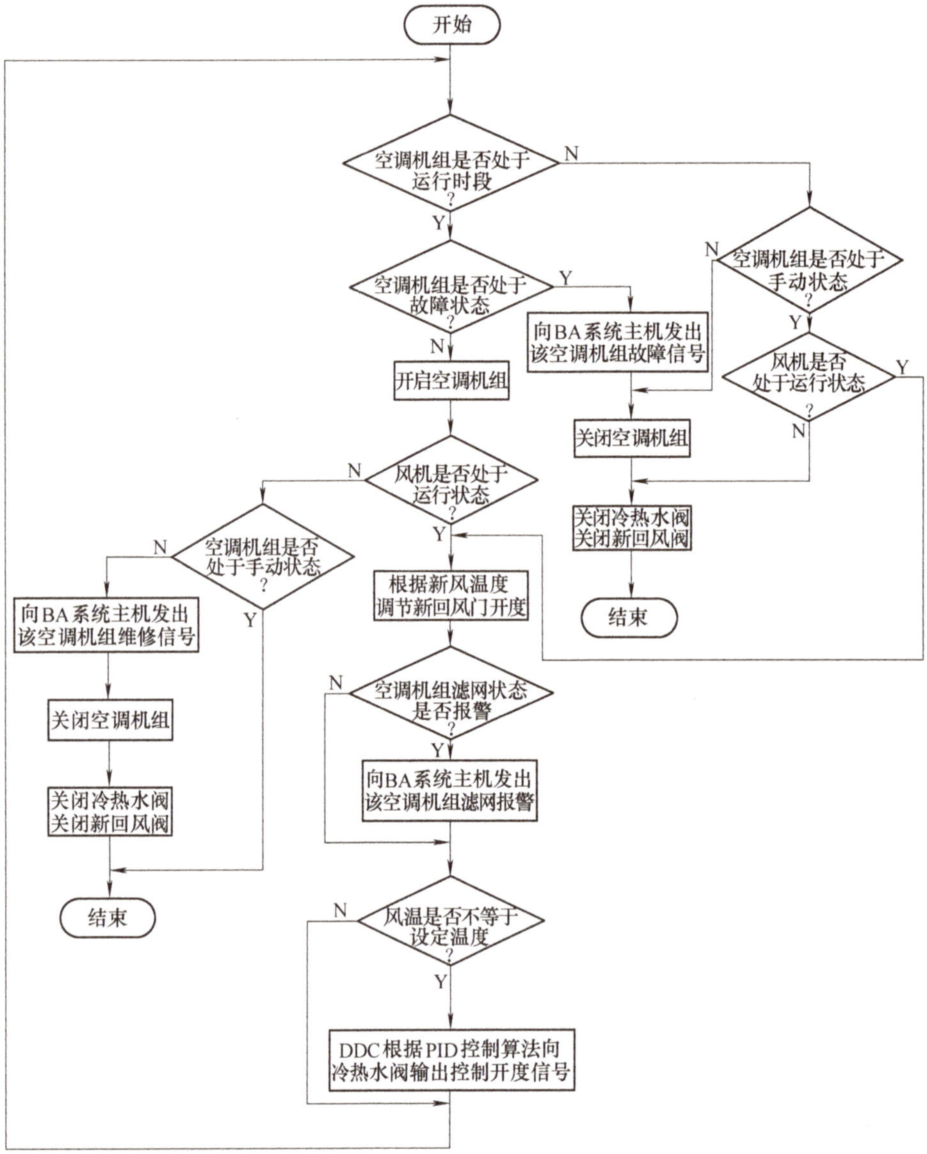

图 12-18　组合式空调机组控制流程图

2）风机的正常运行状态（DI）。

3）风机的故障状态（DI）。

4）风机的开关控制（DO）。

以上工况均可在彩色显示器上显示及利用打印机输出。

（2）系统软件要求　系统软件可自动满足的自动控制要求：

1）系统起动后通过彩色图形显示，显示不同的状态和报警，显示每个参数的值，通过鼠标任意修改设定值，以达到最佳的工况。

2）风机的每一点都有列表汇报、趋势显示图和报警显示。

3）风机起动后，控制程序投入工作。

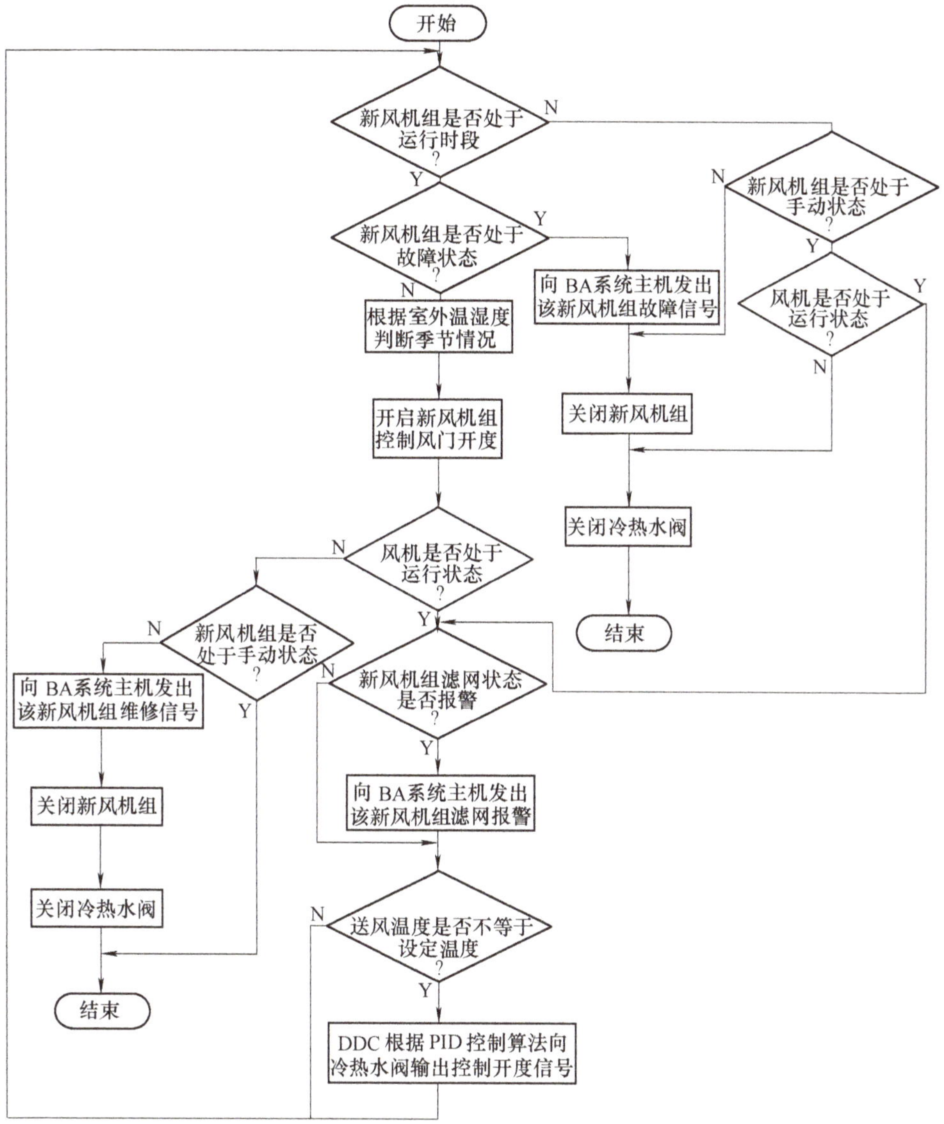

图 12-19　新风机组控制流程

4）根据大楼物业管理部门的要求，定时或根据 CO_2 的浓度自动开关各种风机，以达到最佳管理、最佳节能的效果。

5）统计各种风机的工作情况，并打印成报表，以供物业管理部门使用。

（3）具体控制过程

1）系统起动。可以通过中央操作站或现场 DDC，采用手动、时间起停程序或根据 CO_2 的浓度变化起动送风机。

2）系统停止。关闭送（排）风机。

7. 水泵类（消防、喷淋、生活及污水泵等）

（1）设备监控及功能

1）各水池、水箱、集水井的高低液位报警（DI）。

2）对部分重要水箱的液位进行监视（AI）。

3）监测各水泵的运行状态、故障状态及手/自动运行状态（DO）。

4）各水泵的开关控制（DO）或变频控制。变频水泵控制系统如图12-20所示。

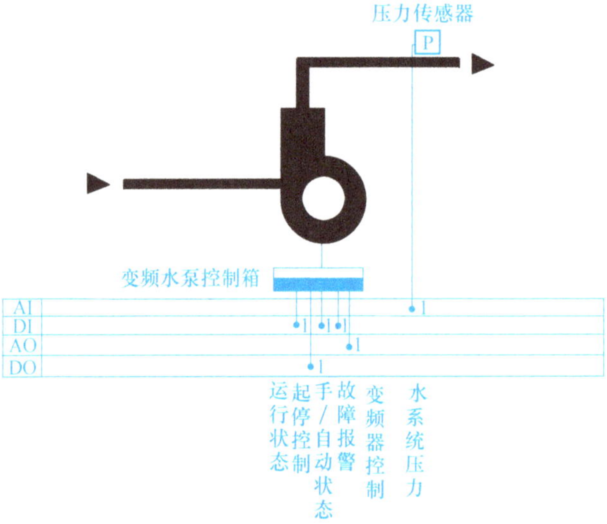

图12-20 变频水泵控制系统原理图

（2）系统软件可自动满足的自动控制要求

1）系统起动后通过彩色图形显示，显示不同的状态和报警，显示每个参数的值，通过鼠标任意修改设定值，以达到最佳的工况。

2）机组的每一点都有列表汇报、趋势显示图和报警显示。

3）当泵发生故障时，自动切换。

4）监测污水调节池液位，并作高低限报警，当高限报警时，打开污水泵直至低限。

5）按照物业管理部门要求，定时开关其他水泵。

6）根据室内管网的压力，自动起停水泵并调节变频器的频率。

8. 变配电系统控制

（1）高压配电监控 高压配电监控系统如图12-21所示。监测内容如下：

1）通过网关监测高压的电压、电流、功率、功率因数等数字（AI）。

2）监视断路器状态（DI）。

3）监视变压器温度（DI）。

4）监视母联断路器状态（DI）。

以上工况均可在彩色显示器上显示及用打印机输出。而且系统软件可自动满足如下自动控制要求：

1）系统起动后通过彩色图形显示，显示不同的状态和报警，显示每个参数的值，通过鼠标任意修改设定值，以达到最佳的工况。

2）机组的每一点都有列表汇报、趋势显示图和报警显示。

3）计算机软件对用电量进行计算，并打印报表，以供物业管理部门使用。

（2）低压配电监测内容

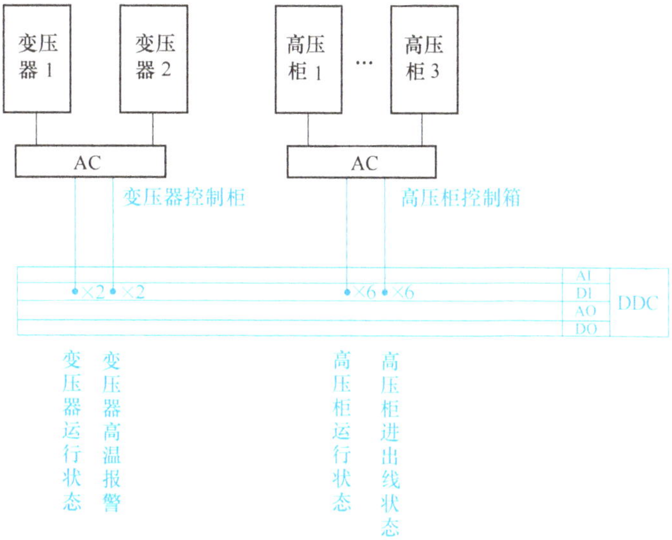

图 12-21 变压器及高压柜控制原理图

1）通过网关监视低压的电压、电流、功率、功率因数等数值（AI）。

2）监视断路器状态（DI）。

3）监视母联断路器状态（DI）。

以上工况可在彩色显示器上显示及用打印机输出。而且系统软件可自动满足如下自动控制要求：

1）系统起动后通过彩色图形显示不同的状态和报警，显示每个参数的值，通过鼠标任意修改设定值，以达到最佳的工况。

2）系统的每一点都有列表汇报，趋势显示图和报警显示。

3）计算机软件对用电量进行计算，并打印报表，以供物业管理部门使用。

9. 照明系统控制

（1）室外照明监控功能

1）室外庭院照明，建筑物泛光照明控制及状态返回（DI、DO）。

2）路灯、广告灯开关控制及状态返回（DI、DO）。

以上工况可在彩色显示器上显示及用打印机输出。

3）按照大厦物业管理部门的要求，定时开关各种照明设备，达到最佳管理、最佳节能效果。

4）统计各种照明的工作情况，并打印成报表，以供物业管理部门使用。

5）按时间程序控制供电电路的开关。

（2）公共照明监控功能

1）室内公共场所（办公室、公共楼梯、营业大厅等）照明控制及状态返回（DI、DO）。此工况可在彩色显示器上显示及用打印机输出。

2）按照大厦物业管理部门的要求，定时开关各种照明设备，达到最佳管理、最佳节能效果。

3）统计各种照明的工作情况，并打印成报表，以供物业管理部门使用。

4）按时间程序控制供电电路的开关。

照明系统控制流程如图12-22所示。

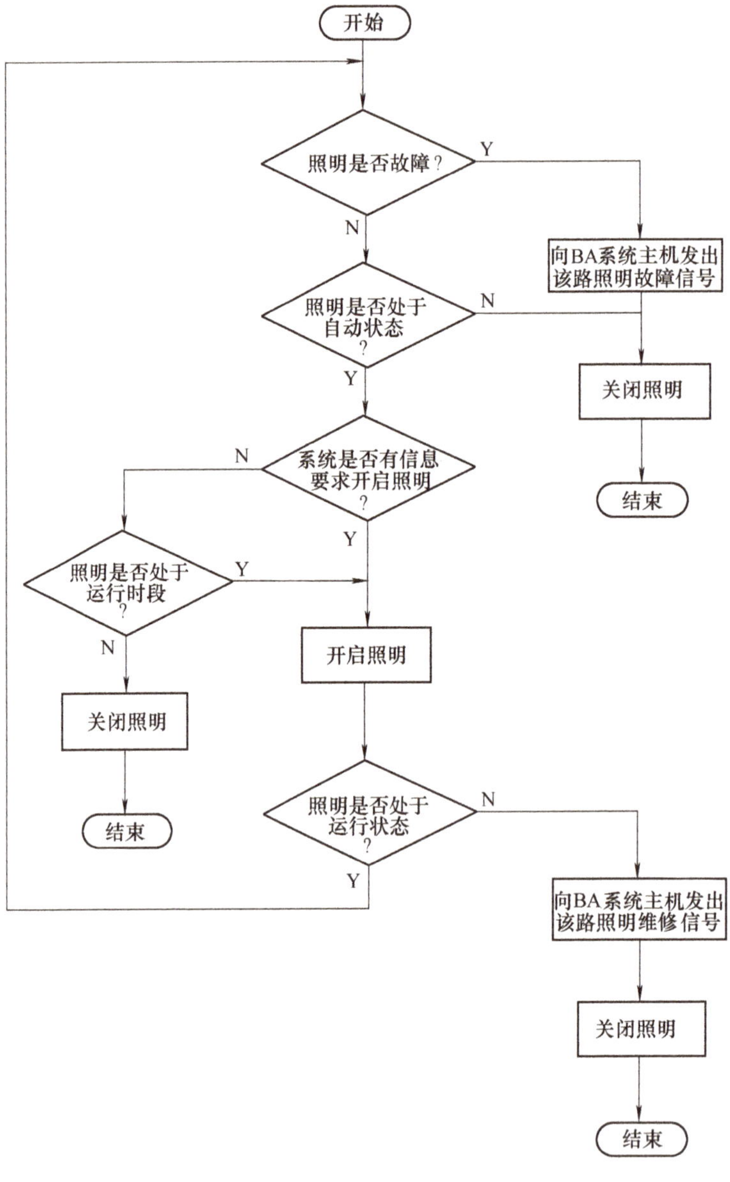

图12-22 照明系统控制流程

10. 电梯系统的监测

1）电梯的运行状况（DI）。

2）电梯运行的故障报警（DI）。

以上工况均可在彩色显示器上显示及用打印机输出。

3）按照大厦物业管理部门要求统计各电梯的工作情况，运行时间累计，并打印成报表，以供物业管理部门使用。

根据 JGJ 16—2008《民用建筑电气设计规范》规定，电梯及自动扶梯系统是独立设置的系统，不属于建筑自动化系统的范畴，又由于电梯及自动扶梯系统均有各自完整的控制系统，其拖动系统的人机接口已很完善，包括显示系统。所以，在本方案中不重复已存在的系统工况，只把运行状态加以输入和显示。

复习思考题

12-1　结合空调工程与制冷工程课程设计，设计 BAS 控制原理图。

12-2　参观楼宇设备控制系统实际工程。

附　　录

附录1　建筑设备监控系统图例

序号	符号	说明	符号来源
1	T	温度传感器	GB/T 50114—2010
2	P	压力传感器	GB/T 50114—2010
3	ΔP	压差传感器	GB/T 50114—2010
4	H	湿度传感器	GB/T 50114—2010
5	TW	室外温度传感器	
6	•	一般检测器	
7	FE *	流量测量元件（*为位号）	
8	FT *	流量变送器（*为位号）	
9	LT *	液位变送器（*为位号）	
10	PT *	压力变送器（*为位号）	
11	TT *	温度变送器（*为位号）	
12	HT *	湿度变送器（*为位号）	
13	ZT *	位置变送器（*为位号）	
14	ST *	速率变送器（*为位号）	
15	PdT *	压差变送器（*为位号）	
16	IT *	电流变送器（*为位号）	
17	XT *	电压变送器（*为位号）	
18	ET *	电能变送器（*为位号）	
19	A/D	模拟/数字变换器	

（续）

序号	符号	说明	符号来源
20	D/A	数字/模拟变换器	
21	BAC	建筑自动化控制器	GB/T 4728. 2—2005（idt IEC 60617—2：1996）+标注
22	DDC	直接数字控制器	GB/T 4728. 2—2005（idt IEC 60617—2：1996）+标注
23	GM	燃气表	GB/T 4728. 8—2008（idt IEC 60617—8：1996）+标注
24	WM	水表	GB/T 4728. 8—2008（idt IEC 60617—8：1996）+标注
25		空气过滤器	GB/T 50114—2010
26		空气加热器	GB/T 50114—2010
27		空气冷却器	GB/T 50114—2010
28	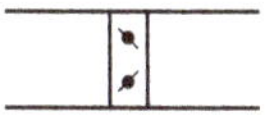	对开式多叶调节阀	GB/T 50114—2010
29	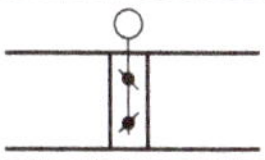	电动对开多叶调节阀	GB/T 50114—2010
30	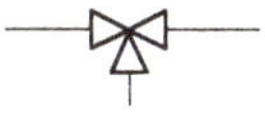	三通阀	GB/T 50114—2010
31	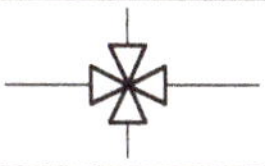	四通阀	GB/T 50114—2010
32		水流开关	GB/T 50114—2010
33		气流开关	
34		加湿器	GB/T 50114—2010
35		电动二通阀	GB/T 50114—2010
36		电动三通阀	GB/T 50114—2010
37		电磁阀	GB/T 50114—2010
38		电动蝶阀	GB/T 50114—2010

（续）

序号	符号	说明	符号来源
39		风机	GB/T 50114—2010
40		泵	GB/T 50114—2010
41		冷却塔	00DX001
42		冷水机组	00DX001
43		板式换热器	GB/T 50114—2010
44		电气配电箱/柜	00DX001

附录2 建筑设备监控系统文字符号

字母	第一位		后继
	被测变量	修饰词（小写）	功能
A	分析		报警
C			控制、调节
D		差	
E	电压		检测元件
F	流量		
H	湿度		
I	电流		指示
J	功率	扫描	
K	时间或时间程序		操作
L	水位		灯
N	热量		
P	压力或真空		
Q			积分、积累
R			记录或打印
S	速度或频率		开关或联锁
T	温度		传送
U	多变量		多功能
V			阀，风阀，百叶窗
W	重量或力		运算，转换单元，伺放
Y			
Z	位置		驱动，执行器

附录3　建筑智能化系统图形符号

序号	图形符号	名称
1	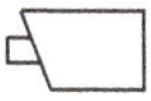	电视摄像机
2		球形电视摄像机
3		带云台的电视摄像机
4	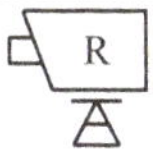	带云台的球形电视摄像机
5	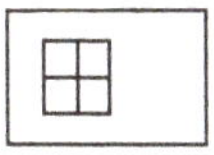	图像分割器
6		电视监视器
7	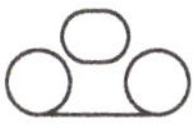	带式录像机
8		操作键盘
9		打印机
10		紧急按钮
11		无线紧急按钮
12		门（窗）磁开关
13		无线门（窗）磁开关
14		被动红外侵入探测器
15		无线被动红外侵入探测器
16		微波侵入探测器
17		被动红外/微波双技术探测器
18		玻璃破碎探测器
19		无线玻璃破碎探测器
20	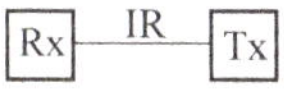	主动红外入侵探测器
21		保安巡更打卡器
22	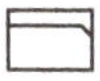	读卡器
23	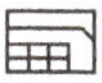	读卡器与键盘
24		电子收款机
25		电控锁
26	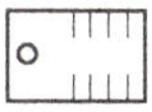	楼宇对讲电控防盗门主机
27	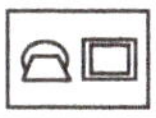	可视对讲机
28		对讲电话分机
29		电话机
30	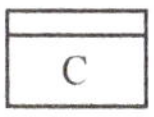	火灾报警控制器
31		感温探测器
32		无线感温探测器
33		感烟探测器
34		无线感烟探测器
35		可燃气体探测器
36		无线可燃气体探测器
37		手动火灾报警按钮
38		输入模块

（续）

序号	图形符号	名称
39	O	输出模块
40	I/O	输入/输出模块
41		天线
42	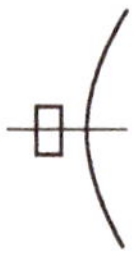	带矩形波导馈线的抛物天线
43		电视机
44	MCU	多点控制设备
45	 A	扩音机
46		功率放大器
47		传声器
48		扬声器
49		蜂鸣器
50		电铃
51	HUB	集线器或交换机
52	LIU	光纤互连装置
53	PABX	程控用户交换机
54		配线架
55	TO 	信息插座
56	xDSL Modem	xDSL 调制解调器
57	CM	电缆调制解调器
58		光纤或光缆

序号	图形符号	名称
59	C	采集终端
60	HC	家庭控制器
61	ATD	户内分配箱
62		双向放大器
63	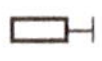	匹配终端
64		信号灯
65		按钮
66		电源插座
67	HM	热能表
68	GM	燃气表
69	WM	水表
70	Wh	电能表
71	DDC	直接数字控制器
72		电磁阀
73		空气加热器
74		空气冷却器
75		电动对开多叶调节阀
76		电动蝶阀
77		风机
78	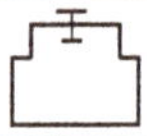	冷却塔
79		冷水机组

附录4　火灾报警及消防控制图形符号

序号	图形和文字符号	名称
1		火灾报警控制器
2	c	集中型火灾报警控制器
3	z	区域型火灾报警控制器
4	s	可燃气体报警控制器
5	RS	防火卷帘门控制器
6	RD	防火门磁释放器
7	I/O	输入/输出模块
8	I	输入模块
9	O	输出模块
10	P	电源模块
11	T	电信模块
12	SI	短路隔离器
13	M	模块箱
14	SB	安全栅
15	D	火灾显示盘
16	FI	楼层显示盘
17	CRT	火灾计算机图形显示系统
18	FPA	火警广播系统
19	MT	对讲电话主机
20	AC	控制箱
21	AD	直流电源箱
22	AT	电源自动切换箱
23	CT	缆式线型定温探测器
24		感温探测器
25	N	感温探测器（非地址码型）
26		感烟探测器
27	N	感烟探测器（非地址码型）
28	EX	感烟探测器（防爆型）
29		感光火灾探测器
30		气体火灾探测器（点式）
31		复合式感烟感温火灾探测器
32		复合式感光感烟火灾探测器
33		点型复合式感光感温火灾探测器
34		线型差定温火灾探测器
35		线型光束感烟火灾探测器（发射部分）
36		线型光束感烟火灾探测器（接收部分）
37		手动火灾报警按钮
38		消火栓起泵按钮
39	L	水流指示器
40	P	压力开关
41		带监视信号的检修阀
42		报警阀
43	70℃	常开防火阀（70℃熔断关闭）
44	E 70℃	常开防火阀（控制关闭，70℃熔断关闭）
45	280℃	常开防火阀（280℃熔断关闭）
46	280℃	防烟防火阀（控制开启，280℃熔断关闭）
47		增压送风口（控制打开）
48	SE	排烟口（控制打开）
49		火灾报警电话机
50		火灾电话插孔
51	Y	带手动报警按钮的火灾电话插孔
52		火警电铃
53		警报发声器
54		火灾光警报器
55		火灾声光报警器
56		火灾警报扬声器
57	IC	消防联动控制装置
58	AFE	自动消防设备控制装置
59	EEL	应急疏散指示标志灯
60	EEL	应急疏散指示标志灯（向右）
61	EEL	应急疏散指示标志灯（向左）

序号	图形和文字符号	名称	序号	图形和文字符号	名称
62		应急疏散照明灯	75		放气指示灯
63		消火栓	76		钢瓶
64	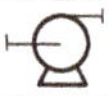	水泵	77		电磁阀
65		正压送风机	78		空气采样早期烟雾探测器
66		排烟风机	79		感温探测器（防爆型）
67	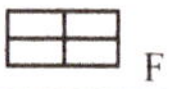	火灾报警接线端子箱	80		报警二总线
68	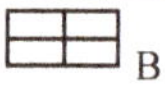	应急广播接线端子箱	81		24V 电源线
69	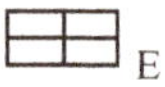	接地端子管	82		电话线
70		吸顶式安装型扬声器	83		广播线
71		嵌入式安装型扬声器	84		网络线
72		壁挂式安装型扬声器	85		控制线 RS－485 或 CAN 网
73		紧急启动按钮	86	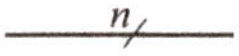	n 芯控制线
74		紧急停止按钮			

参考文献

[1] 张子慧．热工测量与自动控制［M］．北京：中国建筑工业出版社，1996.
[2] 霍小平．中央空调系统设计［M］．北京：中国电力出版社，2004.
[3] 张子慧，黄翔，张景春．制冷空调自动控制［M］．北京：科学出版社，1999.
[4] 中国建筑标准设计研究所．03X801－1 建筑智能化系统集成设计图集［S］．北京：中国建筑工业出版社，2003.
[5] O 嘎思曼，H 梅克斯纳．智能建筑传感器［M］．北京：化学工业出版社，2005.
[6] 卿晓霞．建筑设备自动化［M］．重庆：重庆大学出版社，2002.
[7] 刘国林．建筑物自动化系统［M］．北京：机械工业出版社，2002.
[8] 杨志，邓明仁，周齐国．建筑智能化系统及工程应用［M］．北京：化学工业出版社，2002.
[9] 陈虹．楼宇自动化技术与应用［M］．北京：机械工业出版社，2003.
[10] 张振昭，许锦标．楼宇智能化技术［M］．2 版．北京：机械工业出版社，2003.
[11] 杨绍胤．智能建筑实用技术［M］．北京：机械工业出版社，2002.
[12] 王娜，王俭，段晨东．智能建筑概论［M］．北京：人民交通出版社，2002.
[13] 华东建筑设计研究院．智能建筑设计手册［M］．上海：同济大学出版社，1996.
[14] 刘宝林．智能建筑技术资料集［M］．北京：中国建筑工业出版社，2000.
[15] 徐超汉．住宅小区智能化系统［M］．北京：电子工业出版社，2002.
[16] 吴坚，赵英凯，黄玉清．计算机控制技术［M］．武汉：武汉理工大学出版社，2002.
[17] 金九炘，张青虎．智能建筑设计与施工系列图集（楼宇自控系统）［M］．北京：中国建筑工业出版社，2002.
[18] 中国建筑标准设计研究院．09×700 智能建筑弱电工程设计与施工［S］．北京：中国计划出版社，2013.
[19] 中国建筑标准设计研究院．03X201－2 建筑设备监控系统设计安装［S］．北京：中国计划出版社，2013.
[20] 陆耀庆．实用供热空调设计手册［M］．2 版．北京：中国建筑工业出版社，2007.
[21] 李金川，等．空调制冷自控系统运行与管理［M］．北京：中国建材工业出版社，2002.
[22] 潘云钢．高层民用建筑空调设计［M］．北京：中国建筑工业出版社，1999.
[23] 黄治钟．楼宇自动化原理［M］．北京：中国建筑工业出版社，2003.
[24] 徐世琼．新编制冷技术问答［M］．北京：中国农业出版社，1999.
[25] 李先瑞．供热空调系统运行管理、节能、诊断技术指南［M］．北京：中国电力出版社，2003.
[26] 肖凤明，等．制冷设备疑难故障速修实例［M］．北京：电子工业出版社，2003.
[27] 陈焰华．家用中央空调系统设计与实例［M］．北京：机械工业出版社，2003.
[28] 付小平，等．中央空调系统运行管理［M］．北京：清华大学出版社，2001.
[29] 戴永庆．溴化锂吸收式制冷技术及应用［M］．北京：机械工业出版社，1996.
[30] 张九根，等．建设设备自动化系统设计［M］．北京：人民邮电出版社，2003.
[31] 王如竹，等．最新制冷空调技术［M］．北京：科学出版社，2002.
[32] 俞炳丰．制冷与空调应用新技术［M］．北京：化学工业出版社，2002.
[33] 天津市建筑设计院．02X201－1 空调系统控制［S］．北京：中国计划出版社，2002.
[34] 李金川，等．空调制冷自控系统运行与管理［M］．北京：中国建材工业出版社，2002.
[35] 涂光备．供热计量技术［M］．北京：中国建筑工业出版社，2003.
[36] 中国建筑标准设计研究所．04X501 火灾报警及消防控制［S］．北京：中国计划出版社，2003.
[37] 江亿．暖通空调系统的计算机控制管理［J］．暖通空调，1997，27（2）：35－44.
[38] 江亿．暖通空调系统的计算机控制管理第 2 讲——空调系统的监测控制［J］．暖通空调，1997，27

(3)：45－58.
[39] 江亿．暖通空调系统的计算机控制管理第3讲——冷热源及水系统的监测控制［J］．暖通空调，1997，27（4）：45－55.
[40] 江亿．暖通空调系统的计算机控制管理第4讲——建筑设备自动化系统［J］．暖通空调，1997（增刊）：40－46.
[41] 江亿．暖通空调系统的计算机控制管理第5讲——供暖系统的计算机监控管理［J］．暖通空调，1997，27（5）：37－44.
[42] 聂海亮，江亿．暖通空调系统的计算机控制管理第6讲——计算机在暖通空调工程中的应用实例［J］. 1997，27（6）：38－46.
[43] 江亿，朱伟峰．暖通空调系统传感器的故障检测［J］．清华大学学报：自然科学版，1999，39（12）：54－61.
[44] 戴斌文，狄洪发，江亿．变风量空调系统风机总风量控制方法［J］．暖通空调，1999，29（3）：1－6.
[45] 孙一坚．空调水系统变流量节能控制［J］．暖通空调，2001，31（6）：5－7.
[46] 张子慧，黄翔，剧明安，郭辉．楼宇控制系统存在的问题及改进建议［J］．电气与智能建筑，2003（11）：85－93.
[47] 张子慧，黄翔，梁才航．冷机台数自控中存在的问题及其解决方法［J］．电气与智能建筑，2003（11）：81－84.
[48] 柏晨，安大伟，娄承芝．计量供热系统热源和热网的自动控制［J］．煤气与热力，2003，23（11）：669－671.
[49] 狄洪发，江亿，秦绪忠，陈盛．热量计量收费后供热网的运行管理［J］．暖通空调，2000，30（5）：84－87.
[50] 易金萍，蔡叶菁，文敦伟．故障诊断技术及其在暖通空调系统中的应用与发展［J］．建筑热能通风空调，2002（2）：47－51.
[51] 郝小礼，陈友明．基于BAS的空调系统过程监测与故障诊断［J］．建筑热能通风空调，2002，（5）.
[52] 陈友明，郝小礼．用小波分析识别空调系统的流量传感器故障［C］．全国暖通空调制冷2004年学术文集．北京：中国建筑工业出版社，2004：245－251.
[53] 刘武林，张建玲．热工自动控制系统故障诊断装置的研究［J］．中国电力，2003，36（10）：69－74.
[54] 徐选才，马达，张楠．采暖空调水系统常见运行故障诊断析论［J］．工程质量，2001（9）：43－45.
[55] 王家隽．建筑设备工程基础（2）［J］．智能建筑与城市信息，2005（4）：53－59.
[56] 王志忠，廖传善．楼宇自动化系统实践中遇到的问题及其解决途径的探讨［C］．全国暖通空调制冷2000年学术文集. 266－272.
[57] 苏利敏，侯朝桢，戴忠健．一种集成的智能网络故障管理结构［J］．计算机工程与应用，2002（6）：8－12.
[58] 晋欣桥，李晓锋，任海刚．基于统计数学的传感器故障诊断方法［J］．暖通空调，2004，34（4）：89－43.
[59] 杨毅，苗升伍．能源管理系统在智能建筑中的应用［J］．智能建筑与城市信息. 2012（1）：70－73.
[60] 宋谦物．物联网技术在能源管理系统中的应用. http：//wenku.baidu.com/view/75fb12a30029bd64783e2c2f.html.
[61] 张春红，等．物联网技术与应用［M］．北京：人民邮电出版社，2011.
[62] 柯国强，冯晶琛．佛山某大厦建筑能源管理系统的应用与分析［J］．建设科技，2012（22）.
[63] 张红，王娜，等．物联网技术在智能建筑能源管理中应用的研究［D］．西安：长安大学，2013.
[64] 中华人民共和国住房与城乡建设部. JGJ/T 334—2014 建筑设备监控系统工程技术规范［S］．北京：中国建筑工业出版社，2014.
[65] 中华人民共和国住房与城乡建设部. GB 50314—2015 智能建筑设计标准［S］．北京：中国计划出版社，2015.
[66] 中国建筑科学研究院. GB/T 50378—2014 绿色建筑评价标准［S］．北京：中国计划出版社，2014.